DEIN COACH ZUM ERFOLG!

Dein ActiveBook auf MySTARK:

Du kannst auf alle digitalen Inhalte zu diesem Band online zugreifen. Registriere dich dazu unter **www.stark-verlag.de/mystark** mit deinem **persönlichen Zugangscode:**

C0930X-000916

Die Inhalte dieser Auflage stehen bis Schuljahresende zur Verfügung.

MySTARK

Das ActiveBook *bietet dir:*

- Viele zusätzliche interaktive Übungsaufgaben zu allen prüfungsrelevanten Kompetenzbereichen
- Sofortiges Feedback und Auswertung der Ergebnisse
- Interaktive Lösungen: in kleinen Schritten zum Ergebnis
- Vorgerechnete Beispiele als weitere Hilfe

DEIN COACH ZUM ERFOLG!

So kannst du interaktiv lernen:

Interaktive Aufgaben

Sofortiges **Feedback** zu jeder Eingabe

Interaktive Lösung mit kleinschrittiger Anleitung zu jeder Aufgabe

Vorgerechnetes **Beispiel** zu jeder Aufgabe

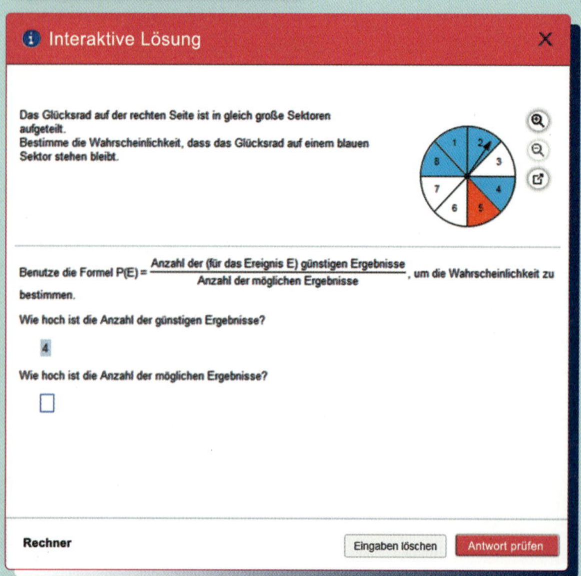

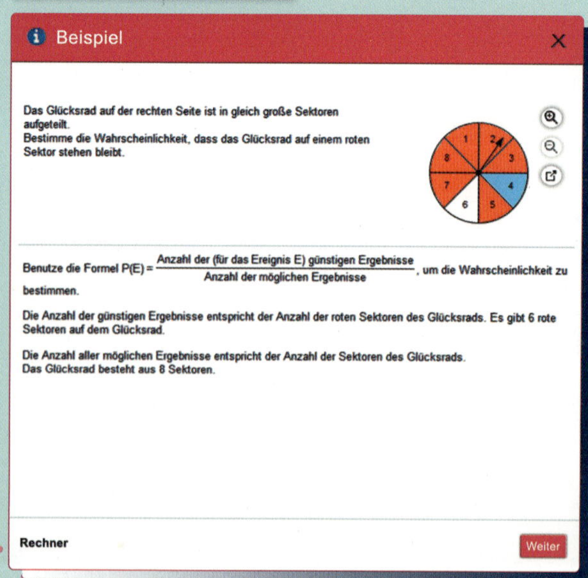

Systemvoraussetzungen:
- Mindestens 1024×768 Pixel Bildschirmauflösung
- Chrome, Firefox oder ähnlicher Webbrowser
- Internetzugang

2023

Mittelschule M10

Original-Prüfungsaufgaben mit Lösungen

Bayern

Mathematik 10. Klasse

STARK

19. neu bearbeitete und ergänzte Auflage
www.stark-verlag.de

Inhalt

Sobald die Original-Prüfungsaufgaben 2022 freigegeben sind, kannst du sie als PDF auf der Plattform MyStark herunterladen (Zugangscode vgl. Farbseiten vorne im Buch).

Dein Coach zum Erfolg: Mit dem **Interaktiven Training** kannst du online mit vielen zusätzlichen interaktiven Aufgaben zu allen prüfungsrelevanten Kompetenzbereichen trainieren.

Die **interaktiven Aufgaben** sind im Buch mit diesem Button gekennzeichnet. Am besten gleich ausprobieren!

Ausführliche Infos inkl. Zugangscode findest du auf den **Farbseiten** vorne in diesem Buch.

Autorin und Autoren:

Eva Dreher (Training Grundwissen, Lösungen der Musterprüfung, Lösungen der Abschlussprüfung 2020 bis 2022)
Walter Modschiedler und Walter Modschiedler jun. (Training Grundwissen, Lösungen der Abschlussprüfung 2019)

Vorwort

Liebe Schülerin, lieber Schüler,

mit diesem Buch kannst du dich effektiv auf den **Mittleren Schulabschluss** nach der 10. Klasse an bayrischen **Mittelschulen** im Fach **Mathematik** vorbereiten.

- Im Kapitel **Training Grundwissen** wird der **Prüfungsstoff** klar strukturiert **zusammengefasst**. Die wichtigsten Begriffe, Formeln und Lösungswege werden übersichtlich hervorgehoben und anhand von anschaulichen **Beispielen** verdeutlicht. Die vielen abwechslungsreichen **Übungsaufgaben** bieten dir die Möglichkeit, den Stoff selbst zu vertiefen. Unter „**Fit für die Prüfung?**" findest du zu einzelnen Teilbereichen jeweils mehrere Aufgaben, anhand derer du deine Fähigkeiten ganz gezielt auf Prüfungsniveau trainieren kannst.
  Zu einigen Themen, mit denen erfahrungsgemäß viele Lernende Schwierigkeiten haben, gibt es **Lernvideos** und **GeoGebra-Anwendungen**. An den entsprechenden Stellen im Buch befinden sich **QR-Codes**, die du mit einem Smartphone oder Tablet scannen kannst. Zu einer Übersicht aller Videos und Anwendungen gelangst du über den nebenstehenden QR-Code oder über die Plattform **MyStark** (Zugangscode vgl. vorne im Buch).
- Alle Aufgaben im Trainingsteil sind mit der Überschrift **A** oder **B** gekennzeichnet. Die Aufgaben unter **A** solltest du – wie im entsprechenden Prüfungsteil – **ohne Taschenrechner und Formelsammlung** lösen. Erst bei den Aufgaben unter **B** darfst du diese Hilfsmittel einsetzen. Es gibt aber auch Aufgaben unter B, die du ohne Hilfsmittel lösen kannst.
- Mit dem Vorwissen aus dem Trainingsteil kannst du dich nun an die **Musterprüfung** wagen. Sie soll dir einen Eindruck vermitteln, welche Bedingungen dich in der Abschlussprüfung erwarten. Aber auch mit den **Original-Prüfungsaufgaben** 2019 bis 2021 kannst du noch sehr gut für die neue Prüfung üben. Die alte Prüfung entspricht im Wesentlich dem Teil B der neuen Prüfung.
- Zu allen Trainings- und Prüfungsaufgaben gibt es ausführlich **kommentierte Lösungen** mit zahlreichen **Hinweisen und Tipps**. Diese erklären den Lösungsansatz und die Hauptschwierigkeit der jeweiligen Aufgabe genau, sodass du die Ergebnisse selbstständig verstehen und nachvollziehen kannst.
- Sollten nach Erscheinen dieses Bandes noch **wichtige Änderungen** für die Abschlussprüfung vom Kultusministerium bekannt gegeben werden, erhältst du **aktuelle Informationen** dazu auf der Plattform **MyStark**.

Viel Erfolg bei deinen Vorbereitungen und in der Prüfung!

Hinweise und Tipps

Lies dir folgende Hinweise und Tipps genau durch, damit du über die Besonderheiten der **schriftlichen** Abschlussprüfung zum Erwerb des Mittleren Schulabschlusses im **Fach Mathematik** gut Bescheid weißt. Die Aufgaben werden zentral vom Kultusministerium gestellt, d. h., alle Schülerinnen und Schüler in Bayern schreiben dieselbe Prüfung. Die Bewertung erfolgt durch die Vergabe von **Punkten.**

Wie ist die Prüfung aufgebaut?

Die Prüfung besteht ab 2023 aus zwei Prüfungsteilen:

Teil A:
Im Teil A musst du **alle Aufgaben** lösen. Als Hilfsmittel sind **nur Zeichengeräte** erlaubt (kein Taschenrechner und keine Formelsammlung!). Die Bearbeitungszeit beträgt **30 Minuten.**
In Teil A können **8 Punkte** erreicht werden.

Teil B:
Im Teil B musst du **eine Aufgabengruppe** bearbeiten, die von der Prüfungskommission an deiner Schule aus zwei zentral gestellten Aufgabengruppen ausgewählt wird. Ein Austausch einzelner Aufgaben zwischen den Aufgabengruppen ist **nicht zulässig**!
Als Hilfsmittel sind **Zeichengeräte**, ein genehmigter elektronischer **Taschenrechner** und eine für den Gebrauch an der Mittelschule zugelassene **Formelsammlung** erlaubt. Die Bearbeitungszeit beträgt **150 Minuten**. In Teil B können **40 Punkte** erreicht werden.

Wie wird die Prüfung benotet?

Für das Fach Mathematik wird folgende Zuordnung von erreichter **Punktzahl** und **Note** landeseinheitlich festgesetzt:

Note	Note 1	Note 2	Note 3	Note 4	Note 5	Note 6
Punkte	48–41	40,5–33	32,5–25	24,5–16	15,5–8	7,5–0

Was hat sich in der Notation geändert?

Beachte, dass sich folgende **Bezeichnungen** in den Prüfungen bis 2022 von den von dir gewohnten unterscheiden:

	Strecke	Länge	Definitionsmenge	Lösungsmenge
alte Notation	[AB]	$\overline{AB}$	$\mathbb{D}$	$\mathbb{L}$
neue Notation	$\overline{AB}$	$\lvert\overline{AB}\rvert$	D	L

Was musst du beim Bearbeiten der Aufgaben beachten?

Für die Bearbeitung der Prüfungsaufgaben ist es hilfreich, sich eine **Lösungsstrategie** anzueignen:

- **Lies** die Aufgabenstellung **genau** durch und **markiere** alle wichtigen Angaben (z. B. gegebene Größen, Lösungshinweise) farbig.
- Eine **Skizze**, in der du die gegebenen und gesuchten Größen einträgst, kann den Einstieg in eine komplexe Aufgabe erleichtern.
- Überlege, auf welches **Themengebiet** der Mathematik sich die Aufgabe bezieht. Welche Regeln, Sätze oder Formeln sind dir aus diesem Bereich bekannt? Nutze auch die Formelsammlung.
- Wenn du mit der Lösung einer schwierigen Aufgabe nicht weiterkommst, so halte dich nicht zu lange damit auf. Versuche, mit der nächsten Aufgabe weiterzumachen. Wenn die anderen Aufgaben bearbeitet sind, kommst du nochmals auf die angefangene Aufgabe zurück. **Bleib ruhig** und überlege, dann wirst du Zusammenhänge erkennen und auch schwierige Aufgaben lösen können.

- Wichtig ist die genaue **Darstellung des Lösungsweges**, denn Ergebnisse können nur dann bewertet werden, wenn der Lösungsweg nachvollziehbar ist und auch die **Teilergebnisse** festgehalten sind. Achte zudem auf richtige **Maßeinheiten** und **saubere Zeichnungen**. Vergiss auch nicht, einen **Antwortsatz** zu formulieren.
- Orientiere dich bei der Bearbeitung der einzelnen Aufgaben an der angegebenen **Punktzahl**: Je mehr Punkte eine Aufgabe ergibt, desto mehr Zeit solltest du dir für die Bearbeitung nehmen.
- Plane zum Schluss aber auch einen nicht zu knappen Zeitraum für die **Überprüfung** deiner Rechnungen ein. Versuche, das **Ergebnis abzuschätzen**: Stimmt die errechnete Größe in etwa? Ist die Einheit richtig?
- Achte zudem auf eine **saubere äußere Form** und vergiss nicht, alle Blätter mit deiner **Platzziffer** und evtl. mit deinem Namen zu versehen.

Wie kannst du dich auf die Prüfung vorbereiten?

Besonders gut kannst du dich auf die Abschlussprüfung vorbereiten, indem du wie folgt vorgehst:

- Bereite dich **langfristig** auf die Abschlussprüfung vor. Arbeite parallel zum Thema, das gerade im Unterricht behandelt wird, gezielt mit den Trainingsaufgaben aus diesem Buch.
- Wenn du das „Training Grundwissen“ erfolgreich bearbeitet hast, gehst du zur **Musterprüfung** über. Übe unter echten **Prüfungsbedingungen** und löse die Aufgaben nur mit den zugelassenen **Hilfsmitteln**. Präge dir wichtige Seiten in der Formelsammlung ein und nutze deinen Taschenrechner sinnvoll. Grundlegende Formeln solltest du auswendig kennen, um in der Prüfung keine wertvolle Zeit zu verlieren.
- Auch mit den **Original-Prüfungsaufgaben** 2019 bis 2022 kannst du sehr gut für die neue Prüfung üben, denn der Prüfungsstoff bleibt nahezu gleich. Die alte Prüfung entspricht dem Teil B der neuen Prüfung. Wie bei Teil B der neuen Prüfung musste bei der alten Prüfung eine der beiden Aufgabengruppen in 150 Minuten und nur mit den zugelassenen Hilfsmitteln gelöst werden.
- Versuche, die Aufgaben in der dafür **vorgegebenen Zeit** zu schaffen. Wenn du die Aufgaben zunächst nicht in dieser Zeit lösen kannst, solltest du die Prüfungsaufgaben in regelmäßigen Abständen wiederholen, bis du beim Rechnen sicherer und schneller wirst.
- Versuche stets, alle Aufgaben **selbstständig** zu lösen. Nur wenn du dich selbst anstrengst, bleibt der Stoff auch im Gedächtnis und du lernst dazu! Solltest du jedoch allein nicht weiterkommen, kann ein Blick in die Lösung hilfreich sein, da dort wichtige **Hinweise und Tipps** zur Bearbeitung der Aufgabe gegeben werden. Vergleiche zum Schluss deine Lösung mit der Musterlösung und suche gegebenenfalls nach Rechenfehlern oder Verbesserungsmöglichkeiten deines Ansatzes.
- Gehe optimistisch in die Prüfung. Wenn du dich gut vorbereitet hast, brauchst du dir keine Sorgen zu machen. Übung macht die Meisterin und den Meister!

Training Grundwissen

1 Bruchgleichungen

Das musst du wissen!

- Gleichungen, bei denen eine oder mehrere **Variablen im Nenner** auftreten, heißen **Bruchgleichungen**.
- Der **Term im Nenner** darf **niemals** den **Wert null** annehmen.
  Eine Division durch null ist nicht definiert.
  Aus der **Definitionsmenge** müssen alle Elemente ausgeschlossen werden, die beim Einsetzen in den Nenner den Wert null ergeben.

Beispiel

Bestimme die Lösungsmenge der Bruchgleichung $\frac{3}{x-2} = \frac{6}{x}$.

Lösung:

Definitionsmenge:

- $x - 2 \neq 0 \Rightarrow x \neq 2$
- $x \neq 0$

$\Rightarrow D = \mathbb{R} \setminus \{0; 2\}$

Die Terme im Nenner der Brüche dürfen nicht den Wert null annehmen.

Lösungsmenge:

Hauptnenner: $(x-2) \cdot x$

$$\frac{3}{x-2} = \frac{6}{x} \quad | \cdot (x-2) \cdot x$$

Multipliziere mit dem Hauptnenner.

$$\frac{3 \cdot x \cdot \cancel{(x-2)}}{\cancel{x-2}} = \frac{6 \cdot \cancel{x} \cdot (x-2)}{\cancel{x}}$$

Kürze.

$$3x = 6(x-2)$$

Multipliziere aus.

$$3x = 6x - 12 \quad | -6x$$

$$-3x = -12 \quad | :(-3)$$

$$x = 4$$

$\Rightarrow L = \{4\}$

Aufgaben A

1. Kreuze an, welche Definitionsmenge zu $\frac{5}{x+7} = \frac{2}{x+7}$ gehört.

☐ $D = \mathbb{R}$ ☐ $D = \mathbb{R} \setminus \{0\}$ ☐ $D = \{-7\}$ ☒ $D = \mathbb{R} \setminus \{-7\}$

2. Gib jeweils die Definitionsmenge und den Hauptnenner an.

a) $\frac{2x}{x-8} = \frac{2}{x}$ b) $\frac{7}{x+2} = \frac{2x+1}{3x-9}$

Aufgaben B

3. Bestimme die Lösungsmenge.

a) $\frac{3}{x} = \frac{6}{x+1}$ b) $\frac{5}{x-3} = 2$

Interaktive Aufgaben
1. Bruchgleichung lösen I
2. Bruchgleichung lösen II
3. Bruchgleichung lösen III

4. Gib jeweils die Lösungsmenge an.

a) $\frac{x+2}{x-3} = \frac{x+8}{x-5}$ b) $\frac{3-x}{x+1} - \frac{7-2x}{x+2} = \frac{4+x}{x+1}$

2 Lineare Funktionen

Das musst du wissen!

Lineare Funktionen

- Jede allgemeine **lineare Funktion** hat die **Funktionsgleichung** $\mathbf{y = m \cdot x + t}$. Diese Funktionsgleichung heißt auch **Normalform** der linearen Funktion.
- Die **Steigung m** gibt an, ob die Gerade steigt oder fällt:
  $\mathbf{m > 0}$ $\Rightarrow$ Die Gerade **steigt** von links unten nach rechts oben.
  $\mathbf{m < 0}$ $\Rightarrow$ Die Gerade **fällt** von links oben nach rechts unten.
  $\mathbf{m = 0}$ $\Rightarrow$ Die Gerade ist eine **Parallele** zur x-Achse.
  Die Steigung m gibt auch an, ob die Gerade dabei steil ($|m| > 1$) oder flach ($|m| < 1$) verläuft.
- **t** ist der **y-Achsenabschnitt** der Geraden. Die Gerade schneidet die y-Achse bei $y = t$.
  $\mathbf{t > 0}$ $\Rightarrow$ Die Gerade schneidet die **positive y-Achse**.
  $\mathbf{t = 0}$ $\Rightarrow$ Die Gerade verläuft durch den **Koordinatenursprung**.
  $\mathbf{t < 0}$ $\Rightarrow$ Die Gerade schneidet die **negative y-Achse**.
- Der **Funktionsgraph** einer linearen Funktion ist eine **Gerade**.

Beispiel

Das Schaubild stellt die Graphen verschiedener linearer Funktionen dar:

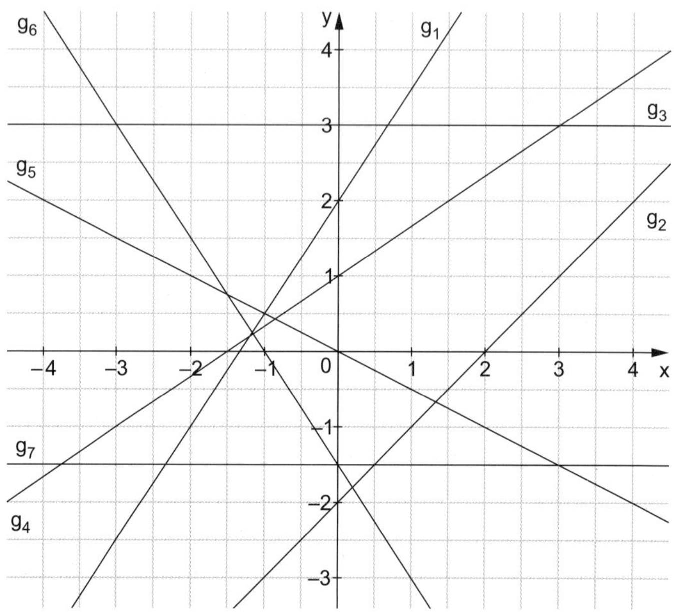

Ordne den Geraden ihr Steigungsverhalten und die Lage ihres y-Achsenabschnitts zu.

Lösung:

	g_1	g_2	g_3	g_4	g_5	g_6	g_7
$m>0$	✓	✓		✓			
$m<0$					✓	✓	
$m=0$			✓				✓
$t>0$	✓		✓	✓			
$t<0$		✓				✓	✓
$t=0$					✓		

Das musst du wissen!

Aufstellen der Funktionsgleichung einer linearen Funktion

Die Funktionsgleichung $y = m \cdot x + t$ einer linearen Funktion ist durch folgende Parameter jeweils eindeutig bestimmt:

- **Steigung m** und **y-Achsenabschnitt t**
  Vorgehen: Setze m und t in $y = m \cdot x + t$ ein.
- **Steigung m** und **Punkt P** der Geraden
  Vorgehen: Setze m und P in $y = m \cdot x + t$ ein und berechne t.
- **y-Achsenabschnitt t** und **Punkt P** der Geraden
  Vorgehen: Setze t und P in $y = m \cdot x + t$ ein und berechne m.
- **zwei Punkte $P_1(x_1 \mid y_1)$ und $P_2(x_2 \mid y_2)$** der Geraden
  Vorgehen: Bestimme m mit der Steigungsformel $m = \frac{y_2 - y_1}{x_2 - x_1}$.
  Setze m und einen Punkt in $y = m \cdot x + t$ ein und berechne t.

Beispiele

1. Die Gerade g mit m = 2 schneidet die y-Achse bei –1.
   Gib die Funktionsgleichung für die Gerade g an.
   Stelle den Funktionsgraphen in einem Koordinatensystem mit der Einheit 1 cm dar.

   Lösung:
   Funktionsgleichung:
   $y = m \cdot x + t$
   $y = 2x - 1$

   Setze für m = 2 und für t = –1 in die Funktionsgleichung ein.

   grafische Darstellung:

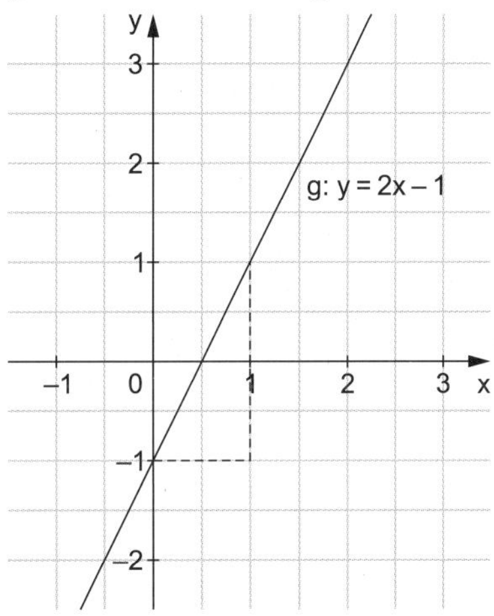

   - Lege ein Koordinatensystem mit der Einheit 1 cm an und beschrifte es.
   - Markiere den y-Achsenabschnitt t = –1.
   - Zeichne das Steigungsdreieck: 1 Einheit nach rechts, 2 Einheiten nach oben.
   - Zeichne die Gerade und beschrifte sie.

2. Auf der Geraden g mit der Steigung m = 0,5 liegt der Punkt P(1 | 1,5).
   Berechne die Funktionsgleichung für die Gerade g.

   Lösung:
   y-Achsenabschnitt:
   $y = m \cdot x + t$
   $1{,}5 = 0{,}5 \cdot 1 + t \quad | -0{,}5$
   $t = 1$

   Setze die Steigung m = 0,5 und die Koordinaten des Punktes P(1 | 1,5) in die Funktionsgleichung ein. Löse dann nach t auf.

   Funktionsgleichung:
   $y = 0{,}5x + 1$

3. Die Gerade g schneidet die y-Achse im Punkt Y(0 | 2). Auf der Geraden g liegt der Punkt P(4 | –2).
   Berechne die Funktionsgleichung.

   Lösung:
   Steigung:

   $$y = m \cdot x + t$$
   $$-2 = m \cdot 4 + 2 \quad |-2$$
   $$-4 = m \cdot 4 \quad |:4$$
   $$m = -1$$

   Funktionsgleichung:
   $y = -x + 2$

   Die y-Koordinate des Punktes Y ist der y-Achsenabschnitt t. Setze den y-Achsenabschnitt t = 2 und die Koordinaten des Punktes P(4 | –2) in die Funktionsgleichung ein. Löse dann nach m auf.

4. Die Punkte A(0,5 | 1) und B(3,5 | 2,5) liegen auf der Geraden g.
   Berechne die Funktionsgleichung.

   Lösung:
   Grafische Veranschaulichung der Steigungsformel:

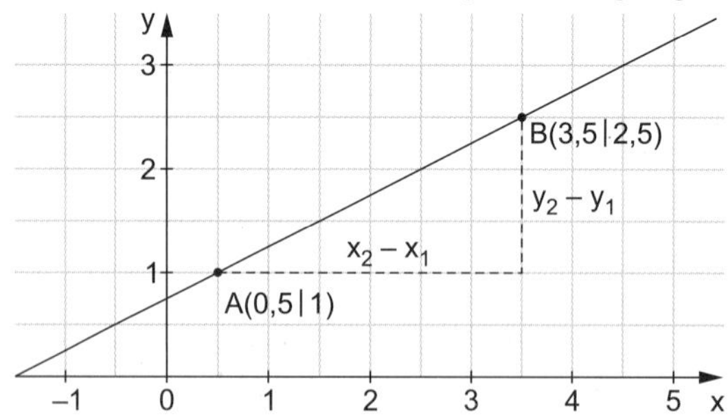

   Steigung:

   $$A(\underbrace{0{,}5}_{x_1} | \underbrace{1}_{y_1}) \quad B(\underbrace{3{,}5}_{x_2} | \underbrace{2{,}5}_{y_2})$$

   Berechne die Steigung mit der Steigungsformel.

   $$m = \frac{y_2 - y_1}{x_2 - x_1} = \frac{2{,}5 - 1}{3{,}5 - 0{,}5} = \frac{1{,}5}{3} = 0{,}5$$

   Setze die Koordinaten der Punkte A und B in die Steigungsformel ein.

   y-Achsenabschnitt:

   $$y = m \cdot x + t$$
   $$1 = 0{,}5 \cdot 0{,}5 + t$$
   $$1 = 0{,}25 + t \quad |-0{,}25$$
   $$t = 0{,}75$$

   Setze die Steigung m = 0,5 und die Koordinaten eines Punktes, hier: A(0,5 | 1), in die Funktionsgleichung ein. Löse dann nach t auf.

   Funktionsgleichung:
   $y = 0{,}5x + 0{,}75$

5. Ein Taxi-Unternehmen verlangt eine Grundgebühr von 2 €. Für jeden gefahrenen Kilometer werden 1,50 € berechnet. Gib die Funktionsgleichung für den Preis einer Taxifahrt in Abhängigkeit von den gefahrenen Kilometern an.

   Lösung:
   Funktionsgleichung:
   x: Anzahl der Kilometer
   y: Preis der Taxifahrt
   $y = 1{,}5x + 2$

   Die Anzahl der Kilometer ist die Variable und die Grundgebühr eine Konstante.
   Übertragen bedeutet das:
   pro Kilometer: 1,5 € $\Rightarrow$ $m = 1{,}5$
   Grundgebühr: 2 € $\Rightarrow$ $t = 2$

Aufgaben A

5. Lies für jeden Graphen den y-Achsenabschnitt t sowie die Steigung m ab und gib die vollständige Funktionsgleichung an:

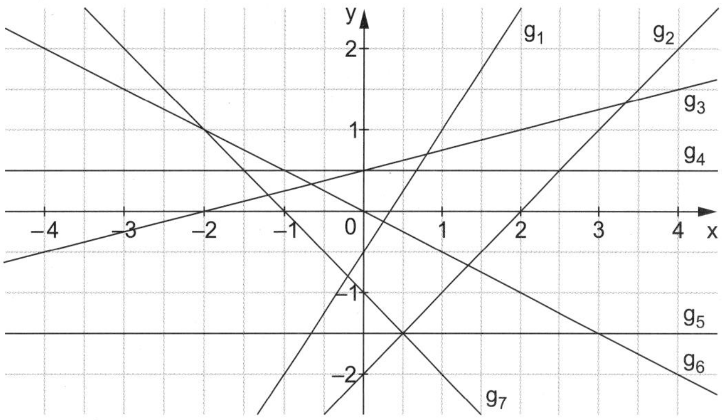

6. Zeichne in ein Koordinatensystem der Einheit 1 cm die folgenden Geraden ein. Gib die vollständige Funktionsgleichung an.

a) $t = 4; m = -\frac{3}{4}$ b) $t = -2; m = 2$

7. Zeichne durch den Punkt P eine Gerade mit der Steigung m. Lies den y-Achsenabschnitt ab. Gib die Funktionsgleichung an.

a) $P(-1{,}5 \mid -3); m = 2$ b) $P(-3 \mid 6); m = -3$

8. Berechne jeweils die Funktionsgleichung.

a) $P(13 \mid 7); m = -2$ b) $P(-9 \mid 1); m = 4$

c) $t = 2; P(2 \mid -4)$ d) $t = -3; P(4 \mid 5)$

9. Die Punkte liegen auf dem Graphen einer linearen Funktion. Berechne jeweils die Funktionsgleichung.

a) $A(1 \mid 3); B(3 \mid 7)$ b) $A(1 \mid -4); B(-2 \mid 5)$

10. Max zündet eine 8 cm lange Kerze an, die gleichmäßig pro Stunde um 2 cm abbrennt.
Stelle die Funktionsgleichung für die Länge der Kerze in Abhängigkeit von der Abbrenndauer auf.

Aufgaben B

11. Kontrolliere durch eine Rechnung, ob die Punkte zu der angegebenen Funktion gehören.

a) $y = -1{,}5x - 2{,}25$
$A(1 \mid 1); B(-2 \mid 5{,}5)$

b) $y = 0{,}75x + 2$
$A(2 \mid 3{,}5); B(-4 \mid -1)$

12. Die Punkte liegen auf dem Graphen der linearen Funktion. Bestimme die fehlenden Koordinaten der Punkte.

a) $y = 3x - 1$
$P(x \mid 5); Q(x \mid -4)$

b) $y = x + 2{,}5$
$P(-1{,}5 \mid y); Q(5{,}5 \mid y)$

Interaktive Aufgabe
1. Gerade zeichnen
2. Funktion zuordnen
3. Steigung und Punkt
4. Gerade durch 2 Punkte

13. Der Punkt P liegt auf dem Graphen der linearen Funktion. Bestimme die vollständige Funktionsgleichung.

a) $y = 4x + t; P(3 \mid 5)$ b) $y = m \cdot x + 8; P(-2 \mid 18)$

Das musst du wissen!

Achsenschnittpunkte einer linearen Funktion y = m · x + t

- Der **Schnittpunkt Y** des Funktionsgraphen **mit der y-Achse** hat die Koordinaten **Y(0 | t)**.
  Die y-Koordinate von Y ist der **y-Achsenabschnitt t** der Funktion.
- Der **Schnittpunkt N** des Funktionsgraphen **mit der x-Achse** hat die Koordinaten **N(x | 0)**.
  Die x-Koordinate von N ist die **Nullstelle** der Funktion.
- **Berechnung der Nullstelle:**
  Die Funktion hat an der Stelle x eine **Nullstelle**, wenn der **Funktionswert (y-Wert) null** ist. Es gilt die Gleichung: **0 = m · x + t**

Beispiel

Lies aus dem Schaubild die Achsenschnittpunkte der linearen Funktion ab. Berechne anschließend ihre Nullstelle.

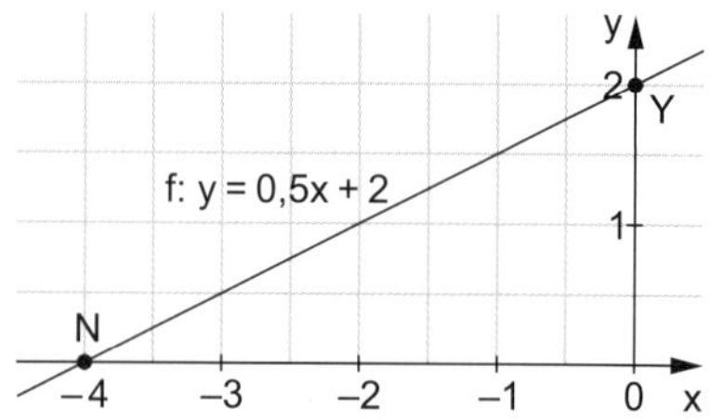

Lösung:

Schnittpunkt mit der x-Achse: N(–4 | 0)

Schnittpunkt mit der y-Achse: Y(0 | 2)

Berechnung der Nullstelle:

$$0 = 0{,}5x + 2 \quad |-0{,}5x$$
$$-0{,}5x = 2 \quad |\cdot(-2)$$
$$x = -4$$

Setze y = 0 in den Funktionsterm ein. Löse dann nach x auf.

Aufgabe A

14. Lies für jede Gerade die Achsenschnittpunkte ab:

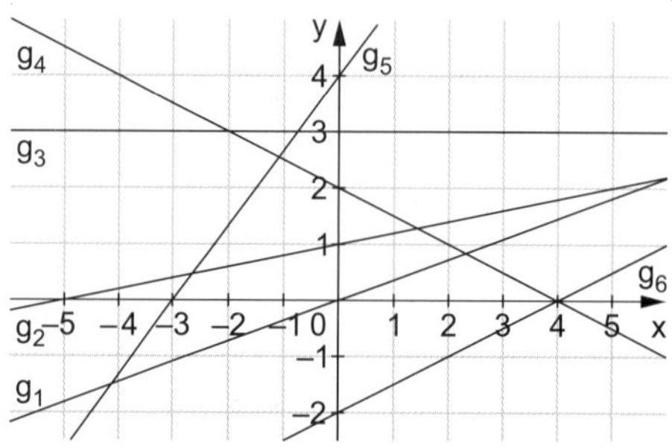

Aufgaben B

15. Bestimme jeweils die Koordinaten der Achsenschnittpunkte.

a) $y = -0{,}5x + 4$

b) $y = 2x - 7$

Interaktive Aufgaben
5. Schnittpunkt mit x-Achse
6. Funktionsgleichung bestimmen

16. Lies für jede Gerade die Steigung und den y-Achsenabschnitt ab. Stelle die Funktionsgleichung auf und berechne die Nullstelle.

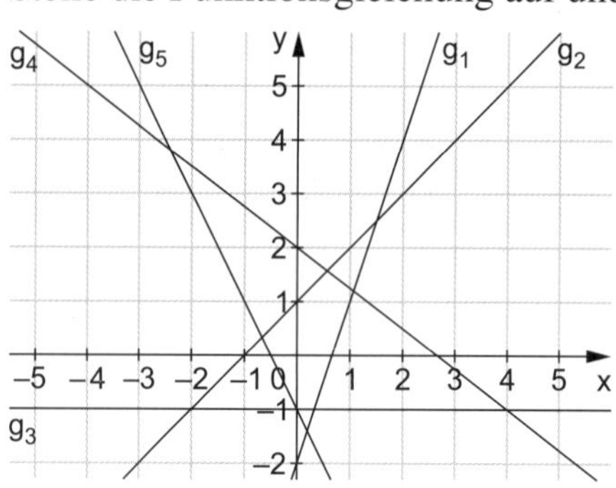

Das musst du wissen!

Parallele und senkrechte Geraden

- **Parallele Geraden** haben die **gleiche Steigung**.
  Der y-Achsenabschnitt unterscheidet sich.
- Steht eine Gerade h **senkrecht** zu einer Geraden g, dann gilt:
  $\mathbf{m_h \cdot m_g = -1}$.

Beispiel

Bestimme die Funktionsgleichungen für folgende Geraden.
Was stellst du fest?

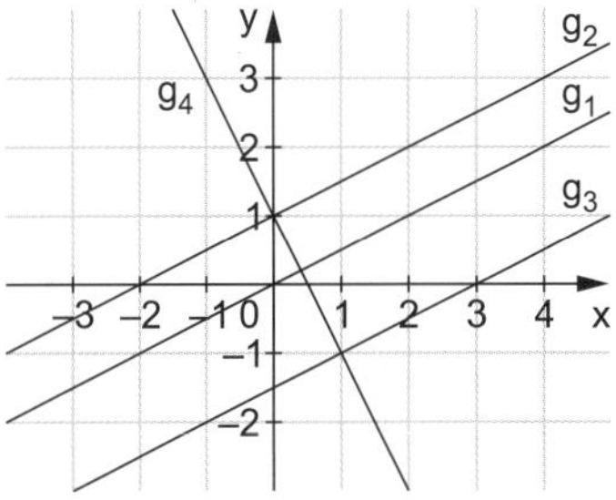

Lösung:

g_1: $y = 0{,}5x$
g_2: $y = 0{,}5x + 1$
g_3: $y = 0{,}5x - 1{,}5$
g_4: $y = -2x + 1$

Lies die y-Achsenabschnitte und die Steigungen der Geraden ab.
Es gilt:
$m_{g_1} = m_{g_2} = m_{g_3} = 0{,}5$
$m_{g_1} \cdot m_{g_4} = 0{,}5 \cdot (-2) = -1$

Die Geraden g_1, g_2 und g_3 sind parallel. Sie stehen senkrecht zur Geraden g_4.

Aufgaben A

17. Kreuze alle Geraden an, die parallel zu g: $y = 2x + 5$ verlaufen.

☐ $y = 2x - 2$	☐ $y = 5x + 2$
☐ $y = -0{,}5x + 5$	☐ $y = -2x - 5$
☐ $y = 2x$	☐ $y = 0{,}5x - 5$

18. Die Geraden g und h stehen senkrecht zueinander.
Ergänze jeweils die Steigung der Geraden h.

a) g: $y = -4x + 5$
h: $y = \square\, x - 2$

b) g: $y = \frac{4}{3}x - 12$
h: $y = \square\, x + 6$

Aufgaben B

19. Die Punkte $A(2\,|\,2{,}5)$ und $B(-1\,|\,0{,}25)$ liegen auf der Geraden g_1.

a) Berechne die Funktionsgleichung für die Gerade g_1.

b) Die Gerade g_2 verläuft parallel zu g_1 und schneidet die y-Achse bei $Y(0\,|\,3)$.
Gib die Funktionsgleichung von g_2 an.

c) Die Gerade g_3 ist eine weitere Parallele zu g_1. Auf g_3 liegt der Punkt $P(8\,|\,4)$.
Gib die vollständige Funktionsgleichung von g_3 an.

d) Zeichne die drei Geraden in ein Koordinatensystem mit der Einheit 1 cm ein.

20. Die Gerade g verläuft durch die Punkte A(3 | 4) und B(–12 | –6).

a) Berechne die Funktionsgleichung der Geraden g.

b) Die Gerade h steht im Punkt A senkrecht zur Geraden g. Gib die vollständige Funktionsgleichung der Geraden h an.

Interaktive Aufgabe
7. Parallele und senkrechte Geraden

21. Auf der Geraden g liegen die Punkte A(3 | 8) und B(–12 | –22).

a) Berechne die Funktionsgleichung für die Gerade g.

b) Die Gerade h hat eine Nullstelle bei x = 9 und steht senkrecht zur Geraden g.
Gib die Funktionsgleichung der Geraden h an.

Das musst du wissen!

Schnittpunkte linearer Funktionen

- Zwei nicht parallele Geraden schneiden sich im Punkt S.
  Der **Schnittpunkt** liegt auf beiden Geraden, d. h., die Koordinaten des Schnittpunktes S erfüllen beide Funktionsgleichungen.
- Die **x-Koordinate des Schnittpunkts S** wird durch **Gleichsetzen beider Funktionsterme** berechnet.
  Die **y-Koordinate des Schnittpunkts S** wird durch **Einsetzen des berechneten x-Werts** in eine der beiden Funktionsgleichungen berechnet.

Beispiel

Berechne den Schnittpunkt der beiden Funktionsgraphen.

g_1: y = 2x + 6 g_2: y = –x + 1,5

Lösung:

$2x + 6 = -x + 1{,}5$	$\mid +x; -6$	Setze die Funktionsterme gleich: $g_1 = g_2$. Löse dann nach x auf.
$3x = -4{,}5$	$\mid :3$	
$x = -1{,}5$		
$x = -1{,}5$ in g_1:		Setze x = –1,5 in eine Funktionsgleichung (hier: g_1) ein und berechne y. Es genügt, die x-Koordinate in eine der Gleichungen einzusetzen.
$y = 2 \cdot (-1{,}5) + 6$		
$y = 3$		
S(–1,5 | 3)		

Aufgabe A

22. Berechne jeweils den Schnittpunkt der Geraden.

a) g_1: $y = x + 2$
g_2: $y = -x - 8$

b) g_1: $y = 1{,}5x - 1$
g_2: $y = 2x - 3$

Aufgaben B

23. Forme die Funktionsgleichungen in die Normalform um und berechne den Schnittpunkt der Funktionsgraphen.

f: $30 = -10x + 5y$
g: $2y + 12 = 6x$

Interaktive Aufgabe
8. Schnittpunkt zweier Geraden

24. Die Gerade g_1 und die Gerade g_2: $y = -2x$ schneiden sich nicht.

a) Gib die Funktionsgleichung der Geraden g_1 an, wenn g_1 die y-Achse im Punkt Y(0 | 2) schneidet.

b) Berechne den Schnittpunkt der Geraden g_1 und der Geraden g_3: $y = x - 4$.

Das musst du wissen!

Der **Abstand zweier Punkte** $A(x_A \mid y_A)$ und $B(x_B \mid y_B)$ auf einer Geraden ist die Länge der Strecke $\overline{AB}$.
Den Abstand der Punkte kannst du mit folgender Formel berechnen:
$|\overline{AB}|^2 = (y_B - y_A)^2 + (x_B - x_A)^2$

Beispiel

Die Punkte A und B liegen auf dem Graphen f einer linearen Funktion.
Welchen Abstand haben die beiden Punkte voneinander?

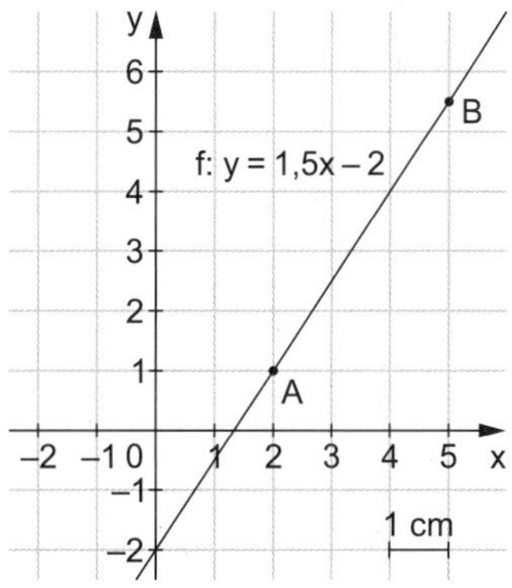

Lösung:

$A(2 \mid 1)$; $B(5 \mid 5{,}5)$ — Lies die Koordinaten ab.

$|\overline{AB}|^2 = (5{,}5 - 1)^2 + (5 - 2)^2$ — Setze die Koordinaten der Punkte in die Abstandsformel ein.

$|\overline{AB}|^2 = 4{,}5^2 + 3^2$

$|\overline{AB}|^2 = 29{,}25 \quad |\sqrt{}$ — Ziehe die Wurzel.

$|\overline{AB}| = 5{,}40\ldots$

$|\overline{AB}| \approx 5{,}4$

Der Abstand der Punkte beträgt 5,4 cm.

Aufgaben B

25. Berechne den Umfang des Dreiecks.
Runde, falls erforderlich, auf eine Dezimalstelle.

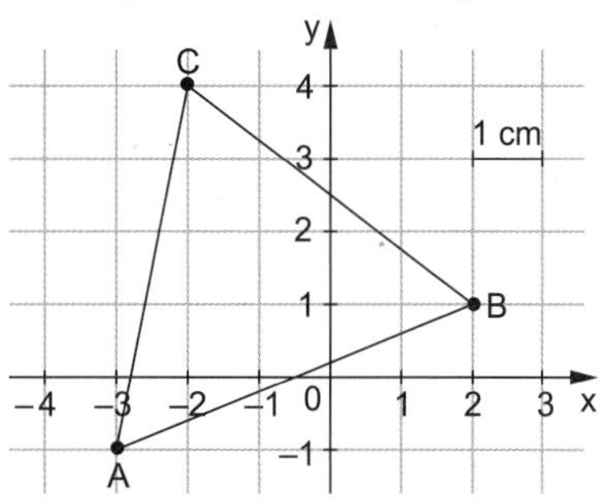

26. Die Punkte $E(4 \mid -3)$ und $F(-8 \mid -12)$ liegen auf dem Graphen einer linearen Funktion.
Berechne die Funktionsgleichung der linearen Funktion, die Koordinaten des Schnittpunktes der linearen Funktion mit der x-Achse sowie den Abstand der beiden Punkte voneinander.

Das musst du wissen!

Achsenspiegelung einer Geraden

Wird eine Gerade g: $y = m \cdot x + t$ an der x-Achse bzw. an der y-Achse gespiegelt, entsteht die Spiegelgerade g': $y = m' \cdot x + t'$.

- **Spiegelung an der y-Achse:**
  Wird eine Gerade an der y-Achse gespiegelt, ändert sich das Vorzeichen der Steigung, der y-Achsenabschnitt t bleibt unverändert:
  $\mathbf{m' = -m}$ und $\mathbf{t' = t}$
- **Spiegelung an der x-Achse:**
  Wird eine Gerade an der x-Achse gespiegelt, ändern sich die Vorzeichen von Steigung und y-Achsenabschnitt:
  $\mathbf{m' = -m}$ und $\mathbf{t' = -t}$

Beispiel

Zeichne die Gerade g: $y = -1{,}5x + 3$ in ein Koordinatensystem mit der Einheit 1 cm ein.

a) Spiegle die Gerade g an der y-Achse.
Gib die Funktionsgleichung der Spiegelgeraden f an.

b) Spiegle die Gerade g an der x-Achse.
Gib die Funktionsgleichung der Spiegelgeraden h an.

Lösung:

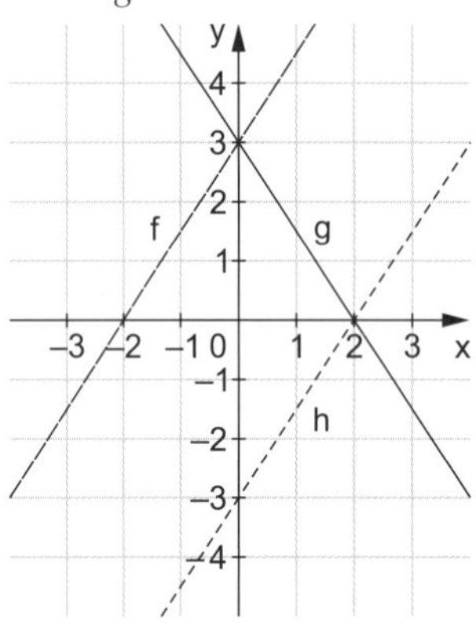

Originalgerade g: $y = -1{,}5x + 3$ — $m = -1{,}5$; $t = +3$

Spiegelgerade f: $y = 1{,}5x + 3$ — Spiegelung an der y-Achse: $m' = -m = 1{,}5$; $t' = t = 3$

Spiegelgerade h: $y = 1{,}5x - 3$ — Spiegelung an der x-Achse: $m' = -m = 1{,}5$; $t' = -t = -3$

Aufgabe A

27. Die Gerade g: $y = 0{,}75x + 4$ wird an der y-Achse gespiegelt. Gib die Funktionsgleichung der Spiegelgeraden g' an. Zeichne die Gerade g und die Spiegelgerade g' in ein Koordinatensystem mit der Einheit 1 cm ein.

Aufgabe B

28. Die Gerade g verläuft durch die Punkte $A(8\,|\,-1)$ und $B(-4\,|\,2)$.

a) Berechne die Funktionsgleichung von g.

b) Die Gerade g wird an der x-Achse gespiegelt.
Gib die Funktionsgleichung von g' an.

c) Zeichne die Gerade g und die Spiegelgerade g' in ein Koordinatensystem mit der Einheit 1 cm ein.

Interaktive Aufgabe
9. Spiegelbild einer Geraden

Fit für die Prüfung?

29. Gegeben sind folgende Funktionsgraphen:

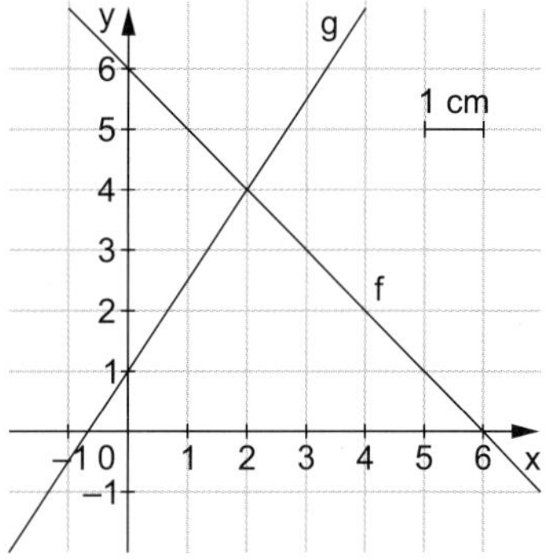

a) Gib die Funktionsgleichung für die Geraden g und f an.

b) Berechne die Schnittpunkte von g und f mit der x-Achse.

c) Berechne die Koordinaten des Schnittpunktes S der beiden Geraden.

d) Berechne den Umfang und den Flächeninhalt des Dreiecks, das die Geraden g und f mit der x-Achse bilden.
Runde die Streckenlängen auf zwei Dezimalstellen.

30. Die Punkte A, B, C und D bestimmen das Parallelogramm ABCD.

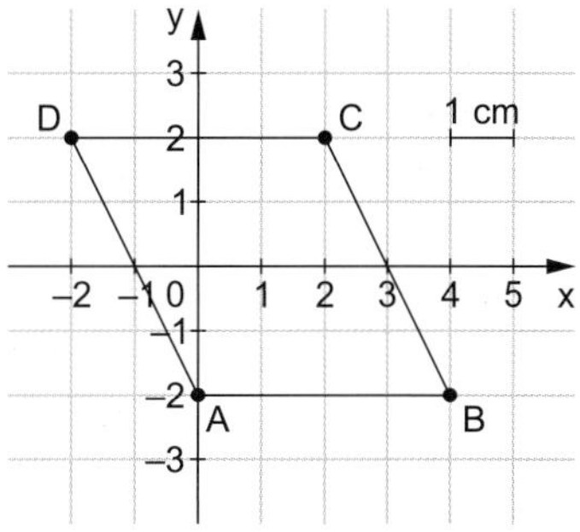

a) Stelle die Funktionsgleichungen für die beiden Diagonalen auf und berechne den Diagonalenschnittpunkt S.

b) Berechne den Flächeninhalt des Parallelogramms.

c) Berechne den Umfang des Parallelogramms.
Runde, falls erforderlich, auf eine Dezimalstelle.

31. Zeichne die Punkte $A(-7\,|\,-5{,}5)$, $B(7\,|\,1{,}5)$, $C(3\,|\,5{,}5)$ und $D(-6\,|\,1)$ in ein Koordinatensystem mit der Einheit 1 cm ein. Verbinde die Punkte zu einem Trapez.

a) Berechne für die Trapezseiten a und c jeweils die Funktionsgleichung.

b) Die Gerade h steht im Punkt C senkrecht zur Geraden c.
Berechne die Funktionsgleichung für die Gerade h.

c) Die Gerade h und die Gerade a schneiden sich im Punkt S.
Berechne die Koordinaten des Schnittpunktes S.

d) Berechne den Umfang und den Flächeninhalt des Trapezes (ABCD).
Runde alle Seitenlängen auf zwei Dezimalstellen.

3 Lineare Gleichungssysteme

Das musst du wissen!

Zwei lineare Funktionsgleichungen
I $y = m_1 x + t_1$
II $y = m_2 x + t_2$
stellen ein **lineares Gleichungssystem** dar.

Beim Lösen von linearen Gleichungssystemen unterscheidet man drei rechnerische Lösungsverfahren, die prinzipiell bei allen Gleichungssystemen angewendet werden können.

Das musst du wissen!

- **Einsetzungsverfahren:**
  Löse eine Gleichung nach einer Variablen auf.
  Setze den Ausdruck für diese Variable in die andere Gleichung ein.
- **Gleichsetzungsverfahren:**
  Löse beide Gleichungen nach derselben Variablen auf.
  Setze dann die beiden erhaltenen Terme gleich.
- **Additionsverfahren:**
  Forme beide Gleichungen so um, dass bei der anschließenden Addition der Gleichungen eine der beiden Variablen wegfällt und eine Gleichung mit nur einer Variablen entsteht.

Beispiel

Löse das lineare Gleichungssystem mit einem Lösungsverfahren.
I $4y - 12x = 16$
II $30x - 6y = -12$

Lösung:

Möglichkeit 1: Einsetzungsverfahren

I $4y = 12x + 16 \quad |:4$ — Löse die Gleichung I nach y auf.
I $y = \mathbf{3x + 4}$

I in II $30x - 6(\mathbf{3x+4}) = -12$ — Setze den Term für die Variable y in die Gleichung II ein. Löse die Gleichung II nach x auf.
$30x - 18x - 24 = -12$
$12x - 24 = -12 \quad |+24$
$12x = 12 \quad |:12$
$x = 1$

x in I $y = 3 \cdot 1 + 4$ — Setze x = 1 in eine der beiden Gleichungen (hier: die umgeformte Gleichung I) ein und berechne y.
$y = 7$

$\Rightarrow$ Lösung: $x = 1$; $y = 7$

Möglichkeit 2: Gleichsetzungsverfahren

I $4y = 12x + 16 \quad |:4$ — Löse beide Gleichungen nach y auf.
I $\mathbf{y} = 3x + 4$

II $-6y = -30x - 12 \quad |:(-6)$
II $\mathbf{y} = 5x + 2$

I = II $3x + 4 = 5x + 2 \quad |-3x-2$ — Setze die erhaltenen Terme beider Gleichungen gleich. Löse die Gleichung nach x auf.
$2 = 2x \quad |:2$
$x = 1$

x in II $y = 5 \cdot 1 + 2$ — Setze x = 1 in eine der beiden Gleichungen (hier: die umgeformte Gleichung II) ein und berechne y.
$y = 7$

$\Rightarrow$ Lösung: $x = 1$; $y = 7$

Möglichkeit 3: Additionsverfahren

I $4y - 12x = 16 \quad |:2$
I $2y - 6x = 8$

II $30x - 6y = -12x \quad |:3$
II $10x - 2y = -4$

Forme beide Gleichungen so um, dass die Faktoren einer Variablen in beiden Gleichungen denselben Betrag, aber unterschiedliche Vorzeichen haben.

I + II $2y - 6x + 10x - 2y = 8 - 4$
$4x = 4 \quad |:4$
$x = 1$

Addiere die umgeformten Gleichungen I und II. Die Variable y fällt dabei weg. Löse die Gleichung nach x auf.

x in I $2y - 6 \cdot 1 = 8$
$2y = 14 \quad |:2$
$y = 7$

Setze $x = 1$ in eine der beiden Gleichungen (hier: die umgeformte Gleichung I) ein und berechne y.

$\Rightarrow$ Lösung: $x = 1$; $y = 7$

Hinweis

Lineare Gleichungssysteme kannst du oft auch **zeichnerisch lösen**:
- Zeichne die Graphen der beiden Funktionsgleichungen in ein Koordinatensystem und lies den Schnittpunkt ab.
- Die Koordinaten des Schnittpunkts bilden die Lösungsmenge des Gleichungssystems.

Sind die Geraden parallel, hat das Gleichungssystem keine Lösung.
Bei identischen Geraden gibt es unendlich viele Lösungen.

Aufgaben A

32. Löse mit einem rechnerischen Lösungsverfahren.

a) I $7x + 8y = 5$
II $6y + 6x = 48$

b) I $8x - 8y - 8 = 0$
II $2x + 2y = 30$

33. Bestimme die Anzahl der Lösungen der Gleichungssysteme. Ordne dazu jedem Gleichungssystem ein Schaubild zu.

a) I $2x + 8y = 8$
II $-2x = 10 - 4y$

b) I $x + 2 - 2y = 0$
II $1{,}5x = 3y + 3$

c) I $4y = 6x - 4$
II $3x - 2y = 2$

A

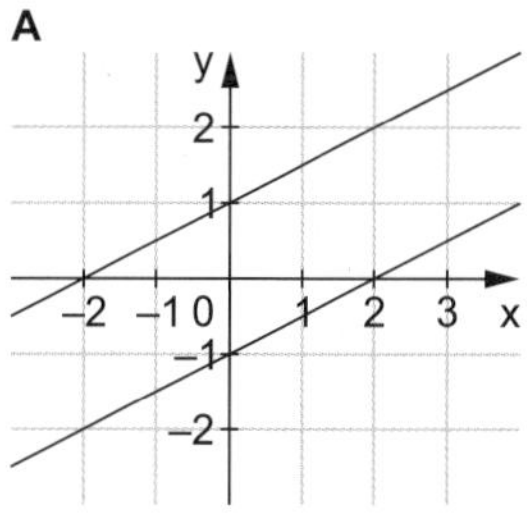

B

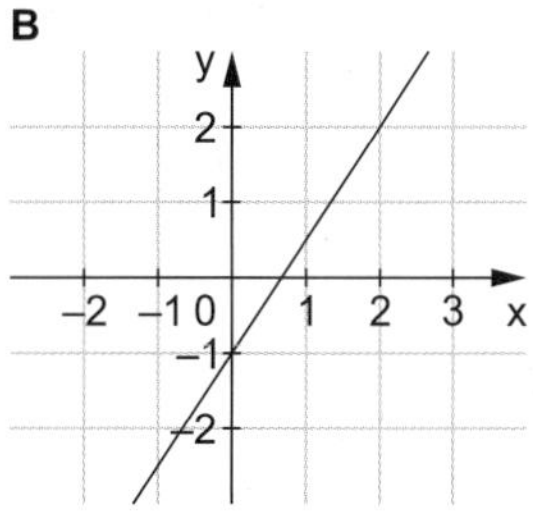

C

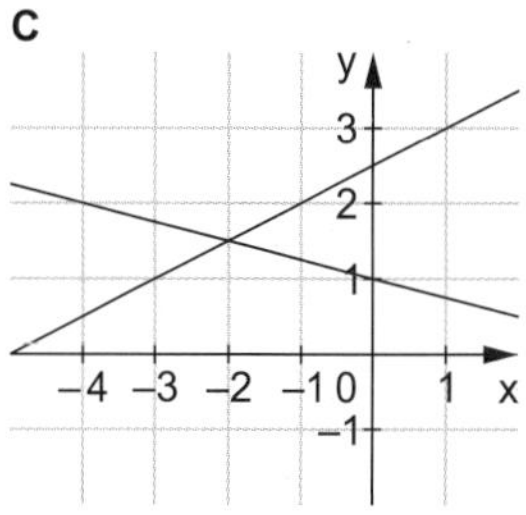

Aufgabe B

34. Löse mit einem rechnerischen Lösungsverfahren.

a) I $3x - 12 = 4y$
II $30 + 3y = 4x$

b) I $8x + 6y - 2 = 0$
II $7x + 3y - 10 = 0$

Fit für die Prüfung?

35. Ermittle die Zahlen mithilfe eines linearen Gleichungssystems.

a) Die Summe zweier Zahlen beträgt 35, ihre Differenz ist 17.

b) Die Summe zweier Zahlen ist 49, ihr Quotient ist 6.

36. Auf einem Parkplatz stehen Motorräder und Pkws, zusammen 446 Fahrzeuge und 1 656 Reifen.
Berechne die Anzahl der Motorräder und Pkws.

37. In der letzten GPG-Probe erreichten die 28 Schülerinnen und Schüler der Klasse M7 einen Notendurchschnitt von 3,5.
Dabei verteilten sich die Noten folgendermaßen:

Note	Verteilung	Variable
Note 1	genauso oft wie Note 6	
Note 2	halb so oft wie Note 4	
Note 3	halb so oft wie Note 2	
Note 4	doppelt so oft wie Note 2	
Note 5	einmal mehr als Note 1	
Note 6	genauso oft wie Note 1	

Wie oft wurden die einzelnen Noten vergeben?
Löse die Aufgabe mithilfe eines linearen Gleichungssystems.

38. In einem Viereck ist der Winkel α doppelt so groß wie der Winkel γ. Der Winkel β ist halb so groß wie der Winkel δ.
Die Winkel γ und δ messen zusammen 200°.
Wie viel Grad hat jeder Winkel?

39. Ein Hausmeister verkaufte während der Pause Apfelsaft, Orangensaft und Mineralwasser, zusammen 240 Flaschen. Vom Apfelsaft verkaufte er 80 Flaschen weniger als vom Orangensaft. Vom Mineralwasser verkaufte er 40 Flaschen weniger als von den beiden anderen Getränken zusammen.
Wie viele Flaschen konnte er von jedem Getränk verkaufen?

40. Lukas hat beim Kartenspiel 70 Münzen im Gesamtwert von 5,25 € gewonnen. Es handelt sich um lauter 5-Cent-Münzen und 10-Cent-Münzen.
Wie viele Münzen hat er von jeder Sorte gewonnen?

Interaktive Aufgaben
1. Einsetzungsverfahren
2. Gleichsetzungsverfahren
3. Additionsverfahren
4. Hannes, René und Aaron

41. Für eine 24 km lange Fahrt mit dem Taxi bezahlt Herr Schmid einschließlich der Grundgebühr 33,95 €.
Frau Manchen bezahlt nach einer 19 km langen Fahrt mit dem Taxi inklusive Grundgebühr 27,45 €.
Wie hoch sind die Grundgebühr und die Kosten für einen gefahrenen Kilometer?

4 Potenzen, Wurzeln und Logarithmen

Das musst du wissen!

- Ein Produkt aus gleichen Faktoren kann man als **Potenz** schreiben.

  $\underbrace{a \cdot a \cdot a \cdot \ldots \cdot a}_{\text{n-mal}} = \mathbf{a^n}$ ← Exponent; a: Basis

  Beachte: $a^1 = a$; $a^0 = 1$

- **Brüche** kann man als Potenzen mit negativen Exponenten schreiben:

  $\frac{1}{a^n} = a^{-n}$ $(a \neq 0)$

- **Wurzeln** kann man als Potenzen mit rationalen Exponenten schreiben:

  $\sqrt[n]{a} = a^{\frac{1}{n}}$ $\sqrt[n]{a^m} = a^{\frac{m}{n}}$ $(a \geq 0;\ n > 0;\ m \geq 0)$

Beispiele

1. a) $3 \cdot 3 \cdot 3 \cdot 3 \cdot 3 = 3^5 = 243$

   b) $\frac{1}{4} \cdot \frac{1}{4} \cdot \frac{1}{4} = \left(\frac{1}{4}\right)^3 = \frac{1}{64}$

   Fasse die Produkte aus gleichen Faktoren zu Potenzen zusammen.

2. a) $\frac{2}{3} = \frac{2}{3^1} = 2 \cdot 3^{-1}$

   Schreibe den Bruch als Potenz mit negativem Exponenten.

   b) $\frac{3}{p^2 \cdot r} = 3 \cdot \frac{1}{p^2} \cdot \frac{1}{r} = 3 \cdot p^{-2} \cdot r^{-1}$

   Ziehe den Bruch auseinander. Schreibe die Brüche als Potenzen mit negativen Exponenten.

3. a) $\sqrt{7} = \sqrt[2]{7^1} = 7^{\frac{1}{2}}$

   b) $\sqrt[3]{2} \cdot \sqrt[3]{x^2} = 2^{\frac{1}{3}} \cdot x^{\frac{2}{3}}$

   Schreibe die Wurzeln als Potenzen mit Brüchen als Exponenten.

Aufgaben A

42. Fasse zu Potenzen zusammen.

a) $2{,}5 \cdot 2{,}5 \cdot 2{,}5 \cdot 2{,}5$ b) $a \cdot a \cdot c \cdot a \cdot c \cdot b \cdot c \cdot b$

43. Schreibe die Brüche als Potenzen.

a) $\frac{a^3}{b^7}$ b) $\frac{2p^2}{3q^4r}$

44. Schreibe die Potenzen als Brüche.

a) $2y^{-1}x^3 5^{-3} z^2$ b) $r^{-4}s^{-5}t^{-2}$

45. Schreibe als Potenz.

a) $\sqrt[5]{7^4}$ b) $\sqrt[4]{2^{-3}} \cdot \sqrt[4]{a^{-2}}$

46. Schreibe in der Wurzelschreibweise.

a) $x^{\frac{5}{6}}$ b) $a^{\frac{3}{5}} b^{-\frac{1}{2}}$

47. Welches Zeichen passt? Setze jeweils < oder > ein.

a) $(-5)^1$ ☐ $(-5)^0$ b) 4^{-2} ☐ $(-2)^4$

Für das Rechnen mit Potenzen gelten besondere **Potenzgesetze**:

Das musst du wissen!

- Summen und Differenzen von Potenzen mit **gleicher Basis** und **gleichem Exponenten** können zusammengefasst werden.
  $xa^n + ya^n = (x + y)a^n$
  $xa^n - ya^n = (x - y)a^n$
- Potenzen mit **gleicher Basis** werden multipliziert bzw. dividiert, indem man die Exponenten addiert bzw. subtrahiert.
  $a^m \cdot a^n = a^{m+n}$
  $a^m : a^n = a^{m-n}$ $(a \neq 0)$
- Potenzen mit **gleichem Exponenten** werden multipliziert bzw. dividiert, indem man die Basen multipliziert bzw. dividiert und den Exponenten beibehält.
  $a^n \cdot b^n = (a \cdot b)^n$
  $a^n : b^n = (a : b)^n$ $(b \neq 0)$
- Potenzen werden **potenziert**, indem man die Exponenten multipliziert. Die Basis bleibt unverändert.
  $(a^m)^n = a^{m \cdot n}$

Beispiele

1. $3a^3 + 4b^4 - 2b^4 + 7a^3 = 10a^3 + 2b^4$ — Fasse gleiche Potenzen zusammen.
2. a) $x^3 \cdot x^5 = x^{3+5} = x^8$
   b) $4y^7 : y^2 = 4y^{7-2} = 4y^5$
   — Addiere bzw. subtrahiere die Exponenten bei gleicher Basis.
3. a) $4^6 \cdot a^6 = (4a)^6$
   b) $\frac{12^5}{3^5} = \left(\frac{12}{3}\right)^5 = 4^5$
   — Multipliziere bzw. dividiere die Basen bei gleichem Exponenten.
4. $(q^4)^3 = q^{4 \cdot 3} = q^{12}$ — Multipliziere die Exponenten.

Aufgaben A

48. Fasse zusammen.

a) $a^6 - a^8 + 7a^6 - 12a^8$

b) $x^4y^9 - x^9y^4 + 24x^4y^9 - 13x^9y^4$

49. Fasse zu einer Potenz zusammen.

a) $4a^5 \cdot 3a^6$

b) $15y^5 : 3y^7$

c) $5r^3 \cdot 3p^3$

d) $45z^7 : 9q^7$

50. Vereinfache und schreibe das Ergebnis ohne Bruchstrich.

a) $\frac{x^3y^5}{y^3x^5}$

b) $\frac{3^3x^3y^3z^3}{3^2x^{-3}y^6z^3}$

51. Trage die richtigen Zahlen in die Kästchen ein.

a) $x^2 \cdot x^{\square} = x^8$

b) $a^5 \cdot a^{-2} = a^{\square}$

c) $(y^2)^{\square} = y^{10}$

d) $\frac{n^7}{n^{\square}} = n^{12}$

52. Vereinfache so weit wie möglich. Verwende die Potenzgesetze.

a) $\dfrac{\sqrt[5]{u^3v}}{\sqrt[5]{u^3v^6}}$ b) $\sqrt[7]{a^4b^5}\cdot\sqrt[7]{a^{-3}b^{-2}}$

Aufgaben B

53. Vereinfache die Terme.

a) $\dfrac{x^{\frac{3}{4}}y^{\frac{3}{4}}}{x^{-\frac{1}{4}}y^{-\frac{1}{4}}}$ b) $\dfrac{a^{\frac{2}{3}}\cdot b^{\frac{3}{4}}\cdot c^{\frac{5}{6}}}{a^{\frac{1}{6}}\cdot b^{-\frac{1}{4}}\cdot c^{\frac{2}{3}}}$

54. Potenziere.

a) $(3^2x^3y^4z^5)^3$ b) $(x^5y^{-2})^{-4}$

Interaktive Aufgaben
1. Zusammenfassen
2. Vereinfachen
3. Potenzen und Wurzeln

55. Fasse mithilfe der Potenzgesetze so weit wie möglich zusammen.

a) $\dfrac{(5abc^2)^3}{(25a^4b^4c^6)^2}$ b) $\left(\dfrac{2a^2b^3c^{-3}}{3b^2c^{-4}d^7}\right)^2$

Mit dem **Logarithmus** wird der **Exponent** bestimmt:

Das musst du wissen!

- Die Lösung x der Gleichung $b^x = a$ bezeichnet man als **Logarithmus von a zur Basis b** ($\log_b a$). $\log_b a$ ist also diejenige Zahl, mit der man die Basis b potenzieren muss, um a zu erhalten.
  $b^x = a \Leftrightarrow x = \log_b a$
- Logarithmen zur Basis 10 heißen **Zehnerlogarithmen**.
  Statt $\log_{10}$ schreibt man **log** oder **lg**.
  $10^x = a \Leftrightarrow x = \lg a$
- Mit manchen **Taschenrechnern** können nur Zehnerlogarithmen berechnet werden. Um Logarithmen auch mit **anderer Basis** zu berechnen, kannst du folgende Formel verwenden:
  $\log_b a = \dfrac{\lg a}{\lg b}$

Beispiel

Bestimme den Exponenten x für $2^x = 64$.

Lösung:

$2^x = 64$ | log

$x = \log_2 64$

$x = \dfrac{\lg 64}{\lg 2}$

$x = 6$

Es gilt: $x = \log_b a$
Setze $b = 2$ und $a = 64$ ein.
Berechne dann den Logarithmus zur Basis 2 mithilfe der Zehnerlogarithmen.

Aufgabe B

Interaktive Aufgabe
4. Logarithmieren

56. Berechne den Exponenten.

a) $10^x = 1\,000$ b) $10^x = 100\,000\,000$

c) $8^x = 32\,768$ d) $2{,}5^x = 39{,}0625$

e) $625^x = 5$ f) $11 = 14\,641^x$

Fit für die Prüfung?

57. Ordne die Zahlen der Größe nach.
Beginne dabei mit der kleinsten Zahl.

99^9; 9^{99}; 9^{-99}; 99^{-9}; $(-9)^{99}$; 9^{9^9}; $(-9)^{-99}$; $(9^9)^9$; 999

58. Vereinfache so weit wie möglich.
Schreibe das Ergebnis ohne Bruch.

a) $\dfrac{(-3x^3)^2 \cdot (-2y^2)^3 \cdot 4x^2y}{6x \cdot 2y^2}$

b) $\dfrac{(2a^2b \cdot 3ab^2)^5 \cdot 4ab}{(5a^4b^2)^3 \cdot (3a^5b^2) \cdot (3a^5b^3)^2}$

59. Der Rasen im Garten der Familie Goetze muss pro Jahr 35-mal gemäht werden. Fabian verlangt pro Mähen 5 € von seinen Eltern. Theresa will für das erste Mähen des Rasens 10 Cent, für das zweite Mähen 20 Cent, für das dritte Mähen 40 Cent und danach wieder das Doppelte usw.

a) Vervollständige die Tabellen.

Fabian:

Mähen	1.	2.	3.	4.	5.	6.
Verdienst	5 €	5 €	5 €			
Gesamtverdienst	5 €	10 €				

Theresa:

Mähen	1.	2.	3.	4.	5.	6.
Verdienst	0,10 €	0,20 €	0,40 €			
Gesamtverdienst	0,10 €	0,30 €				

b) Welche Aussagen sind richtig?

A Mit der Funktionsgleichung $y = 5 \cdot x$ wird der jeweilige Verdienst Fabians berechnet.

B Mit der Funktionsgleichung $y = 5 \cdot x$ wird der gesamte Verdienst Fabians berechnet.

C Mit der Funktionsgleichung $y = 0{,}10 \cdot 2^{x-1}$ wird der jeweilige Verdienst Theresas berechnet.

D Mit der Funktionsgleichung $y = 0{,}10 \cdot 2^{x-1}$ wird der gesamte Verdienst Theresas berechnet.

c) Wie viel Geld will Fabian für 1 Jahr Mähen?

d) Wie viel Geld bekäme Theresa alleine für das letzte Mähen?

60. In 26,982 g Aluminium befinden sich $6{,}022 \cdot 10^{23}$ Aluminiumatome.

a) Wie viele Aluminiumatome enthält ein Aluminiumwürfel von 1 kg Masse?

b) Ein anderer Aluminiumwürfel mit der Kantenlänge 5 cm wird in zwei gleiche Teile zerschnitten, ein Teil davon wiederum in zwei gleiche Teile usw.
Wie oft müsste man schneiden, um schließlich ein Aluminiumatom zu erhalten? 1 cm^3 Aluminium wiegt 2,7 g.

5 Exponentielle Wachstums- und Zerfallsprozesse

Wird ein Anfangswert in gleichen Intervallen jeweils mit dem gleichen Faktor multipliziert, dann liegt ein exponentielles Wachstum vor.

Das musst du wissen!

- Für das **exponentielle Wachstum** gilt folgende Formel:
  $\mathbf{W_n = W_0 \cdot q^n}$
  W_0: Anfangswert
  W_n: Endwert
  q: Wachstumsfaktor
  n: Anzahl der Beobachtungszeiträume
- Zwischen Wachstumsfaktor q und Wachstumsrate p gilt folgender Zusammenhang:
  Wachstumsfaktor $q > 1 \Rightarrow$ **positives Wachstum (progressiv)**
  $q = 1 + p$
  Wachstumsfaktor $q < 1 \Rightarrow$ **negatives Wachstum (degressiv)**
  $q = 1 - p$

Beispiel

Tina legt 500 € für sieben Jahre zu 3,5 % an.
Wie viel Geld bekommt sie nach sieben Jahren mit Zinseszinsen ausbezahlt?

Lösung:

Gegeben: Anfangswert: $W_0 = 500$ €
Anzahl der Jahre: $n = 7$ Jahre
Wachstumsrate: $p = 3{,}5\,\% = 0{,}035$
Wachstumsfaktor: $q = 1 + 0{,}035 = 1{,}035$

Gesucht: W_7

Einsetzen in die Formel liefert:

$W_n = W_0 \cdot q^n$

$W_7 = 500\text{ €} \cdot 1{,}035^7$

$W_7 \approx 636{,}14\text{ €}$

Tina bekommt 636,14 € ausbezahlt.

Aufgaben A

61. Bei welchen Sachverhalten handelt es sich um exponentielles Wachstum? Kreuze alle passenden Sachverhalte an.

- ☐ Max erhält jedes Jahr 5 € mehr Taschengeld.
- ☒ Lina erhält eine Ketten-Mail. Sie schickt sie an 3 Freundinnen weiter. Jede Freundin schickt sie wieder an 3 Freundinnen weiter, die sie jeweils wieder an 3 Freundinnen weiterschicken etc.
- ☒ Die Anzahl der Salmonellen verdoppelt sich alle 30 Minuten.
- ☐ Die Höhe der Vergütung steigt bei einem Ausbildungsbetrieb jedes Jahr um 50 € an.
- ☒ Paul stellt die Sauna an. Die Temperatur in der Sauna steigt mit jeder Minute um 4,5 % an.

62. Ordne den jeweiligen Sachverhalten den passenden Graphen zu.

a) Eine 8 cm lange Kerze brennt pro Stunde um 1 cm herunter.

b) Ein leeres Schwimmbecken wird mit Wasser gefüllt. Jede Minute laufen 20 ℓ Wasser in das Becken.

c) Bei klarem Wasser nimmt die Lichtintensität mit jedem Meter Tiefe um ca. 11 % ab.

d) Oma Lotta hat für ihren Enkel zur Geburt 1 000 € auf einem Sparkonto angelegt. Auf das Konto gibt es 1,5 % Zinsen. Es wird über die Laufzeit nichts abgehoben.

A

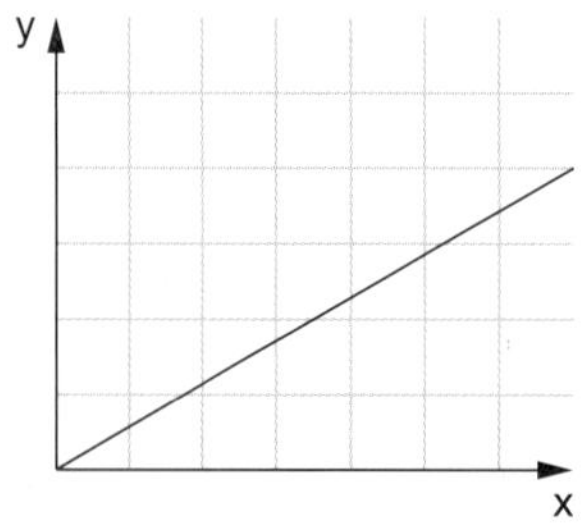

B

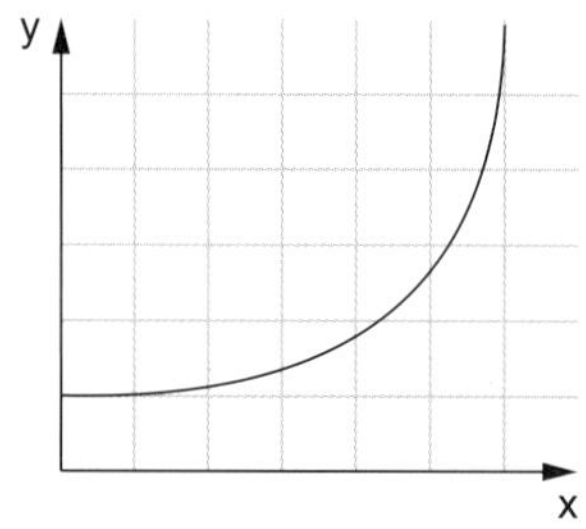

C

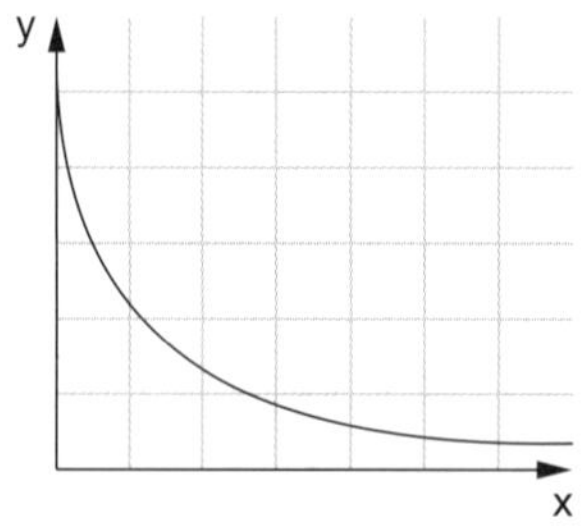

D

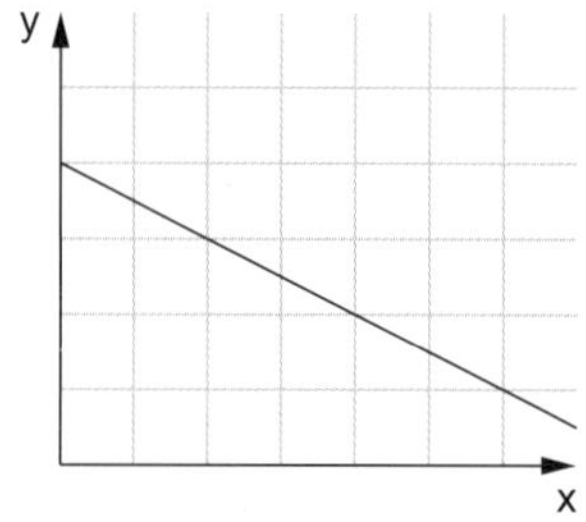

Aufgaben B

63. Susanne bekommt zu ihrem 12. Geburtstag insgesamt 720 € geschenkt. Sie legt das Geld zu 0,5 % an.
Wie viel Geld kann sie an ihrem 18. Geburtstag abheben?

64. Herr Berger legt 15 000 € in Aktien an. Die Aktien verlieren jeden Monat 1,25 % des Kaufwerts.

a) Wie viel € sind die Aktien nach einem halben Jahr noch wert?

b) Wie viel Prozent seines angelegten Geldes hat Herr Berger in den sechs Monaten verloren?
Runde den Prozentsatz auf eine Dezimalstelle.

65. Wendy legt einen Lottogewinn zu einem Zinssatz von 1,25 % an.
Nach zwölf Jahren kann sie 1 741,13 € abheben.
Wie viel Geld hatte sie angelegt?

66. Jens kann sein fünf Jahre altes Motorrad für 3 150 € verkaufen.
Der jährliche Wertverlust betrug 18 %.
Welchen Neuwert hatte sein Motorrad?

67. Stefanie zahlte 1 250 € auf ein Sparkonto ein. Nach zehn Jahren ist ihr Guthaben mit Zinseszinsen auf 1 450,68 € angewachsen.
Wie hoch war der Zinssatz?

68. Frau Bauer legt 25 000 € in einem Fond an. Wegen der schlechten Ertragsentwicklung bekommt sie nach vier Jahren nur noch 24 503,74 € zurück.
Wie viel Prozent des eingesetzten Kapitals verlor sie jährlich?

69. Eine seltene Gedenkmünze hat einen Zeitwert von 3 850 €, der jährliche Wertzuwachs beträgt 12,5 %. Der Ausgabewert der Münze betrug 100 €.

a) Vor wie vielen Jahren wurde die Münze geprägt?

b) In wie vielen Jahren wird die Münze bei gleichbleibendem Wertzuwachs über 10 000 € kosten?

Runde jeweils auf ganze Jahre.

Interaktive Aufgaben
1. Stundenlohn
2. Autokauf
3. Hausmüll

70. Herr Stadler kauft einen Neuwagen im Wert von 45 500 €. Der jährliche Wertverlust für diesen Fahrzeugtyp liegt bei 16,5 %. Wann muss Herr Stadler das Auto wieder verkaufen, wenn er nicht mehr als 15 000 € verlieren will? Runde auf ganze Jahre.

Beim **radioaktiven Zerfall** liegt negatives Wachstum vor (Wachstumsfaktor $q < 1$).

Das musst du wissen!

- Die **Halbwertszeit** ist die Zeitspanne, in der sich die Menge eines radioaktiven Stoffes halbiert. Der **Wachstumsfaktor q** ist also $\mathbf{q = 0{,}5}$.
- Ist die **Halbwertszeit** eines radioaktiven Stoffes bekannt, kann man die **Restmenge** in Gramm, Prozent etc. der **Ausgangsmenge** für die **Zerfallsdauer** mit folgender Formel berechnen:

$\mathbf{W_n = W_0 \cdot 0{,}5^n}$

W_0: Anfangswert
W_n: Endwert
n: Anzahl der Halbwertszeiten

Beispiel

Kobalt-58 hat eine Halbwertszeit von 71 Tagen. Zu Beginn der Messung sind 100 g Kobalt vorhanden.

a) Welche Menge Kobalt ist nach 20 Tagen noch vorhanden?

b) Wie lange dauert es, bis 35 g Kobalt zerfallen sind?

Lösung:

a) Gegeben: Anfangswert: $W_0 = 100$ g
Zeitspanne: $t = 20$ Tage
Halbwertszeit: $T = 71$ Tage
Wachstumsfaktor: $q = 0{,}5$

Gesucht: Endwert W_{20}

Anzahl der Halbwertszeiten:
$n = t : T = 20 : 71 \approx 0{,}2817$

Einsetzen in die Formel liefert:

$W_n = W_0 \cdot 0{,}5^n$

$W_{20} = 100\text{ g} \cdot 0{,}5^{0{,}2817}$

$W_{20} \approx 82{,}262\text{ g}$

Es sind noch rund 82,262 g vorhanden.

b) Gegeben: Anfangswert: $W_0 = 100$ g
Halbwertszeit: T = 71 Tage
Endwert: $W_n = 100\text{ g} - 35\text{ g} = 65$ g
Wachstumsfaktor: q = 0,5

Gesucht: Zeitspanne t

Einsetzen in die Formel liefert:

$$W_n = W_0 \cdot 0{,}5^n$$

$$65\text{ g} = 100\text{ g} \cdot 0{,}5^n \quad |:100\text{ g}$$

$$0{,}65 = 0{,}5^n \quad |\log \quad \text{(nach n auflösen)}$$

$$n = \log_{0{,}5} 0{,}65$$

$$n \approx 0{,}621$$

Berechnung der Zeitspanne:

$$t = T \cdot n = 71 \cdot 0{,}621 \approx 44$$

Es dauert ca. 44 Tage.

Aufgaben B

71. Infolge der Reaktorkatastrophe von Tschernobyl fielen auf Bayern ca. 450 g des radioaktiven Isotops Cäsium-137. Cäsium-137 hat eine Halbwertszeit von 30 Jahren. Wie viel Gramm sind nach 20 Jahren noch vorhanden? Runde auf zwei Dezimalstellen.

72. Strontium-90 hat eine Halbwertszeit von 28 Jahren. Bei einem Langzeitversuch werden nach 19 Jahren noch 1,9 mg Strontium-90 gemessen. Wie viel mg waren zu Beginn des Versuchs vorhanden? Runde auf zwei Dezimalstellen.

73. Radioaktives Jod-131 hat eine Halbwertszeit von 8 Tagen. Nach welcher Zeit sind von 250 mg Jod-131 noch 20 mg übrig? Runde die Zerfallszeit auf ganze Tage.

74. Zu Beginn einer Messung sind 43 mg Plutonium-241 vorhanden. Nach 8,5 Jahren sind noch 27,33 mg vorhanden. Welche Halbwertszeit hat Plutonium-241? Runde die Halbwertszeit auf ganze Jahre.

Interaktive Aufgabe
4. Radioaktiver Zerfall

75. In einem Labor lagern 3 g Radium (Halbwertszeit 1 620 Jahre).

a) Wie viel mg Radium zerfallen in 150 Tagen? Runde auf zwei Dezimalstellen.

b) Wie lange dauert es, bis 1 g Radium zerfallen ist? Runde auf ganze Jahre.

Fit für die Prüfung?

76. Eine Bakterienkolonie (425 Bakterien) verdreifacht sich unter optimalen Bedingungen in vier Stunden.

a) Wie viele Bakterien entstehen in fünf Tagen?
Schreibe das Ergebnis mit einer führenden Stelle und einer Nachkommastelle.

b) Nach welcher Zeit sind eine Million Bakterien entstanden?
Runde auf ganze Stunden.

77. Eine Großgemeinde hat derzeit 24 520 Einwohner*innen. In den letzten sechs Jahren stieg die Bevölkerungszahl jährlich durchschnittlich um 2,1 %, in den nächsten zehn Jahren wird sie voraussichtlich nur um 0,85 % pro Jahr anwachsen.

a) Wie viele Einwohner*innen hatte die Großgemeinde vor sechs Jahren?

b) Wie viele Einwohner*innen wird die Großgemeinde in zehn Jahren haben?

c) Wie hoch wäre dann das durchschnittliche jährliche Wachstum der Bevölkerung in den betrachteten 16 Jahren?
Runde den Prozentsatz auf zwei Dezimalstellen.

78. Ein oben offener Wasserbehälter ist anfangs randvoll mit 7 630 Liter Wasser gefüllt. Täglich verdunsten 2 % des Inhalts.

a) Wie viel Wasser ist nach zwei Wochen noch im Tank?
Runde auf ganze Liter.

b) An drei anderen Tagen verdunsten von 2 400 Litern insgesamt 340 Liter.
Berechne die tägliche prozentuale Verdunstung.
Runde das Ergebnis auf ganze Prozent.

79. Von einem Antibiotika-Wirkstoff (eine Tablette enthält 325 mg Wirkstoff) ist bekannt, dass er im Körper nach sechs Stunden um 75 % abgebaut wird.

a) Welche Menge Wirkstoff ist nach 15 Stunden noch im Körper vorhanden?
Runde das Endergebnis auf eine Dezimalstelle.

b) Nach welcher Zeit muss man spätestens wieder eine Tablette einnehmen, wenn die Wirkstoffkonzentration nicht unter 100 mg fallen soll?
Runde die Zeit auf ganze Stunden.

80. Frau Müller legte vor acht Jahren einen Lottogewinn zu einem Zinssatz von 2,3 % an. Die Zinsen blieben auf dem Konto und wurden mitverzinst. Nun verfügt sie über 47 980,53 €.

a) Wie hoch war der Gewinn?
Runde auf ganze €.

b) Eine andere Bank machte ihr ein Angebot mit einem Aktienfond über 46 500,05 € Auszahlung nach acht Jahren.
Wie hoch wäre hier der Zinssatz gewesen?

6 Binomische Formeln

Das musst du wissen!

Man unterscheidet drei binomische Formeln:

1. binomische Formel: $\mathbf{(a+b)^2} = a^2 + 2ab + b^2$
2. binomische Formel: $\mathbf{(a-b)^2} = a^2 - 2ab + b^2$
3. binomische Formel: $\mathbf{(a+b) \cdot (a-b)} = a^2 - b^2$

Beispiele

1. $(c+3)^2 = c^2 + 2 \cdot c \cdot 3 + 3^2$
   $= c^2 + 6c + 9$ — 1. binomische Formel
2. $(4-2x)^2 = 4^2 - 2 \cdot 4 \cdot 2x + (2x)^2$
   $= 16 - 16x + 4x^2$ — 2. binomische Formel
3. $(3b+2c) \cdot (3b-2c) = (3b)^2 - (2c)^2$
   $= 9b^2 - 4c^2$ — 3. binomische Formel

Aufgaben A

81. Multipliziere mithilfe einer binomischen Formel aus.

a) $(5+4y)^2$ b) $(3x-1)^2$
c) $(x-2) \cdot (x+2)$ d) $(0{,}5x+1{,}5)^2$
e) $(7a-4bc)^2$ f) $(m+0{,}1) \cdot (0{,}1-m)$

82. Ergänze die Lücken so, dass eine binomische Formel entsteht.

a) $100 +$ 120a $+ 36a^2$ b) $4y^2$ $- 8xy + 4x^2$
c) $25x^2 -$ 20x $+ 4$ d) $49y^2 - 70y +$ 25

83. Welche Terme ergeben keine binomischen Formeln?

a) $0{,}25x^2 - x + 1$ b) $(s+t) \cdot (s+t)$
c) $r - s \cdot (r+s)$ d) $(6p-3q) \cdot (3q+6p)$
e) $(10s+10r)+(10s+10r)$ f) $x^2 - 4x - 4$

Aufgaben B

84. Forme die Terme jeweils in ein Binom um.

a) $y^2 + 8xy + 16x^2$ b) $25a^2 - 10a + 1$
c) $196 - 121f^2$ d) $144 + 72b + 9b^2$
e) $169p^2 - 25q^2$ f) $625a^2 - 100ab + 4b^2$

Interaktive Aufgaben
1. Formel anwenden I
2. Formel anwenden II
3. Term in Binom I
4. Term in Binom II
5. Formel ergänzen

85. Multipliziere und fasse so weit wie möglich zusammen.

a) $(9x-3y)^2 - (3x-y)^2$
b) $(8x+4y) \cdot (8x-4y) + (10x^2 - 7y^2)$
c) $(12r-13s) \cdot (12r+13s) - (6s-15r) \cdot (6s+15r)$
d) $(12-6a)^2 - (7+4a)^2 - (2a+7b) \cdot (2a-7b)$

7 Quadratische Gleichungen

Das musst du wissen!

Die **Normalform** einer quadratischen Gleichung lautet $\mathbf{x^2 + px + q = 0}$.

Du kannst eine Gleichung in der Normalform durch die **quadratische Ergänzung** oder mithilfe folgender **Lösungsformel** lösen:

$$x_{1/2} = -\frac{p}{2} \pm \sqrt{\left(\frac{p}{2}\right)^2 - q}$$

Den Term unter der Wurzel $\left(\frac{p}{2}\right)^2 - q$ nennt man **Diskriminante**.

Die Anzahl der Lösungen einer quadratischen Gleichung hängt vom Wert unter der Wurzel (der Diskriminante) ab:

- $\left(\frac{p}{2}\right)^2 - q > 0$: genau **zwei** Lösungen
- $\left(\frac{p}{2}\right)^2 - q = 0$: genau **eine** Lösung, nämlich $-\frac{p}{2}$
- $\left(\frac{p}{2}\right)^2 - q < 0$: **keine** Lösung

Beispiele

1. Löse die quadratische Gleichung $x^2 + 8x - 9 = 0$.

Lösung mit der quadratischen Ergänzung:

$$x^2 + 8x - 9 = 0$$

$$x^2 + 2 \cdot \mathbf{4} \cdot x - 9 = 0$$

Spalte den gemischten Term 8x auf in $2 \cdot x \cdot \mathbf{4}$.

$$\underbrace{x^2 + 2 \cdot \mathbf{4}x + \mathbf{4^2}}_{\text{Binom}} - \mathbf{4^2} - 9 = 0$$

Ergänze quadratisch, indem du $\mathbf{4^2}$ gleichzeitig **dazuzählst** und **abziehst**.

$$(x + \mathbf{4})^2 - 25 = 0 \quad | +25$$

$$(x + 4)^2 = 25 \quad | \sqrt{}$$

$$x + 4 = \pm 5 \quad | -4$$

$$x = \pm 5 - 4$$

Fasse die Terme, die ein Binom bilden, zur 1. binomischen Formel zusammen.

$x_1 = 5 - 4 = 1$

$x_2 = -5 - 4 = -9$

$L = \{-9; 1\}$

Lösung mit der Lösungsformel:

$$x_{1/2} = -\frac{p}{2} \pm \sqrt{\left(\frac{p}{2}\right)^2 - q}$$

$x^2 + 8x - 9 = 0$
$\Rightarrow$ p = 8 und q = –9
Setze p und q in die Lösungsformel ein.

$$x_{1/2} = -\frac{8}{2} \pm \sqrt{\left(\frac{8}{2}\right)^2 - (-9)}$$

$$x_{1/2} = -4 \pm \sqrt{4^2 + 9}$$

$$x_{1/2} = -4 \pm \sqrt{25}$$

unter der Wurzel:
$25 > 0 \Rightarrow$ zwei Lösungen

$$x_{1/2} = -4 \pm 5$$

$x_1 = -4 + 5 = 1$

$x_2 = -4 - 5 = -9$

$L = \{-9; 1\}$

2. Löse $x^2+2x=3$ mit der quadratischen Ergänzung.

Lösung:

$$x^2+2\cdot\mathbf{1}\cdot x=3$$

Spalte 2x auf in $2\cdot x\cdot\mathbf{1}$.

$$x^2+2\cdot\mathbf{1}\cdot x+\mathbf{1^2}=3+\mathbf{1^2}$$

Ergänze die Summanden $x^2+2\cdot x\cdot\mathbf{1}$ mithilfe der 1. binomischen Formel zu einem vollständigen Quadrat. Addiere dazu auf beiden Seiten $\mathbf{1^2}$.

$$(x+\mathbf{1})^2=4 \quad |\sqrt{\ }$$

$$x+1=\pm 2 \quad |-1$$

$$x=\pm 2-1$$

$$x_1=2-1=1$$

$$x_2=-2-1=-3$$

$$L=\{-3;1\}$$

Aufgaben A

86. Löse die quadratischen Gleichungen.

a) $x^2+4x-12=0$ b) $x^2-4x+3=0$

87. Welche Werte muss q in der Gleichung $x^2-18x-q=0$ annehmen, dass für die Gleichung keine Lösung, genau eine Lösung bzw. zwei Lösungen existieren?
Begründe deine Entscheidung.

88. Welche Werte muss p in der Gleichung $x^2-px+16=0$ annehmen, damit die Gleichung keine Lösung, genau eine Lösung bzw. zwei Lösungen hat?
Begründe deine Entscheidung.

Aufgaben B

89. Löse mit der quadratischen Ergänzung.

a) $x^2-2x-12=-13$ b) $x^2+15x+4=-32$

90. Löse mit der Lösungsformel.

a) $x^2-15x+3=-11$ b) $x^2-4x-3=42$

91. Forme in die Normalform um und bestimme die Lösungsmenge.

a) $-3x^2+18x+21=0$ b) $2x^2+16x+32=98$

c) $0{,}5x^2-3{,}7x+11=5$ d) $1{,}5x^2+15x+37{,}5=150$

92. Bestimme die Definitionsmenge und die Lösungsmenge.

a) $\dfrac{x}{5-3x}=\dfrac{3}{x-11}$ b) $\dfrac{(x+3)^2}{x-1}=\dfrac{14x-6}{4}$

93. *Addiert man zum Quadrat einer Zahl das Sechsfache der Zahl, so erhält man 315.*
Für welche Zahlen gilt diese Aussage?

94. In einem rechtwinkligen Dreieck ist eine Kathete um 4 cm kürzer als die andere. Die Hypotenuse misst 20 cm.
Berechne den Flächeninhalt des Dreiecks.

95. Der Umfang eines Rechtecks beträgt 86 cm, sein Flächeninhalt 450 cm^2.
Wie lang sind die Seiten des Rechtecks?

Fit für die Prüfung?

96. Die Länge eines rechteckigen Spielplatzes ist um 4,5 m größer als die Breite. Die 243 m^2 große Spielfläche soll eingezäunt werden. Für den Eingang werden 3 m offen gelassen.
Wie viele Meter Zaun sind erforderlich?

97. Verlängert man den Radius eines Kreises um 50 cm, so wird die Kreisfläche verdreifacht.
Berechne den ursprünglichen und den neuen Durchmesser.
Runde auf eine Dezimalstelle.
Tipp: Die Kreisfläche berechnet man mit der Formel $r^2 \cdot \pi$.

98. Eine Konservendose aus Weißblech hat die Form eines Zylinders. Die Dose ist 12 cm hoch, ihre Oberfläche beträgt 466,29 cm^2.
Berechne den Durchmesser d der Dosengrundfläche.
Hinweis: Rechne mit $\pi = 3{,}14$.

99. In einem Park wird ein rechteckiges Blumenbeet angelegt:

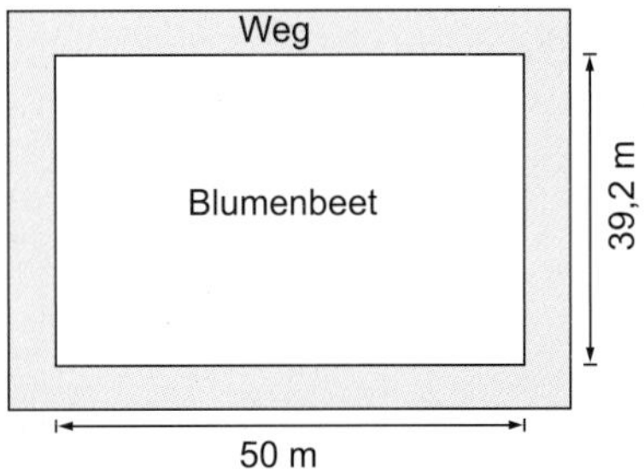

Der Weg um das Beet hat eine gleichbleibende Breite und beansprucht eine Fläche von 205,4 m^2.
Berechne die Wegbreite.
Runde auf zwei Dezimalstellen.

100. Frau Breuer tankt immer für 30 €. Nach einer Preiserhöhung um 5 Cent erhält sie einen Liter weniger.
Wie teuer war ein Liter Autogas vor der Preiserhöhung?
Löse mithilfe eines Gleichungssystems.

101. Eine Schulklasse macht einen Ausflug. Die Kosten von 675 € für den Reisebus werden gleichmäßig auf alle Personen verteilt. In dem Bus sind 15 Plätze frei. Wäre der Bus voll besetzt, würde der Fahrpreis pro Person 7,50 € weniger betragen.

a) Wie viele Personen fahren mit?

b) Wie hoch ist der Fahrpreis pro Person?

Interaktive Aufgaben
1. Anzahl der Lösungen
2. Lösungsmenge
3. Zeitungsanzeige
4. Kugeloberfläche

102. Die Firma Bär & Co. beansprucht für zwei Jahre einen Kredit. Im ersten Jahr bezahlt sie 12 250 € Zinsen. Nach dem ersten Jahr tilgt die Firma 75 000 €. Dadurch sinkt der Zinssatz um 1,5 %. Im zweiten Jahr zahlt sie nur noch 5 500 € Zinsen.
Berechne die Zinssätze und die Höhe des Kredits.

8 Quadratische Funktionen

Das musst du wissen!

- Der Graph der quadratischen Funktion mit der Funktionsgleichung **$y = x^2$** heißt **Normalparabel**.
  Die Parabel hat ihren **Scheitelpunkt S(0 | 0)** im Koordinatenursprung. Sie ist **nach oben geöffnet** und verläuft **symmetrisch zur y-Achse**.
- Wird die Normalparabel **an der x-Achse gespiegelt**, erhält man eine **nach unten geöffnete** Parabel mit der Funktionsgleichung **$y = -x^2$**.

Beispiel

Lege für folgende quadratische Funktionen jeweils eine Wertetabelle von –3 bis +3 an.
Zeichne die Parabeln in ein gemeinsames Koordinatensystem mit der Einheit 1 cm.

p_1: $y=x^2$ p_2: $y=-x^2$

Lösung:

Wertetabelle für p_1: $y=x^2$:

x	–3	–2	–1	0	1	2	3
y	9	4	1	0	1	4	9

Wertetabelle für p_2: $y=-x^2$:

x	–3	–2	–1	0	1	2	3
y	–9	–4	–1	0	–1	–4	–9

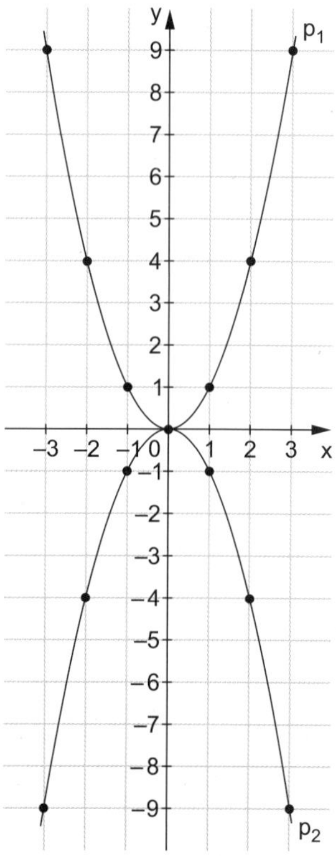

Aufgabe A

103. Welche Punkte liegen auf der Normalparabel $y=x^2$? Kreuze an.

☐ A(1 | 1) ☐ B(0 | 0) ☐ C(–1 | –1) ☐ D(2 | 2)

Aufgabe B

104. Die folgenden Punkte liegen jeweils auf dem Funktionsgraphen der quadratischen Funktion.
Bestimme die fehlenden Koordinaten der Punkte.

a) $y=x^2$ A(2 | y); B(x | 121); C(–3,5 | y); D(x | 20,25)

b) $y=-x^2$ E(–0,5 | y); F(x | –6,25); G(1,5 | y); H(x | –17,64)

Das musst du wissen!

verschobene Normalparabel

Scheitelpunktform einer verschobenen Normalparabel

- Wird die **Normalparabel** längs der x-Achse um x_S Einheiten und längs der y-Achse um y_S Einheiten **verschoben**, lautet die neue Funktionsgleichung $\mathbf{y = (x - x_S)^2 + y_S}$.
- Ist die längs der x-Achse um x_S Einheiten und längs der y-Achse um y_S Einheiten **verschobene Normalparabel nach unten geöffnet**, lautet die neue Funktionsgleichung $\mathbf{y = -(x - x_S)^2 + y_S}$.
- Man spricht von der **Scheitelpunktform**, weil man den Scheitel $\mathbf{S(x_S \mid y_S)}$ direkt aus der Funktionsgleichung ablesen kann.

Beispiel

Bestimme für jede Parabel die Scheitelpunktform.

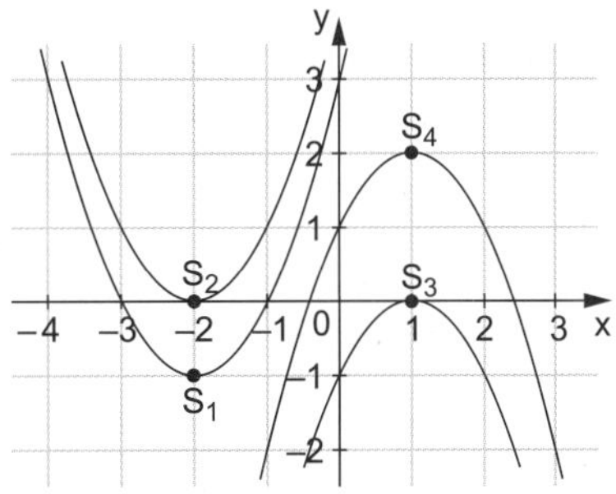

Lösung:

Scheitelpunkt	Scheitelpunktform
$S_1(-2 \mid -1)$	$y = (x+2)^2 - 1$
$S_2(-2 \mid 0)$	$y = (x+2)^2$
$S_3(1 \mid 0)$	$y = -(x-1)^2$
$S_4(1 \mid 2)$	$y = -(x-1)^2 + 2$

Lies die Koordinaten der Scheitelpunkte ab und setze die Koordinaten jeweils in die Gleichung $y = (x - x_S)^2 + y_S$ ein.

Bei nach unten geöffneten Parabeln steht ein Minuszeichen vor der binomischen Formel: $y = -(x - x_S)^2 + y_S$

Das musst du wissen!

Scheitelpunktform und Normalform

- Multipliziert man das Binom in der Scheitelpunktform aus und fasst zusammen, so erhält man die **Normalform** $\mathbf{y = x^2 + px + q}$.
- Jede quadratische Funktion in Normalform kann durch **quadratische Ergänzung** in die Scheitelpunktform übergeführt werden.

Beispiel

Berechne den Scheitelpunkt von $y = x^2 + 4x + 5$.

Lösung:

$y = x^2 + 4x + 5$

Die Funktion ist in Normalform: $y = x^2 + p \cdot x + q$

$y = x^2 + 2 \cdot 2x + \mathbf{2^2 - 2^2} + 5$

Führe eine quadratische Ergänzung durch: $y = x^2 + p \cdot x + \left(\frac{p}{2}\right)^2 - \left(\frac{p}{2}\right)^2 + q$

$y = (x+2)^2 - 4 + 5$

Bilde das Binom: $y = \left(x + \frac{p}{2}\right)^2 - \left(\frac{p}{2}\right)^2 + q$

$y = (x+2)^2 + 1$

Die Funktion ist in Scheitelpunktform: $y = \left(x + \frac{p}{2}\right)^2 + q - \frac{p^2}{4}$

$S(-2 \mid 1)$

Lies die Scheitelpunktkoordinaten ab: $\mathbf{S\left(-\frac{p}{2} \,\middle|\, q - \frac{p^2}{4}\right)}$

Aufgaben A

105. Eine verschobene Normalparabel hat den Scheitelpunkt S(2 | 1). Kreuze die passende Gleichung an.

☐ $y=(x+2)^2+1$ ☐ $y=(x-2)^2-1$ ☐ $y=(x-2)^2+1$

106. Gib für jede Parabel den Scheitelpunkt, die Scheitelpunktform und die Normalform an.

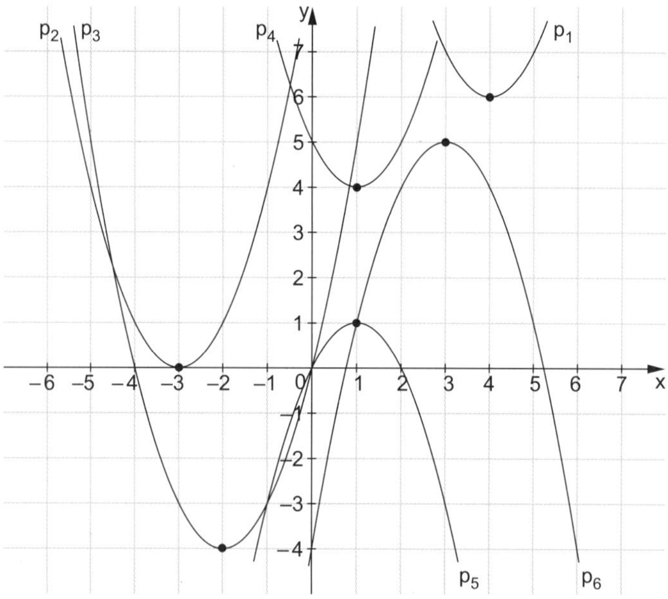

107. Stelle für folgende Scheitelpunkte die Normalform für eine nach oben und eine nach unten geöffnete Normalparabel auf.

a) S(2 | 0) b) S(–1 | –4)

108. Stelle die Funktionsgleichung einer Normalparabel auf, die …

a) nach oben geöffnet und um 5 Einheiten nach links verschoben ist.

b) nach unten geöffnet und um 3 Einheiten nach oben verschoben ist.

c) nach unten geöffnet, um 2 Einheiten nach rechts und um 1 Einheit nach unten verschoben ist.

d) nach oben geöffnet, um 7 Einheiten nach links und um 9 Einheiten nach oben verschoben ist.

Interaktive Aufgaben
1. Parabel zuordnen
2. Scheitelpunkt bestimmen

109. Berechne den Scheitelpunkt und beschreibe das Aussehen und die Lage der Parabel.

a) $y=x^2-4x-4$ b) $y=-x^2+6x+2$

c) $y=-x^2+x+0{,}5$ d) $y=x^2+3x+1{,}5$

Das musst du wissen!

Nullstellen einer quadratischen Funktion

- Die **Nullstellen** der quadratischen Funktion sind die **Schnittstellen** der Parabel **mit der x-Achse**.
- Eine Parabel kann **zwei**, **eine** oder **keine** Nullstellen haben.
- Die **Nullstellen** der quadratischen Funktion $y = x^2 + px + q$ sind die Lösungen der quadratischen Gleichung $x^2 + px + q = 0$.

Nullstellen: $x_{1/2} = -\frac{p}{2} \pm \sqrt{\left(\frac{p}{2}\right)^2 - q}$

Beispiel

Berechne die Nullstellen der Parabel p: $y = x^2 + 8x + 7$.
Gib die Schnittpunkte mit der x-Achse und der y-Achse an.

Lösung:

Nullstellen:

$x^2 + 8x + 7 = 0$

Setze den Funktionswert $y = 0$ ein. Berechne die Nullstellen x_1 und x_2 mithilfe der Lösungsformel.

$x_{1/2} = -\frac{8}{2} \pm \sqrt{\left(\frac{8}{2}\right)^2 - 7}$

$x_{1/2} = -\frac{p}{2} \pm \sqrt{\left(\frac{p}{2}\right)^2 - q}$

$x_{1/2} = -4 \pm \sqrt{16 - 7}$

$x_{1/2} = -4 \pm \sqrt{9}$

Hier ist $p = 8$ und $q = 7$.

$x_{1/2} = -4 \pm 3$

$x_1 = -4 + 3 = -1$

$x_2 = -4 - 3 = -7$

Schnittpunkte mit der x-Achse: $N_1(-1\,|\,0)$; $N_2(-7\,|\,0)$

Da es zwei Nullstellen gibt, gibt es auch zwei Schnittpunkte mit der x-Achse.

Schnittpunkt mit der y-Achse:

Setze den Funktionswert $x = 0$ ein.

$y = 0^2 + 0 \cdot x + 7 = 7$

$S_y(0\,|\,7)$

Es gibt immer nur einen Schnittpunkt mit der y-Achse.

Aufgabe A

110. Zeichne mögliche verschobene Normalparabeln p_0, p_1 und p_2 in ein gemeinsames Koordinatensystem, für die gilt:
p_0 hat keine Nullstelle, p_1 hat eine Nullstelle und p_2 hat zwei Nullstellen.

Aufgaben B

111. Lies aus dem Schaubild jeweils die Nullstellen der Parabeln sowie die Schnittpunkte mit der x-Achse und der y-Achse ab.
Überprüfe die Nullstellen rechnerisch.
Tipp: Stelle mithilfe der Scheitelpunkte die Funktionsgleichungen auf.

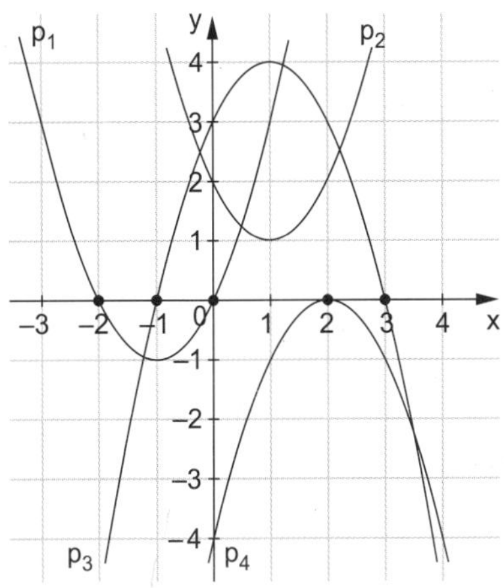

Interaktive Aufgabe
3. Nullstellen bestimmen

112. Berechne die Koordinaten der Schnittpunkte mit der x-Achse.

a) $y = x^2 + 4x + 3$

b) $y = -x^2 - 6x + 16$

Das musst du wissen!

Aufstellen der Funktionsgleichung einer Parabel durch zwei Punkte

Die Funktionsgleichung einer verschobenen Normalparabel kannst du rechnerisch durch **zwei Punkte** A und B der Parabel ermitteln.

Vorgehen:

- **Setze** die Koordinaten der beiden Punkte in $\mathbf{y = x^2 + px + q}$ **ein**.
  Du erhältst ein lineares Gleichungssystem mit den Variablen p und q.
- **Löse** das **Gleichungssystem** mit einem Verfahren deiner Wahl.
- **Setze** die berechneten Werte für **p und q** in $y = x^2 + px + q$ **ein**.

Hinweis:

Ist die **Normalparabel** nach **unten geöffnet**, musst du die Funktionsgleichung $y = \mathbf{-x^2} + px + q$ als Ausgangsgleichung verwenden.

Beispiel

Die Punkte A(1 | 2) und B(4 | 5) liegen auf einer **nach oben** geöffneten Normalparabel.
Berechne die Funktionsgleichung der Normalparabel p.
Berechne den Scheitelpunkt und zeichne den Graphen.

Lösung:

I $\quad 2 = 1^2 + 1p + q$
II $\quad 5 = 4^2 + 4p + q$

Setze die Koordinaten von A und B jeweils in die Normalform $y = x^2 + px + q$ ein.

I $\quad 2 = 1 + p + q \quad | -1-q$
$\quad q = \mathbf{1 - p}$

Löse dann das Gleichungssystem. Hier wird das Einsetzungsverfahren angewendet.

I in II $\quad 5 = 16 + 4p + \mathbf{1 - p}$
$\quad 5 = 17 + 3p \quad | -17$
$\quad -12 = 3p \quad | :3$
$\quad p = -4$

p in I $\quad q = 1 - (-4)$
$\quad q = 5$

Funktionsgleichung:
$y = x^2 - 4x + 5$
$y = (x^2 - 2 \cdot 2x + 2^2) - 2^2 + 5$
$y = (x - 2)^2 + 1$
S(2 | 1)

Setze $p = -4$ und $q = 5$ in die Normalform $y = x^2 + px + q$ ein. Wandle die Normalform mithilfe der quadratischen Ergänzung in die Scheitelpunktform um und bestimme den Scheitelpunkt.

Grafische Darstellung:

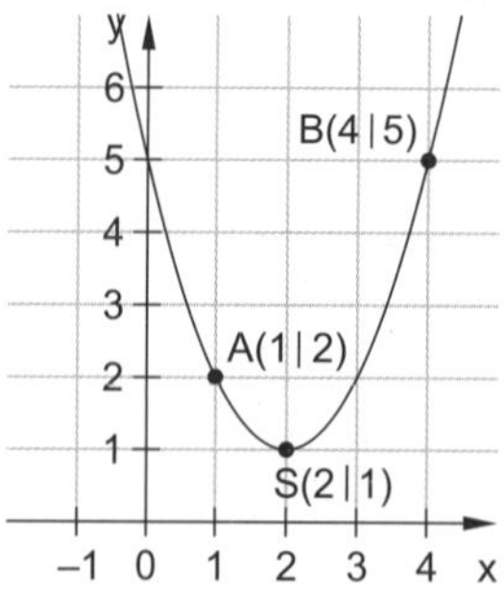

Zeichne die Parabel anhand der drei Punkte A, B und S und mithilfe der Parabelschablone.

Aufgabe B

Interaktive Aufgabe
4. Normalparabel durch zwei Punkte

113. Die Punkte liegen jeweils auf einer Normalparabel.
Berechne die Funktionsgleichung und den Scheitelpunkt.
Zeichne die Graphen in ein gemeinsames Koordinatensystem.

a) p_1: A(1 | 7); B(3 | –1)
nach oben geöffnet

b) p_2: A(–2 | 3); B(–4 | –1)
nach unten geöffnet

Das musst du wissen!

Schnittpunkte von Parabeln und Geraden

- Eine **Gerade und eine Parabel** oder **zwei Parabeln** können **zwei** Schnittpunkte, **einen** Schnittpunkt oder **keinen** Schnittpunkt haben.
- Die **Koordinaten der Schnittpunkte** erfüllen beide Funktionsgleichungen.
  Die **x-Koordinaten** werden durch **Gleichsetzen der Funktionsterme** berechnet. Die **y-Koordinaten** werden durch **Einsetzen der berechneten x-Werte** in eine der beiden Funktionsgleichungen berechnet.

Beispiel

Berechne die Schnittpunkte P und Q der Parabel p_1: $y = x^2 + 6x + 7$ mit der Parabel p_2: $y = -x^2 - 4x - 1$.

Lösung:

$$x^2 + 6x + 7 = -x^2 - 4x - 1 \quad | + x^2 + 4x + 1$$
$$2x^2 + 10x + 8 = 0 \quad | : 2$$
$$x^2 + 5x + 4 = 0$$

Setze die Funktionsterme beider Parabeln gleich. Bring die entstandene Gleichung auf Normalform.

x-Koordinaten:

$$x_{1/2} = -\frac{5}{2} \pm \sqrt{\left(\frac{5}{2}\right)^2 - 4}$$
$$x_{1/2} = -2{,}5 \pm \sqrt{6{,}25 - 4}$$
$$x_{1/2} = -2{,}5 \pm \sqrt{2{,}25}$$
$$x_{1/2} = -2{,}5 \pm 1{,}5$$
$$x_1 = -2{,}5 + 1{,}5 = -1$$
$$x_2 = -2{,}5 - 1{,}5 = -4$$

Berechne x mithilfe der Lösungsformel.

$$x_{1/2} = -\frac{p}{2} \pm \sqrt{\left(\frac{p}{2}\right)^2 - q}$$

Hier ist $p = 5$ und $q = 4$.

y-Koordinaten:

$x_1 = -1$ in p_1:
$$y_1 = (-1)^2 + 6 \cdot (-1) + 7$$
$$y_1 = 2$$
$\Rightarrow$ P(−1 | 2)

$x_2 = -4$ in p_2:
$$y_2 = (-4)^2 + 6 \cdot (-4) + 7$$
$$y_2 = -1$$
$\Rightarrow$ Q(−4 | −1)

Berechne die zugehörigen y-Werte, indem du die Werte für x in die Funktionsgleichung einer Parabel (hier: p_1) einsetzt.

Aufgaben B

114. Berechne die Schnittpunkte der Geraden mit der Parabel. Überprüfe die Koordinaten durch eine Zeichnung.

a) p: $y = x^2 + 2x + 1$ g: $y = 2x + 2$

b) p: $y = x^2 - 2x + 2$ g: $y = 2x - 2$

c) p: $y = x^2 - 2x + 3$ g: $y = 0{,}5x + 1$

Interaktive Aufgabe
5. Schnittpunkt von zwei Parabeln

115. Berechne jeweils die Schnittpunkte der beiden Parabeln. Überprüfe die Schnittpunktkoordinaten durch eine Zeichnung.

a) p_1: $y = -x^2 - 4x - 1$ p_2: $y = x^2 + 4x + 5$

b) p_1: $y = x^2 - 4x + 4$ p_2: $y = x^2 - 8x + 16$

c) p_1: $y = -x^2 - 4x - 5$ p_2: $y = x^2 - 2x - 3$

Fit für die Prüfung?

116. Gegeben sind folgende Parabeln.

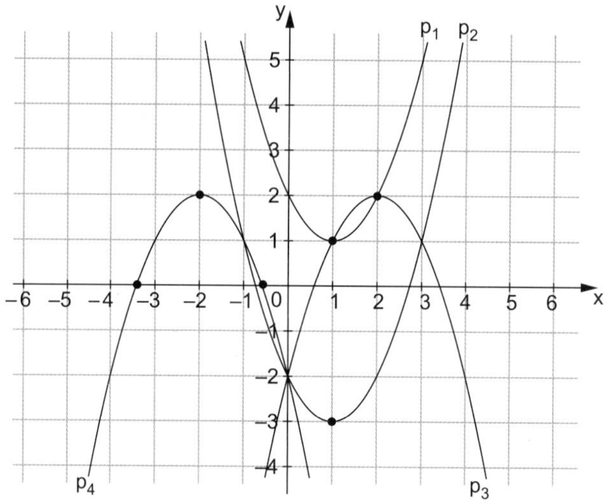

a) Gib die Scheitelpunktform der Parabeln an.

b) Berechne die Koordinaten der Schnittpunkte P und Q von p_1 mit p_3.

c) Berechne die Nullstellen x_1 und x_2 von p_4.

117. Schneidet die Gerade g mit der Funktionsgleichung $y = -0{,}75x + 5$ eine nach unten geöffnete Normalparabel mit dem Scheitelpunkt $S(4\,|\,3)$?
Begründe deine Entscheidung.

118. $S_1(-4\,|\,-2)$ ist der Scheitelpunkt einer nach unten geöffneten Normalparabel. Eine nach oben geöffnete Normalparabel besitzt den Scheitelpunkt $S_2(-3\,|\,-2)$.
Existiert ein Schnittpunkt?
Begründe deine Entscheidung.

119. Auf der nach oben geöffneten Normalparabel p liegen die Punkte $A(-4\,|\,6)$ und $B(2{,}5\,|\,22{,}25)$.

a) Berechne die Funktionsgleichung der Parabel p.

b) Berechne die Koordinaten des Scheitelpunktes S.

c) Hat die Parabel Nullstellen?
Begründe deine Entscheidung.

120. Zwei Normalparabeln schneiden sich in den Punkten $A(-3\,|\,-1)$ und $B(2\,|\,4)$. Die Parabel p_1 ist nach oben geöffnet, p_2 nach unten.

a) Berechne die Funktionsgleichungen für p_1 und p_2.

b) Berechne die Scheitelpunkte für p_1 und p_2.

c) Berechne die Funktionsgleichung für die Gerade g, die durch die Schnittpunkte der Parabeln verläuft.

d) Zeichne p_1, p_2 und g in ein Koordinatensystem mit der Einheit 1 cm.

9 Wahrscheinlichkeit

Das musst du wissen!

Einstufiger Zufallsversuch

- Versuche, bei denen verschiedene, nicht sicher vorhersehbare **Ergebnisse** auftreten, heißen **Zufallsversuche**.
- Die Menge aller möglichen Ergebnisse eines Zufallsversuchs bildet die **Ergebnismenge Ω**.
- Ergebnisse, die eine **bestimmte Eigenschaft** erfüllen, heißen **Ereignisse** (günstige Ergebnisse).
  Die Ergebnisse, die diese **bestimmte Eigenschaft nicht** erfüllen, bilden das **Gegenereignis**.
- Sind bei einem Zufallsversuch alle Ergebnisse **gleich wahrscheinlich**, so gilt für die **Wahrscheinlichkeit P** eines **Ereignisses E** folgende Formel:
  $$P(E) = \frac{\text{Anzahl der günstigen Ergebnisse}}{\text{Anzahl der möglichen Ergebnisse}}$$

Beispiel

In einer Urne liegen fünf Kugeln. Die Kugeln sind fortlaufend mit den Zahlen 1 bis 5 beschriftet. Es wird eine Kugel gezogen. Gib die Ergebnismenge an.
Bestimme dann für jedes Ereignis die Ereignismenge sowie die zugehörige Wahrscheinlichkeit.

a) Die Zahl auf der gezogenen Kugel ist durch 2 teilbar.

b) Die Zahl auf der Kugel ist ein Vielfaches von 6.

c) Die Zahl auf der Kugel ist größer als 0 und kleiner als 6.

d) Die Zahl auf der Kugel ist mindestens 2.

Lösung:

Ergebnismenge $\Omega = \{1; 2; 3; 4; 5\}$

a) Ereignismenge $E_1 = \{2; 4\}$

$$P(E_1) = \frac{2}{5} = 0{,}4 = 40\,\%$$

b) Ereignismenge $E_2 = \{\ \}$

$$P(E_2) = \frac{0}{5} = 0 = 0\,\% \quad \Rightarrow \quad \text{unmögliches Ergebnis}$$

c) Ereignismenge $E_3 = \{1; 2; 3; 4; 5\}$

$$P(E_3) = \frac{5}{5} = 1 = 100\,\% \quad \Rightarrow \quad \text{sicheres Ergebnis}$$

d) Ereignismenge $E_4 = \{2; 3; 4; 5\}$

$$P(E_4) = \frac{4}{5} = 0{,}8 = 80\,\%$$

oder:

Gegenereignis E_5: Die Zahl auf der Kugel ist kleiner als 2.

Ereignismenge $E_5 = \{1\}$

$$P(E_5) = \frac{1}{5}$$

$$P(E_4) = 1 - P(E_5) = 1 - \frac{1}{5} = \frac{4}{5} = 0{,}8 = 80\,\%$$

Aufgaben A

121. In einer Urne befinden sich 14 Kugeln, die fortlaufend mit den Zahlen 1 bis 14 beschriftet sind. Es wird eine Kugel gezogen. Gib jeweils die Ereignismenge und die Wahrscheinlichkeit an.
a) Die Zahl ist größer als 8.
b) Die Zahl ist ungerade.
c) Die Zahl ist durch 3 oder durch 2 teilbar.
d) Die Zahl ist eine Primzahl.

122. In einer Urne liegen vier rote, sechs blaue, sieben grüne und drei gelbe Kugeln. Es wird eine Kugel gezogen.
Bestimme jeweils die Wahrscheinlichkeit für …
a) das Ziehen einer blauen Kugel.
b) das Ziehen einer roten Kugel.
c) das Ziehen einer nicht grünen Kugel.
d) das Ziehen einer gelben oder grünen Kugel.

123. Das abgebildete Glücksrad wird einmal gedreht.
Bestimme die Wahrscheinlichkeit dafür, dass es …
a) bei einem weißen Feld stehen bleibt.
b) bei einem grauen Feld stehen bleibt.

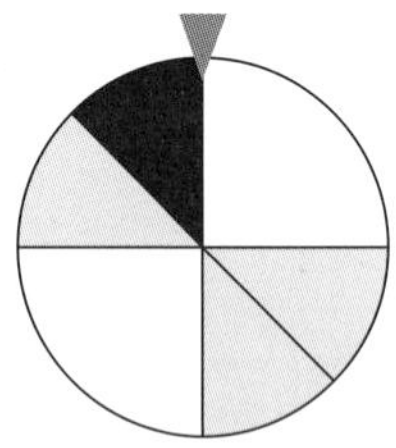

Interaktive Aufgabe
1. Glücksrad

124. Die Wahrscheinlichkeit, dass das Glücksrad bei einem weißen Feld stehen bleibt, soll 50 % betragen.
Kreuze an, welches Glücksrad gedreht werden muss.

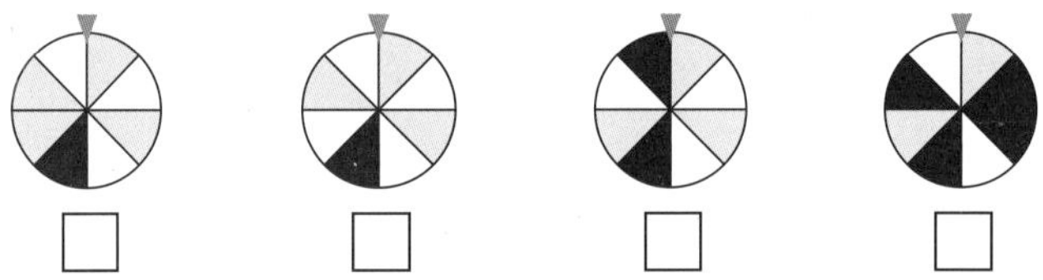

Das musst du wissen!

Mehrstufiger Zufallsversuch
Wird ein Zufallsversuch mehrfach durchgeführt, spricht man von einem **mehrstufigen Zufallsversuch**.
Die möglichen Ergebnisse lassen sich in einem **Baumdiagramm** als **Pfade** darstellen. Die **Wahrscheinlichkeiten** der jeweiligen Ergebnisse werden auf den **zugehörigen Pfaden** angegeben.

Beispiel

Eine Münze wird zweimal geworfen.
Stelle die möglichen Ergebnisse in einem Baumdiagramm dar und gib die Ergebnismenge an (W = Wappen; Z = Zahl).
Lösung:
Baumdiagramm:

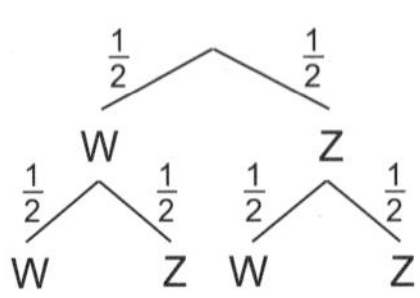

Ergebnismenge:
$\Omega = \{WW; WZ; ZW; ZZ\}$

Aufgabe A

125. In einer Urne liegen drei grüne (g) und vier blaue (b) Kugeln. Lara zieht dreimal nacheinander, ohne hinzusehen, eine Kugel und legt sie jeweils wieder zurück.
Vervollständige das Baumdiagramm.

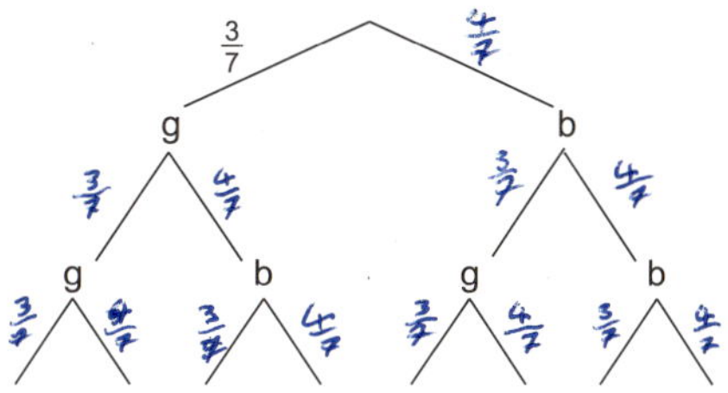

Beim Berechnen von Wahrscheinlichkeiten mehrstufiger Zufallsversuche helfen dir diese **Pfadregeln:**

Das musst du wissen!

Baumdiagramm

- **1. Pfadregel (Multiplikationsregel):**
  Die Wahrscheinlichkeit für ein **Ergebnis** (einen Pfad) ist gleich dem **Produkt** der Wahrscheinlichkeiten **entlang des Pfades**.
- **2. Pfadregel (Additionsregel):**
  Setzt sich ein **Ereignis** aus mehreren Ergebnissen (Pfaden) zusammen, ist die Wahrscheinlichkeit des **Ereignisses** gleich der **Summe** der Wahrscheinlichkeiten **der zugehörigen Ergebnisse (Pfade)**.

Beispiel

Eine Münze wird zweimal geworfen (W = Wappen; Z = Zahl).
Berechne die folgenden Wahrscheinlichkeiten.

a) Es fällt zuerst Wappen und dann Zahl.

b) Es fällt einmal Wappen und einmal Zahl.

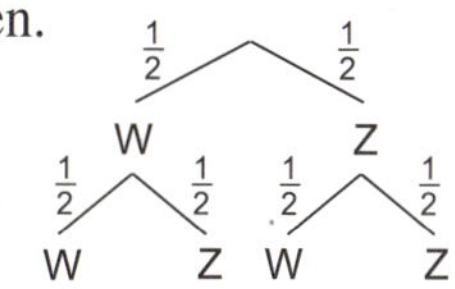

Lösung:

a) $P(WZ) = \frac{1}{2} \cdot \frac{1}{2} = \frac{1}{4}$ — 1. Pfadregel

b) Günstige Ergebnisse: WZ; ZW — $E = \{WZ; ZW\}$

$P(WZ) = \frac{1}{2} \cdot \frac{1}{2} = \frac{1}{4}$ — 1. Pfadregel

$P(ZW) = \frac{1}{2} \cdot \frac{1}{2} = \frac{1}{4}$ — 1. Pfadregel

$P(E) = P(WZ) + P(ZW) = \frac{1}{4} + \frac{1}{4} = \frac{2}{4} = \frac{1}{2}$ — 2. Pfadregel

Aufgaben B

126. In einem Behälter befinden sich vier blaue und sechs weiße Kugeln. Es werden nacheinander drei Kugeln **mit Zurücklegen** gezogen.
Zeichne das Baumdiagramm mit den Wahrscheinlichkeiten.
Wie groß ist die Wahrscheinlichkeit für folgende Ereignisse?

a) E_1: Es werden drei blaue Kugeln gezogen.

b) E_2: Es wird genau eine weiße Kugel gezogen.

c) E_3: Es werden zwei weiße und eine blaue Kugel gezogen.

d) E_4: Es wird mindestens eine weiße Kugel gezogen.

127. Ein Glücksrad ist in acht gleich große Sektoren aufgeteilt, die mit den Zahlen 1 bis 8 beschriftet sind.
Das Rad wird zweimal gedreht.
Mit welcher Wahrscheinlichkeit kommt es zu den folgenden Ereignissen?

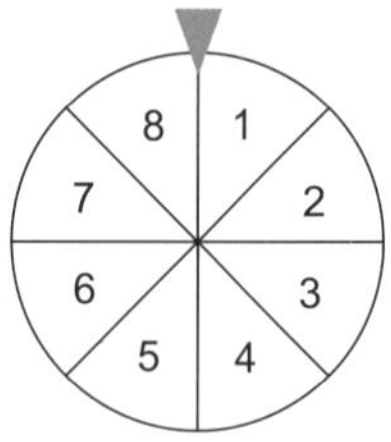

a) E_1: Man erhält die 2 und die 4.

b) E_2: Man erhält zweimal eine ungerade Zahl.

c) E_3: Man erhält zweimal die gleiche Zahl.

128. In einem Karton liegen vier grüne und drei rote Kugeln.
Es werden nacheinander zwei Kugeln gezogen, die immer wieder zurückgelegt werden.
Gib die Wahrscheinlichkeit für folgende Ereignisse an:

a) E_1: Beide Kugeln sind grün.

b) E_2: Wenigstens eine Kugel ist rot.

c) E_3: Es werden eine rote und eine grüne Kugel gezogen.

d) E_4: Die erste Kugel ist grün.

Interaktive Aufgaben
2. Baumdiagramm I
3. Baumdiagramm II
4. Multiplikationsregel I
5. Multiplikationsregel II

129. Aus einem Kartenspiel werden vier Asse, drei Könige und eine Dame genommen und gemischt. Nicole zieht nacheinander zwei Karten **ohne Zurücklegen.**
Zeichne das Baumdiagramm mit den Wahrscheinlichkeiten.
Berechne die Wahrscheinlichkeiten für folgende Ereignisse.

a) E_1: Es werden zwei Asse gezogen.

b) E_2: Es werden ein König und eine Dame gezogen.

c) E_3: Es wird kein Ass gezogen.

d) E_4: Es werden ein Ass und ein König gezogen.

Zur Berechnung von Wahrscheinlichkeiten wird die **Anzahl von Ergebnissen** benötigt. Um ein langwieriges Abzählen zu vermeiden, werden die Berechnungen der **Kombinatorik** verwendet.

Das musst du wissen!

Anzahl der Kombinationen (Produktregel, allgemeines Zählprinzip)

Gibt es für das erste Auswahlkriterium **a Möglichkeiten** und für das zweite Auswahlkriterium **b Möglichkeiten**, dann gibt es für beide Auswahlkriterien zusammen **a · b Kombinationen.**

Beispiel

Der Pausenverkauf bietet Mohn-, Kaiser-, Sesam- und Vollkornbrötchen an. Jedes Brötchen kann mit Frischkäse, Thunfisch oder Putenwurst belegt werden.

a) Stelle alle möglichen Kombinationen in einem Baumdiagramm dar.
Wie viele Kombinationsmöglichkeiten gibt es?

b) Sabine mag kein Vollkornbrötchen und keinen Frischkäse.
Wie viele Kombinationsmöglichkeiten hat sie?

Lösung:

a) Baumdiagramm:

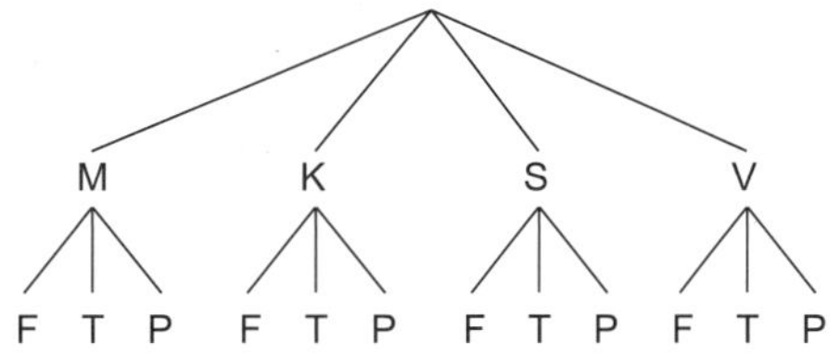

Es gibt eine Auswahl aus 4 Brötchen und 3 Belägen.

Anzahl der Kombinationen:

$4 \cdot 3 = 12$

Es gibt 12 Kombinationsmöglichkeiten.

b) Sabine kann aus 3 Brötchen und 2 Belägen wählen.

Anzahl der Kombinationen:

$3 \cdot 2 = 6$

Sabine hat 6 Kombinationsmöglichkeiten.

Aufgaben B

130. Leo möchte sich seinen Computer selbst zusammenstellen. Er kann aus vier Prozessortypen, neun Gehäusen, sechs DVD-Brennern, drei Soundkarten und acht Grafikkarten auswählen. Die restlichen Komponenten sind festgelegt.

a) Wie viele Kombinationsmöglichkeiten hat Leo für den PC?

b) Leo hat sich nun bereits auf ein Gehäuse und einen Prozessor festgelegt. Von den Grafikkarten sind sechs nicht lieferbar.
Wie viele Auswahlmöglichkeiten hat er noch?

131. Aline besitzt 12 Hosen, 17 Röcke, 24 Blusen, 36 T-Shirts, 9 Jacken und 48 Paar Schuhe.

a) Wie oft kann sie sich unterschiedlich kleiden?

b) Aline wechselt täglich die Kombinationen.
Nach wie vielen Jahren würden ihr die Kombinationsmöglichkeiten ausgehen?

Interaktive Aufgaben
6. FC Grün-Weiß
7. Menü

132. Julia hat die vierstellige PIN für ihr Handy vergessen.

a) Wie viele Zahlenkombinationen sind möglich, wenn die erste Stelle keine Null sein darf?

b) Julia fällt ein, dass die letzte Ziffer eine 4 und die erste Ziffer eine 7 war.
Wie viele falsche Zahlenkombinationen kann Julia jetzt noch tippen?

Das musst du wissen!

Anzahl der Anordnungsmöglichkeiten (Permutationen)

- Eine **Anordnung** von verschiedenen Elementen in einer bestimmten **Reihenfolge** heißt **Permutation**.
- Für **n verschiedene Elemente** gibt es **n! Permutationen**.
- **n!** (gelesen: **n Fakultät**) ist die abgekürzte Schreibweise für das Produkt der ersten n natürlichen Zahlen:
  $n! = n \cdot (n-1) \cdot (n-2) \cdot \ldots \cdot 3 \cdot 2 \cdot 1$

  Hinweis:
  Fakultäten können leicht mit der dafür vorgesehenen Taste [!] am Taschenrechner berechnet werden.

Beispiel

Zu Verenas Geburtstag kommen fünf Freundinnen. Das Abendessen wird an einem runden Tisch mit sechs Plätzen serviert.

a) Wie viele verschiedene Sitzordnungen gibt es?

b) Verena weiß, dass sich Katrin und Ronja nicht leiden können und auf keinen Fall nebeneinandersitzen dürfen. Daher schreibt sie für die beiden Platzkarten.
Wie viele Möglichkeiten haben die übrigen Mädchen, auf den noch freien Stühlen Platz zu nehmen?

Lösung:

a) Anzahl der Sitzordnungen:
$6! = 6 \cdot 5 \cdot 4 \cdot 3 \cdot 2 \cdot 1 = 720$
Es gibt 720 Sitzordnungen.

Für die Anordnung der 6 Mädchen um den Tisch gibt es 6! Möglichkeiten.

b) Anzahl der Möglichkeiten:
$4! = 4 \cdot 3 \cdot 2 \cdot 1 = 24$
Sie haben 24 Möglichkeiten.

Katrin und Ronja haben einen festen Platz. Die anderen 4 Mädchen können sich auf den verbleibenden Stühlen unterschiedlich anordnen.

Aufgaben B

133. Bei einem Pferderennen starten acht Pferde.
Wie viele Möglichkeiten gibt es für den Zieleinlauf?

134. Bei einem Staffellauf sind vier Läufer in einer Mannschaft.

a) Wie viele Möglichkeiten gibt es, die Staffel aufzustellen?

b) Der Startläufer steht fest.
Wie viele Aufstellungsmöglichkeiten hat der Trainer noch?

135. a) Wie viele Möglichkeiten gibt es, die 36 Karten eines Kartenspiels anzuordnen?

b) Wie viele Möglichkeiten gibt es, die vier Asse und die vier Könige eines Kartenspiels anzuordnen?

Interaktive Aufgabe
8. Klassenzimmer

136. Jarno und Kai hören sich eine neue CD mit der Zufallswiedergabe an. Bei einem CD-Durchlauf wiederholen sich die Titel nicht, werden aber zufällig ausgewählt.
Kai gibt einen Tipp für die Reihenfolge der zwölf Lieder ab. Jarno behauptet, dass es total unwahrscheinlich ist, die richtige Reihenfolge vorauszusagen, da sich die Anzahl der Möglichkeiten im dreistelligen Millionenbereich befindet.
Stimmt das?

10 Kugel

Das musst du wissen!

Volumen einer Kugel:
$V = \frac{4}{3} r^3 \cdot \pi$ *oder* $V = \frac{1}{6} d^3 \cdot \pi$

Oberflächeninhalt einer Kugel:
$O = 4r^2 \cdot \pi$ *oder* $O = d^2 \cdot \pi$

Masse einer Kugel:
$m = V \cdot \rho$ *oder* $V = m : \rho$

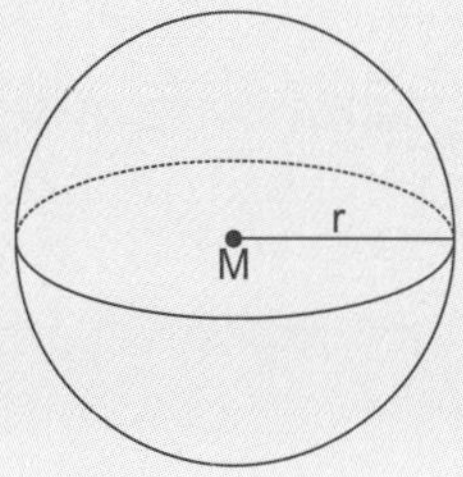

Beispiel

Das Volumen einer Styroporkugel beträgt 14 cm^3.
a) Berechne die Oberfläche der Kugel.
b) Wie schwer ist die Kugel, wenn 1 cm^3 Styropor 0,03 g wiegt?

Lösung:

a) Radius der Kugel:

$$14\,cm^3 = \frac{4}{3} r^3 \cdot \pi \quad \Big| : \frac{4}{3}; : \pi$$

$$r^3 = \frac{3 \cdot 14\,cm^3}{4 \cdot \pi} \quad \Big| \sqrt[3]{}$$

$$r = \sqrt[3]{\frac{3 \cdot 14\,cm^3}{4 \cdot \pi}}$$

$$r \approx 1{,}5\,cm$$

Setze V = 14 cm^3 in die Volumenformel der Kugel ein:
$V = \frac{4}{3} r^3 \cdot \pi$
Löse nach r auf.

Oberflächeninhalt der Kugel:

$$O = 4r^2 \cdot \pi$$
$$O = 4 \cdot (1{,}5\,cm)^2 \cdot \pi$$
$$O \approx 28{,}27\,cm^2$$

Setze dann r = 1,5 cm in die Oberflächenformel der Kugel ein und berechne O.

b) Gewicht der Kugel:

$$m = V \cdot \rho$$
$$m = 14\,cm^3 \cdot 0{,}03\,\frac{g}{cm^3}$$
$$m = 0{,}42\,g$$

Die Kugel wiegt 0,42 g.

Da 1 cm^3 Styropor 0,03 g wiegt, ist die Dichte von Styropor
$\rho = 0{,}03\,\frac{g}{cm^3}$.

Hinweis

Wenn nicht anders angegeben, wird im Folgenden für π mit $\pi = 3{,}14$ gerechnet. Rechnest du mit dem genauen Wert (Taschenrechnerwert!) von π, können kleine Abweichungen im Ergebnis auftreten.

Aufgabe A

137. Um welchen Faktor ändern sich jeweils das Volumen und der Oberflächeninhalt einer Kugel, wenn der Radius der Kugel …

a) halbiert wird? b) verdoppelt wird?

Aufgaben B

138. Berechne Volumen und Oberfläche der kugelförmigen Körper.

a) Fußball: r = 11 cm b) Sonne: $d = 2{,}8 \cdot 10^7$ km

139. Ein kugelförmiger Gasbehälter (d = 28 m) benötigt einen neuen Schutzanstrich. Ein Fass Farbe reicht für 350 m^2.
Wie viele Fässer Farbe werden benötigt?

140. Berechne die Oberfläche und das Volumen einer Kugel mit dem Radius $r = 10$ cm.

a) Welchen Radius hat eine Kugel, deren Oberfläche nur halb so groß ist? Berechne ihr Volumen.

b) Welchen Radius hat eine Kugel, deren Oberfläche doppelt so groß ist? Berechne das Kugelvolumen.

141. Ein 7,345 kg schwerer Bleibarren wird eingeschmolzen und zu 50 kleineren Kugeln gegossen. 1 dm^3 Blei wiegt 11,3 kg. Welchen Durchmesser hat eine kleine Kugel?

Fit für die Prüfung?

142. Berechne das Volumen der Körper.

Zylinder:	Kugel:	Kegel:
$r = 5$ cm; $h_Z = 10$ cm	$r = 5$ cm	$r = 5$ cm; $h_{Ke} = 10$ cm

Welchen Bruchteil des Zylindervolumens besitzen die Kugel und der Kegel?

143. Ein Maurerlot (Senkblei) setzt sich aus einer Halbkugel und einem Kegel zusammen.

a) Berechne das Gewicht des Maurerlotes. 1 cm^3 Edelstahllegierung wiegt 7,8 g.

b) Wie groß ist die Oberfläche des Maurerlotes?

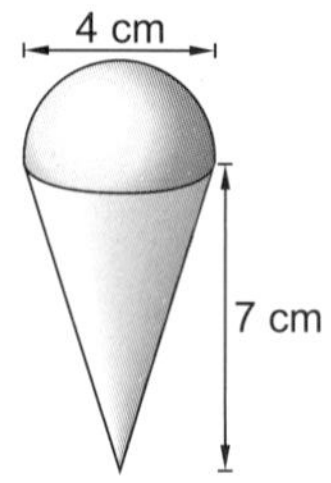

144. Ein kugelförmiger Gastank fasst 904 320 Liter Gas.

a) Wie hoch ist ein zylinderförmiger Tank mit dem gleichen Durchmesser, wenn er die gleiche Gasmenge fassen kann? Gib die Höhe in Metern an.

b) Um wie viel Prozent ist die Zylinderoberfläche größer als die Kugeloberfläche?

145. In einem zylinderförmigen Gefäß befindet sich ein Liter Wasser.

a) Wie hoch steht das Wasser im Gefäß?

b) Nun wird eine Metallkugel in das zylinderförmige Gefäß gelegt. Um wie viele cm steigt das Wasser an?

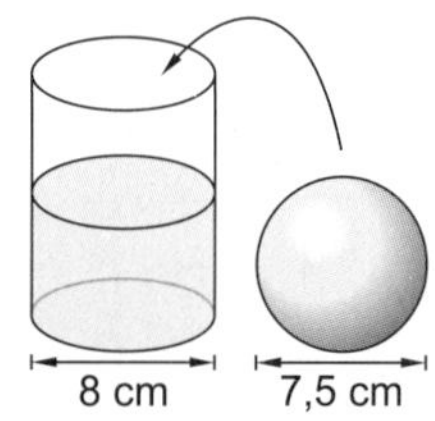

146. Aus einem Seifenwassertropfen mit einem Durchmesser von 6 mm wird eine Seifenblase aufgeblasen. Der äußere Durchmesser der Seifenblase beträgt 6 cm.
Berechne die Wandstärke der Seifenblasenhaut.

Interaktive Aufgaben
1. Bowlingkugel
2. Restkörper
3. Zusammengesetzter Körper
4. Knetkugel

147. Aus einem Granitwürfel ($a = 1{,}2$ m) wird ein halbkugelförmiges Brunnenbecken geschlagen. Das fertige Brunnenteil wiegt 4,463 t. Die Dichte von Granit beträgt $2{,}8 \frac{kg}{dm^3}$.

a) Wie viele Liter Wasser fasst das Brunnenbecken, wenn es bis zum Rand gefüllt wird?

b) Berechne den Durchmesser des Brunnenbeckens.

11 Zentrische Streckung

Das musst du wissen!

Eine **zentrische Streckung** ist durch das **Streckungszentrum Z** und den **Streckungsfaktor k** festgelegt:

- $k > 1 \Rightarrow$ Vergrößerung
- $0 < k < 1 \Rightarrow$ Verkleinerung

Original- und Bildpunkt liegen auf einer Geraden durch das Streckungszentrum Z.

Für eine Strecke $\overline{AB}$ und ihre Bildstrecke $\overline{A'B'}$ gilt:

- $AB \parallel A'B'$
- $|\overline{A'B'}| = k \cdot |\overline{AB}|$
- $\dfrac{|\overline{ZA'}|}{|\overline{ZA}|} = \dfrac{|\overline{ZB'}|}{|\overline{ZB}|} = k$
- $\dfrac{\text{Bildstrecke}}{\text{Originalstrecke}} = k$

Beispiel

Die Strecke $\overline{AB}$ wird auf die Strecke $\overline{A'B'}$ abgebildet.
Berechne die fehlenden Streckenlängen.

Lösung:

Berechnung des Streckungsfaktors:

$$k = \frac{|\overline{ZB'}|}{|\overline{ZB}|} = \frac{12\text{ cm}}{3\text{ cm}} = 4$$

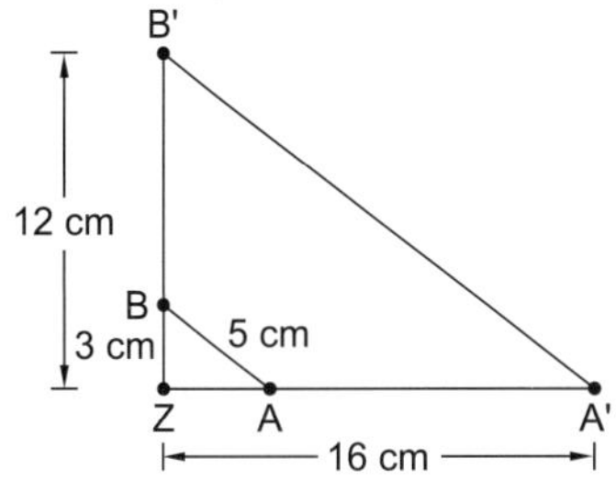

Berechnung der Länge von $\overline{ZA}$:

$$\frac{|\overline{ZA'}|}{|\overline{ZA}|} = k$$

$$\frac{16\text{ cm}}{|\overline{ZA}|} = 4 \qquad |\cdot|\overline{ZA}|;\ :4$$

$$|\overline{ZA}| = \frac{16\text{ cm}}{4}$$

$$|\overline{ZA}| = 4\text{ cm}$$

Berechnung der Länge von $\overline{A'B'}$:

$$|\overline{A'B'}| = k \cdot |\overline{AB}|$$

$$|\overline{A'B'}| = 4 \cdot 5\text{ cm} = 20\text{ cm}$$

Aufgaben A

148. Strecke die Strecke $\overline{AB}$ von Z aus mit $k = 0{,}25$ und mit $k = 1{,}5$.

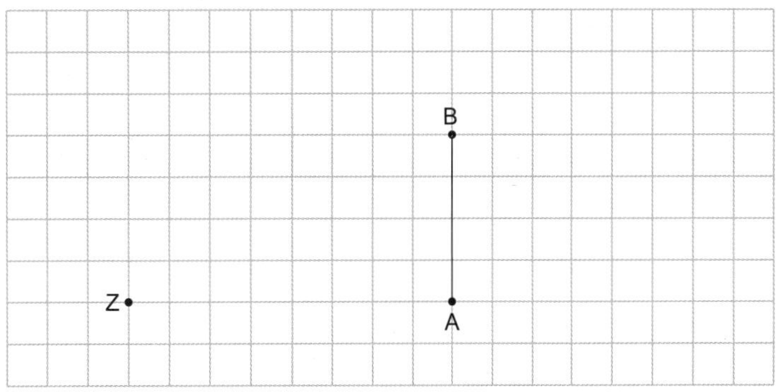

149. Das Dreieck A'B'C' ist das Bild vom Dreieck ABC, das bei einer zentrischen Streckung entstanden ist.
Bestimme das Streckungszentrum Z und den Streckungsfaktor k.

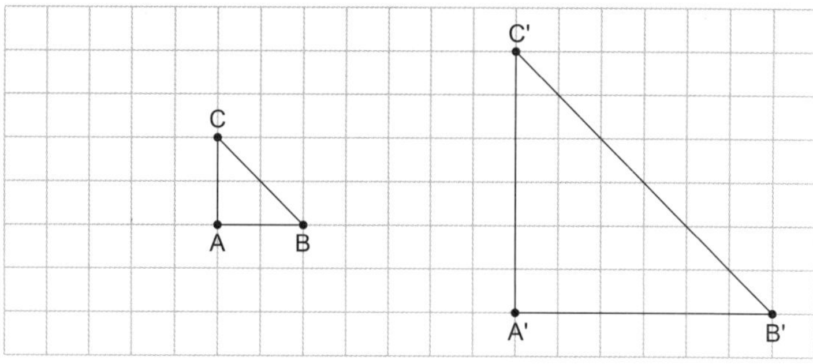

150. Übertrage die Figuren in dein Heft und strecke sie jeweils von Z aus mit dem angegebenen Streckungsfaktor.

a)

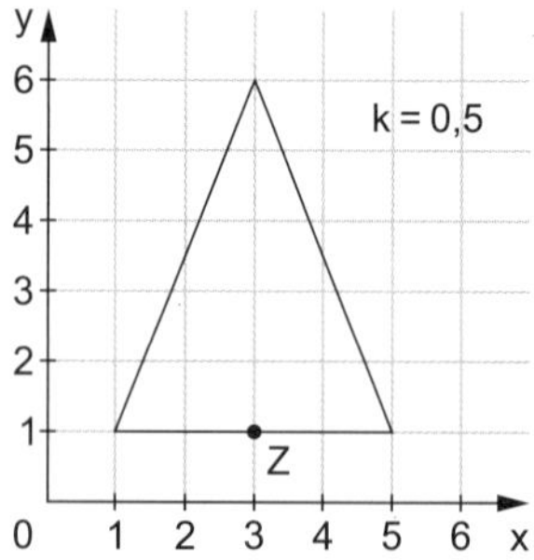

b)

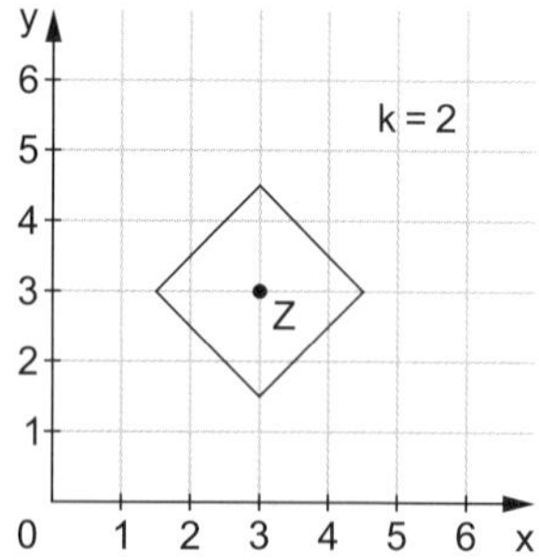

151. Die Strecke a wird mit dem Streckungsfaktor k = 0,25 gestreckt.
Wie lang ist die Strecke a, wenn a' 4 cm lang ist? Kreuze an.

☐ a = 1 cm ☐ a = 2 cm ☐ a = 4 cm ☐ a = 16 cm

Aufgaben B

152. Überprüfe jeweils, ob eine zentrische Streckung vorliegt.
Berechne gegebenenfalls die fehlende (Bild-)Strecke.

a)

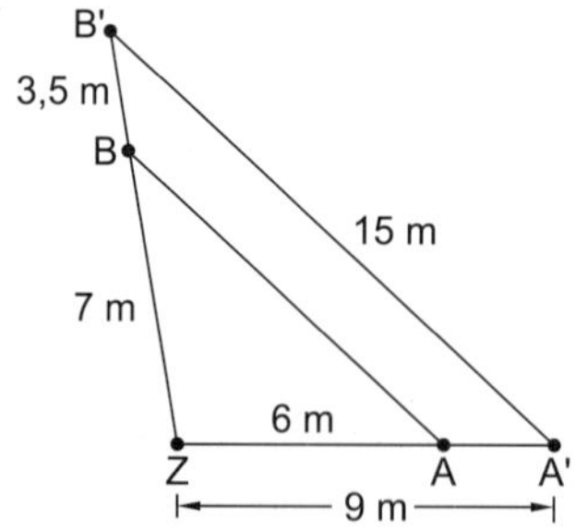

b)

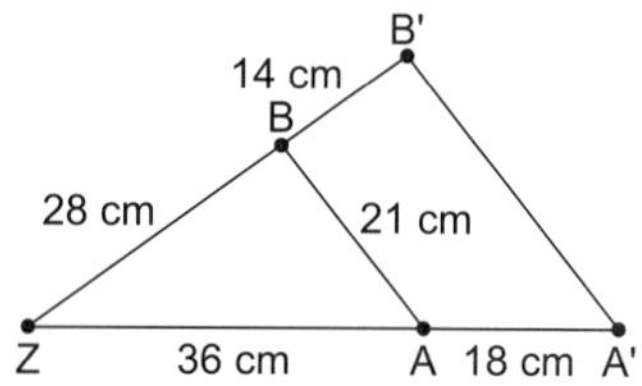

Interaktive Aufgaben
1. Dreieck zeichnen
2. Figuren vergrößern oder verkleinern

153. Beschrifte die Skizzen dieser zentrischen Streckungen.
Berechne dann die fehlenden Werte.

a)

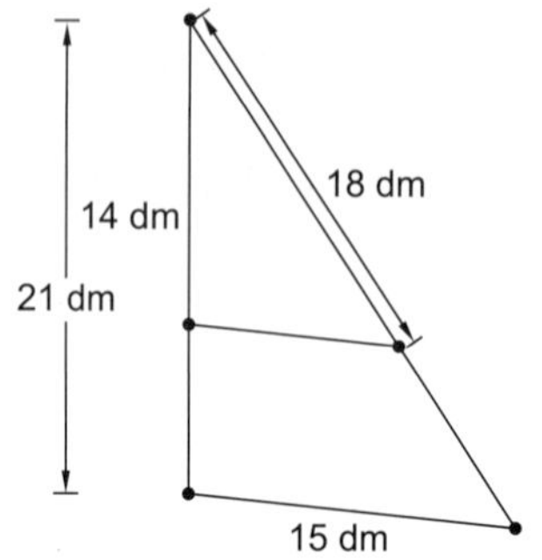

b)

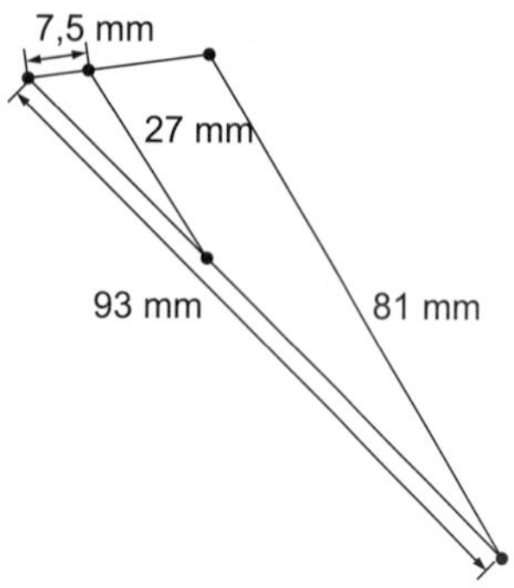

Das musst du wissen!

Flächen werden mit dem **Streckungsfaktor k²** gestreckt. Es gilt:

$$\frac{\textbf{Bildfläche}}{\textbf{Originalfläche}} = k^2$$

Beispiel

Ein Quadrat ($a = 2$ cm) wird mit $k = 3$ zentrisch gestreckt.
Berechne den Flächeninhalt von Original- und Bildfläche.

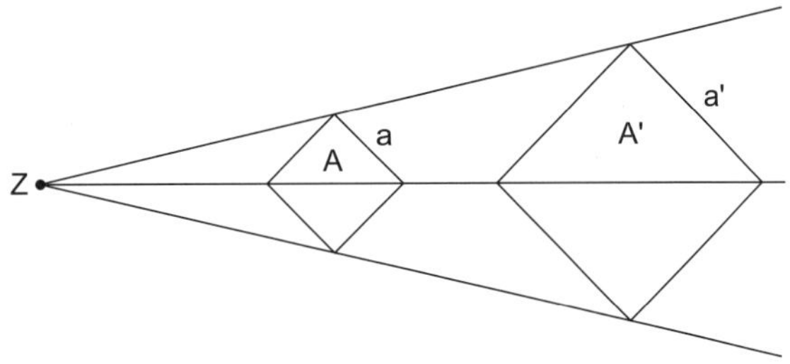

Lösung:

Originalfläche:
$A = a \cdot a$
$A = 2\text{ cm} \cdot 2\text{ cm}$
$A = 4\text{ cm}^2$

Bildfläche:
$A' = a' \cdot a'$
$A' = k \cdot a \cdot k \cdot a$
$A' = k^2 \cdot a \cdot a$
$A' = 3^2 \cdot 4\text{ cm}^2$
$A' = 36\text{ cm}^2$

Aufgabe A

154. Ein Kreis wird zentrisch gestreckt. Der Flächeninhalt des Bildkreises beträgt ein Viertel des Flächeninhalts des Kreises.
Wie lautet der Streckungsfaktor? Kreuze an.

☐ $k = 0{,}25$ ☐ $k = 0{,}5$ ☐ $k = 4$ ☐ $k = 16$

Aufgaben B

155. Ein Rechteck besitzt einen Flächeninhalt von 56 cm^2. Durch eine zentrische Streckung vergrößert sich der Flächeninhalt um 294 cm^2. Die Seite a' hat nun eine Länge von 17,5 cm.
Berechne den Umfang des ursprünglichen Rechtecks.

156. Ein Dreieck ($g = 12$ cm; $h = 7$ cm) wird mit dem Streckungsfaktor $k = 0{,}5$ verkleinert.
Berechne den Flächeninhalt des Bilddreiecks.

Das musst du wissen!

Volumina werden mit dem **Streckungsfaktor k³** gestreckt. Es gilt:

$$\frac{\textbf{Bildvolumen}}{\textbf{Originalvolumen}} = k^3$$

Beispiel

Ein Würfel ($a = 4$ cm) wird mit dem Faktor $k = 3$ vergrößert.
Berechne das Volumen von Original- und Bildwürfel.

Lösung:

Originalvolumen:
$V = a \cdot a \cdot a$
$V = 4\text{ cm} \cdot 4\text{ cm} \cdot 4\text{ cm}$
$V = 64\text{ cm}^3$

Bildvolumen:
$V' = a' \cdot a' \cdot a'$
$V' = k \cdot a \cdot k \cdot a \cdot k \cdot a$
$V' = k^3 \cdot V$
$V' = 3^3 \cdot 64\text{ cm}^3$
$V' = 1\,728\text{ cm}^3$

Aufgaben A

157. Eine Kugel wird mit dem Streckungsfaktor $k = 2$ zentrisch gestreckt. Die Bildkugel hat ein Volumen von 24 cm^3. Wie groß war das Volumen der ursprünglichen Kugel? Kreuze an.

☐ 2 cm^3 ☐ 3 cm^3 ☐ 12 cm^3 ☐ 192 cm^3

158. Ein Quader wird zentrisch gestreckt. Der Streckungsfaktor ist $k = \frac{1}{5}$.
Von den folgenden Aussagen sind genau zwei richtig. Kreuze die zwei wahren Aussagen an.

☐ Der neue Quader ist kleiner als der ursprüngliche Quader.

☐ Das Volumen des Quaders verfünffacht sich.

☐ Die Geraden, die jeweils den Bildpunkt mit seinem Originalpunkt verbinden, schneiden sich.

☐ Das Bild des Quaders ist ein Würfel.

☐ Im ursprünglichen und im neuen Quader sind die sich entsprechenden Seiten gleich lang.

Aufgabe B

Interaktive Aufgabe
3. Veränderte Kantenlänge

159. Berechne jeweils die fehlenden Werte.

a) quadratische Pyramide
gegeben: $V = 3\,840$ cm^3; $h = 20$ cm; $k = 2$
gesucht: a; a'; h'; V'

b) Kegel
gegeben: $V' = 18{,}54$ cm^3; $r = 9$ cm; $h = 8{,}1$ cm
gesucht: r'; h'; V; k

c) Zylinder
gegeben: $r = 9$ cm; $h = 18$ cm; $k = 4$
gesucht: r'; h'; V; V'; M; M'

Fit für die Prüfung?

160. Bei einer zentrischen Streckung wird der Radius eines Kreises um 5 cm verlängert. Dadurch wächst der ursprüngliche Flächeninhalt um das Neunfache.

a) Ermittle den Streckungsfaktor.

b) Berechne den ursprünglichen und den neuen Radius.

161. Ein Rechteck mit dem Flächeninhalt $A = 100$ cm^2 und dem Umfang $u = 41$ cm wird mit $k = 2{,}5$ zentrisch gestreckt.

a) Berechne die Seitenlängen des ursprünglichen Rechtecks mithilfe eines Gleichungssystems.

b) Berechne den neuen Flächeninhalt A'.

c) Um wie viel Prozent wächst der Umfang des Rechtecks?

12 Strahlensätze

Das musst du wissen!

Strahlensätze

Voraussetzung für die Strahlensätze ist, dass von einem gemeinsamen Punkt (Zentrum Z) **zwei Strahlen** ausgehen, die **von zwei parallelen Geraden geschnitten** werden.

- **1. Strahlensatz:**
  Die Streckenabschnitte auf dem einen Strahl verhalten sich wie die entsprechenden Abschnitte auf dem anderen Strahl.
  $\frac{|\overline{ZA'}|}{|\overline{ZA}|} = \frac{|\overline{ZB'}|}{|\overline{ZB}|}$ $\frac{|\overline{AA'}|}{|\overline{ZA}|} = \frac{|\overline{BB'}|}{|\overline{ZB}|}$
- **2. Strahlensatz:**
  Die Abschnitte auf den Parallelen verhalten sich wie die vom Strahlenschnittpunkt aus gemessenen entsprechenden Abschnitte auf einem Strahl.
  $\frac{|\overline{A'B'}|}{|\overline{AB}|} = \frac{|\overline{ZA'}|}{|\overline{ZA}|}$ $\frac{|\overline{A'B'}|}{|\overline{AB}|} = \frac{|\overline{ZB'}|}{|\overline{ZB}|}$

Beispiel

Berechne die Längen der Strecken $\overline{BB'}$ und $\overline{A'B'}$.

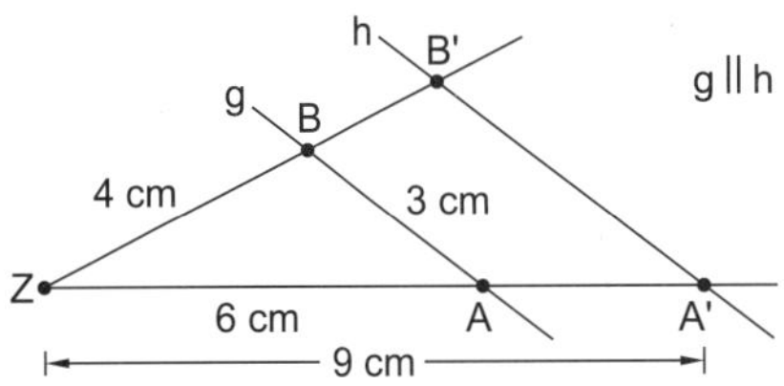

Lösung:

Länge der Strecke $\overline{ZB'}$:
1. Strahlensatz:

$$\frac{|\overline{ZA'}|}{|\overline{ZA}|} = \frac{|\overline{ZB'}|}{|\overline{ZB}|}$$

$$\frac{9\text{ cm}}{6\text{ cm}} = \frac{|\overline{ZB'}|}{4\text{ cm}} \quad |\cdot 4\text{ cm}$$

$$|\overline{ZB'}| = \frac{4\text{ cm}\cdot 9\text{ cm}}{6\text{ cm}}$$

$$|\overline{ZB'}| = 6\text{ cm}$$

Länge der Strecke $\overline{BB'}$:

$$|\overline{BB'}| = |\overline{ZB'}| - |\overline{ZB}|$$

$$|\overline{BB'}| = 6\text{ cm} - 4\text{ cm} = 2\text{ cm}$$

Länge der Strecke $\overline{A'B'}$:
2. Strahlensatz:

$$\frac{|\overline{A'B'}|}{|\overline{AB}|} = \frac{|\overline{ZA'}|}{|\overline{ZA}|}$$

$$\frac{|\overline{A'B'}|}{3\text{ cm}} = \frac{9\text{ cm}}{6\text{ cm}} \quad |\cdot 3\text{ cm}$$

$$|\overline{A'B'}| = \frac{3\text{ cm}\cdot 9\text{ cm}}{6\text{ cm}}$$

$$|\overline{A'B'}| = 4{,}5\text{ cm}$$

Aufgaben A

162. Welche beiden Gleichungen passen zur Zeichnung? Kreuze an.

- ☐ $\frac{|\overline{A''D}|}{|\overline{A'C}|} = \frac{|\overline{AA''}|}{|\overline{AA'}|}$
- ☐ $\frac{|\overline{B''D}|}{|\overline{B''A''}|} = \frac{|\overline{ZB''}|}{|\overline{ZA''}|}$
- ☐ $\frac{|\overline{CD}|}{|\overline{AC}|} = \frac{|\overline{B'B''}|}{|\overline{AB}|}$
- ☐ $\frac{|\overline{ZB''}|}{|\overline{ZB'}|} = \frac{|\overline{ZA''}|}{|\overline{ZA'}|}$

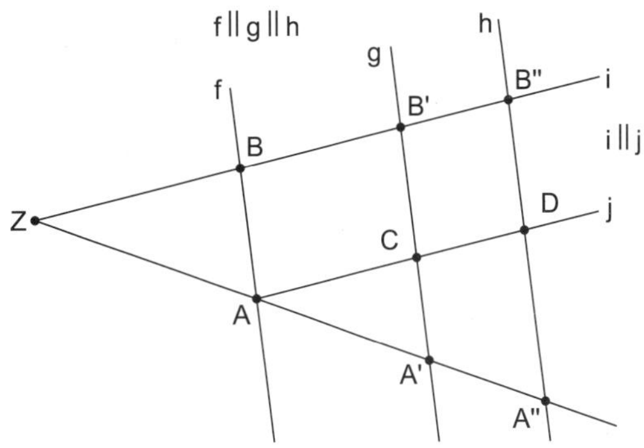

163. Fülle jeweils die Lücke so, dass die Formel richtig ist.

a) $\frac{a}{e} = \frac{b+c}{\boxed{h+g}}$

b) $\frac{g}{h} = \frac{\square}{b}$

c) $\frac{i}{g} = \frac{a}{\square}$

d) $\frac{d}{f} = \frac{\square}{b+c}$

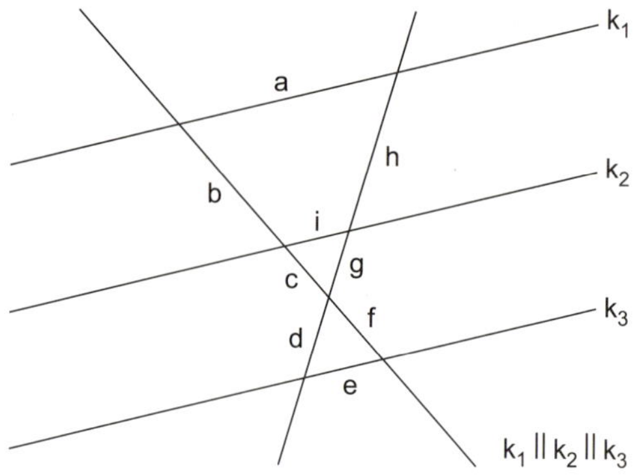

164. Berechne, bis zu welcher Höhe die Leiter in der Skizze reicht.

$|\overline{BD}| = 8\text{ m}$

$|\overline{AD}| = 12\text{ m}$

$|\overline{BC}| = 2\text{ m}$

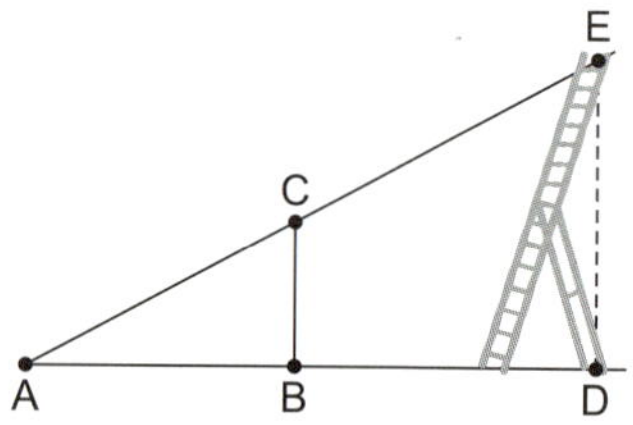

Aufgaben B

165. Berechne die fehlenden Längen mithilfe der Strahlensätze.

a)

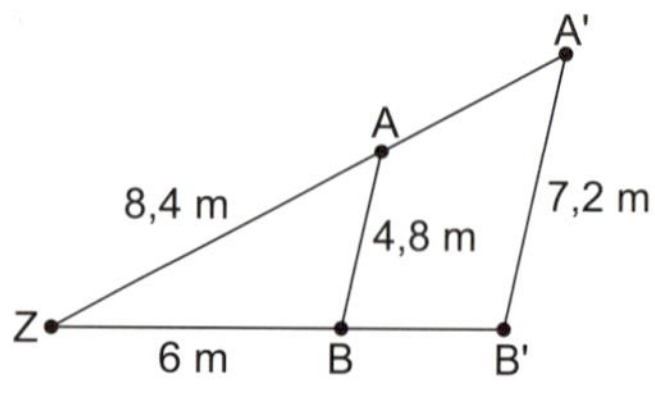

b)

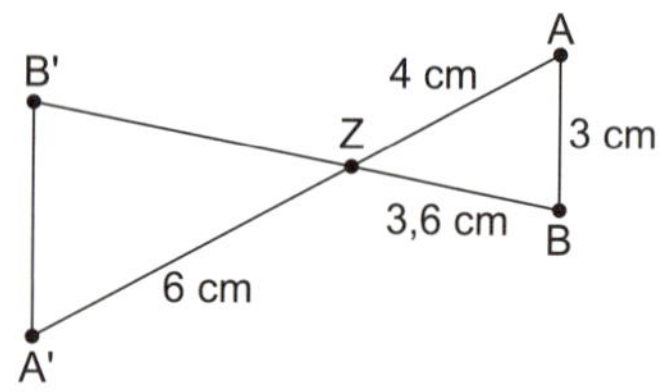

166. Prüfe, ob die angegebenen Maße stimmen.

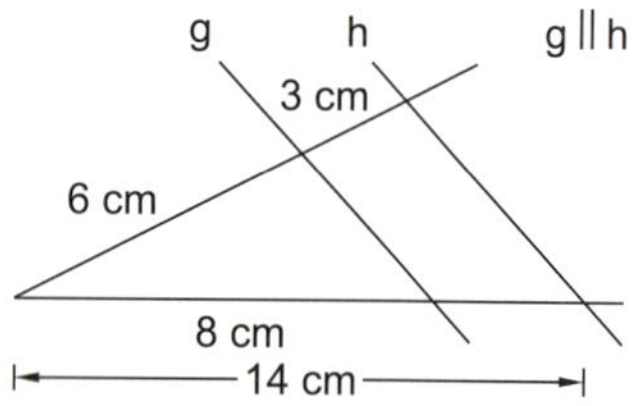

Interaktive Aufgaben
1. Strecke bestimmen I
2. Strecke bestimmen II
3. Straßen

167. a) Wie lang ist der See?

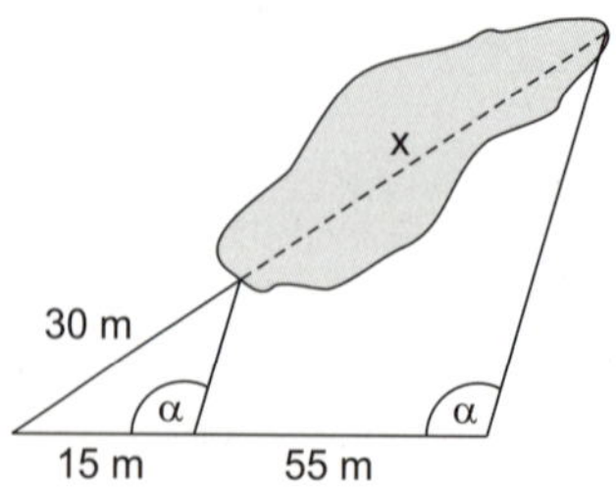

b) Wie breit ist der Fluss?

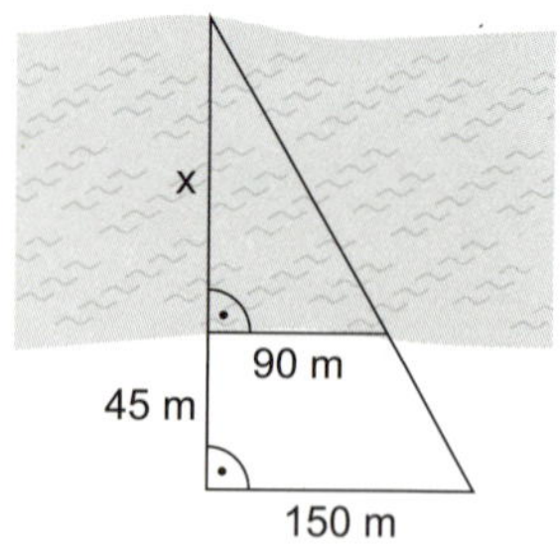

13 Satzgruppe des Pythagoras

Das musst du wissen!

Satz des Pythagoras

In jedem rechtwinkligen Dreieck haben die beiden **Quadrate über den Katheten zusammen den gleichen Flächeninhalt** wie das **Quadrat über der Hypotenuse**.

$c^2 = a^2 + b^2$

Umgeformt gilt:

$a^2 = c^2 - b^2$

$b^2 = c^2 - a^2$

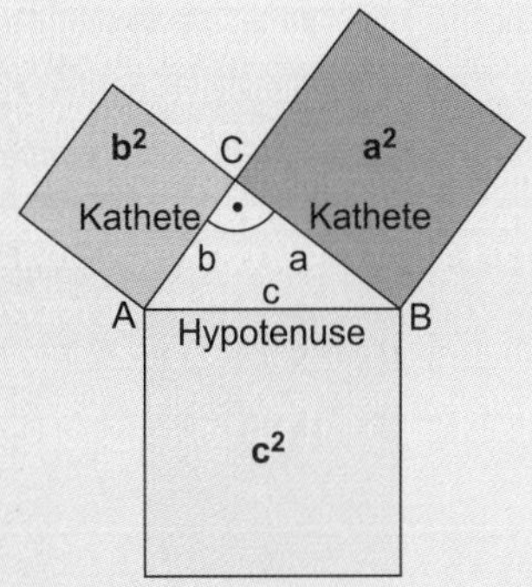

Beispiel

Berechne den Flächeninhalt des gleichschenkligen Dreiecks.

Lösung:

Höhe des Dreiecks:

$h^2 = b^2 - \left(\frac{c}{2}\right)^2$

$h^2 = (10\,\text{cm})^2 - (8\,\text{cm})^2$

$h^2 = 36\,\text{cm}^2 \quad |\sqrt{\ }$

$h = 6\,\text{cm}$

Flächeninhalt des Dreiecks:

$A = \frac{c \cdot h}{2} = \frac{16\,\text{cm} \cdot 6\,\text{cm}}{2} = 48\,\text{cm}^2$

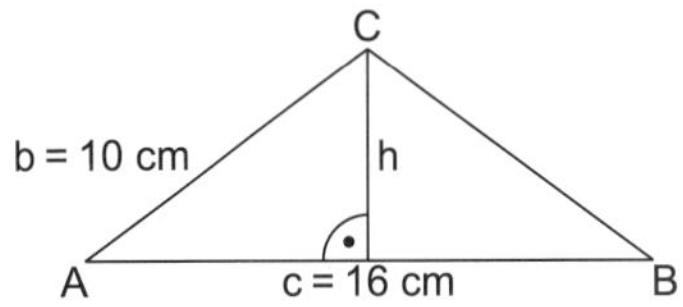

Berechne zunächst die Höhe des Dreiecks mithilfe des Satzes des Pythagoras im rechtwinkligen Teildreieck.

Berechne dann damit den Flächeninhalt.

Das musst du wissen!

Höhensatz des Euklid

Im rechtwinkligen Dreieck teilt die Höhe auf die Hypotenuse diese in die **Hypotenusenabschnitte p und q**.

Der Flächeninhalt des **Quadrats über der Höhe** ist gleich dem Flächeninhalt des **Rechtecks aus den beiden Hypotenusenabschnitten**.

$h^2 = p \cdot q$

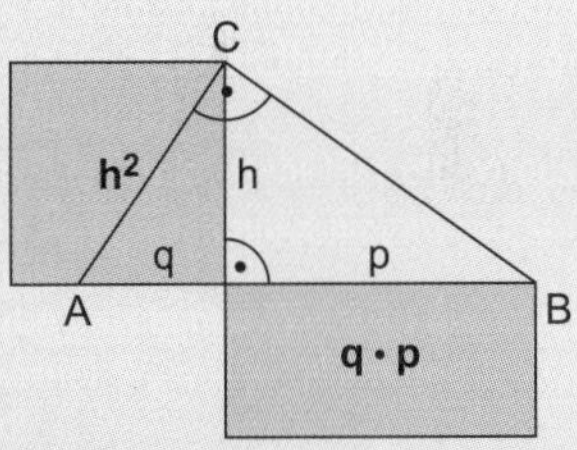

Beispiel

Berechne den Flächeninhalt des Dreiecks.

Lösung:

Höhe des Dreiecks:

$h^2 = p \cdot q$

$h^2 = 3{,}6\,\text{cm} \cdot 6{,}4\,\text{cm}$

$h^2 = 23{,}04\,\text{cm}^2 \quad |\sqrt{\ }$

$h = 4{,}8\,\text{cm}$

Länge der Seite c:

$c = 6{,}4\,\text{cm} + 3{,}6\,\text{cm} = 10\,\text{cm}$

Flächeninhalt des Dreiecks:

$A = \frac{c \cdot h}{2} = \frac{10\,\text{cm} \cdot 4{,}8\,\text{cm}}{2} = 24\,\text{cm}^2$

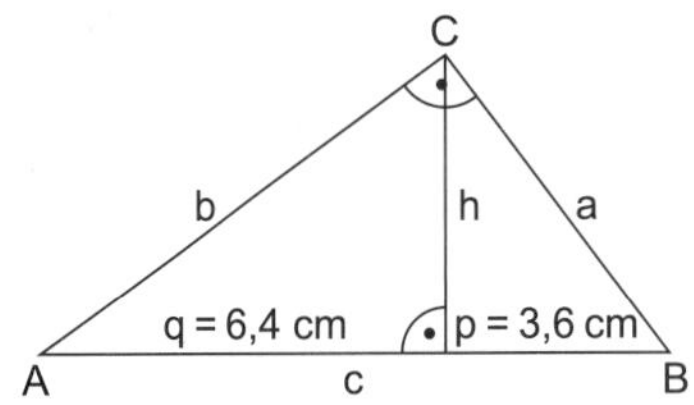

Berechne zunächst die Höhe des Dreiecks mithilfe des Höhensatzes.

Berechne damit den Flächeninhalt.

Das musst du wissen!

Kathetensatz des Euklid

Im rechtwinkligen Dreieck ist der Flächeninhalt des **Quadrats über einer Kathete** gleich dem Flächeninhalt des **Rechtecks aus der Hypotenuse** und dem an der Kathete **anliegenden Hypotenusenabschnitt**.

$\mathbf{a^2 = c \cdot p}$

$\mathbf{b^2 = c \cdot q}$

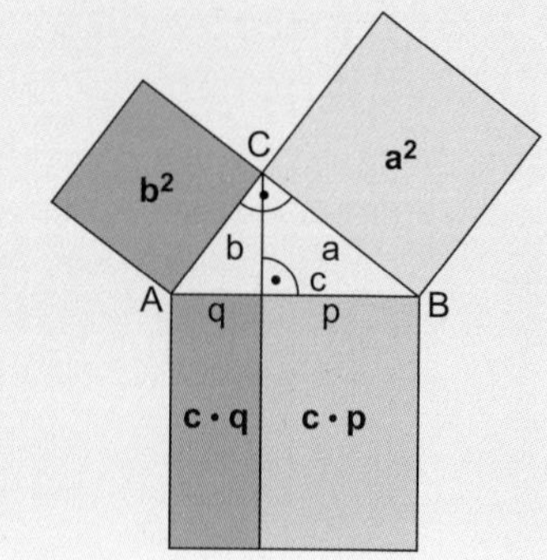

Beispiel

Berechne den Flächeninhalt des Dreiecks.

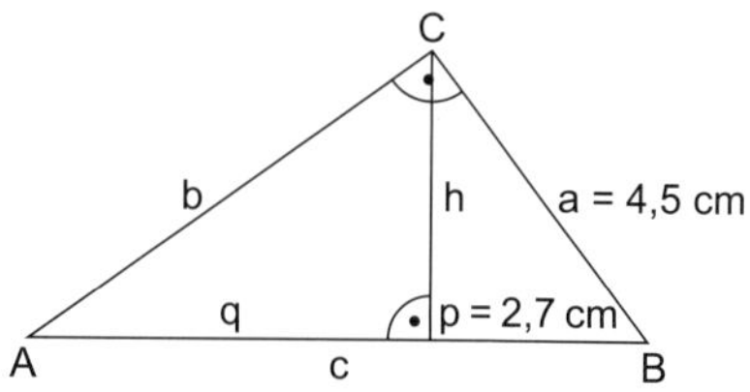

Lösung:

Länge der Seite c:

$a^2 = c \cdot p$

$(4{,}5\text{ cm})^2 = c \cdot 2{,}7\text{ cm} \quad |:2{,}7\text{ cm}$

$c = 7{,}5\text{ cm}$

Berechne zunächst die Länge der Seite c mithilfe des Kathetensatzes.

Hypotenusenabschnitt q:

$q = c - p$

$q = 7{,}5\text{ cm} - 2{,}7\text{ cm}$

$q = 4{,}8\text{ cm}$

Höhe des Dreiecks:

Berechne dann die Höhe des Dreiecks mithilfe des Höhensatzes.

$h^2 = p \cdot q$

$h^2 = 2{,}7\text{ cm} \cdot 4{,}8\text{ cm}$

$h^2 = 12{,}96\text{ cm}^2 \quad |\sqrt{\ }$

$h = 3{,}6\text{ cm}$

Flächeninhalt des Dreiecks:

Berechne damit den Flächeninhalt.

$$A = \frac{c \cdot h}{2} = \frac{7{,}5\text{ cm} \cdot 3{,}6\text{ cm}}{2} = 13{,}5\text{ cm}^2$$

Aufgaben A

168. Kreuze alle Gleichungen an, die für folgende Figur gelten.

- ☐ $c^2 = a^2 + b^2$
- ☐ $e^2 = c^2 + d^2$
- ☐ $e^2 = d^2 \cdot f^2$
- ☐ $a^2 = b \cdot f$
- ☐ $c^2 = b \cdot d$

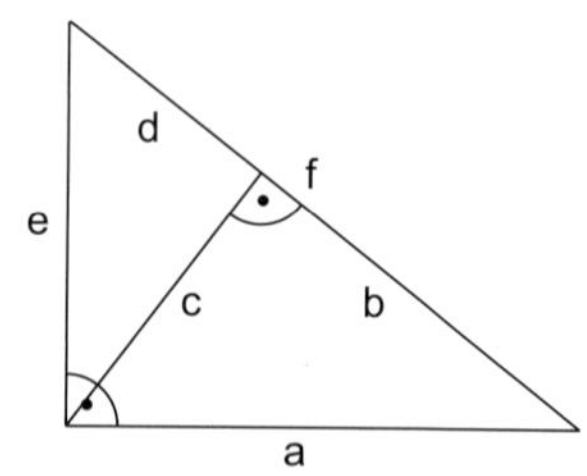

169. In welchem Dreieck gilt der Satz des Pythagoras? Kreuze an.

- ☐ ABC
- ☐ ABD
- ☐ ABE

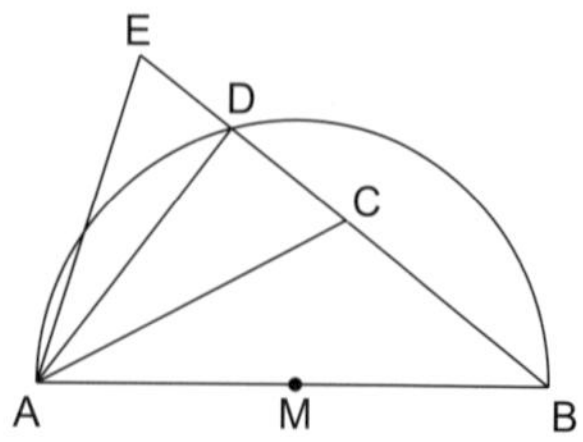

170. Ist das Dreieck ABC mit den Seitenlängen a = 8 cm, b = 10 cm und c = 6 cm rechtwinklig? Begründe rechnerisch.

Aufgaben B

171. Berechne den Flächeninhalt und den Umfang des grauen Dreiecks.
Runde auf eine Dezimalstelle.

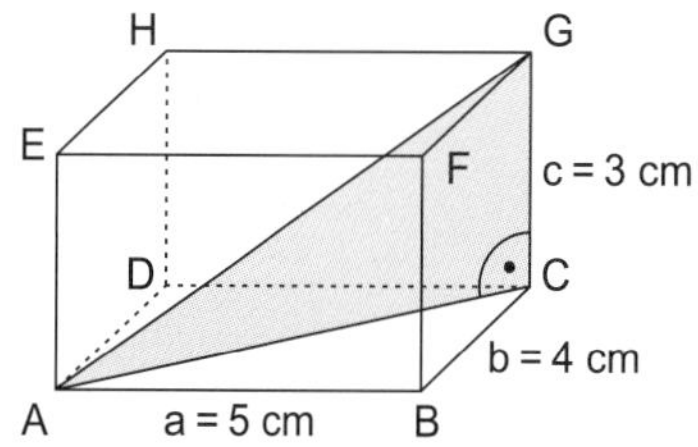

172. Berechne die fehlenden Größen.
Runde auf eine Dezimalstelle.

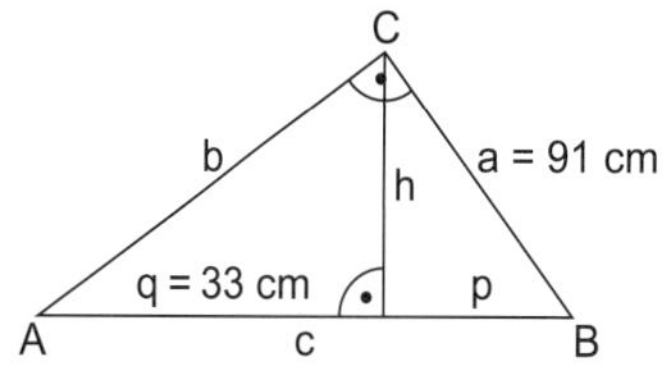

Fit für die Prüfung?

173. Berechne die Längen von s und w.

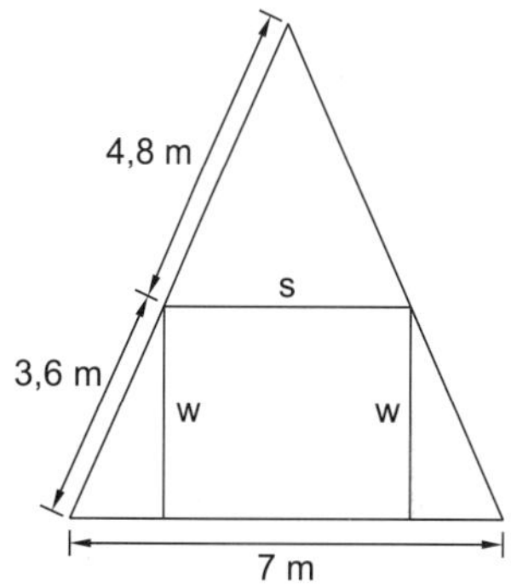

174. Ein Dachboden wird ausgebaut. Um ein Atelier einzurichten, wird zur Abtrennung vom oberen Dach eine Decke eingezogen.

a) Wie hoch ist das Dach?
b) Wie breit wird die Decke?
c) Welche Höhe hat das Atelier?
d) Welche Fläche hat das neue Atelier, wenn es 12,5 m lang ist?
e) Berechne den Rauminhalt des Ateliers.

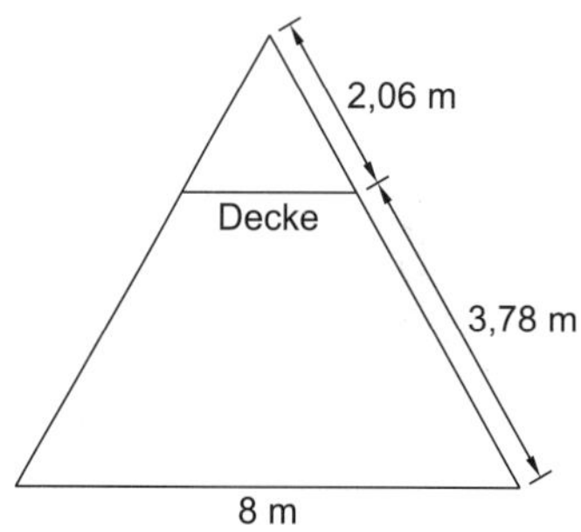

175. Ein Sendemast ist in zwei Drittel seiner Höhe mit zwei Seilen gesichert.

a) Berechne die Längen der Seile.
b) Wie hoch ist der Mast?

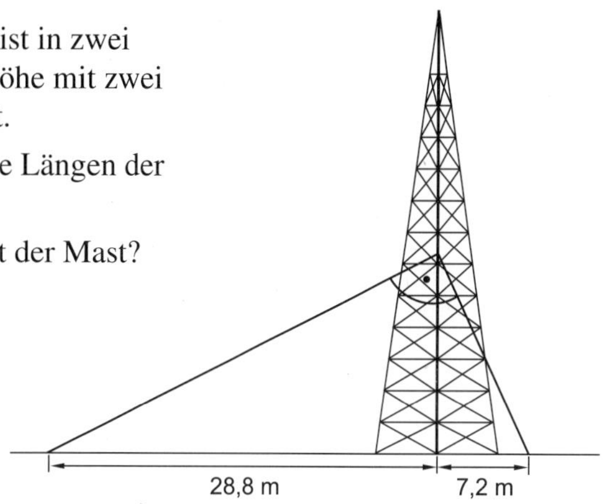

176. Für eine Werbeveranstaltung wird ein Drachen gefertigt:

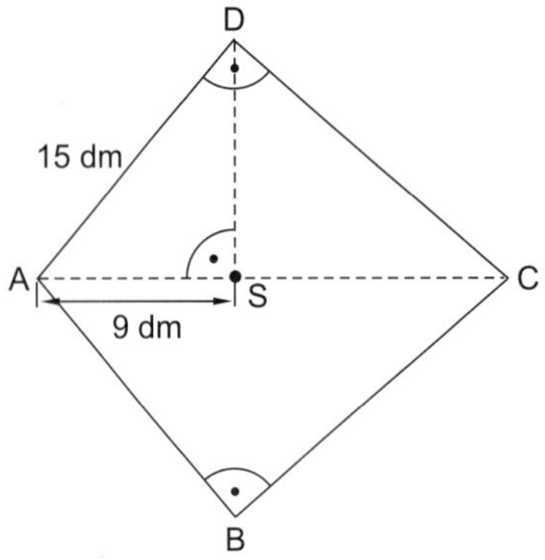

Berechne den Umfang und den Flächeninhalt des Drachens.

177. Betrachte das folgende Dreieck:

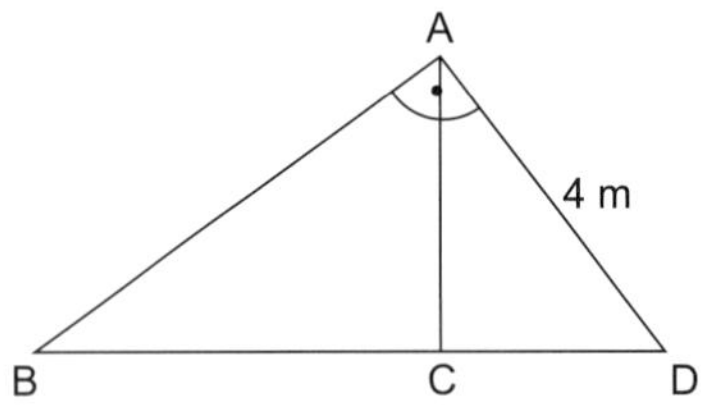

Die Punkte B und C liegen doppelt so weit voneinander entfernt wie die Punkte C und D.
Die Punkte A und D sind 4 m voneinander entfernt.
Berechne die Längen aller Strecken.

Interaktive Aufgaben
1. Hypotenuse bestimmen
2. Kathete bestimmen I
3. Spielplatz
4. Höhe bestimmen
5. Kathete bestimmen II

178. Der Flächeninhalt des durch zentrische Streckung mit dem Zentrum C entstandenen Dreiecks A'B'C ist 2,25-mal so groß wie der Flächeninhalt des Dreiecks ABC.

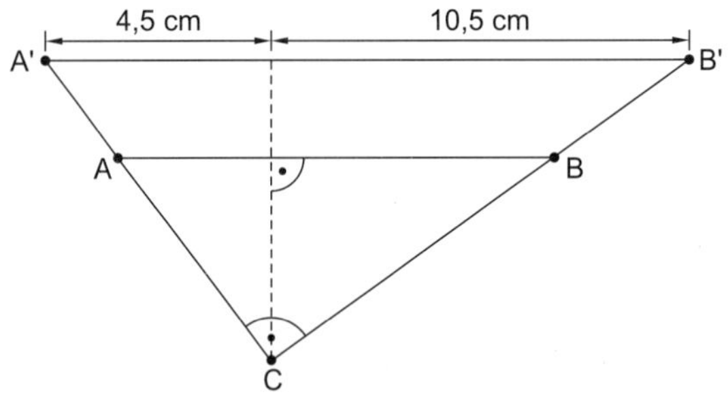

Berechne den Umfang und den Flächeninhalt des ursprünglichen Dreiecks.
Runde Längen auf zwei, Flächen auf drei Dezimalstellen.

14 Winkelsätze

Das musst du wissen!

Für einen Winkel im rechtwinkligen Dreieck gilt:

- **Sinus:**

$$\sin\alpha = \frac{\text{Gegenkathete}}{\text{Hypotenuse}} = \frac{a}{c}$$

- **Kosinus:**

$$\cos\alpha = \frac{\text{Ankathete}}{\text{Hypotenuse}} = \frac{b}{c}$$

- **Tangens:**

$$\tan\alpha = \frac{\text{Gegenkathete}}{\text{Ankathete}} = \frac{a}{b}$$

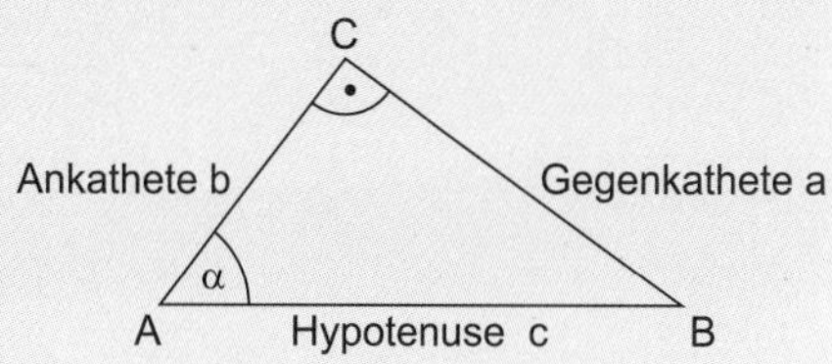

Beispiel

Berechne die Längen der Seiten a und b im rechtwinkligen Dreieck.

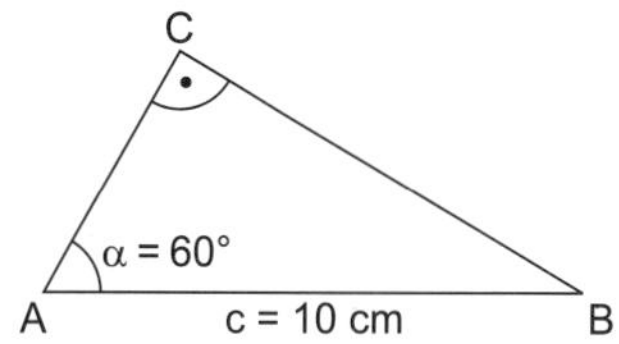

Lösung:

Länge der Seite a:

$$\frac{a}{c} = \sin\alpha$$

$$\frac{a}{10\text{ cm}} = \sin 60° \qquad |\cdot 10\text{ cm}$$

$$a = 10\text{ cm}\cdot\sin 60°$$

$$a \approx 8{,}66\text{ cm}$$

Länge der Seite b:

$$\frac{b}{c} = \cos\alpha$$

$$\frac{b}{10\text{ cm}} = \cos 60° \qquad |\cdot 10\text{ cm}$$

$$b = 10\text{ cm}\cdot\cos 60°$$

$$b = 5\text{ cm}$$

Aufgaben A

179. Kreuze die Formeln an, die im angegebenen Dreieck gelten.

☐ $\sin\alpha = \frac{8\text{ cm}}{10\text{ cm}}$

☐ $\cos\gamma = \frac{6\text{ cm}}{10\text{ cm}}$

☐ $\tan\alpha = \frac{8\text{ cm}}{6\text{ cm}}$

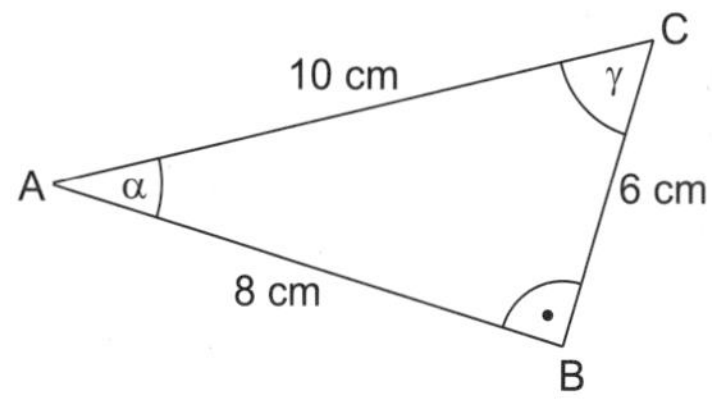

☐ $\sin\gamma = \frac{8\text{ cm}}{10\text{ cm}}$ ☐ $\cos\alpha = \frac{6\text{ cm}}{10\text{ cm}}$ ☐ $\tan\alpha = \frac{6\text{ cm}}{8\text{ cm}}$

180. Fülle jeweils die Lücken so, dass die Formel richtig ist.

a) $\cos\beta = \frac{\square}{\square}$

b) $\square\,\gamma = \frac{c}{a}$

c) $\tan\gamma = \frac{\square}{\square}$

d) $\square\,\beta = \frac{b}{c}$

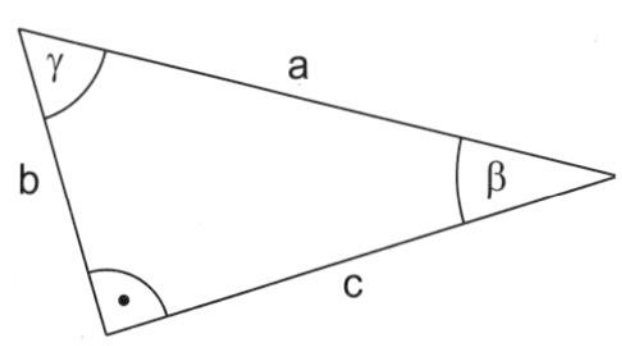

Aufgaben B

181. Berechne jeweils die fehlenden Größen.

a)

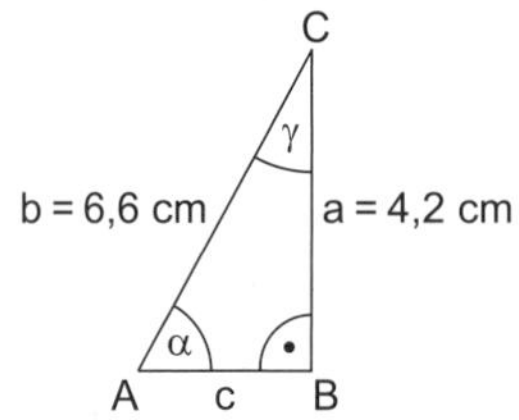

b)

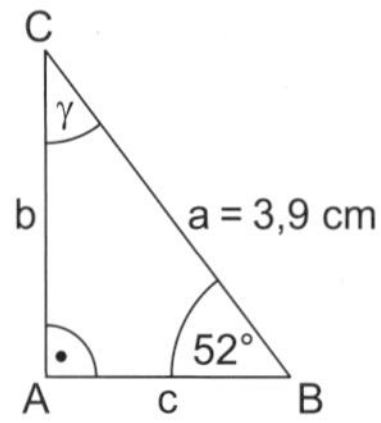

182. Ein Artist will mit dem Motorrad auf einem Drahtseil die Spitze eines 50 m hohen Kirchturms erreichen. Das Motorrad hat eine maximale Steigfähigkeit von 40°.

a) Wie lang muss das Seil mindestens sein?

b) Welcher Steigungswinkel würde sich bei einem 100 m langen Seil ergeben?

183. Die Orte A und B sind 15 km voneinander entfernt, dazwischen befindet sich ein Turm. Von A aus wird die Turmspitze unter einem Winkel von 48° angepeilt, von B aus unter einem Winkel von 42°.
Berechne die Entfernung des Turms von den Orten A und B.

Fit für die Prüfung?

184. Berechne Rauminhalt und Oberfläche des Doppelkegels.

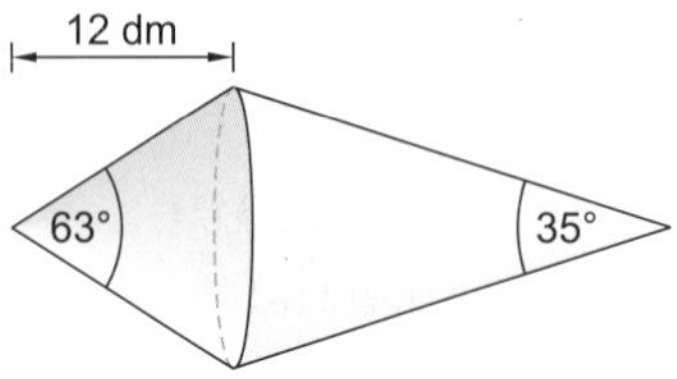

185. Für eine Gartenausstellung werden Granitsäulen transportiert. Die Grundfläche jeder Säule ist ein regelmäßiges Fünfeck, das durch den Umkreis mit dem Radius r = 70 cm bestimmt ist. Die Höhe einer Säule beträgt 60 cm.

a) Zeichne eine Skizze des Bestimmungsdreiecks.

b) Berechne die Seitenlänge s.

c) Wie viele Säulen darf ein Lkw mit einem Ladegewicht von 6 t zuladen? 1 m^3 Granit wiegt 2,8 t.

186. Wie weit ist das Schiff jeweils von den Leuchttürmen entfernt?

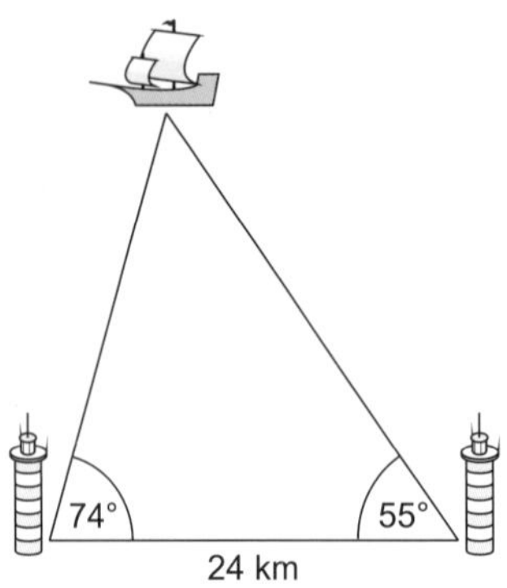

187. In einem Koordinatensystem ist das Dreieck DCS gegeben.

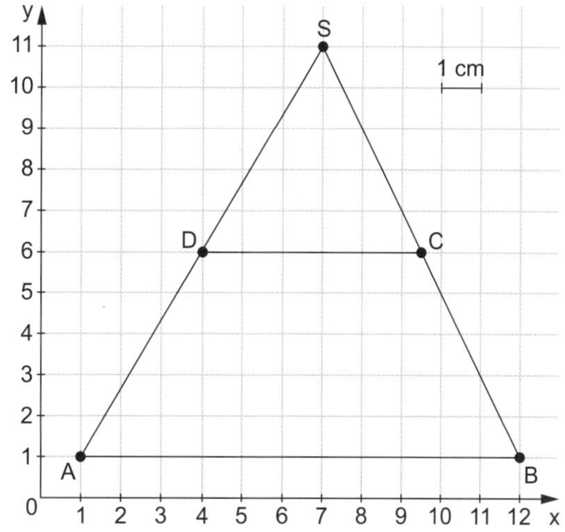

a) Berechne die Länge der Strecke $\overline{SD}$.

b) Berechne den Flächeninhalt des Dreiecks DCS.

c) Die Strecken $\overline{SC}$ und $\overline{SD}$ werden über C bzw. D hinaus verdoppelt. Es entstehen die Punkte A und B. Verdoppelt sich auch der Flächeninhalt des Dreiecks? Begründe.

d) Berechne die Innenwinkel der beiden Dreiecke.

Interaktive Aufgaben
1. Seite bestimmen
2. Gebäudehöhe
3. Hängebrücke

188. Die Gerade f schneidet die x-Achse im Punkt N(–3 | 0) und verläuft durch den Punkt P(–1 | 2).
Auf der Geraden g liegen die Punkte A(2 | 2) und B(3,5 | –1).

a) Zeichne die beiden Geraden in ein Koordinatensystem mit der Einheit 1 cm ein.
Gib die Koordinaten des Schnittpunktes der Geraden an.

b) Berechne jeweils den Winkel der Geraden f und g mit der x-Achse.

c) Die Geraden bilden mit der x-Achse ein Dreieck.
Berechne den Umfang und den Flächeninhalt des Dreiecks.

d) Die Höhe h_c teilt den Winkel γ.
Berechne jeweils die Größe der Teilwinkel.

Lösungen mit vielen Hinweisen und Tipps

1. ☐ $D = \mathbb{R}$ ☐ $D = \mathbb{R} \setminus \{0\}$ ☐ $D = \{-7\}$ ☒ $D = \mathbb{R} \setminus \{-7\}$

Hinweise und Tipps

Beide Brüche haben denselben Term im Nenner. Dieser muss ungleich null sein.

---

2. a) Definitionsmenge:

- $x - 8 \neq 0 \;\Rightarrow\; x \neq 8$
- $x \neq 0$

$D = \mathbb{R} \setminus \{0; 8\}$

Hauptnenner: $(x - 8) \cdot x$

Bestimme zunächst die Definitionsmenge. Schließe dazu alle unzulässigen Werte aus, also alle Werte, für die mindestens einer der Nenner den Wert null annimmt.

Bilde das Produkt der beiden Nenner.

b) Definitionsmenge:

- $x + 2 \neq 0 \;\Rightarrow\; x \neq -2$
- $3x - 9 \neq 0 \;\Rightarrow\; 3x \neq 9 \;\Rightarrow\; x \neq 3$

$D = \mathbb{R} \setminus \{-2; 3\}$

Hauptnenner: $(x + 2) \cdot (3x - 9)$

Bestimme die Definitionsmenge. Schließe wieder alle unzulässigen Werte aus. Die Nenner der Brüche dürfen nicht den Wert null annehmen.

Bilde das Produkt der beiden Nenner.

---

3. a) $\frac{3}{x} = \frac{6}{x+1}$

Definitionsmenge:

- $x \neq 0$
- $x + 1 \neq 0 \;\Rightarrow\; x \neq -1$

$D = \mathbb{R} \setminus \{0; -1\}$

Bestimme zuerst die Definitionsmenge. Die Terme im Nenner der Brüche müssen ungleich null sein.

Lösungsmenge:

$$\frac{3}{x} = \frac{6}{x+1} \qquad | \cdot x \cdot (x+1)$$

Multipliziere mit dem Hauptnenner.

$$\frac{3 \cdot \cancel{x} \cdot (x+1)}{\cancel{x}} = \frac{6 \cdot x \cdot \cancel{(x+1)}}{\cancel{(x+1)}}$$

Kürze.

$$3(x+1) = 6x$$

Multipliziere aus.

$$3x + 3 = 6x \qquad | -6x - 3$$

Löse nach x auf.

$$-3x = -3 \qquad | : (-3)$$

$$x = 1$$

Die Lösung liegt in der Definitionsmenge.

$\Rightarrow \; L = \{1\}$

b) $\frac{5}{x-3} = 2$

Definitionsmenge:

- $x - 3 \neq 0 \;\Rightarrow\; x \neq 3$

$D = \mathbb{R} \setminus \{3\}$

Bestimme zuerst die Definitionsmenge. Der Nenner des Bruchs darf nicht den Wert null annehmen.

Lösungsmenge:

$$\frac{5}{x-3} = 2 \qquad | \cdot (x-3)$$

Multipliziere mit dem Hauptnenner.

$$\frac{5\cancel{(x-3)}}{\cancel{(x-3)}} = 2(x-3)$$

Kürze.

$$5 = 2(x-3)$$

Multipliziere aus.

$$5 = 2x - 6 \qquad | +6$$

Löse nach x auf.

$$11 = 2x \qquad | : 2$$

$$x = 5{,}5$$

Die Lösung liegt in der Definitionsmenge.

$\Rightarrow \; L = \{5{,}5\}$

Hinweise und Tipps

4. a) $\frac{x+2}{x-3}=\frac{x+8}{x-5}$

Definitionsmenge:

Bestimme zuerst die Definitionsmenge. Schließe die unzulässigen Werte aus der Definitionsmenge aus.

- $x-3\neq 0 \;\Rightarrow\; x\neq 3$
- $x-5\neq 0 \;\Rightarrow\; x\neq 5$

$D=\mathbb{R}\setminus\{3;\,5\}$

Lösungsmenge:

$$\frac{x+2}{x-3}=\frac{x+8}{x-5} \qquad |\cdot(x-3)(x-5)$$

Multipliziere mit dem Hauptnenner.

$$\frac{(x+2)\cancel{(x-3)}(x-5)}{\cancel{(x-3)}}=\frac{(x+8)(x-3)\cancel{(x-5)}}{\cancel{(x-5)}}$$

Kürze.

$$(x+2)(x-5)=(x+8)(x-3)$$

Multipliziere die Klammern aus.

$$x^2-5x+2x-10=x^2-3x+8x-24$$

Fasse zusammen.

$$\cancel{x^2}-3x-10=\cancel{x^2}+5x-24 \qquad |-5x+10$$

Löse nach x auf.

$$-8x=-14 \qquad |:(-8)$$

$$x=1{,}75$$

Die Lösung liegt in der Definitionsmenge.

$L=\{1{,}75\}$

b) $\frac{3-x}{x+1}-\frac{7-2x}{x+2}=\frac{4+x}{x+1}$

Definitionsmenge:

Bestimme zuerst die Definitionsmenge. Schließe die unzulässigen Werte aus der Definitionsmenge aus.

- $x+1\neq 0 \;\Rightarrow\; x\neq -1$
- $x+2\neq 0 \;\Rightarrow\; x\neq -2$

$D=\mathbb{R}\setminus\{-2;\,-1\}$

Lösungsmenge:

$$\frac{3-x}{x+1}-\frac{7-2x}{x+2}=\frac{4+x}{x+1} \qquad |\cdot(x+1)(x+2)$$

Multipliziere mit dem Hauptnenner.

$$\frac{(3-x)\cancel{(x+1)}(x+2)}{\cancel{(x+1)}}-\frac{(7-2x)(x+1)\cancel{(x+2)}}{\cancel{(x+2)}}=\frac{(4+x)\cancel{(x+1)}(x+2)}{\cancel{(x+1)}}$$

Kürze.

$$(3-x)(x+2)-(7-2x)(x+1)=(4+x)(x+2)$$

$$3x+6-x^2-2x-7x-7+2x^2+2x=4x+8+x^2+2x$$

Multipliziere die Klammern schrittweise aus. Beachte das negative Vorzeichen vor dem zweiten Produkt.

$$\cancel{x^2}-4x-1=\cancel{x^2}+6x+8 \qquad |-6x+1$$

$$-10x=9 \qquad |:(-10)$$

Löse nach x auf.

$$x=-0{,}9$$

Die Lösung liegt in der Definitionsmenge.

$L=\{-0{,}9\}$

---

5. Normalform der Funktionsgleichung:

Lies die Steigung und den y-Achsenabschnitt der Graphen jeweils aus dem Schaubild ab. Setze die Werte dann in die Formel für die Normalform einer linearen Funktion ein. Achte auf die Vorzeichen.

$y=m\cdot x+t$

g_1: $m_1=1{,}5$; $t_1=-0{,}5 \;\Rightarrow\; y=1{,}5x-0{,}5$

g_2: $m_2=1$; $t_2=-2 \;\Rightarrow\; y=x-2$

g_3: $m_3=\frac{1}{4}$; $t_3=0{,}5 \;\Rightarrow\; y=\frac{1}{4}x+0{,}5$

g_4: $m_4=0$; $t_4=0{,}5 \;\Rightarrow\; y=0{,}5$

g_5: $m_5=0$; $t_5=-1{,}5 \;\Rightarrow\; y=-1{,}5$

g_6: $m_6=-\frac{1}{2}$; $t_6=0 \;\Rightarrow\; y=-\frac{1}{2}x$

g_7: $m_7=-1$; $t_7=-1 \;\Rightarrow\; y=-x-1$

6. Grafische Darstellung:

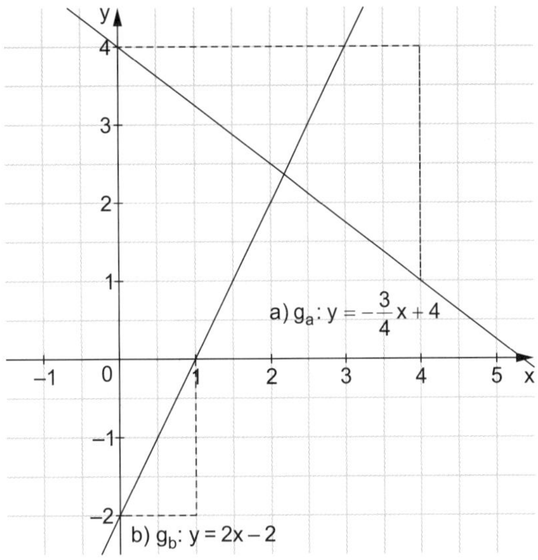

a) $t_a = 4;\ m_a = -\frac{3}{4} \quad \Rightarrow \quad g_a\colon\ y = -\frac{3}{4}x + 4$

b) $t_b = -2;\ m_b = 3 \quad \Rightarrow \quad g_b\colon\ y = 2x - 2$

Hinweise und Tipps

a) *Vorgehen:*
Markiere den y-Achsenabschnitt bei $t = 4$.
Zeichne das Steigungsdreieck $m = -\frac{3}{4}$, das heißt:
4 Einheiten nach rechts, 3 Einheiten nach unten (negative Steigung).

b) *Vorgehen:*
Markiere den y-Achsenabschnitt bei $t = -2$.
Zeichne das Steigungsdreieck $m = 2$, das heißt:
1 Einheit nach rechts, 2 Einheiten nach oben (positive Steigung).

---

7. Grafische Darstellung:

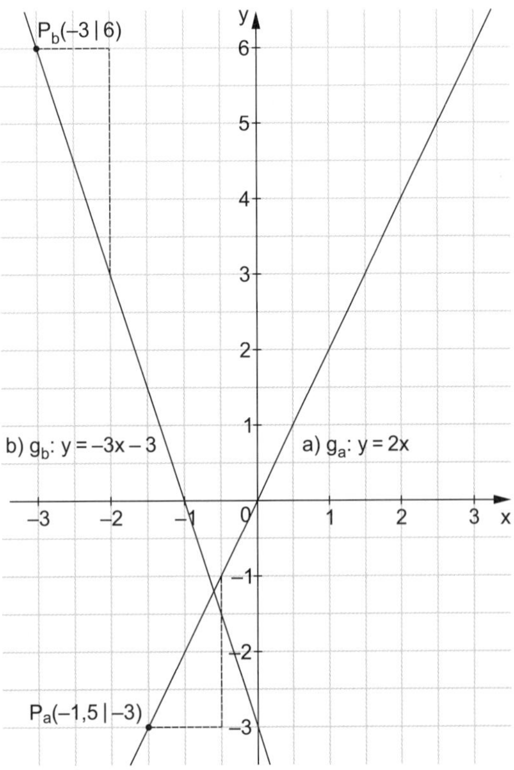

a) $m_a = 2;\ t_a = 0 \quad \Rightarrow \quad g_a\colon\ y = 2x$

b) $m_b = -3;\ t_b = -3 \quad \Rightarrow \quad g_b\colon\ y = -3x - 3$

Vorgehen:
Trage die Punkte in das Koordinatensystem ein.
Zeichne jeweils das Steigungsdreieck (1 Einheit nach rechts, 2 Einheiten nach oben bzw. 1 Einheit nach rechts, 3 Einheiten nach unten).
Zeichne dann die Geraden und lies jeweils den y-Achsenabschnitt ab.
Gib die Funktionsgleichungen an.

Hinweise und Tipps

8. Normalform: $y = mx + t$

a) $P(13\,|\,7);\ m = -2$

$7 = (-2) \cdot 13 + t$

$7 = -26 + t \quad |+26$

$33 = t$

$\Rightarrow \quad y = -2x + 33$

Setze die Koordinaten von $P(x\,|\,y)$ und den Wert der Steigung m in die Normalform ein.
Löse nach t auf.

Gib die Funktionsgleichung an.

b) $P(-9\,|\,1);\ m = 4$

$1 = 4 \cdot (-9) + t$

$1 = -36 + t \quad |+36$

$37 = t$

$\Rightarrow \quad y = 4x + 37$

Setze $P(x\,|\,y)$ und m in die Normalform ein.

Löse nach t auf.

Gib die Funktionsgleichung an.

c) $t = 2;\ P(2\,|-4)$

$-4 = m \cdot 2 + 2 \quad |-2$

$-6 = 2m \quad |:2$

$m = -3$

$\Rightarrow \quad y = -3x + 2$

Setze die Koordinaten von $P(x\,|\,y)$ und den Wert des y-Achsenabschnitts t in die Normalform ein.
Löse nach m auf.

Gib die Funktionsgleichung an.

d) $t = -3;\ P(4\,|\,5)$

$5 = m \cdot 4 - 3 \quad |+3$

$8 = 4m \quad |:4$

$m = 2$

$\Rightarrow \quad y = 2x - 3$

Setze $P(x\,|\,y)$ und t in die Normalform ein.
Löse nach m auf.

Gib die Funktionsgleichung an.

---

9. Steigungsformel: $m = \dfrac{y_2 - y_1}{x_2 - x_1}$

Normalform: $y = m \cdot x + t$

Zur Berechnung der Funktionsgleichung benötigst du die Steigungsformel und die Normalform.

a) Steigung m:

$A(1\,|\,3);\ B(3\,|\,7)$

$m = \dfrac{7-3}{3-1} = \dfrac{4}{2} = 2$

Setze die Koordinaten der Punkte $A(x_1\,|\,y_1)$ und $B(x_2\,|\,y_2)$ in die Steigungsformel ein und berechne m.

y-Achsenabschnitt t:

$A(1\,|\,3);\ m = 2$

$3 = 2 \cdot 1 + t \quad |-2$

$t = 1$

$\Rightarrow \quad y = 2x + 1$

Setze den Wert der Steigung und die Koordinaten eines Punktes in die Normalform ein.
Löse nach t auf.

Gib die Funktionsgleichung an.

b) Steigung m:

$A(1\,|-4);\ B(-2\,|\,5)$

$m = \dfrac{5-(-4)}{-2-1} = \dfrac{9}{-3} = -3$

Setze $A(x_1\,|\,y_1)$ und $B(x_2\,|\,y_2)$ in die Steigungsformel ein.

Berechne m.

y-Achsenabschnitt t:

$A(1\,|-4);\ m = -3$

$-4 = (-3) \cdot 1 + t$

$-4 = -3 + t \quad |+3$

$t = -1$

$\Rightarrow \quad y = -3x - 1$

Setze m und einen Punkt (hier: A) in die Normalform ein.

Löse nach t auf.

Gib die Funktionsgleichung an.

Hinweise und Tipps

10. Funktionsgleichung:
x: Abbrenndauer
y: Länge der Kerze
$y = -2x + 8$

Die Anzahl der Stunden, die die Kerze brennt (Abbrenndauer), ist die Variable und die Anfangslänge der Kerze (8 cm) eine Konstante. Übersetzt bedeutet das:
pro Stunde 2 cm weniger $\Rightarrow$ $m = -2$
Anfangslänge 8 cm $\Rightarrow$ $t = 8$

---

11. a) $y = -1{,}5x - 2{,}25$

Punkt A(1 | 1):
$1 \stackrel{?}{=} -1{,}5 \cdot 1 - 2{,}25$
$1 \neq -3{,}75$
$\Rightarrow$ A gehört nicht zur Funktion.

Punkt B(–2 | 5,5):
$5{,}5 \stackrel{?}{=} -1{,}5 \cdot (-2) - 2{,}25$
$5{,}5 \stackrel{?}{=} 3 - 2{,}25$
$5{,}5 \neq 0{,}75$
$\Rightarrow$ B gehört nicht zur Funktion.

b) $y = 0{,}75x + 2$

Punkt A(2 | 3,5):
$3{,}5 \stackrel{?}{=} 0{,}75 \cdot 2 + 2$
$3{,}5 \stackrel{?}{=} 1{,}5 + 2$
$3{,}5 = 3{,}5$
$\Rightarrow$ A gehört zur Funktion.

Punkt B(–4 | –1):
$-1 \stackrel{?}{=} 0{,}75 \cdot (-4) + 2$
$-1 \stackrel{?}{=} -3 + 2$
$-1 = -1$
$\Rightarrow$ B gehört zur Funktion.

Ein Punkt P gehört genau dann zu einer linearen Funktion, wenn die Koordinaten des Punktes P die Funktionsgleichung der linearen Funktion erfüllen.
Setze jeweils die Koordinaten des Punktes in die Funktionsgleichung ein und überprüfe, ob du eine wahre oder eine falsche Aussage erhältst.
Ist die Aussage wahr, gehört der Punkt zur Funktion.
Ist die Aussage falsch, gehört der Punkt nicht zur Funktion.

---

12. a) P(x | 5) in $y = 3x - 1$:
$5 = 3x - 1 \quad |+1$
$6 = 3x \quad |:3$
$x = 2$
$\Rightarrow$ P(2 | 5)

Q(x | –4) in $y = 3x - 1$:
$-4 = 3x - 1 \quad |+1$
$-3 = 3x \quad |:3$
$x = -1$
$\Rightarrow$ Q(–1 | –4)

Setze die y-Koordinaten der Punkte jeweils in die Funktionsgleichung ein und löse nach x auf.
Gib die vollständigen Koordinaten der Punkte an.

b) P(–1,5 | y) in $y = x + 2{,}5$:
$y = -1{,}5 + 2{,}5 = 1$
$\Rightarrow$ P(–1,5 | 1)

Q(5,5 | y) in $y = x + 2{,}5$:
$y = 5{,}5 + 2{,}5 = 8$
$\Rightarrow$ Q(5,5 | 8)

Setze die x-Koordinate der Punkte jeweils in die Funktionsgleichung ein.
Berechne den Funktionswert y.
Gib die vollständigen Koordinaten der Punkte an.

Hinweise und Tipps

13. a) $P(3|5)$ in $y=4x+t$:

$5=4\cdot 3+t$

$5=12+t \quad |-12$

$t=-7$

$\Rightarrow \quad y=4x-7$

Setze die Koordinaten des Punktes P in die Funktionsgleichung ein.
Löse nach t auf.

Gib die Funktionsgleichungen an.

b) $P(-2|18)$ in $y=m\cdot x+8$:

$18=m\cdot(-2)+8 \quad |-8$

$10=-2m \quad |:(-2)$

$m=-5$

$\Rightarrow \quad y=-5x+8$

Setze die Koordinaten des Punktes P in die Funktionsgleichung ein.
Löse nach m auf.

Gib die Funktionsgleichungen an.

---

14. g_1: Schnittpunkt mit x-Achse $N(0|0)$; Schnittpunkt mit y-Achse $Y(0|0)$

g_2: Schnittpunkt mit x-Achse $N(-5|0)$; Schnittpunkt mit y-Achse $Y(0|1)$

g_3: kein Schnittpunkt mit x-Achse; Schnittpunkt mit y-Achse $Y(0|3)$

g_4: Schnittpunkt mit x-Achse $N(4|0)$; Schnittpunkt mit y-Achse $Y(0|2)$

g_5: Schnittpunkt mit x-Achse $N(-3|0)$; Schnittpunkt mit y-Achse $Y(0|4)$

g_6: Schnittpunkt mit x-Achse $N(4|0)$; Schnittpunkt mit y-Achse $Y(0|-2)$

Im Schnittpunkt N mit der x-Achse ist $y=0$, d. h., die y-Koordinate von N ist stets null.
Im Schnittpunkt Y mit der y-Achse ist $x=0$, d. h., die x-Koordinate von Y ist stets null.
g_3 verläuft parallel zur x-Achse und schneidet sie nicht. g_3 hat also keinen Schnittpunkt mit der x-Achse.

---

15. a) $y=-0,5x+4$

Schnittpunkt mit x-Achse:

$0=-0,5x+4 \quad |+0,5x$

$0,5x=4 \quad |\cdot 2$

$x=8$

$\Rightarrow \quad N(8|0)$

Um den Schnittpunkt mit der x-Achse zu erhalten, musst du die Nullstelle berechnen. An der Nullstelle ist der y-Wert immer 0. Setze jeweils für $y=0$ ein und löse nach x auf.

Schnittpunkt mit y-Achse:

$t=4$

$\Rightarrow \quad Y(0|4)$

Um den Schnittpunkt mit der y-Achse zu erhalten, musst du den y-Achsenabschnitt ablesen. Im y-Achsenabschnitt ist der x-Wert immer 0.

b) $y=2x-7$

Schnittpunkt mit x-Achse:

$0=2x-7 \quad |-2x$

$-2x=-7 \quad |:(-2)$

$x=3,5$

$\Rightarrow \quad N(3,5|0)$

Schnittpunkt mit y-Achse:

$t=-7$

$\Rightarrow \quad Y(0|-7)$

---

16. Gerade g_1:

Steigung: $m_1=3$

y-Achsenabschnitt: $t_1=-2$

Funktionsgleichung: g_1: $y=3x-2$

Berechnung der Nullstelle:

$0=3x-2 \quad |-3x$

$-3x=-2 \quad |:(-3)$

$x=\frac{2}{3}$

Geraden, die von links unten nach rechts oben verlaufen, haben eine positive Steigung.
Der y-Achsenabschnitt ist die Schnittstelle mit der y-Achse.

Hinweise und Tipps

Gerade g_2:
Steigung: $m_2 = 1$
y-Achsenabschnitt: $t_2 = 1$
Funktionsgleichung: $g_2\colon y = x + 1$
Berechnung der Nullstelle:
$0 = x + 1 \quad |-1$
$x = -1$

Gerade g_3:
Steigung: $m_3 = 0$
y-Achsenabschnitt: $t_3 = -1$
Funktionsgleichung: $g_3\colon y = 0 \cdot x - 1$
$y = -1$

Geraden, die parallel zur x-Achse verlaufen, besitzen keine Steigung.

Berechnung der Nullstelle:
$0 \neq -1$
$\Rightarrow$ Es gibt keine Nullstelle.

Hier existiert auch keine Nullstelle.

Gerade g_4:
Steigung: $m_4 = -\frac{3}{4} = -0{,}75$
y-Achsenabschnitt: $t_4 = 2$
Funktionsgleichung: $g_4\colon y = -0{,}75x + 2$
Berechnung der Nullstelle:
$0 = -0{,}75x + 2 \quad |+0{,}75x$
$0{,}75x = 2 \quad |:0{,}75$
$x = \frac{8}{3}$

Geraden, die von links oben nach rechts unten verlaufen, haben eine negative Steigung.
Der y-Achsenabschnitt ist die Schnittstelle mit der y-Achse.

Gerade g_5:
Steigung: $m_5 = -2$
y-Achsenabschnitt: $t_5 = -1$
Funktionsgleichung: $g_5\colon y = -2x - 1$
Berechnung der Nullstelle:
$0 = -2x - 1 \quad |+2x$
$2x = -1 \quad |:2$
$x = -0{,}5$

17.

☒ $y = 2x - 2$	☐ $y = 5x + 2$
☐ $y = -0{,}5x + 5$	☐ $y = -2x - 5$
☒ $y = 2x$	☐ $y = 0{,}5x - 5$

Die Gerade g: $y = 2x + 5$ hat die Steigung 2. Parallele Geraden haben die gleiche Steigung.
Kreuze alle Geraden an, die die Steigung 2 haben.

---

18. a) $g\colon y = -4x + 5 \Rightarrow m_g = -4$
$m_g \cdot m_h = -1$
$-4 \cdot m_h = -1 \quad |:(-4)$
$m_h = \frac{1}{4}$

Damit gilt:
$h\colon y = \frac{1}{4}x - 2$

Zwei Geraden stehen senkrecht aufeinander, wenn der eine Steigungsfaktor dem negativen Kehrwert des anderen entspricht.
Es muss also gelten:
$m_g \cdot m_h = -1$
Also ist $\frac{1}{4}$ der negative Kehrwert zu -4.

Hinweise und Tipps

b) g: $y = \frac{4}{3}x - 12 \Rightarrow m_g = \frac{4}{3}$

$m_g \cdot m_h = -1$

$\frac{4}{3} \cdot m_h = -1 \quad | \cdot \frac{3}{4}$

$m_h = -\frac{3}{4}$

Damit gilt:

h: $y = -\frac{3}{4}x + 6$

---

19. a) Steigung:

A(2|2,5); B(–1|0,25)

$m = \frac{0,25 - 2,5}{-1-2} = \frac{-2,25}{-3} = 0,75$

y-Achsenabschnitt:

m = 0,75 und A(2|2,5) in $y = m \cdot x + t$:

$2,5 = 0,75 \cdot 2 + t$

$2,5 = 1,5 + t \quad |-1,5$

$t = 1$

$\Rightarrow \; g_1: y = 0,75x + 1$

Berechne zuerst die Steigung mithilfe der Steigungsformel:

$m = \frac{y_2 - y_1}{x_2 - x_1}$

Setze den Wert der Steigung und die Koordinaten eines Punktes (hier: A) in die Normalform ein und berechne t.

b) Steigung:

m = 0,75

y-Achsenabschnitt:

t = 3, da Y(0|3)

$\Rightarrow \; g_2: y = 0,75x + 3$

Parallele Geraden haben die gleiche Steigung.

Der y-Achsenabschnitt ist die Schnittstelle mit der y-Achse.

Setze m und t in die Normalform ein,

c) m = 0,75 und P(8|4) in $y = m \cdot x + t$:

$4 = 0,75 \cdot 8 + t$

$4 = 6 + t \quad |-6$

$t = -2$

$\Rightarrow \; g_3: y = 0,75x - 2$

Parallele Geraden haben die gleiche Steigung.
Setze die Steigung der Geraden g_3 und die Koordinaten von P in die Normalform ein und berechne t.

d) Grafische Darstellung:

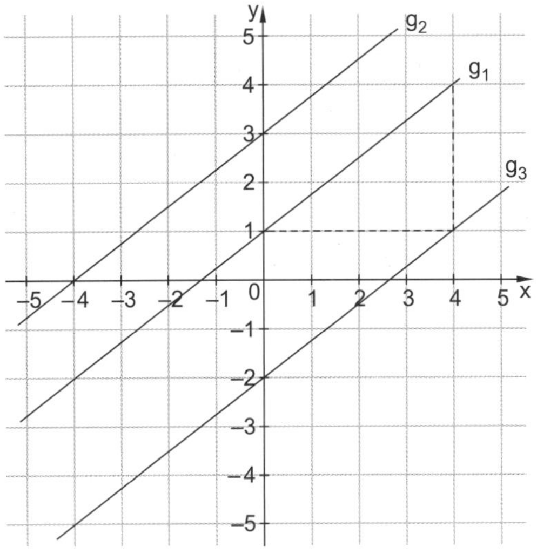

Vorgehen:
Trage die y-Achsenabschnitte in das Koordinatensystem ein.
Zeichne jeweils das Steigungsdreieck.
$m = 0,75 = \frac{3}{4}$ bedeutet für das Steigungsdreieck der drei parallelen Geraden:
Gehe vom jeweiligen y-Achsenabschnitt 4 Einheiten nach rechts und 3 Einheiten nach oben.
Zeichne dann die Geraden ein.

20. a) Steigung:

A(3 | 4); B(–12 | –6)

$$m = \frac{-6-4}{-12-3} = \frac{-10}{-15} = \frac{2}{3}$$

y-Achsenabschnitt:

$m = \frac{2}{3}$ und A(3 | 4) in $y = m \cdot x + t$:

$$4 = \frac{2}{3} \cdot 3 + t$$

$$4 = 2 + t \qquad |-2$$

$$t = 2$$

$$\Rightarrow \quad g\colon y = \frac{2}{3}x + 2$$

b) Steigung:

$$m_h \cdot \frac{2}{3} = -1 \qquad |\cdot \frac{3}{2}$$

$$m_h = -\frac{3}{2}$$

$$m_h = -1{,}5$$

y-Achsenabschnitt:

$m_h = -1{,}5$ und A(3 | 4) in $y = m_h \cdot x + t$:

$$4 = -1{,}5 \cdot 3 + t$$

$$4 = -4{,}5 + t \qquad |+4{,}5$$

$$t = 8{,}5$$

$$\Rightarrow \quad h\colon y = -1{,}5x + 8{,}5$$

Hinweise und Tipps

Berechne zuerst die Steigung mithilfe der Steigungsformel:

$$m = \frac{y_2 - y_1}{x_2 - x_1}$$

Setze den Wert der Steigung und die Koordinaten eines Punktes (hier: A) in die Normalform ein und berechne t.

Berechne die Steigung der senkrechten Geraden h mit der Formel:
$m_h \cdot m_g = -1$

Setze den Wert der Steigung m_h und die Koordinaten des Punktes A in die Normalform ein und berechne t.

---

21. a) Steigung:

A(3 | 8); B(–12 | –22)

$$m_g = \frac{-22-8}{-12-3} = \frac{-30}{-15} = 2$$

y-Achsenabschnitt:

$m_g = 2$ und A(3 | 8) in $y = m_g \cdot x + t$:

$$8 = 2 \cdot 3 + t$$

$$8 = 6 + t \qquad |-6$$

$$t = 2$$

$$\Rightarrow \quad g\colon y = 2x + 2$$

b) Steigung:

$$m_h \cdot 2 = -1 \qquad |:2$$

$$m_h = -\frac{1}{2}$$

$$m_h = -0{,}5$$

y-Achsenabschnitt:

$m_h = -0{,}5$ und N(9 | 0) in $y = m_h \cdot x + t$:

$$0 = -0{,}5 \cdot 9 + t$$

$$0 = -4{,}5 + t \qquad |+4{,}5$$

$$t = 4{,}5$$

$$\Rightarrow \quad h\colon y = -0{,}5x + 4{,}5$$

Berechne zuerst die Steigung der Geraden g mithilfe der Steigungsformel:

$$m = \frac{y_2 - y_1}{x_2 - x_1}$$

Setze den Wert der Steigung und die Koordinaten eines Punktes (hier: A) in die Normalform ein und berechne t.

Berechne die Steigung der senkrechten Geraden h mit der Formel:
$m_h \cdot m_g = -1$

In der Nullstelle $x = 9$ schneidet die Gerade die x-Achse. Der Schnittpunkt mit der x-Achse ist also N(9 | 0).
Setze den Wert der Steigung m_h und die Koordinaten von N in die Normalform ein und berechne t.

Hinweise und Tipps

22. a) g_1: $y = x + 2$
g_2: $y = -x - 8$

$x + 2 = -x - 8$	$\mid + x - 2$
$2x = -10$	$\mid : 2$
$x = -5$	

$x = -5$ in g_1:
$y = -5 + 2 = -3$
$\Rightarrow\ S(-5\mid -3)$

b) g_1: $y = 1{,}5x - 1$
g_2: $y = 2x - 3$

$1{,}5x - 1 = 2x - 3$	$\mid -2x + 1$
$-0{,}5x = -2$	$\mid \cdot (-2)$
$x = 4$	

$x = 4$ in g_2:
$y = 2 \cdot 4 - 3 = 8 - 3 = 5$
$\Rightarrow\ S(4\mid 5)$

Setze jeweils die beiden Funktionsterme gleich und löse nach x auf.
Setze dann den berechneten Wert für x in eine Funktionsgleichung ein und berechne den Funktionswert y.
Gib jeweils die Koordinaten des Schnittpunktes an.

---

23. f:

$30 = -10x + 5y$	$\mid -5y - 30$
$-5y = -10x - 30$	$\mid : (-5)$
$y = 2x + 6$	

Forme jede Gleichung in die Normalform $y = m \cdot x + t$ um.

g:

$2y + 12 = 6x$	$\mid -12$
$2y = 6x - 12$	$\mid : 2$
$y = 3x - 6$	

$2x + 6 = 3x - 6$	$\mid -3x - 6$
$-x = -12$	$\mid \cdot (-1)$
$x = 12$	

Setze dann die beiden Funktionsterme gleich und löse nach x auf.

$x = 12$ in f:
$y = 2 \cdot 12 + 6$
$y = 24 + 6$
$y = 30$
$\Rightarrow\ S(12\mid 30)$

Setze $x = 12$ in eine Funktionsgleichung ein und berechne den Funktionswert.

Gib die Koordinaten des Schnittpunktes an.

---

24. a) Steigung von g_1:
$m = -2$
y-Achsenabschnitt:
$t = 2$, da $Y(0\mid 2)$
$\Rightarrow\ g_1$: $y = -2x + 2$

Da sich die Geraden nicht schneiden, sind sie parallel und haben die gleiche Steigung.
Der y-Achsenabschnitt ist die Schnittstelle mit der y-Achse.

Setze m und t in die Normalform ein.

b) g_1: $y = -2x + 2$
g_3: $y = x - 4$

$-2x + 2 = x - 4$	$\mid -x - 2$
$-3x = -6$	$\mid : (-3)$
$x = 2$	

Setze die beiden Funktionsterme gleich und löse nach x auf.

$x = 2$ in g_3:
$y = 2 - 4 = -2$
$\Rightarrow\ S(2\mid -2)$

Setze $x = 2$ in eine Funktionsgleichung ein und berechne den Funktionswert.

Gib die Koordinaten des Schnittpunktes an.

25. $A(-3|-1)$; $B(2|1)$

$|\overline{AB}|^2 = [1-(-1)]^2 + [2-(-3)]^2$

$|\overline{AB}|^2 = 2^2 + 5^2$

$|\overline{AB}|^2 = 29 \quad |\sqrt{\ }$

$|\overline{AB}| = 5{,}38...$

$|\overline{AB}| \approx 5{,}4\ (cm)$

$A(-3|-1)$; $C(-2|4)$

$|\overline{AC}|^2 = [4-(-1)]^2 + [-2-(-3)]^2$

$|\overline{AC}|^2 = 5^2 + 1^2$

$|\overline{AC}|^2 = 26 \quad |\sqrt{\ }$

$|\overline{AC}| = 5{,}09...$

$|\overline{AC}| \approx 5{,}1\ (cm)$

$B(2|1)$; $C(-2|4)$

$|\overline{BC}|^2 = (4-1)^2 + (-2-2)^2$

$|\overline{BC}|^2 = 3^2 + (-4)^2$

$|\overline{BC}|^2 = 25 \quad |\sqrt{\ }$

$|\overline{BC}| = 5\ (cm)$

Umfang:

$u = 5{,}4\ cm + 5{,}1\ cm + 5\ cm$

$u = 15{,}5\ cm$

Hinweise und Tipps

Lies die Koordinaten der Punkte A, B und C aus dem Schaubild ab.
Berechne die Längen der Dreiecksseiten mit folgenden Formeln:

$|\overline{AB}|^2 = (y_B - y_A)^2 + (x_B - x_A)^2$

$|\overline{AC}|^2 = (y_C - y_A)^2 + (x_C - x_A)^2$

$|\overline{BC}|^2 = (y_C - y_B)^2 + (x_C - x_B)^2$

Berechne dann den Umfang:
$u = |\overline{AB}| + |\overline{AC}| + |\overline{BC}|$

---

26. Steigung:
$E(4|-3)$; $F(-8|-12)$

$$m = \frac{-12-(-3)}{-8-4} = \frac{-9}{-12} = \frac{3}{4} = 0{,}75$$

y-Achsenabschnitt:
$m = 0{,}75$ und $E(4|-3)$ in $y = m \cdot x + t$:

$-3 = 0{,}75 \cdot 4 + t$

$-3 = 3 + t \quad |-3$

$t = -6$

$\Rightarrow\ y = 0{,}75x - 6$

Schnittpunkt mit x-Achse:

$0 = 0{,}75x - 6 \quad |-0{,}75x$

$-0{,}75x = -6 \quad |:(-0{,}75)$

$x = 8$

$\Rightarrow\ N(8|0)$

Abstand der Punkte:

$|\overline{EF}|^2 = [-12-(-3)]^2 + (-8-4)^2$

$|\overline{EF}|^2 = (-9)^2 + (-12)^2$

$|\overline{EF}|^2 = 225 \quad |\sqrt{\ }$

$|\overline{EF}| = 15$

Berechne zuerst die Steigung mithilfe der Steigungsformel:

$$m = \frac{y_2 - y_1}{x_2 - x_1}$$

Setze den Wert der Steigung und die Koordinaten eines Punktes (hier: E) in die Normalform ein und berechne t.

Gib dann die Funktionsgleichung an.

Berechne zunächst die Nullstelle. Setze dazu für den Funktionswert $y = 0$ ein und löse nach x auf.

Gib die Koordinaten an.

Der Abstand der beiden Punkte voneinander ist die Länge der Strecke $\overline{EF}$. Verwende die Abstandsformel.

Hinweise und Tipps

27. Funktionsgleichung:
g: $y = 0{,}75x + 4 \Rightarrow$ g': $y = -0{,}75x + 4$

Grafische Darstellung:

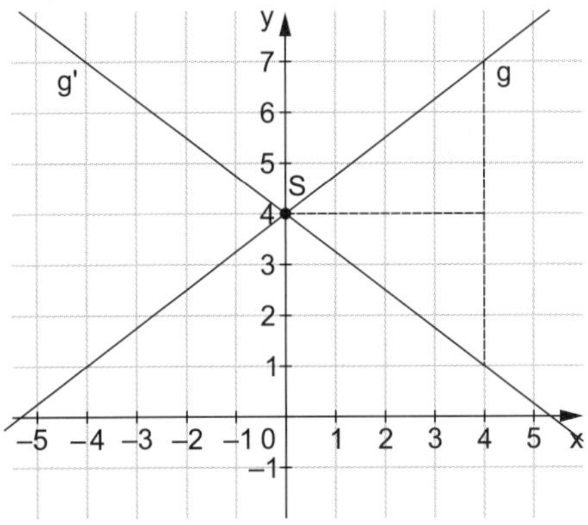

Vorgehen:
Zeichne die Gerade g mit dem y-Achsenabschnitt $t = 4$ und der Steigung $m = 0{,}75 = \frac{3}{4}$.

Zeichne die Spiegelgerade g' mit dem y-Achsenabschnitt $t = 4$ und der Steigung $m = -0{,}75 = -\frac{3}{4}$.

28. a) Steigung:
A(8 | −1); B(−4 | 2)

$$m = \frac{2-(-1)}{-4-8} = \frac{2+1}{-12} = -\frac{3}{12} = -\frac{1}{4} = -0{,}25$$

Berechne zuerst die Steigung der Geraden g mithilfe der Steigungsformel.

$$m = \frac{y_2 - y_1}{x_2 - x_1}$$

y-Achsenabschnitt:
$m = -0{,}25$ und A(8 | −1) in $y = m \cdot x + t$:

$-1 = -0{,}25 \cdot 8 + t$

$-1 = -2 + t \quad |+2$

$t = 1$

$\Rightarrow$ g: $y = -0{,}25x + 1$

Setze den Wert der Steigung und die Koordinaten eines Punktes (hier: A) in die Normalform ein und berechne t.

b) g': $y = 0{,}25x - 1$

Bei der Spiegelung an der x-Achse entsteht die Spiegelgerade g' mit $m' = -m$ und $t' = -t$.

c) Grafische Darstellung:

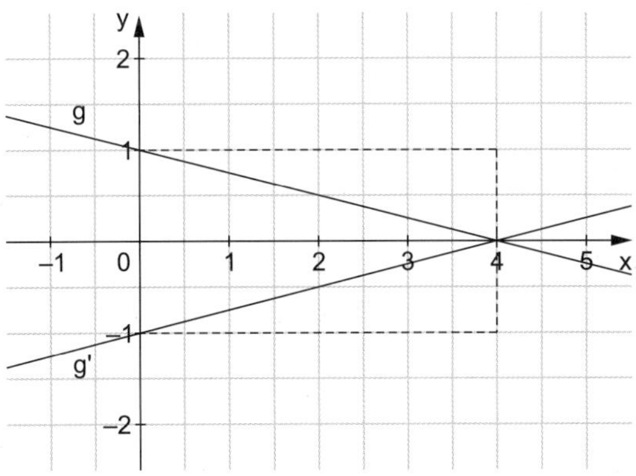

Vorgehen:
Zeichne die beiden Geraden mithilfe des y-Achsenabschnittes t bzw. t' und der Steigung m bzw. m'.

29. a) Gerade f:
$m = -1$; $t = 6 \Rightarrow y = -x + 6$

Gerade g:
$m = 1{,}5$; $t = 1 \Rightarrow y = 1{,}5x + 1$

Lies jeweils den y-Achsenabschnitt und die Steigung ab.

b) Schnittpunkt von g: $y = 1{,}5x + 1$ mit der x-Achse:

$$0 = 1{,}5x + 1 \quad |-1{,}5x$$
$$-1{,}5x = 1 \quad |:(-1{,}5)$$
$$x = -\frac{2}{3}$$
$$\Rightarrow \quad N_1\left(-\frac{2}{3}\,\middle|\,0\right)$$

Schnittpunkt von f: $y = -x + 6$ mit der x-Achse:

$$0 = -x + 6 \quad |+x$$
$$x = 6$$
$$\Rightarrow \quad N_2(6\,|\,0)$$

Hinweise und Tipps

Um den Schnittpunkt mit der x-Achse zu erhalten, musst du die Nullstelle berechnen. An der Nullstelle ist der y-Wert immer 0. Setze jeweils für den Funktionswert $y = 0$ ein und löse nach x auf.

c)

$$-x + 6 = 1{,}5x + 1 \quad |-1{,}5x - 6$$
$$-2{,}5x = -5 \quad |:(-2{,}5)$$
$$x = 2$$

Setze die Funktionstermen gleich und löse nach x auf.

$x = 2$ in f:

$$y = -1 \cdot 2 + 6 = 4$$
$$\Rightarrow \quad S(2\,|\,4)$$

Setze dann $x = 2$ in eine Funktionsgleichung ein und berechne den Funktionswert.

d) Seitenlängen des Dreiecks:

$$|\overline{N_1N_2}| = \left|-\frac{2}{3}\right| + |6|$$
$$|\overline{N_1N_2}| = \frac{2}{3} + 6$$
$$|\overline{N_1N_2}| = 6\frac{2}{3}\ (\text{cm})$$

Berechne die Länge der Strecke $\overline{N_1N_2}$. Addiere dazu die Beträge der Nullstellen von g $\left(x = -\frac{2}{3}\right)$ und f $(x = 6)$.

$$|\overline{N_1S}|^2 = (4-0)^2 + \left(2 - \left(-\frac{2}{3}\right)\right)^2$$
$$|\overline{N_1S}|^2 = 16 + \frac{64}{9} \quad |\sqrt{\ }$$
$$|\overline{N_1S}| = 4{,}807... \approx 4{,}81\ (\text{cm})$$

Berechne die Länge der Strecke $\overline{N_1S}$ mit der Abstandsformel.

$$|\overline{N_2S}|^2 = (4-0)^2 + (2-6)^2$$
$$|\overline{N_2S}|^2 = 32 \quad |\sqrt{\ }$$
$$|\overline{N_2S}| = 5{,}656... \approx 5{,}66\ (\text{cm})$$

Berechne die Länge der Strecke $\overline{N_2S}$ mit der Abstandsformel.

Berechnung des Umfangs:

$$u = |\overline{N_1N_2}| + |\overline{N_1S}| + |\overline{N_2S}|$$
$$u = 6\frac{2}{3}\ \text{cm} + 4{,}81\ \text{cm} + 5{,}66\ \text{cm}$$
$$u \approx 17{,}14\ \text{cm}$$

Berechne den Umfang.

Berechnung des Flächeninhalts:

$$A = \frac{1}{2} \cdot g \cdot h \qquad \text{mit } g = |\overline{N_1N_2}| = 6\frac{2}{3}\ \text{cm};\ h = 4\ \text{cm}$$
$$A = \frac{1}{2} \cdot 6\frac{2}{3}\ \text{cm} \cdot 4\ \text{cm}$$
$$A = 13\frac{1}{3}\ \text{cm}^2$$

Berechne den Flächeninhalt des Dreiecks (N_1N_2S).
Die Länge der Grundseite ist bekannt.
Die Länge der Höhe h ist der Abstand des Punktes $S(2\,|\,4)$ von der x-Achse, also 4 cm.

Hinweise und Tipps

30. a) Diagonale e:

$t=-2$ und $C(2\,|\,2)$ in $y=m\cdot x+t$:

$2=m\cdot 2-2 \quad |+2$

$4=2m \quad |:2$

$m=2$

$\Rightarrow$ e: $y=2x-2$

Auf der Diagonalen e liegen die Punkte $A(0\,|\,-2)$ und $C(2\,|\,2)$. Die y-Koordinate von A ist der y-Achsenabschnitt von e. Setze den y-Achsenabschnitt und die Koordinaten von C in die Normalform ein.
Löse nach m auf.

Diagonale f:

$m=\frac{2-(-2)}{-2-4}=\frac{4}{-6}=-\frac{2}{3}$

Auf der Diagonalen f liegen die Punkte $B(4\,|\,-2)$ und $D(-2\,|\,2)$.
Berechne mithilfe der Steigungsformel die Steigung.

$m=-\frac{2}{3}$ und $B(4\,|\,-2)$ in $y=m\cdot x+t$:

Setze dann den Wert der Steigung und die Koordinaten eines Punktes (hier: B) in die Normalform ein und berechne t.

$-2=-\frac{2}{3}\cdot 4+t$

$-2=-\frac{8}{3}+t \quad |+\frac{8}{3}$

$t=\frac{2}{3}$

$\Rightarrow$ f: $y=-\frac{2}{3}x+\frac{2}{3}$

Diagonalenschnittpunkt S:

$2x-2=-\frac{2}{3}x+\frac{2}{3} \quad |+\frac{2}{3}x+2$

$2\frac{2}{3}x=2\frac{2}{3}$

$x=1$

Setze die Funktionsterme von e und f gleich und löse nach x auf.

$x=1$ in e:

$y=2\cdot 1-2=0$

$\Rightarrow$ $S(1\,|\,0)$

Setze $x=1$ in eine Funktionsgleichung ein und berechne y.

b) $A=g\cdot h$ mit $g=|\overline{AB}|=4$ cm und $h=4$ cm

$A=4\text{ cm}\cdot 4\text{ cm}$

$A=16\text{ cm}^2$

Lies die Länge der Strecke $\overline{AB}$ und der Höhe h ab.

c) Seitenlängen des Parallelogramms:

$|\overline{BC}|^2=[2-(-2)]^2+(2-4)^2$

$|\overline{BC}|^2=4^2+(-2)^2$

$|\overline{BC}|^2=20 \quad |\sqrt{\ }$

$|\overline{BC}|=4{,}47...$

$|\overline{BC}|\approx 4{,}5\text{ (cm)}$

Berechne mit der Abstandsformel die Länge der Strecke $\overline{BC}$ (oder $\overline{AD}$).

$|\overline{AB}|=4\text{ (cm)}$

Berechnung des Umfangs:

$u=|\overline{AB}|+|\overline{BC}|+|\overline{CD}|+|\overline{AD}|$

$u=2\cdot|\overline{AB}|+2\cdot|\overline{BC}|$

$u=2\cdot 4\text{ cm}+2\cdot 4{,}5\text{ cm}$

$u=8\text{ cm}+9\text{ cm}$

$u=17\text{ cm}$

Addiere die Teilstrecken.

31. Grafische Darstellung:

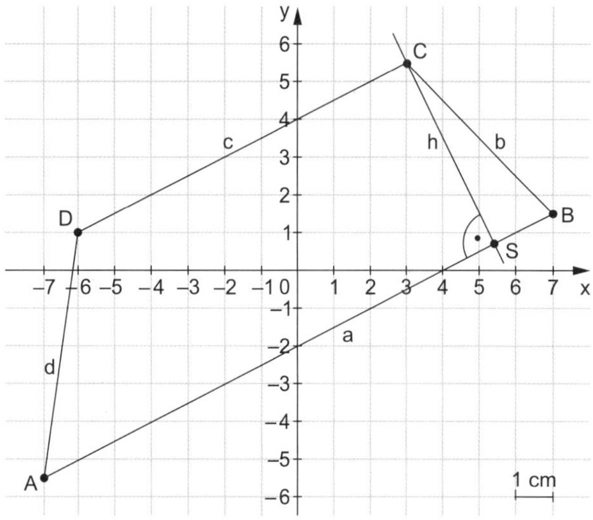

Hinweise und Tipps

A(−7 | −5,5); B(7 | 1,5); C(3 | 5,5); D(−6 | 1)

a) Trapezseite a:

A(−7 | −5,5); B(7 | 1,5)

$m = \frac{1{,}5-(-5{,}5)}{7-(-7)} = \frac{7}{14} = \frac{1}{2} = 0{,}5$

Berechne zuerst die Steigung der Geraden a mithilfe der Steigungsformel.

m = 0,5 und B(7 | 1,5) in $y = m \cdot x + t$:

$1{,}5 = 0{,}5 \cdot 7 + t$

$1{,}5 = 3{,}5 + t \quad |-3{,}5$

$t = -2$

$\Rightarrow$ a: $y = 0{,}5x - 2$

Setze dann den Wert der Steigung und die Koordinaten eines Punktes (hier: B) in die Normalform ein. Löse nach t auf.

Trapezseite c:

$c \parallel a \Rightarrow m_c = m_a = 0{,}5$

Jedes Trapez hat ein Paar parallele Seiten: $a \parallel c \Rightarrow$ c hat dieselbe Steigung wie a.

$m_c = 0{,}5$ und D(−6 | 1) in $y = m \cdot x + t$:

$1 = 0{,}5 \cdot (-6) + t$

$1 = -3 + t \quad |+3$

$t = 4$

$\Rightarrow$ c: $y = 0{,}5x + 4$

b) Steigung:

$m_h \cdot 0{,}5 = -1 \quad |\cdot 2$

$m_h = -2$

Berechne die Steigung der Geraden h mit der Formel: $m_h \cdot m_c = -1$

y-Achsenabschnitt:

$m_h = -2$ und C(3 | 5,5) in $y = m \cdot x + t$:

$5{,}5 = -2 \cdot 3 + t$

$5{,}5 = -6 + t \quad |+6$

$t = 11{,}5$

$\Rightarrow$ h: $y = -2x + 11{,}5$

Setze den Wert der Steigung m_h und die Koordinaten des Punktes C in die Normalform ein und berechne t.

c) $-2x + 11{,}5 = 0{,}5x - 2 \quad |-0{,}5x - 11{,}5$

$-2{,}5x = -13{,}5 \quad |:(-2{,}5)$

$x = 5{,}4$

Setze die Funktionsterme der Geraden a und h gleich und löse nach x auf.

x = 5,4 in a:

$y = 0{,}5 \cdot 5{,}4 - 2$

$y = 2{,}7 - 2$

$y = 0{,}7$

$\Rightarrow$ S(5,4 | 0,7)

Setze x = 5,4 in eine Funktionsgleichung ein und berechne den Funktionswert.

d) Seitenlängen des Trapezes:

$|\overline{AB}|^2 = [1{,}5-(-5{,}5)]^2+[7-(-7)]^2$
$|\overline{AB}|^2 = 7^2+14^2$
$|\overline{AB}|^2 = 245 \quad |\sqrt{\ }$
$|\overline{AB}| = 15{,}652... \approx 15{,}65\ \text{(cm)}$

$|\overline{BC}|^2 = (5{,}5-1{,}5)^2+(3-7)^2$
$|\overline{BC}|^2 = 4^2+(-4)^2$
$|\overline{BC}|^2 = 32 \quad |\sqrt{\ }$
$|\overline{BC}| = 5{,}656... \approx 5{,}66\ \text{(cm)}$

$|\overline{CD}|^2 = (1-5{,}5)^2+(-6-3)^2$
$|\overline{CD}|^2 = (-4{,}5)^2+(-9)^2$
$|\overline{CD}|^2 = 101{,}25 \quad |\sqrt{\ }$
$|\overline{CD}| = 10{,}062... \approx 10{,}06\ \text{(cm)}$

$|\overline{AD}|^2 = [1-(-5{,}5)]^2+[-6-(-7)]^2$
$|\overline{AD}|^2 = 6{,}5^2+1^2$
$|\overline{AD}|^2 = 43{,}25 \quad |\sqrt{\ }$
$|\overline{AD}| = 6{,}576... \approx 6{,}58\ \text{(cm)}$

Berechnung des Umfangs:
$u = a+b+c+d$
$u = 15{,}65\ \text{cm}+5{,}66\ \text{cm}+10{,}06\ \text{cm}+6{,}58\ \text{cm}$
$u = 37{,}95\ \text{cm}$

Berechnung des Flächeninhalts:
$|\overline{CS}|^2 = (0{,}7-5{,}5)^2+(5{,}4-3)^2$
$|\overline{CS}|^2 = (-4{,}8)^2+2{,}4^2$
$|\overline{CS}|^2 = 28{,}8 \quad |\sqrt{\ }$
$|\overline{CS}| = 5{,}366... \approx 5{,}37\ \text{(cm)}$

$$A = \frac{1}{2}(a+c)\cdot h$$

$$A = \frac{1}{2}(15{,}65\ \text{cm}+10{,}06\ \text{cm})\cdot 5{,}37\ \text{cm}$$

$A = 69{,}03135\ \text{cm}^2 \approx 69{,}03\ \text{cm}^2$

Hinweise und Tipps

Berechne nacheinander die Längen der Strecken $|\overline{AB}| = a$, $|\overline{BC}| = b$, $|\overline{CD}| = c$, und $|\overline{AD}| = d$ mit der Abstandsformel.

Berechne den Flächeninhalt des Trapezes mit der Formel:
$A = \frac{1}{2}(a+c)\cdot h$
Hier ist $a = |\overline{AB}| = 15{,}65$ cm, $c = |\overline{CD}| = 10{,}06$ cm und $h = |\overline{CS}|$.
Berechne zunächst mit der Abstandsformel die Länge der Strecke $\overline{CS}$.

---

32. a) I $7x+8y=5$
II $6y+6x=48 \quad |:6$

II $y+x=8 \quad |-y$
$x=8-y$

II in I $7(8-y)+8y=5$
$56-7y+8y=5 \quad |-56$
$y=-51$

y in II $x=8-(-51)$
$x=59$

$\Rightarrow$ Lösung: $x=59$; $y=-51$

Einsetzungsverfahren:
Löse die Gleichung II nach x auf.

Setze den Term für die Variable x in die Gleichung I ein und löse nach y auf.

Setze $y=-51$ in die umgeformte Gleichung II ein und berechne x.

Hinweis: Du kannst zur Lösung auch ein anderes Verfahren verwenden.

b) I $8x-8y-8=0$ $\quad |:4$

II $2x+2y=30$

I $2x-2y-2=0$

I+II $4x-2=30$ $\quad |+2$

$4x=32$ $\quad |:4$

$x=8$

x in I $2\cdot 8-2y-2=0$

$14-2y=0$ $\quad |-14$

$-2y=-14$ $\quad |:(-2)$

$y=7$

$\Rightarrow$ Lösung: $x=8;\ y=7$

Hinweise und Tipps

Additionsverfahren:
Forme Gleichung I so um, dass der Faktor vor y denselben Betrag hat wie der Faktor vor y in Gleichung II, aber das andere Vorzeichen.
Addiere die Gleichungen. Löse nach x auf.

Setze das Ergebnis für x in die umgeformte Gleichung I ein und berechne y.

Hinweis: Du kannst zur Lösung auch ein anderes Verfahren verwenden.

---

33. a) I $2x+8y=8$ $\quad |-2x$

II $-2x=10-4y$ $\quad |+2x+4y$

I $8y=-2x+8$ $\quad |:8$

II $4y=2x+10$ $\quad |:4$

I $y=-\frac{1}{4}x+1$

II $y=\frac{1}{2}x+2,5$

Zu den beiden Funktionsgleichungen passt **Schaubild C**.
Die Geraden schneiden sich im Punkt $(-2\,|\,1,5)$.

$\Rightarrow$ Das Gleichungssystem hat **eine Lösung**: $x=-2;\ y=1,5$

Löse beide Gleichungen nach y auf, um jeweils die Funktionsgleichung einer linearen Funktion zu erhalten.

Da sich die beiden Geraden in einem Punkt schneiden, hat das Gleichungssystem eine Lösung.

b) I $x+2-2y=0$ $\quad |-x-2$

II $1,5x=3y+3$ $\quad |-3y-1,5x$

I $-2y=-x-2$ $\quad |:(-2)$

II $-3y=-1,5x+3$ $\quad |:(-3)$

I $y=0,5x+1$

II $y=0,5x-1$

Zu den beiden Funktionsgleichungen passt **Schaubild A**.
Die Geraden sind parallel und schneiden sich nicht.

$\Rightarrow$ Das Gleichungssystem hat **keine Lösung**.

Löse beide Gleichungen nach y auf, um jeweils die Funktionsgleichung einer linearen Funktion zu erhalten.

Beide Funktionen haben die gleiche Steigung. Die Geraden sind also parallel.

Da parallele Geraden keinen gemeinsamen Punkt besitzen, hat das Gleichungssystem keine Lösung.

c) I $4y=6x-4$ $\quad |:4$

II $3x-2y=2$ $\quad |+2y-2$

I $y=1,5x-1$

II $2y=3x-2$ $\quad |:2$

II $y=1,5x-1$

Zu den beiden Funktionsgleichungen passt **Schaubild B**.
Die Geraden sind identisch.

$\Rightarrow$ Das Gleichungssystem hat **unendlich viele Lösungen**.

Löse beide Gleichungen nach y auf, um jeweils die Funktionsgleichung einer linearen Funktion zu erhalten.

Die Gleichungen I und II sind identisch.

Die beiden Geraden liegen übereinander. Sie berühren sich in unendlich vielen gemeinsamen Punkten.

Hinweise und Tipps

34. a) I $3x - 12 = 4y \quad |:4$

II $30 + 3y = 4x$

I $0{,}75x - 3 = y$

I in II $30 + 3(0{,}75x - 3) = 4x$

$$30 + 2{,}25x - 9 = 4x$$
$$21 + 2{,}25x = 4x \quad |-21-4x$$
$$-1{,}75x = -21 \quad |:(-1{,}75)$$
$$x = 12$$

x in I $y = 0{,}75 \cdot 12 - 3$

$y = 6$

$\Rightarrow$ Lösung: $x = 12;\ y = 6$

Einsetzungsverfahren:
Löse die Gleichung I nach y auf.

Setze den Term für die Variable y in die Gleichung II ein und löse nach x auf.

Setze das Ergebnis für x in die umgeformte Gleichung I ein und berechne y.

b) I $8x + 6y - 2 = 0 \quad |-8x+2$

II $7x + 3y - 10 = 0 \quad |-7x+10$

I $6y = -8x + 2 \quad |:2$

II $3y = -7x + 10$

I $3y = -4x + 1$

I = II $-7x + 10 = -4x + 1 \quad |+4x-10$

$$-3x = -9 \quad |:(-3)$$
$$x = 3$$

x in I $3y = -4 \cdot 3 + 1$

$$3y = -11 \quad |:3$$
$$y = -\frac{11}{3}$$

$\Rightarrow$ Lösung: $x = 3;\ y = -\frac{11}{3}$

Gleichsetzungsverfahren:
Löse beide Gleichungen nach einem gemeinsamen Vielfachen der Variablen y auf.

Setze die erhaltenen Terme beider Gleichungen gleich und löse nach x auf.

Setze das Ergebnis für x in die umgeformte Gleichung I ein und berechne y.

---

35. a) I $x + y = 35$

II $x - y = 17$

I + II $2x = 52 \quad |:2$

$x = 26$

x in I $26 + y = 35 \quad |-26$

$y = 9$

Die eine Zahl heißt 26, die andere Zahl 9.

Lege die Variablen fest:
x: erste Zahl
y: zweite Zahl

Gleichung I: Summe der Zahlen
Gleichung II: Differenz der Zahlen

Löse mit dem Additionsverfahren.

b) I $x + y = 49$

II $\frac{x}{y} = 6 \quad |\cdot y$

II $x = 6y$

x in I $6y + y = 49$

$$7y = 49 \quad |:7$$
$$y = 7$$

y in II $x = 6 \cdot 7$

$x = 42$

Die erste Zahl heißt 42, die zweite Zahl 7.

Lege die Variablen fest:
x: erste Zahl
y: zweite Zahl

Gleichung I: Summe zweier Zahlen
Gleichung II: Quotient $\Rightarrow$ $x : y$ oder $\frac{x}{y}$

Löse mit dem Einsetzungsverfahren.

Hinweise und Tipps

36.

$\text{I} \quad x + y = 446 \qquad |-x$

$\text{II} \quad 4x + 2y = 1\,656$

$\text{I} \quad y = 446 - x$

$y \text{ in II} \quad 4x + 2(446 - x) = 1\,656$

$4x + 892 - 2x = 1\,656 \qquad |-892$

$2x = 764 \qquad |:2$

$x = 382$

$x \text{ in I} \quad y = 446 - 382$

$y = 64$

Es sind 382 Pkws und 64 Motorräder.

Lege die Variablen fest:
x: Anzahl der Pkws
y: Anzahl der Motorräder

Stelle die Gleichung I für die Anzahl der Fahrzeuge auf.
Stelle die Gleichung II für die Anzahl der Reifen auf.

Löse mit dem Einsetzungsverfahren.

37.

$\text{I} \quad x + y + 0{,}5y + 2y + (x + 1) + x = 28$

$\text{II} \quad [1 \cdot x + 2 \cdot y + 3 \cdot 0{,}5y + 4 \cdot 2y + 5(x + 1) + 6x] : 28 = 3{,}5 \qquad | \cdot 28$

$\text{I} \quad 3x + 3{,}5y + 1 = 28 \qquad |-1$

$\text{II} \quad x + 2y + 1{,}5y + 8y + 5x + 5 + 6x = 3{,}5 \cdot 28$

$\text{I} \quad 3x + 3{,}5y = 27 \qquad | \cdot (-4)$

$\text{II} \quad 12x + 11{,}5y + 5 = 98 \qquad |-5$

$\text{I} \quad -12x - 14y = -108$

$\text{II} \quad 12x + 11{,}5y = 93$

$\text{I} + \text{II} \quad -2{,}5y = -15 \qquad |:(-2{,}5)$

$y = 6$

$y \text{ in I} \quad 3x + 3{,}5 \cdot 6 = 27$

$3x + 21 = 27 \qquad |-21$

$3x = 6 \qquad |:3$

$x = 2$

Verteilung der Noten:
Note 1: 2 Note 2: 6 Note 3: 3
Note 4: 12 Note 5: 3 Note 6: 2

Lege die Variablen für die Noten fest:

1	2	3	4	5	6
x	y	0,5y	2y	x + 1	x

Stelle die Gleichung I für die Anzahl aller Noten auf.
Stelle die Gleichung II für den Notendurchschnitt auf.

Löse mit dem Additionsverfahren.

38.

$\text{I} \quad 2x + y + x + 2y = 360$

$\text{II} \quad x + 2y = 200 \qquad |-2y$

$\text{II} \quad x = 200 - 2y$

$\text{II in I} \quad 2(200 - 2y) + y + 200 - 2y + 2y = 360$

$400 - 4y + y + 200 = 360$

$-3y + 600 = 360 \qquad |-600$

$-3y = -240 \qquad |:(-3)$

$y = 80$

$y \text{ in II} \quad x = 200 - 2 \cdot 80$

$x = 200 - 160$

$x = 40$

Winkelgrößen:
α: 80°; β: 80°; γ: 40°; δ: 160°

Lege die Variablen fest:
γ: x
α: 2x
δ: 2y
β: y

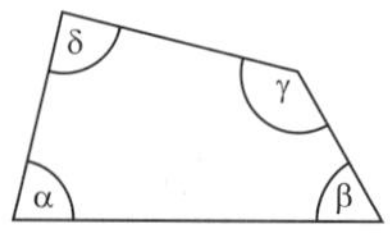

Stelle die Gleichung I für die Winkelsumme in einem Viereck auf (360°).
Stelle die Gleichung II für die Winkelsumme von γ und δ auf (200°).

Löse mit dem Einsetzungsverfahren.

39. I $x + x - 80 + y = 240$
II $y + 40 = x + x - 80 \quad |-40$
II $y = 2x - 120$
II in I $2x - 80 + 2x - 120 = 240$
$4x - 200 = 240 \quad |+200$
$4x = 440 \quad |:4$
$x = 110$
x in II $y = 2 \cdot 110 - 120$
$y = 220 - 120$
$y = 100$

Der Hausmeister konnte 110 Flaschen Orangensaft, 30 Flaschen Apfelsaft und 100 Flaschen Mineralwasser verkaufen.

Hinweise und Tipps

Lege die Variablen fest:
Orangensaft: x Flaschen
Apfelsaft: x − 80 Flaschen
Mineralwasser: y Flaschen

Stelle die Gleichung I für alle verbrauchten Getränke auf.
Stelle die Gleichung II für den Zusammenhang zwischen Mineralwasser und den beiden anderen Getränken auf.

Löse mit dem Einsetzungsverfahren.

---

40. I $x + y = 70 \quad |-x$
II $5x + 10y = 525$
I $y = 70 - x$
I in II $5x + 10(70 - x) = 525$
$5x + 700 - 10x = 525 \quad |-700$
$-5x = -175 \quad |:(-5)$
$x = 35$
x in I $y = 70 - 35$
$y = 35$

Lukas hat von den 5-Cent-Münzen und von den 10-Cent-Münzen jeweils 35 Stück gewonnen.

Lege die Variablen fest:
x: Anzahl der 5-Cent-Münzen
y: Anzahl der 10-Cent-Münzen

Stelle die Gleichung I für die Anzahl der Münzen auf.
Stelle die Gleichung II für den Wert der Münzen auf: 5,25 € = 525 ct.

Löse mit dem Einsetzungsverfahren.

---

41. I $24 \cdot x + y = 33{,}95$
II $19 \cdot x + y = 27{,}45 \quad |\cdot(-1)$
II $-19x - y = -27{,}45$
I+II $5x = 6{,}5 \quad |:5$
$x = 1{,}3$
x in I $24 \cdot 1{,}3 + y = 33{,}95$
$31{,}2 + y = 33{,}95 \quad |-31{,}2$
$y = 2{,}75$

Die Grundgebühr beträgt 2,75 €.
Ein gefahrener Kilometer kostet 1,30 €.

Lege die Variablen fest:
x: Kosten für jeden gefahrenen Kilometer
y: Grundgebühr

Stelle für die Gesamtkosten von Herrn Schmid und für die Gesamtkosten von Frau Manchen jeweils eine Gleichung auf.

Löse mit dem Additionsverfahren.

---

42. a) $2{,}5 \cdot 2{,}5 \cdot 2{,}5 \cdot 2{,}5 = 2{,}5^4$

b) $a \cdot a \cdot c \cdot a \cdot c \cdot b \cdot c \cdot b = a^3b^2c^3$

Ein Produkt aus gleichen Faktoren kann als Potenz geschrieben werden.
Sortiere und schreibe dann als Potenzen.

---

43. a) $\frac{a^3}{b^7} = a^3b^{-7}$

b) $\frac{2p^2}{3q^4r} = 2p^2 \cdot \frac{1}{3} \cdot \frac{1}{q^4} \cdot \frac{1}{r} = 2p^2 3^{-1} q^{-4} r^{-1}$

Ein Bruch kann als Potenz geschrieben werden. Der Exponent hat dann ein negatives Vorzeichen.

Ziehe den Bruch zunächst auseinander. Schreibe dann die Brüche als Potenzen mit negativen Exponenten.

Hinweise und Tipps

44. a) $2y^{-1}x^3 5^{-3} z^2 = 2\frac{1}{y} x^3 \frac{1}{5^3} z^2 = \frac{2x^3z^2}{5^3 y}$

b) $r^{-4}s^{-5}t^{-2} = \frac{1}{r^4} \cdot \frac{1}{s^5} \cdot \frac{1}{t^2} = \frac{1}{r^4 s^5 t^2}$

Die Potenzen mit negativem Exponenten bilden den Nenner der Brüche.

---

45. a) $\sqrt[5]{7^4} = 7^{\frac{4}{5}}$

b) $\sqrt[4]{2^{-3}} \cdot \sqrt[4]{a^{-2}} = 2^{-\frac{3}{4}} \cdot a^{-\frac{2}{4}}$

Wurzeln können als Potenzen mit rationalen Zahlen als Exponenten geschrieben werden, d. h., die Exponenten sind Brüche.

---

46. a) $x^{\frac{5}{6}} = \sqrt[6]{x^5}$

b) $a^{\frac{3}{5}} b^{-\frac{1}{2}} = \sqrt[5]{a^3} \cdot \sqrt[2]{b^{-1}}$

Der Nenner der Exponenten steht „auf der Wurzel".

---

47. a) $(-5)^1$ **<** $(-5)^0$

Es gilt: $(-5)^1 = -5$ und $(-5)^0 = 0$

b) 4^{-2} **<** $(-2)^4$

Es gilt: $4^{-2} = \frac{1}{4^2} = \frac{1}{16}$ und $(-2)^4 = 2^4 = 16$

---

48. a) $a^6 - a^8 + 7a^6 - 12a^8 = 8a^6 - 13a^8$

b) $x^4y^9 - x^9y^4 + 24x^4y^9 - 13x^9y^4 = 25x^4y^9 - 14x^9y^4$

Du kannst nur Potenzen mit gleicher Basis und gleichem Exponenten zusammenfassen.

---

49. a) $4a^5 \cdot 3a^6 = 4 \cdot 3 \cdot a^5 \cdot a^6 = 12a^{5+6} = 12a^{11}$

b) $15y^5 : (3y^7) = 15 : 3 \cdot y^5 \cdot y^{-7} = 5y^{-2}$

c) $5r^3 \cdot 3p^3 = 5 \cdot 3 \cdot (p \cdot r)^3 = 15(pr)^3$

d) $45z^7 : (9q^7) = 45 : 9 \cdot (z : q)^7 = 5\left(\frac{z}{q}\right)^7$

Wende beim Vereinfachen der Terme die Potenzgesetze an.

---

50. a) $\frac{x^3y^5}{y^3x^5} = \frac{y^2}{x^2} = x^{-2}y^2$

b) $\frac{3^3x^3y^3z^3}{3^2x^{-3}y^6z^3} = \frac{3x^3}{x^{-3}y^3} = 3x^6y^{-3}$

Kürze zuerst.

---

51. a) $x^2 \cdot x^{\boxed{6}} = x^8$

Es gilt: $x^2 \cdot x^6 = x^{2+6} = x^8$

b) $a^5 \cdot a^{-2} = a^{\boxed{3}}$

Es gilt: $a^5 \cdot a^{-2} = a^{5-2} = a^3$

c) $(y^2)^{\boxed{5}} = y^{10}$

Es gilt: $(y^2)^5 = y^{2 \cdot 5} = y^{10}$

d) $\frac{n^7}{n^{\boxed{-5}}} = n^{12}$

Es gilt: $\frac{n^7}{n^{-5}} = n^{7-(-5)} = n^{7+5} = n^{12}$

Hinweise und Tipps

52. a) $\dfrac{\sqrt[5]{u^3 v}}{\sqrt[5]{u^3 v^6}} = u^{\frac{3}{5}} v^{\frac{1}{5}} u^{-\frac{3}{5}} v^{-\frac{6}{5}} = v^{-1}$

b) $\sqrt[7]{a^4 b^5} \cdot \sqrt[7]{a^{-3} b^{-2}} = a^{\frac{4}{7}} b^{\frac{5}{7}} a^{-\frac{3}{7}} b^{-\frac{2}{7}} = a^{\frac{1}{7}} b^{\frac{3}{7}}$

Achte beim Vereinfachen auf die Potenzgesetze.

---

53. a) $\dfrac{x^{\frac{3}{4}} y^{\frac{3}{4}}}{x^{-\frac{1}{4}} y^{-\frac{1}{4}}} = x^{\frac{3}{4}} \cdot x^{\frac{1}{4}} \cdot y^{\frac{3}{4}} \cdot y^{\frac{1}{4}} = xy$

Es gilt: $\frac{3}{4} + \frac{1}{4} = 1$

b) $\dfrac{a^{\frac{2}{3}} \cdot b^{\frac{3}{4}} \cdot c^{\frac{5}{6}}}{a^{\frac{1}{6}} b^{-\frac{1}{4}} c^{\frac{2}{3}}} = a^{\frac{2}{3}} \cdot a^{-\frac{1}{6}} \cdot b^{\frac{3}{4}} \cdot b^{\frac{1}{4}} \cdot c^{\frac{5}{6}} \cdot c^{-\frac{2}{3}} = a^{\frac{1}{2}} b c^{\frac{1}{6}}$

Es gilt: $\frac{2}{3} - \frac{1}{6} = \frac{3}{6} = \frac{1}{2}$; $\quad \frac{5}{6} - \frac{2}{3} = \frac{1}{6}$

---

54. a) $(3^2 x^3 y^4 z^5)^3 = 3^6 x^9 y^{12} z^{15}$

b) $(x^5 y^{-2})^{-4} = x^{-20} y^8$

Potenziere die Potenzen, indem du die Exponenten multiplizierst.

---

55. a) $\dfrac{(5abc^2)^3}{(25a^4b^4c^6)^2} = \dfrac{5^3 a^3 b^3 c^6}{5^4 a^8 b^8 c^{12}} = \dfrac{1}{5a^5 b^5 c^6} = 5^{-1} a^{-5} b^{-5} c^{-6}$

$= 5^{-1} (a \cdot b)^{-5} c^{-6}$

Potenzrechnung geht vor Punktrechnung.
Es gilt: $25 = 5^2$

b) $\left(\dfrac{2a^2b^3c^{-3}}{3b^2c^{-4}d^7}\right)^2 = \dfrac{4a^4b^6c^{-6}}{9b^4c^{-8}d^{14}} = 4 \cdot 9^{-1} a^4 b^6 b^{-4} c^{-6} c^8 d^{-14}$

$= 4 \cdot 9^{-1} a^4 b^2 c^2 d^{-14} = 4 \cdot 9^{-1} a^4 (bc)^2 d^{-14}$

---

56. a) $10^x = 1\,000$
$x = \lg 1\,000$
$x = 3$

$10^x = a \;\Rightarrow\; x = \lg a$

b) $10^x = 100\,000\,000$
$x = \lg 100\,000\,000$
$x = 8$

c) $8^x = 32\,768$
$x = \log_8 32\,768$
$x = \dfrac{\lg 32\,768}{\lg 8}$
$x = 5$

$b^x = a \;\Rightarrow\; x = \log_b a$
$x = \dfrac{\lg a}{\lg b}$

d) $2{,}5^x = 39{,}0625$
$x = \log_{2,5} 39{,}0625$
$x = \dfrac{\lg 39{,}0625}{\lg 2{,}5}$
$x = 4$

Hinweise und Tipps

e) $625^x = 5$

$$x = \log_{625} 5$$
$$x = \frac{\lg 5}{\lg 625}$$
$$x = 0{,}25$$

f) $11 = 14\,641^x$

$$14\,641^x = 11$$
$$x = \log_{14\,641} 11$$
$$x = \frac{\lg 11}{\lg 14\,641}$$
$$x = 0{,}25$$

57.

$99^9 \approx 9{,}14 \cdot 10^{17}$		⑥
$9^{99} \approx 2{,}95 \cdot 10^{94}$		⑧
$9^{-99} \approx 3{,}39 \cdot 10^{-95}$	positiver Bruch	③
$99^{-9} \approx 1{,}09 \cdot 10^{-18}$	positiver Bruch	④
$(-9)^{99} \approx -2{,}95 \cdot 10^{94}$	negative ganze Zahl	①
$9^{9^9} = 9^{387\,420\,489}$	ERROR	⑨
$(-9)^{-99} \approx -3{,}39 \cdot 10^{-95}$	negativer Bruch	②
$(9^9)^9 = 387\,420\,489^9 = 1{,}97 \cdot 10^{77}$		⑦
$999 = 9{,}99 \cdot 10^2$		⑤

$$\Rightarrow\ -9^{99} < -9^{-99} < 9^{-99} < 99^{-9} < 999 < 99^9 < (9^9)^9 < 9^{99} < 9^{9^9}$$

Berechne mit dem Taschenrechner den Wert der Potenzen.
Schreibe die Taschenrechnerergebnisse auf. Runde auf zwei Dezimalstellen.

ERROR: Die Zahl ist zu groß für den Taschenrechner. Sie übersteigt jedes Vorstellungsvermögen.

---

58. a)

$$\frac{(-3x^3)^2 \cdot (-2y^2)^3 \cdot 4x^2y}{6x \cdot 2y^2} = \frac{{}^{3}\cancel{9} \cdot x^6 \cdot (-8) \cdot y^6 \cdot \cancel{4}x^2y}{\cancel{6}x \cdot \cancel{2}y^2}$$
$$= 3x^6x^2x^{-1}(-8)y^6yy^{-2}$$
$$= -24x^7y^5$$

Achte auf die Vorzeichen.
$(-3)^2 = +9$
$(-2)^3 = -8$

b)

$$\frac{(2a^2b \cdot 3ab^2)^5 \cdot 4ab}{(5a^4b^2)^3 \cdot (3a^5b^2) \cdot (3a^5b^3)^2} = \frac{(2 \cdot 3 \cdot a^3b^3)^5 \cdot 4ab}{5^3a^{12}b^6 3a^5b^2 3^2 a^{10}b^6}$$

Fasse gleiche Faktoren in der Klammer im Zähler zusammen.
Potenziere die Klammer im Nenner.

$$= \frac{2^5 3^5 a^{15} b^{15} 2^2 ab}{5^3 3^3 a^{27} b^{14}}$$

Es gilt: $4 = 2^2$

$$= \frac{2^7 3^5 a^{16} b^{16}}{5^3 3^3 a^{27} b^{14}}$$

Kürze.

$$= \frac{2^7 3^2 b^2}{5^3 a^{11}}$$
$$= 2^7 3^2 5^{-3} a^{-11} b^2$$

Schreibe ohne Bruchstrich.

Hinweise und Tipps

59. a) Fabian:

Mähen	1.	2.	3.	4.	5.	6.
Verdienst	5 €	5 €	5 €	5 €	5 €	5 €
Gesamtverdienst	5 €	10 €	15 €	20 €	25 €	30 €

Theresa:

Mähen	1.	2.	3.	4.	5.	6.
Verdienst	0,10 €	0,20 €	0,40 €	0,80 €	1,60 €	3,20 €
Gesamtverdienst	0,10 €	0,30 €	0,70 €	1,50 €	3,10 €	6,30 €

b) Die Aussagen B und C sind richtig.

c) $y = 5 \cdot 35$
$y = 175$
Für 1 Jahr Mähen will Fabian 175 €.

Fabians Forderung wird mit der Funktionsgleichung B aus Teilaufgabe b berechnet. In einem Jahr muss er 35-mal mähen.

d) $y = 0{,}10 \cdot 2^{35-1}$
$y = 0{,}10 \cdot 2^{34}$
$y \approx 1\,717\,986\,918$
Theresa bekäme für das letzte Mähen über 1,7 Mrd. €.

Theresas Verdienst für das letzte Mähen wird mit der Funktionsgleichung C aus Teilaufgabe b berechnet.

60. a) Anzahl der Aluminiumatome in 1 kg:

$$26{,}982\text{ g} \triangleq 6{,}022 \cdot 10^{23}$$
$$1\text{ g} \triangleq 6{,}022 \cdot 10^{23} : 26{,}982$$
$$1\,000\text{ g} \triangleq 6{,}022 \cdot 10^{23} : 26{,}982 \cdot 1\,000 = 2{,}2318\ldots \cdot 10^{25} \approx 2{,}232 \cdot 10^{25}$$

Der Würfel besteht aus rund $2{,}232 \cdot 10^{25}$ Aluminiumatomen.

Berechne zuerst, wie viele Atome sich in 1 g Aluminium befinden.

1 kg = 1 000 g

b) Masse des Aluminiumwürfels:

$$V = 5\text{ cm} \cdot 5\text{ cm} \cdot 5\text{ cm}$$
$$V = 125\text{ cm}^3$$
$$m = 125\text{ cm}^3 \cdot 2{,}7\frac{\text{g}}{\text{cm}^3}$$
$$m = 337{,}5\text{ g}$$

Berechne zuerst die Masse des Aluminiumwürfels:
Masse = Volumen · Dichte

Anzahl der Aluminiumatome in 337,5 g:

$$1\text{ g} \triangleq 6{,}022 \cdot 10^{23} : 26{,}982$$
$$337{,}5\text{ g} \triangleq 6{,}022 \cdot 10^{23} : 26{,}982 \cdot 337{,}5 = 7{,}5325\ldots \cdot 10^{24} \approx 7{,}533 \cdot 10^{24}$$

Wie viele Atome befinden sich in 337,5 g Aluminium?

Anzahl der benötigten Schnitte:

$$1 = 7{,}533 \cdot 10^{24} \cdot 0{,}5^x \quad |:7{,}533 \cdot 10^{24}$$
$$\frac{1}{7{,}533 \cdot 10^{24}} = 0{,}5^x \quad |\log$$
$$x = \log_{0,5} \frac{1}{7{,}533 \cdot 10^{24}}$$
$$x = \frac{\lg \frac{1}{7{,}533 \cdot 10^{24}}}{\lg 0{,}5}$$
$$x = 82{,}6\ldots \approx 83\text{ Schnitte}$$

Man müsste rund 83-mal schneiden, um ein Aluminiumatom zu erhalten.

Jeder Schnitt halbiert die Masse.
Anzahl der Schnitte: x
Ausgangswert: $7{,}533 \cdot 10^{24}$ Atome
Endwert: 1 Atom

Hinweise und Tipps

61.

- [ ] Max erhält jedes Jahr 5 € mehr Taschengeld.

Das Taschengeld steigt jedes Jahr um einen festen Wert (linear).

- [x] Lina erhält eine Ketten-Mail. Sie schickt sie an 3 Freundinnen weiter. Jede Freundin schickt sie wieder an 3 Freundinnen weiter, die sie jeweils wieder an 3 Freundinnen weiterschicken etc.

Die Anzahl der Personen, die die Mail erhalten, steigt mit jeder geschriebenen Mail um einen festen Faktor (3).

- [x] Die Anzahl der Salmonellen verdoppelt sich alle 30 Minuten.

Die Salmonellenzahl steigt alle 30 Minuten um einen festen Faktor.

- [ ] Die Höhe der Vergütung steigt bei einem Ausbildungsbetrieb jedes Jahr um 50 € an.

Die Höhe der Vergütung steigt jedes Jahr um einen festen Wert (linear).

- [x] Paul stellt die Sauna an. Die Temperatur in der Sauna steigt mit jeder Minute um 4,5 % an.

Die Temperatur steigt jede Minute um einen festen Faktor (1,045).

62.

a) Da es sich um eine lineare Abnahme handelt, passt nur der Graph aus Schaubild D.

Die Größe der Kerze nimmt ab, daher kommen die Schaubilder A und B nicht infrage. Da die Größe der Kerze in einem festen Zeitraum stets um einen festen Wert abnimmt, handelt es sich um eine lineare Abnahme, die durch eine fallende Gerade dargestellt wird. Somit passt Schaubild D.

b) Da es sich um eine lineare Zunahme handelt, passt nur der Graph aus Schaubild A.

Die Wassermenge im Becken nimmt zu, daher kommen die Schaubilder C und D nicht infrage.
Da die Wassermenge in einem festen Zeitraum stets um einen festen Wert zunimmt, handelt es sich um eine lineare Zunahme, die durch eine steigende Gerade dargestellt wird. Somit passt Schaubild A.

c) Da es sich um eine exponentielle Abnahme handelt, passt nur der Graph aus Schaubild C.

Die Lichtintensität nimmt ab, daher kommen die Schaubilder A und B nicht infrage. Da die Lichtintensität in einem festen Zeitraum stets um einen festen Faktor abnimmt, handelt es sich um eine exponentielle Abnahme. Somit passt Schaubild C.

d) Da es sich um eine exponentielle Zunahme handelt, passt nur der Graph aus Schaubild B.

Die Geldmenge auf dem Konto nimmt zu, daher kommen die Schaubilder C und D nicht infrage.
Da die Geldmenge in einem festen Zeitraum stets um einen festen Faktor zunimmt, handelt es sich um eine exponentielle Zunahme. Somit passt Schaubild B.

63.

Anfangswert: $W_0 = 720$ €
Zinssatz: $p = 0{,}5\,\% = 0{,}005$
Zinsfaktor: $q = 1 + 0{,}005 = 1{,}005$

Da Susanne Zinsen bekommt, steigt der Kontostand. Hier steht ein Plus.

Anzahl der Jahre:
$n = 18 - 12 = 6$

Zwischen dem 12. Geburtstag und dem 18. Geburtstag liegen 6 Jahre.

Höhe des Kontostandes:
$W_6 = 720\text{ €} \cdot 1{,}005^6$
$W_6 = 741{,}871\ldots\text{ €}$
$W_6 \approx 741{,}87\text{ €}$

Setze die gegebenen Werte in die Formel $W_n = W_0 \cdot q^n$ ein.

Sie kann 741,87 € abheben.

Hinweise und Tipps

64. a) Anfangswert: $W_0 = 15\,000$ €
Zinssatz: $p = 1{,}25\,\% = 0{,}0125$
Zinsfaktor: $q = 1 - 0{,}0125 = 0{,}9875$
Anzahl der Monate:
$n = 6$
Höhe des Kontostandes:
$W_6 = 15\,000\text{ €} \cdot 0{,}9875^6$
$W_6 = 13\,909{,}575\ldots\text{ €}$
$W_6 \approx 13\,909{,}58\text{ €}$
Nach einem halben Jahr sind seine Aktien 13 909,58 € wert.

Da die Aktie an Wert verliert, steht hier ein Minus.

Ein halbes Jahr sind 6 Monate.

Setze die gegebenen Werte in die Formel $W_n = W_0 \cdot q^n$ ein.

b) Verlust nach 6 Monaten in €:
$15\,000\text{ €} - 13\,909{,}58\text{ €} = 1\,090{,}42\text{ €}$
Verlust nach 6 Monaten in Prozent:
$1\,090{,}42\text{ €} : 15\,000\text{ €} \cdot 100\,\% = 7{,}26\ldots\,\% \approx 7{,}3\,\%$
Herr Berger hat rund 7,3 % seines angelegten Geldes verloren.

---

65. Endwert: $W_{12} = 1\,741{,}13$ €
Zinssatz: $p = 1{,}25\,\% = 0{,}0125$
Zinsfaktor: $q = 1 + 0{,}0125 = 1{,}0125$
Anzahl der Jahre: $n = 12$
Höhe des Lottogewinns (Anfangswert):
$1\,741{,}13\text{ €} = W_0 \cdot 1{,}0125^{12} \quad |:1{,}0125^{12}$
$W_0 = 1\,499{,}998\ldots\text{ €}$
$W_0 \approx 1\,500\text{ €}$
Wendy hatte 1 500 € angelegt.

Da der Wert steigt, steht hier ein Plus.

Setze die gegebenen Werte in die Wachstumsformel $W_n = W_0 \cdot q^n$ ein und löse nach W_0 auf.

---

66. Endwert: $W_5 = 3\,150$ €
Zinssatz: $p = 18\,\% = 0{,}18$
Zinsfaktor: $q = 1 - 0{,}18 = 0{,}82$
Anzahl der Jahre: $n = 5$
Höhe des Neuwerts (Anfangswert):
$3\,150\text{ €} = W_0 \cdot 0{,}82^5 \quad |:0{,}82^5$
$W_0 = 8\,496{,}524\ldots\text{ €}$
$W_0 \approx 8\,496{,}52\text{ €}$
Das Motorrad hatte einen Neuwert von 8 496,52 €.

Da der Wert sinkt, steht hier ein Minus.

Setze die gegebenen Werte in die Wachstumsformel $W_n = W_0 \cdot q^n$ ein und löse nach W_0 auf.

---

67. Anfangswert: $W_0 = 1\,250$ €
Endwert: $W_{10} = 1\,450{,}68$ €
Anzahl der Jahre: $n = 10$
Höhe des Zinsfaktors:
$1\,450{,}68\text{ €} = 1\,250\text{ €} \cdot q^{10} \quad |:1\,250\text{ €}$
$\frac{1\,450{,}68\text{ €}}{1\,250\text{ €}} = q^{10} \quad |\sqrt[10]{\ }$
$q = \sqrt[10]{\frac{1\,450{,}68\text{ €}}{1\,250\text{ €}}}$
$q \approx 1{,}015$

Setze die gegebenen Werte in die Wachstumsformel $W_n = W_0 \cdot q^n$ ein und löse nach q auf.

Höhe des Zinssatzes:
$p = 1{,}015 - 1$
$p = 0{,}015$
$p = 1{,}5\ \%$

Der Zinssatz betrug 1,5 %.

Hinweise und Tipps

Berechne den Zinssatz. Da das Guthaben anwächst, gilt:
$q = 1 + p \quad \Rightarrow \quad p = q - 1$

---

68. Anfangswert: $W_0 = 25\,000$ €
Endwert: $W_4 = 24\,503{,}74$ €
Anzahl der Jahre: $n = 4$

Höhe des Zinsfaktors:

$$24\,503{,}74\text{ €} = 25\,000\text{ €} \cdot q^4 \quad |:25\,000\text{ €}$$
$$\frac{24\,503{,}74\text{ €}}{25\,000\text{ €}} = q^4 \quad |\sqrt[4]{\;}$$
$$q = \sqrt[4]{\frac{24\,503{,}74\text{ €}}{25\,000\text{ €}}}$$
$$q \approx 0{,}995$$

Setze die gegebenen Werte in die Wachstumsformel $W_n = W_0 \cdot q^n$ ein und löse nach q auf.

Höhe des Zinssatzes:
$p = 1 - 0{,}995$
$p = 0{,}005$
$p = 0{,}5\ \%$

Frau Bauer verlor jährlich 0,5 %.

Berechne den Zinssatz. Da es sich um einen Verlust handelt, gilt:
$q = 1 - p \quad \Rightarrow \quad p = 1 - q$

---

69. a) Anfangswert: $W_0 = 100$ €
Endwert: $W_n = 3\,850$ €
Zinssatz: $p = 12{,}5\ \% = 0{,}125$
Zinsfaktor: $q = 1 + 0{,}125 = 1{,}125$

Da der Wert steigt, steht hier ein Plus.

Anzahl der Jahre:

$$3\,850\text{ €} = 100\text{ €} \cdot 1{,}125^n \quad |:100\text{ €}$$
$$38{,}5 = 1{,}125^n \quad |\log$$
$$n = \log_{1{,}125} 38{,}5$$
$$n = 30{,}994\ldots$$
$$n \approx 31$$

Die Münze wurde vor 31 Jahren geprägt.

Setze die gegebenen Werte in die Wachstumsformel $W_n = W_0 \cdot q^n$ ein.
Berechne n mit dem Logarithmus.

b) Anfangswert: $W_0 = 3\,850$ €
Endwert: $W_n = 10\,000$ €
Zinsfaktor: $q = 1{,}125$

Anzahl der Jahre:

$$10\,000\text{ €} = 3\,850\text{ €} \cdot 1{,}125^n \quad |:3\,850\text{ €}$$
$$\frac{10\,000\text{ €}}{3\,850\text{ €}} = 1{,}125^n \quad |\log$$
$$n = \log_{1{,}125} \frac{10\,000}{3\,850}$$
$$n = 8{,}10\ldots$$
$$n \approx 9 \qquad \text{(aufrunden)}$$

Nach 9 Jahren wird die Münze über 10 000 € wert sein.

Setze die gegebenen Werte in die Wachstumsformel $W_n = W_0 \cdot q^n$ ein.
Berechne n mit dem Logarithmus.

Du musst hier aufrunden, weil die Münze nach 8 Jahren noch nicht ganz 10 000 € wert ist.

Hinweise und Tipps

70. Anfangswert: $W_0 = 45\,500$ €
Endwert: $W_n = 45\,500$ € $- 15\,000$ € $= 30\,500$ €
Zinssatz: $p = 16{,}5\,\% = 0{,}165$
Zinsfaktor: $q = 1 - 0{,}165 = 0{,}835$

Anzahl der Jahre:

$$30\,500\text{ €} = 45\,500\text{ €} \cdot 0{,}835^n \quad |: 45\,500\text{ €}$$
$$\frac{30\,500\text{ €}}{45\,500\text{ €}} = 0{,}835^n \quad |\log$$
$$n = \log_{0{,}835} \frac{30\,500}{45\,500}$$
$$n = 2{,}21\ldots$$
$$n \approx 2$$

Herr Stadler muss das Auto nach zwei Jahren wieder verkaufen.

Der Verlust soll nicht mehr als 15 000 € betragen. Ziehe also 15 000 € vom Neuwert ab, um den Endwert zu erhalten.
Da der Wert sinkt, steht hier ein Minus.
Setze die gegebenen Werte in die Formel $W_n = W_0 \cdot q^n$ ein.
Berechne n mit dem Logarithmus.

---

71. Anfangswert: $W_0 = 450$ g
Halbwertszeit: $T = 30$ a
Zeitspanne: $t = 20$ a
Wachstumsfaktor: $q = 0{,}5$

Anzahl der Halbwertszeiten:

$$n = t : T = 20 : 30 = \frac{2}{3}$$

Berechne zunächst die Anzahl der Beobachtungszeiträume (Halbwertszeiten).

Cäsium-137 nach 20 Jahren:

$$W_{20} = 450\text{ g} \cdot 0{,}5^{\frac{2}{3}}$$
$$W_{20} = 283{,}482\ldots\text{ g}$$
$$W_{20} \approx 283{,}48\text{ g}$$

Nach 20 Jahren sind noch 283,48 g Cäsium-137 vorhanden.

Setze die gegebenen Werte in die Wachstumsformel ein. Der Wachstumsfaktor q ist bei radioaktivem Zerfall immer 0,5.
$W_n = W_0 \cdot 0{,}5^n$

---

72. Endwert: $W_n = 1{,}9$ mg
Halbwertszeit: $T = 28$ a
Zeitspanne: $t = 19$ a
Wachstumsfaktor: $q = 0{,}5$

Anzahl der Halbwertszeiten:
$n = t : T = 19 : 28 \approx 0{,}679$

Berechne zunächst die Anzahl der Beobachtungszeiträume (Halbwertszeiten).

Menge zu Beginn (Anfangswert):

$$1{,}9\text{ mg} = W_0 \cdot 0{,}5^{0{,}679} \quad |: 0{,}5^{0{,}679}$$
$$W_0 = \frac{1{,}9\text{ mg}}{0{,}5^{\frac{19}{28}}}$$
$$W_0 = 3{,}041\ldots\text{ mg}$$
$$W_0 \approx 3{,}04\text{ mg}$$

Zu Beginn waren es rund 3,04 mg.

Setze die gegebenen Werte in die Wachstumsformel ein. Der Wachstumsfaktor q ist bei radioaktivem Zerfall immer 0,5.
$W_n = W_0 \cdot 0{,}5^n$

---

73. Anfangswert: $W_0 = 250$ mg
Endwert: $W_n = 20$ mg
Halbwertszeit: $T = 8$ d
Wachstumsfaktor: $q = 0{,}5$

Hinweise und Tipps

Anzahl der Halbwertszeiten:

$20\text{ mg} = 250\text{ mg} \cdot 0,5^n \quad |: 250\text{ mg}$

$0,08 = 0,5^n \quad |\log$

$n = \log_{0,5} 0,08$

$n \approx 3,644$

Setze die gegebenen Werte in die Wachstumsformel ein. Der Wachstumsfaktor q ist bei radioaktivem Zerfall immer 0,5.
$W_n = W_0 \cdot 0,5^n$

Zeitspanne:
$t = T \cdot n = 8 \cdot 3,644 \approx 29$

Nach rund 29 Tagen sind noch 20 mg vorhanden.

Berechne die Zeitspanne, indem du die Halbwertszeit mit der Anzahl der Halbwertszeiten multiplizierst.

---

74. Anfangswert: $W_0 = 43$ mg
Endwert: $W_n = 27,33$ mg
Zeitspanne: $t = 8,5$ a

Anzahl der Halbwertszeiten:

$27,33\text{ mg} = 43\text{ mg} \cdot 0,5^n \quad |: 43\text{ mg}$

$\frac{27,33}{43} = 0,5^n \quad |\log$

$n = \log_{0,5} \frac{27,33}{43}$

$n \approx 0,654$

Setze die gegebenen Werte in die Wachstumsformel ein. Der Wachstumsfaktor q ist bei radioaktivem Zerfall immer 0,5.
$W_n = W_0 \cdot 0,5^n$

Halbwertszeit:
$T = t : n = 8,5 : 0,654 \approx 13$

Die Halbwertszeit beträgt 13 Jahre.

Berechne die Halbwertszeit, indem du die Zeitspanne durch die Anzahl der Halbwertszeiten dividierst.

---

75. a) Anfangswert: $W_0 = 3\text{ g} = 3\,000$ mg
Halbwertszeit: $T = 1\,620\text{ a} = 1\,620 \cdot 365\text{ d} = 591\,300$ d
Zeitspanne: $t = 150$ d

Anzahl der Halbwertszeiten:
$n = t : T = 150 : 591\,300 \approx 0,000254$

Berechne zunächst die Anzahl der Beobachtungszeiträume (Halbwertszeiten).

Menge an Radium nach 150 Tagen:

$W_{150} = 3\,000\text{ mg} \cdot 0,5^{0,000254}$

$W_{150} = 2\,999,472\ldots\text{ mg}$

$W_{150} \approx 2\,999,47\text{ mg}$

Setze die gegebenen Werte in die Wachstumsformel ein. Der Wachstumsfaktor q ist bei radioaktivem Zerfall immer 0,5.
$W_n = W_0 \cdot 0,5^n$

Zerfallene Menge:
$W_0 - W_{150} = 3\,000\text{ mg} - 2\,999,47\text{ mg} = 0,53\text{ mg}$

Berechne die zerfallene Menge, indem du vom Anfangswert die Restmenge abziehst.

b) Anfangswert: $W_0 = 3$ g
Endwert: $W_n = 3\text{ g} - 1\text{ g} = 2$ g
Halbwertszeit: $T = 1\,620$ a

Berechne zuerst die Restmenge.

Anzahl der Halbwertszeiten:

$2\text{ g} = 3\text{ g} \cdot 0,5^n \quad |: 3\text{ g}$

$\frac{2}{3} = 0,5^n \quad |\log$

$n = \log_{0,5} \frac{2}{3}$

$n \approx 0,585$

Setze die gegebenen Werte in die Wachstumsformel ein. Der Wachstumsfaktor q ist bei radioaktivem Zerfall immer 0,5.
$W_n = W_0 \cdot 0,5^n$

Zeitspanne:
$t = T \cdot n = 1\,620 \cdot 0,585 \approx 948$

Es dauert 948 Jahre.

Berechne die Zeitspanne, indem du die Halbwertszeit mit der Anzahl der Halbwertszeiten multiplizierst.

Hinweise und Tipps

76. a) Anfangswert: $W_0 = 425$
Wachstumsfaktor: $q = 3$

„Verdreifacht" $\Rightarrow$ $q = 3$

Anzahl der Intervalle, in denen sich die Zahl verdreifacht:
$n = 5\,d : 4\,h = (5 \cdot 24\,h) : 4\,h = 120\,h : 4\,h = 30$

Es wird über 5 Tage hinweg beobachtet:
$5\,d = 5 \cdot 24\,h = 120\,h$
Die Zahl verdreifacht sich alle 4 Stunden ($\hat{=}$ 1 Intervall).
$\Rightarrow$ $120\,h : 4\,h = 30$ Intervalle

Anzahl der Bakterien nach 5 Tagen:
$W_{30} = 425 \cdot 3^{30}$
$W_{30} = 8{,}75\ldots \cdot 10^{16}$
$W_{30} \approx 8{,}8 \cdot 10^{16}$
Es entstehen $8{,}8 \cdot 10^{16}$ Bakterien.

Setze die gegebenen Werte in die Formel $W_n = W_0 \cdot q^n$ ein.

b) Anfangswert: $W_0 = 425$
Endwert: $W_n = 1\,000\,000$
Wachstumsfaktor: $q = 3$

Anzahl der Intervalle, in denen sich die Zahl verdreifacht:
$1\,000\,000 = 425 \cdot 3^n \quad |:425$
$\frac{1\,000\,000}{425} = 3^n \quad |\log$
$n = \log_3 \frac{1\,000\,000}{425}$
$n \approx 7{,}067$

Berechne zunächst die Anzahl der Zeitintervalle, in denen sich die Bakterienanzahl verdreifacht. Setze dazu die gegebenen Werte in die Formel $W_n = W_0 \cdot q^n$ ein.

Zeitspanne:
$t = n \cdot 4\,h = 7{,}067 \cdot 4\,h \approx 28\,h$
Es dauert 28 Stunden.

---

77. a) Endwert: $W_6 = 24\,520$
Wachstumsrate: $p = 2{,}1\,\% = 0{,}021$
Wachstumsfaktor: $q = 1 + 0{,}021 = 1{,}021$
Anzahl der Jahre: $n = 6$

Der Endwert ist hier gegeben, der Ausgangswert wird gesucht.

Da der Wert steigt, steht hier ein Plus.

Anzahl der Einwohner*innen vor 6 Jahren (Anfangswert):
$24\,520 = W_0 \cdot 1{,}021^6 \quad |:1{,}021^6$
$W_0 = 21\,645{,}4\ldots$
$W_0 \approx 21\,645$

Vor 6 Jahren hatte die Großgemeinde 21 645 Einwohner*innen.

b) Anfangswert: $W_0 = 24\,520$
Wachstumsrate: $p = 0{,}85\,\% = 0{,}0085$
Wachstumsfaktor: $q = 1 + 0{,}0085 = 1{,}0085$
Anzahl der Jahre: $n = 10$

Achte auf die veränderten Werte: 24 520 Einwohner*innen stellen jetzt den Ausgangswert dar. Gesucht wird nun der Endwert.

Anzahl der Einwohner*innen in 10 Jahren (Endwert):
$W_{10} = 24\,520 \cdot 1{,}0085^{10}$
$W_{10} = 26\,685{,}7\ldots$
$W_{10} \approx 26\,686$
Die Großgemeinde wird in 10 Jahren 26 686 Einwohner*innen haben.

c) Anfangswert: $W_0 = 21\,645$
Endwert: $W_{16} = 26\,686$
Anzahl der Jahre: $n = 16$

W_0: Anzahl der Einwohner*innen vor sechs Jahren
W_{16}: Anzahl der Einwohner*innen in zehn Jahren

Hinweise und Tipps

Höhe des Wachstumsfaktors:

$26\,686 = 21\,645 \cdot q^{16} \quad |: 21\,645$

$\frac{26\,686}{21\,645} = q^{16} \quad |\sqrt[16]{}$

$q = \sqrt[16]{\frac{26\,686}{21\,645}}$

$q \approx 1{,}0132$

Höhe der Wachstumsrate:

$q = 1 + p \Rightarrow p = q - 1$

$p = 1{,}0132 - 1$
$p = 0{,}0132$
$p = 1{,}32\ \%$

Das durchschnittliche Wachstum läge bei 1,32 %.

---

78. a) Anfangswert: $W_0 = 7\,630\ \ell$

Berechne die Restmenge mithilfe der Wachstumsformel.

Wachstumsrate: $p = 2\ \% = 0{,}02$
Wachstumsfaktor: $q = 1 - 0{,}02 = 0{,}98$
Anzahl der Tage: $n = 2$ Wochen $= 14$ d

Wassermenge nach 2 Wochen (Endwert):

$W_{14} = 7\,630\ \ell \cdot 0{,}98^{14}$
$W_{14} = 5\,750{,}2\ldots\ \ell$
$W_{14} \approx 5\,750\ \ell$

Nach zwei Wochen sind noch 5 750 ℓ im Tank.

b) Anfangswert: $W_0 = 2\,400\ \ell$
Endwert: $W_3 = 2\,400\ \ell - 340\ \ell = 2\,060\ \ell$
Anzahl der Tage: $n = 3$ d

Berechne zuerst die Restmenge nach drei Tagen.

Höhe des Verdunstungsfaktors:

Setze dann die gegebenen Werte in die Wachstumsformel ein und löse nach q auf.

$2\,060\ \ell = 2\,400\ \ell \cdot q^3 \quad |: 2\,400\ \ell$

$\frac{2\,060\ \ell}{2\,400\ \ell} = q^3 \quad |\sqrt[3]{}$

$q = \sqrt[3]{\frac{2\,060}{2\,400}}$

$q \approx 0{,}950$

Höhe der Verdunstungsrate:

$q = 1 - p \Rightarrow p = 1 - q$

$p = 1 - 0{,}950$
$p = 0{,}05$
$p = 5\ \%$

Die tägliche prozentuale Verdunstung beträgt 5 %.

---

79. a) Anfangswert: $W_0 = 325$ mg
Anzahl Intervalle: $n = 2{,}5$

Ein Intervall beträgt sechs Stunden.
15 h : 6 h = 2,5 Intervalle

Wachstumsrate: $p = 75\ \% = 0{,}75$
Wachstumsfaktor: $q = 1 - 0{,}75 = 0{,}25$

Wirkstoffmenge nach 15 Stunden (Endwert):

$W_{15} = 325\ \text{mg} \cdot 0{,}25^{2{,}5}$
$W_{15} = 10{,}156\ldots\ \text{mg}$
$W_{15} \approx 10{,}2\ \text{mg}$

Es sind noch 10,2 mg Wirkstoff vorhanden.

b) Anfangswert: $W_0 = 325$ mg
Endwert: $W_n = 100$ mg
Wachstumsfaktor: $q = 0{,}25$
Anzahl der Intervalle:

$$100\text{ mg} = 325\text{ mg} \cdot 0{,}25^n \qquad |:325\text{ mg}$$
$$\frac{100}{325} = 0{,}25^n \qquad |\log$$
$$n = \log_{0{,}25}\frac{100}{325}$$
$$n \approx 0{,}850$$

Zeitspanne:
$t = n \cdot 6\text{ h} = 0{,}850 \cdot 6\text{ h} \approx 5\text{ h}$

Nach 5 h muss eine neue Tablette eingenommen werden.

Hinweise und Tipps

Setze die bekannten Werte in die Formel ein. Berechne n mit dem Logarithmus.

Berechne die Zeit t in Stunden: $t = n \cdot 6$ h

---

80. a) Endwert: $W_8 = 47\,980{,}53$ €
Zinssatz: $p = 2{,}3\,\% = 0{,}023$
Zinsfaktor: $q = 1 + 0{,}023 = 1{,}023$
Anzahl der Jahre: $n = 8$
Höhe des Gewinns (Anfangswert):

$$47\,980{,}53\text{ €} = W_0 \cdot 1{,}023^8 \qquad |:1{,}023^8$$
$$W_0 = \frac{47\,980{,}53\text{ €}}{1{,}023^8}$$
$$W_0 \approx 40\,000\text{ €}$$

Der Gewinn betrug 40 000 €.

Der Ausgangswert ist gesucht.

b) Anfangswert: $W_0 = 40\,000$ €
Endwert: $W_8 = 46\,500{,}05$ €
Anzahl der Jahre: $n = 8$
Höhe des Zinsfaktors:

$$46\,500{,}05\text{ €} = 40\,000\text{ €} \cdot q^8 \qquad |:40\,000\text{ €}$$
$$\frac{46\,500{,}05\text{ €}}{40\,000\text{ €}} = q^8 \qquad |\sqrt[8]{\ }$$
$$q = \sqrt[8]{\frac{46\,500{,}05\text{ €}}{40\,000\text{ €}}}$$
$$q \approx 1{,}019$$

Höhe des Zinssatzes:
$p = 1{,}019 - 1 = 0{,}019 = 1{,}9\,\%$

Der Zinssatz hätte 1,9 % betragen.

Setze die gegebenen Werte in die Wachstumsformel ein und löse nach q auf.

Berechne den Zinssatz. Da das Guthaben anwächst, gilt:
$q = 1 + p \;\Rightarrow\; p = q - 1$

---

81. a) $(5 + 4y)^2 = 25 + 40y + 16y^2$

b) $(3x - 1)^2 = 9x^2 - 6x + 1$

c) $(x - 2) \cdot (x + 2) = x^2 - 4$

d) $(0{,}5x + 1{,}5)^2 = 0{,}25x^2 + 1{,}5x + 2{,}25$

e) $(7a - 4bc)^2 = 49a^2 - 56abc + 16b^2c^2$

f) $(m + 0{,}1) \cdot (0{,}1 - m) = -m^2 + 0{,}01$

Hinweise und Tipps

82. a) $100 + \mathbf{120a} + 36a^2$

Anwendung der 1. binomischen Formel:
$(a+b)^2 = a^2 + 2ab + b^2$
Hier gilt: $a = 10;\ b = 6a$
$\Rightarrow\ 2ab = 2 \cdot 10 \cdot 6a$

b) $\mathbf{4y^2} - 8xy + 4x^2$

Anwendung der 2. binomischen Formel:
$(a-b)^2 = a^2 - 2ab + b^2$
Hier gilt: $b = 2x;\ -2ab = -8xy$
$\Rightarrow\ a = -8xy : (-2) : 2x$

c) $25x^2 - \mathbf{20x} + 4$

Anwendung der 2. binomischen Formel:
$(a-b)^2 = a^2 - 2ab + b^2$
Hier gilt: $a = 5x;\ b = 2$
$\Rightarrow\ -2ab = -2 \cdot 5x \cdot 2$

d) $49y^2 - 70y + \mathbf{25}$

Anwendung der 2. binomischen Formel:
$(a-b)^2 = a^2 - 2ab + b^2$
Hier gilt: $a = 7y;\ -2ab = -70y$
$\Rightarrow\ b = -70y : (-2) : 7y$

---

83. a) $0{,}25x^2 - x + 1 = (0{,}5x - 1)^2$ — 2. binomische Formel

b) $(s+t)(s+t) = (s+t)^2$ — 1. binomische Formel

c) $r - s \cdot (r+s)$ — keine binomische Formel — Die Klammer fehlt: $(r-s) \cdot (r+s)$

d) $(6p - 3q)(3q + 6p) = 36p^2 - 9q^2$ — 3. binomische Formel

e) $(10s + 10r) + (10s + 10r)$ — keine binomische Formel — Summe anstelle eines Produkts:
$(10s + 10r) \cdot (10s + 10r) = (10s + 10r)^2$

f) $x^2 - 4x - 4$ — keine binomische Formel — Minuszeichen anstelle eines Pluszeichens:
$x^2 - 4x \mathbf{+} 4$

---

84. a) $y^2 + 8xy + 16x^2 = (y + 4x)^2$

b) $25a^2 - 10a + 1 = (5a - 1)^2$

c) $196 - 121f^2 = (14 + 11f)(14 - 11f)$

d) $144 + 72b + 9b^2 = (12 + 3b)^2$

e) $169p^2 - 25q^2 = (13p + 5q)(13p - 5q)$

f) $625a^2 - 100ab + 4b^2 = (25a - 2b)^2$

---

85. a) $(9x - 3y)^2 - (3x - y)^2 = 81x^2 - 54xy + 9y^2 - 9x^2 + 6xy - y^2$
$= 72x^2 - 48xy + 8y^2$

Achte auf die Vorzeichen vor den Klammern.

b) $(8x + 4y)(8x - 4y) + (10x^2 - 7y^2) = 64x^2 - 16y^2 + 10x^2 - 7y^2$
$= 74x^2 - 23y^2$

c) $(12r - 13s)(12r + 13s) - (6s - 15r)(6s + 15r) = 144r^2 - 169s^2 - 36s^2 + 225r^2$
$= 369r^2 - 205s^2$

d) $(12 - 6a)^2 - (7 + 4a)^2 - (2a + 7b)(2a - 7b) = 144 - 144a + 36a^2 - 49 - 56a - 16a^2 - 4a^2 + 49b^2$
$= 95 - 200a + 16a^2 + 49b^2$

Hinweise und Tipps

86. a) *1. Möglichkeit:* Quadratische Ergänzung

$$x^2+4x-12=0$$
$$x^2+2\cdot 2x+2^2-2^2-12=0$$ 1. binomische Formel
$$(x+2)^2-16=0 \quad |+16$$
$$(x+2)^2=16 \quad |\sqrt{\ }$$
$$x+2=\pm 4 \quad |-2$$
$$x=\pm 4-2$$

$x_1=4-2=2$
$x_2=-4-2=-6$
$\Rightarrow\ L=\{-6;\ 2\}$

2. Möglichkeit: Lösungsformel

$$x_{1/2}=-\frac{4}{2}\pm\sqrt{\left(\frac{4}{2}\right)^2-(-12)}$$ Es gilt: $p=4;\ q=-12$
$$x_{1/2}=-2\pm\sqrt{4+12}$$
$$x_{1/2}=-2\pm\sqrt{16}$$
$$x_{1/2}=-2\pm 4$$

$x_1=-2+4=2$
$x_2=-2-4=-6$
$\Rightarrow\ L=\{-6;\ 2\}$

b) *1. Möglichkeit:* Quadratische Ergänzung

$$x^2-4x+3=0$$
$$x^2-2\cdot 2x+2^2-2^2+3=0$$ 2. binomische Formel
$$(x-2)^2-1=0 \quad |+1$$
$$(x-2)^2=1 \quad |\sqrt{\ }$$
$$x-2=\pm 1 \quad |+2$$
$$x=\pm 1+2$$

$x_1=1+2=3$
$x_2=-1+2=1$
$\Rightarrow\ L=\{1;\ 3\}$

2. Möglichkeit: Lösungsformel

$$x_{1/2}=-\frac{-4}{2}\pm\sqrt{\left(\frac{-4}{2}\right)^2-3}$$ Es gilt: $p=-4;\ q=3$
$$x_{1/2}=2\pm\sqrt{4-3}$$
$$x_{1/2}=2\pm\sqrt{1}$$
$$x_{1/2}=2\pm 1$$

$x_1=2+1=3$
$x_2=2-1=1$
$\Rightarrow\ L=\{1;\ 3\}$

87. $x^2-18x-q=0$

Wert unter der Wurzel (Diskriminante):

$$\left(-\frac{18}{2}\right)^2+q=81+q$$

keine Lösung:	eine Lösung:	zwei Lösungen:
$81+q<0$	$81+q=0$	$81+q>0$
$q<-81$	$q=-81$	$q>-81$

Betrachte den Wert, der in der Lösungsformel unter der Wurzel steht (Diskriminante): $\left(\frac{p}{2}\right)^2-q$ mit $p=-18$

Beachte die Vorzeichen.

Hinweise und Tipps

88. $x^2 - px + 16 = 0$

Wert unter der Wurzel (Diskriminante):

$$\left(\frac{p}{2}\right)^2 - 16 = \frac{p^2}{4} - 16$$

keine Lösung:

$$\frac{p^2}{4} - 16 < 0 \quad |+16$$
$$\frac{p^2}{4} < 16 \quad |\cdot 4$$
$$p^2 > 64 \quad |\sqrt{\ }$$
$$\Rightarrow\ -8 < p < 8$$

eine Lösung:

$$\frac{p^2}{4} - 16 = 0 \quad |+16$$
$$\frac{p^2}{4} = 16 \quad |\cdot 4$$
$$p^2 = 64 \quad |\sqrt{\ }$$
$$\Rightarrow\ p = -8 \text{ oder } p = 8$$

zwei Lösungen:

$$\frac{p^2}{4} - 16 > 0 \quad |+16$$
$$\frac{p^2}{4} > 16 \quad |\cdot 4$$
$$p^2 < 64 \quad |\sqrt{\ }$$
$$\Rightarrow\ p < -8 \text{ oder } p > 8$$

Betrachte den Wert, der in der Lösungsformel unter der Wurzel steht (Diskriminante): $\left(\frac{p}{2}\right)^2 - q$ mit $q = 16$

---

89. a)

$$x^2 - 2x - 12 = -13 \quad |+12$$
$$x^2 - 2x = -1$$
$$x^2 - 2\cdot x + 1^2 = -1 + 1^2 \quad |+1^2$$
$$(x-1)^2 = 0 \quad |\sqrt{\ }$$
$$x - 1 = 0 \quad |+1$$
$$x = 1$$
$$\Rightarrow\ L = \{1\}$$

2. binomische Formel

b)

$$x^2 + 15x + 4 = -32 \quad |-4$$
$$x^2 + 15x = -36$$
$$x^2 + 2\cdot 7{,}5x + 7{,}5^2 = -36 + 7{,}5^2 \quad |+7{,}5^2$$
$$(x + 7{,}5)^2 = 20{,}25 \quad |\sqrt{\ }$$
$$x + 7{,}5 = \pm 4{,}5 \quad |-7{,}5$$
$$x = \pm 4{,}5 - 7{,}5$$
$$x_1 = 4{,}5 - 7{,}5 = -3$$
$$x_2 = -4{,}5 - 7{,}5 = -12$$
$$\Rightarrow\ L = \{-12; -3\}$$

1. binomische Formel

---

90. a)

$$x^2 - 15x + 3 = -11 \quad |+11$$
$$x^2 - 15x + 14 = 0$$
$$x_{1/2} = -\frac{-15}{2} \pm \sqrt{\left(\frac{-15}{2}\right)^2 - 14}$$
$$x_{1/2} = 7{,}5 \pm \sqrt{56{,}25 - 14}$$
$$x_{1/2} = 7{,}5 \pm \sqrt{42{,}25}$$
$$x_{1/2} = 7{,}5 \pm 6{,}5$$
$$x_1 = 7{,}5 + 6{,}5 = 14$$
$$x_2 = 7{,}5 - 6{,}5 = 1$$
$$\Rightarrow\ L = \{1; 14\}$$

Bringe die Gleichung zunächst in die Normalform.
Löse dann mit der Lösungsformel.
Es gilt: $p = -15$; $q = 14$

Hinweise und Tipps

b) $x^2 - 4x - 3 = 42 \quad |-42$

$x^2 - 4x - 45 = 0$

$x_{1/2} = -\frac{-4}{2} \pm \sqrt{\left(\frac{-4}{2}\right)^2 - (-45)}$

$x_{1/2} = 2 \pm \sqrt{4 + 45}$

$x_{1/2} = 2 \pm \sqrt{49}$

$x_{1/2} = 2 \pm 7$

$x_1 = 2 + 7 = 9$

$x_2 = 2 - 7 = -5$

$\Rightarrow \; L = \{-5; 9\}$

Bringe die Gleichung zunächst in die Normalform.
Löse dann mit der Lösungsformel.
Es gilt: $p = -4$; $q = -45$

---

91. a) $-3x^2 + 18x + 21 = 0 \quad |:(-3)$

$x^2 - 6x - 7 = 0$

$x_{1/2} = -\frac{-6}{2} \pm \sqrt{\left(\frac{-6}{2}\right)^2 - (-7)}$

$x_{1/2} = 3 \pm \sqrt{9 + 7}$

$x_{1/2} = 3 \pm \sqrt{16}$

$x_{1/2} = 3 \pm 4$

$x_1 = 3 + 4 = 7$

$x_2 = 3 - 4 = -1$

$\Rightarrow \; L = \{-1; 7\}$

Normalform: $x^2 + px + q = 0$
Es gilt: $p = -6$; $q = -7$

b) $2x^2 + 16x + 32 = 98 \quad |-98$

$2x^2 + 16x - 66 = 0 \quad |:2$

$x^2 + 8x - 33 = 0$

Es gilt: $p = 8$; $q = -33$

$x_{1/2} = -\frac{8}{2} \pm \sqrt{\left(\frac{8}{2}\right)^2 - (-33)}$

$x_{1/2} = -4 \pm \sqrt{16 + 33}$

$x_{1/2} = -4 \pm \sqrt{49}$

$x_{1/2} = -4 \pm 7$

$x_1 = -4 + 7 = 3$

$x_2 = -4 - 7 = -11$

$\Rightarrow \; L = \{-11; 3\}$

c) $0{,}5x^2 - 3{,}7x + 11 = 5 \quad |-5$

$0{,}5x^2 - 3{,}7x + 6 = 0 \quad |\cdot 2$

$x^2 - 7{,}4x + 12 = 0$

Es gilt: $p = -7{,}4$; $q = 12$

$x_{1/2} = -\frac{-7{,}4}{2} \pm \sqrt{\left(\frac{-7{,}4}{2}\right)^2 - 12}$

$x_{1/2} = 3{,}7 \pm \sqrt{13{,}69 - 12}$

$x_{1/2} = 3{,}7 \pm \sqrt{1{,}69}$

$x_{1/2} = 3{,}7 \pm 1{,}3$

$x_1 = 3{,}7 + 1{,}3 = 5$

$x_2 = 3{,}7 - 1{,}3 = 2{,}4$

$\Rightarrow \; L = \{2{,}4; 5\}$

Hinweise und Tipps

d) $1{,}5x^2+15x+37{,}5=150 \quad |-150$

$1{,}5x^2+15x-112{,}5=0 \quad |:1{,}5$

$x^2+10x-75=0$

Es gilt: $p=10$; $q=-75$

$$x_{1/2}=-\frac{10}{2}\pm\sqrt{\left(\frac{10}{2}\right)^2-(-75)}$$

$$x_{1/2}=-5\pm\sqrt{25+75}$$

$$x_{1/2}=-5\pm\sqrt{100}$$

$$x_{1/2}=-5\pm10$$

$$x_1=-5+10=5$$

$$x_2=-5-10=-15$$

$\Rightarrow \; L=\{-15;\,5\}$

---

92. a) $\dfrac{x}{5-3x}=\dfrac{3}{x-11}$

Definitionsmenge:

Bestimme die Definitionsmenge. Der Nenner darf nicht den Wert null annehmen.

- $5-3x\neq0 \quad |+3x$

  $5\neq3x \quad |:3$

  $x\neq\dfrac{5}{3}$

- $x-11\neq0 \quad |+11$

  $x\neq11$

$D=\mathbb{R}\setminus\left\{\dfrac{5}{3};11\right\}$

Lösungsmenge:

Lösen der Gleichung:

Wandle die Gleichung in die Normalform um. Multipliziere dazu zunächst mit dem Hauptnenner.

Hauptnenner: $(5-3x)(x-11)$

$$\frac{x}{5-3x}=\frac{3}{x-11} \quad |\cdot(5-3x)(x-11)$$

$$x(x-11)=3(5-3x)$$

$$x^2-11x=15-9x \quad |-15+9x$$

$$x^2-2x-15=0$$

Es gilt: $p=-2$; $q=-15$

$$x_{1/2}=-\frac{-2}{2}\pm\sqrt{\left(\frac{-2}{2}\right)^2-(-15)}$$

$$x_{1/2}=1\pm\sqrt{1+15}$$

$$x_{1/2}=1\pm\sqrt{16}$$

$$x_{1/2}=1\pm4$$

$$x_1=1+4=5$$

$$x_2=1-4=-3$$

$\Rightarrow \; L=\{-3;\,5\}$

b) $\dfrac{(x+3)^2}{x-1}=\dfrac{14x-6}{4}$

Definitionsmenge:

Bestimme zuerst die Definitionsmenge.

- $x-1\neq0 \quad |+1$

  $x\neq1$

$D=\mathbb{R}\setminus\{1\}$

Hinweise und Tipps

Lösungsmenge:
Lösen der Gleichung:

$$\frac{(x+3)^2}{x-1} = \frac{14x-6}{4} \qquad |\cdot(x-1)\cdot 4$$

$$4(x+3)^2 = (x-1)(14x-6)$$

$$4(x^2+6x+9) = 14x^2-6x-14x+6$$

$$4x^2+24x+36 = 14x^2-20x+6 \qquad |-14x^2+20x-6$$

$$-10x^2+44x+30 = 0 \qquad |:(-10)$$

$$x^2-4,4x-3 = 0$$

$$x_{1/2} = -\frac{-4,4}{2} \pm \sqrt{\left(\frac{-4,4}{2}\right)^2-(-3)}$$

$$x_{1/2} = 2,2 \pm \sqrt{4,84+3}$$

$$x_{1/2} = 2,2 \pm \sqrt{7,84}$$

$$x_{1/2} = 2,2 \pm 2,8$$

$$x_1 = 2,2+2,8 = 5$$

$$x_2 = 2,2-2,8 = -0,6$$

$\Rightarrow$ L = {–0,6; 5}

Bringe die Gleichung in die Normalform.

Es gilt: p = –4,4; q = –3

93.

$$x^2+6x = 315 \qquad |-315$$

$$x^2+6x-315 = 0$$

$$x_{1/2} = -\frac{6}{2} \pm \sqrt{\left(\frac{-6}{2}\right)^2-(-315)}$$

$$x_{1/2} = -3 \pm \sqrt{9+315}$$

$$x_{1/2} = -3 \pm \sqrt{324}$$

$$x_{1/2} = -3 \pm 18$$

$$x_1 = -3+18 = 15$$

$$x_2 = -3-18 = -21$$

Die Zahlen –21 und 15 erfüllen die Aussage.

Stelle zunächst die Gleichung auf:
Zahl: x
Quadrat der Zahl: x^2
Sechsfaches der Zahl: $6x$
Bringe die Gleichung in die Normalform.
Es gilt: p = 6; q = –315

94.

$$x^2+(x-4)^2 = 20^2 \qquad |-20^2$$

$$x^2+x^2-8x+16-400 = 0$$

$$2x^2-8x-384 = 0 \qquad |:2$$

$$x^2-4x-192 = 0$$

$$x_{1/2} = -\frac{-4}{2} \pm \sqrt{\left(\frac{-4}{2}\right)^2-(-192)}$$

$$x_{1/2} = 2 \pm \sqrt{4+192}$$

$$x_{1/2} = 2 \pm \sqrt{196}$$

$$x_{1/2} = 2 \pm 14$$

$x_1 = 2+14 = 16$ ($x_2 = 2-14 = -12$ ist keine sinnvolle Lösung)

längere Kathete: 16 cm
kürzere Kathete: 16 cm – 4 cm = 12 cm

Flächeninhalt des Dreiecks:

$$A = \frac{1}{2}\cdot 16\text{ cm}\cdot 12\text{ cm} = 96\text{ cm}^2$$

Skizze:

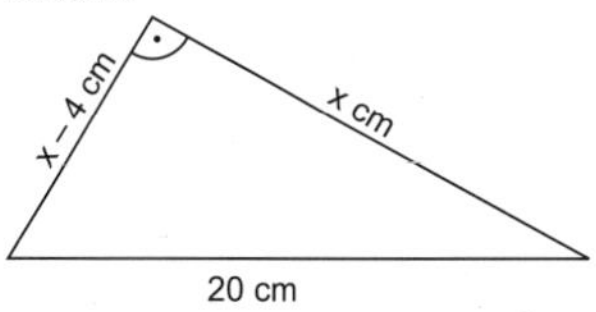

Berechne die Länge der Katheten mithilfe des Satzes von Pythagoras.
Es gilt: p = –4; q = –192

Berechne den Flächeninhalt mithilfe der Kathetenlängen.

95.

$$\text{I} \quad 2a + 2b = 86 \qquad |:2$$
$$\text{II} \quad a \cdot b = 450$$
$$\text{I} \quad a + b = 43 \qquad |-b$$
$$a = 43 - b$$
$$\text{I in II} \quad (43 - b) \cdot b = 450 \qquad |-450$$
$$43b - b^2 - 450 = 0 \qquad |\cdot(-1)$$
$$b^2 - 43b + 450 = 0$$
$$b_{1/2} = -\frac{-43}{2} \pm \sqrt{\left(\frac{-43}{2}\right)^2 - 450}$$
$$b_{1/2} = 21{,}5 \pm \sqrt{462{,}25 - 450}$$
$$b_{1/2} = 21{,}5 \pm \sqrt{12{,}25}$$
$$b_{1/2} = 21{,}5 \pm 3{,}5$$
$$b_1 = 21{,}5 + 3{,}5 = 25 \qquad b_2 = 21{,}5 - 3{,}5 = 18$$
$$b_1 \text{ in I} \quad a_1 = 43 - 25 = 18 \qquad b_2 \text{ in I} \quad a_2 = 43 - 18 = 25$$

Seiten des Rechtecks:

$a_1 = 18$ cm und $b_1 = 25$ cm oder: $a_2 = 25$ cm und $b_2 = 18$ cm

Hinweise und Tipps

Skizze:

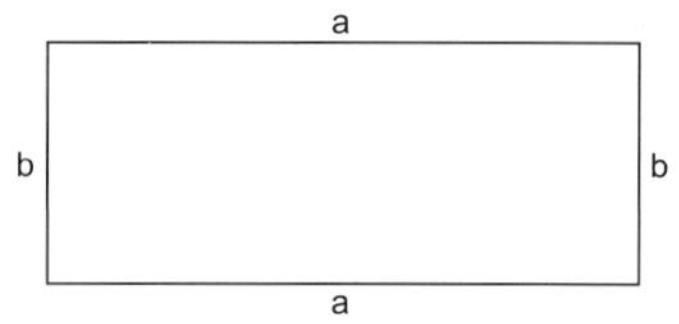

Löse mithilfe eines Gleichungssystems.
Es gilt:
$u = 2a + 2b$
$A = a \cdot b$
Löse mit dem Einsetzungsverfahren.

Bestimme b_1 und b_2 mit der Lösungsformel.
Es gilt: $p = -43$; $q = 450$

Setze die Lösungen für b_1 und b_2 in die umgeformte Gleichung I ein und berechne die Lösungen für a_1 und a_2.

96.

$$(x + 4{,}5) \cdot x = 243 \qquad |-243$$
$$x^2 + 4{,}5x - 243 = 0$$
$$x_{1/2} = -\frac{4{,}5}{2} \pm \sqrt{\left(\frac{4{,}5}{2}\right)^2 - (-243)}$$
$$x_{1/2} = -2{,}25 \pm \sqrt{5{,}0625 + 243}$$
$$x_{1/2} = -2{,}25 \pm \sqrt{248{,}0625}$$
$$x_{1/2} = -2{,}25 \pm 15{,}75$$
$$x_1 = -2{,}25 + 15{,}75 = 13{,}5$$

($x_2 = -2{,}25 - 15{,}75 = -18$ ist keine sinnvolle Lösung)

längere Seite: $a = 13{,}5\text{ m} + 4{,}5\text{ m} = 18\text{ m}$
kürzere Seite: $b = 13{,}5\text{ m}$

Länge des Zauns:
$u = 2 \cdot 18\text{ m} + 2 \cdot 13{,}5\text{ m} - 3\text{ m}$
$u = 36\text{ m} + 27\text{ m} - 3\text{ m}$
$u = 60\text{ m}$

Es sind 60 m Zaun erforderlich.

Skizze:

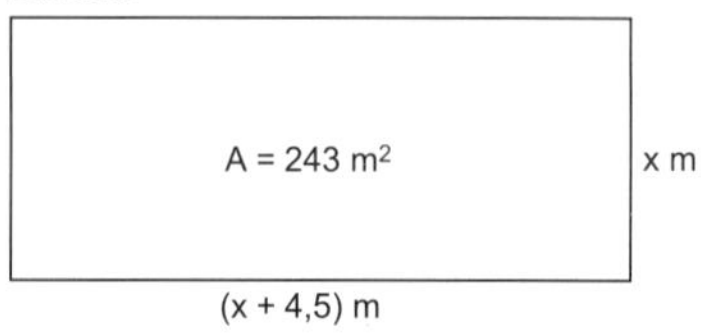

Bestimme x_1 und x_2 mit der Lösungsformel.
Es gilt: $p = 4{,}5$; $q = -243$

Gib die Seitenlängen an.

Berechne die Länge des Zauns.
Berücksichtige die 3 m für den Eingang.
$u = 2a + 2b - 3\text{ m}$

97.

$$3 \cdot r^2 \cdot \pi = (r + 50)^2 \cdot \pi \qquad |:\pi$$
$$3r^2 = (r + 50)^2$$
$$3r^2 = r^2 + 100r + 2\,500 \qquad |-r^2 - 100r - 2\,500$$
$$2r^2 - 100r - 2\,500 = 0 \qquad |:2$$
$$r^2 - 50r - 1\,250 = 0$$
$$r_{1/2} = -\frac{-50}{2} \pm \sqrt{\left(\frac{-50}{2}\right)^2 - (-1\,250)}$$
$$r_{1/2} = 25 \pm \sqrt{625 + 1\,250}$$
$$r_{1/2} = 25 \pm \sqrt{1\,875}$$
$$r_{1/2} = 25 \pm 43{,}30\ldots$$

Ursprünglicher Radius: r
Verlängerter Radius: $r + 50$
Ursprüngliche Fläche: $r^2 \cdot \pi$
Vergrößerte Fläche: $(r + 50)^2 \cdot \pi$
Die vergrößerte Fläche ist dreimal so groß wie die ursprüngliche Fläche.

Bestimme r_1 und r_2 mit der Lösungsformel.
Es gilt: $p = -50$; $q = -1\,250$

Hinweise und Tipps

$r_1 \approx 25 + 43,3 = 68,3$
$(r_2 \approx 25 - 43,3 = -18,3$ ist keine sinnvolle Lösung)

Ursprünglicher Durchmesser d_1:
$d_1 = 2 \cdot r_1$
$d_1 = 2 \cdot 68,3$ cm
$d_1 = 136,6$ cm

Neuer Durchmesser d_2:
$d_2 = 2 \cdot (68,3 \text{ cm} + 50 \text{ cm})$
$d_2 = 2 \cdot 118,3$ cm
$d_2 = 236,6$ cm

---

98. $2 \cdot r^2 \cdot \pi + 2r \cdot \pi \cdot 12 = 466,29 \quad |:\pi$
$2r^2 + 24r = 148,5 \quad |-148,5$
$2r^2 + 24r - 148,5 = 0 \quad |:2$
$r^2 + 12r - 74,25 = 0$

$r_{1/2} = -\frac{12}{2} \pm \sqrt{\left(\frac{12}{2}\right)^2 - (-74,25)}$
$r_{1/2} = -6 \pm \sqrt{36 + 74,25}$
$r_{1/2} = -6 \pm \sqrt{110,25}$
$r_{1/2} = -6 \pm 10,5$
$r_1 = -6 + 10,5 = 4,5$
$(r_2 = -6 - 10,5 = -16,5$ ist keine sinnvolle Lösung)

Durchmesser der Dosengrundfläche:
$d = 2 \cdot r_1$
$d = 2 \cdot 4,5$ cm
$d = 9$ cm

Die Oberfläche eines Zylinders setzt sich aus der Grundfläche, der Deckfläche und der Mantelfläche zusammen.
Grund- bzw. Deckfläche: $G = r^2 \cdot \pi$
Mantelfläche: $M = 2r \cdot \pi \cdot h_k$
Rechne mit $\pi = 3,14$.

Bestimme r_1 und r_2 mit der Lösungsformel.
Es gilt: $p = 12$; $q = -74,25$

---

99. $(50 + 2x) \cdot (39,2 + 2x) - 50 \cdot 39,2 = 205,4$
$\not{1960} + 100x + 78,4x + 4x^2 - \not{1960} = 205,4 \quad |-205,4$
$4x^2 + 178,4x - 205,4 = 0 \quad |:4$
$x^2 + 44,6x - 51,35 = 0$

$x_{1/2} = -\frac{44,6}{2} \pm \sqrt{\left(\frac{44,6}{2}\right)^2 - (-51,35)}$
$x_{1/2} = -22,3 \pm \sqrt{497,29 + 51,35}$
$x_{1/2} = -22,3 \pm \sqrt{548,64}$
$x_{1/2} = -22,3 \pm 23,423\ldots$

$x_1 \approx -22,3 + 23,42 = 1,12$
$(x_2 \approx -22,3 - 23,42 = -45,72$ ist keine sinnvolle Lösung)

Der Weg ist 1,12 m breit.

Skizze:

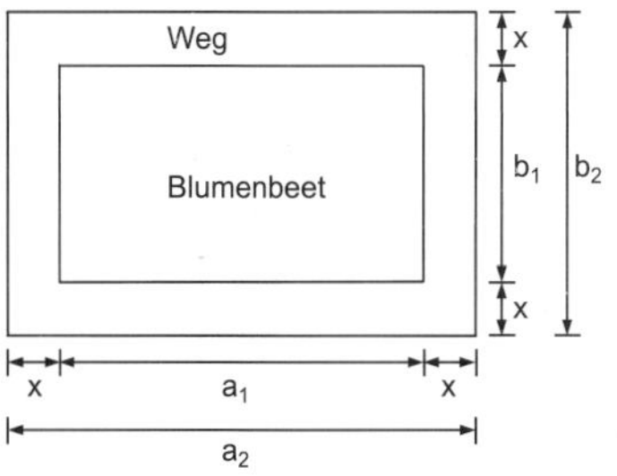

Das innere Rechteck besitzt die Maße $a_1 = 50$ m und $b_1 = 39,2$ m.
Das äußere Rechteck besitzt die Maße $a_2 = 50 \text{ m} + 2x$ und $b_2 = 39,2 \text{ m} + 2x$.
Die Differenz der Flächeninhalte ergibt die Fläche des Weges.

Bestimme x_1 und x_2 mit der Lösungsformel.
Es gilt: $p = 44,6$; $q = -51,35$

Hinweise und Tipps

100. I $x \cdot y = 30$ $\quad |:x$

II $(x+0{,}05)\cdot(y-1) = 30$

I $y = \frac{30}{x}$

I in II $(x+0{,}05)\cdot\left(\frac{30}{x}-1\right) = 30$

$$30 - x + \frac{1{,}5}{x} - 0{,}05 = 30 \quad |-30$$

$$-x + \frac{1{,}5}{x} - 0{,}05 = 0 \quad |\cdot(-x)$$

$$x^2 + 0{,}05x - 1{,}5 = 0$$

$$x_{1/2} = -\frac{0{,}05}{2} \pm \sqrt{\left(\frac{0{,}05}{2}\right)^2 - (-1{,}5)}$$

$$x_{1/2} = -0{,}025 \pm \sqrt{0{,}000625 + 1{,}5}$$

$$x_{1/2} = -0{,}025 \pm \sqrt{1{,}500625}$$

$$x_{1/2} = -0{,}025 \pm 1{,}225$$

$x_1 = -0{,}025 + 1{,}225 = 1{,}20$

($x_2 = -0{,}025 - 1{,}225 = -1{,}25$ ist keine sinnvolle Lösung)

Ein Liter Autogas kostete 1,20 €.

Löse mithilfe eines Gleichungssystems.
Lege die Variablen fest:
Alter Preis: x € pro Liter
Neuer Preis: (x + 0,05) € pro Liter
Gesamtpreis: 30 €

Anzahl getankte Liter vor der Erhöhung: y ℓ
Anzahl getankte Liter nach der Erhöhung: (y − 1) ℓ

Die Gleichungen geben den Gesamtpreis vor und nach der Erhöhung an:
30 € = Preis pro Liter · Anzahl Liter

Löse mit dem Einsetzungsverfahren.

Bestimme x_1 und x_2 mit der Lösungsformel.
Es gilt: p = 0,05; q = −1,5

---

101. I $x \cdot y = 675$ $\quad |:x$

II $(x+15)(y-7{,}5) = 675$

I $y = \frac{675}{x}$

I in II $(x+15)\left(\frac{675}{x}-7{,}5\right) = 675$

$$675 - 7{,}5x + \frac{10\,125}{x} - 112{,}5 = 675 \quad |-675$$

$$-7{,}5x + \frac{10\,125}{x} - 112{,}5 = 0 \quad |\cdot x$$

$$-7{,}5x^2 + 10\,125 - 112{,}5x = 0 \quad |:(-7{,}5)$$

$$x^2 + 15x - 1\,350 = 0$$

$$x_{1/2} = -\frac{15}{2} \pm \sqrt{\left(\frac{15}{2}\right)^2 - (-1\,350)}$$

$$x_{1/2} = -7{,}5 \pm \sqrt{56{,}25 + 1\,350}$$

$$x_{1/2} = -7{,}5 \pm \sqrt{1\,406{,}25}$$

$$x_{1/2} = -7{,}5 \pm 37{,}5$$

$x_1 = -7{,}5 + 37{,}5 = 30$

($x_2 = -7{,}5 - 37{,}5 = -45$ ist keine sinnvolle Lösung)

a) Es fahren 30 Personen mit.

b) 675 € : 30 = 22,50 €

Der Fahrpreis beträgt 22,50 € pro Person.

Löse mithilfe eines Gleichungssystems.
Lege die Variablen fest:
Anzahl Personen: x
Kosten pro Person: y €

Anzahl Personen: (x + 15)
Kosten pro Person: (y − 7,50) €

Gleichungen:
Gesamtkosten = Anzahl Personen · Kosten pro Person

Löse mit dem Einsetzungsverfahren.

Bestimme x_1 und x_2 mit der Lösungsformel.
Es gilt: p = 15; q = −1 350

Hinweise und Tipps

102. I $x \cdot y = 12\,250 \quad |:x$

II $(x - 75\,000)(y - 0{,}015) = 5\,500$

I $y = \frac{12\,250}{x}$

I in II $(x - 75\,000)\left(\frac{12\,250}{x} - 0{,}015\right) = 5\,500$

$$12\,250 - 0{,}015x - \frac{918\,750\,000}{x} + 1\,125 = 5\,500$$

$$13\,375 - 0{,}015x - \frac{918\,750\,000}{x} = 5\,500 \quad |-5\,500$$

$$7\,875 - 0{,}015x - \frac{918\,750\,000}{x} = 0 \quad |\cdot x$$

$$7\,875x - 0{,}015x^2 - 918\,750\,000 = 0 \quad |:(-0{,}015)$$

$$x^2 - 525\,000x + 6{,}125 \cdot 10^{10} = 0$$

$$x_{1/2} = -\frac{-525\,000}{2} \pm \sqrt{\left(\frac{-525\,000}{2}\right)^2 - 6{,}125 \cdot 10^{10}}$$

$$x_{1/2} = 262\,500 \pm \sqrt{6{,}890625 \cdot 10^{10} - 6{,}125 \cdot 10^{10}}$$

$$x_{1/2} = 262\,500 \pm \sqrt{7\,656\,250\,000}$$

$$x_{1/2} = 262\,500 \pm 87\,500$$

$$x_1 = 262\,500 + 87\,500 = 350\,000$$
$$x_2 = 262\,500 - 87\,500 = 175\,000$$

x_1 in I $y_1 = \frac{12\,250}{350\,000}$

$y_1 = 0{,}035 = 3{,}5\ \%$

x_2 in II $y_1 = \frac{12\,250}{175\,000}$

$y_1 = 0{,}07 = 7\ \%$

Zinssätze für einen Kredit von 350 000 €:
erstes Jahr: 3,5 %
zweites Jahr: 3,5 % – 1,5 % = 2 %

Zinssätze für einen Kredit von 175 000 €:
erstes Jahr: 7 %
zweites Jahr: 7 % – 1,5 % = 5,5 %

Löse mithilfe eines Gleichungssystems.

Gleichung I: Zinsen im ersten Jahr
Kredit: x €
Zinssatz: y
Zinsen: 12 250 €

Gleichung II: Zinsen im zweiten Jahr
Kredit: (x – 75 000) €
Zinssatz: (y – 0,015)
Zinsen: 5 500 €

Berechne zunächst die Höhe des Kredits.

Da eine quadratische Gleichung vorliegt, gibt es 2 Lösungen. Je nach Kredithöhe unterscheiden sich die Zinssätze.

Bestimme die Kredite x_1 und x_2 mit der Lösungsformel.

Es gilt: $p = -525\,000$; $q = 6{,}125 \cdot 10^{10}$

Setze die Lösungen x_1 und x_2 in die umgeformte Gleichung I ein und berechne die zugehörigen Zinssätze im ersten Jahr.

Zinssätze von 3,5 % und 2 % sind extrem günstig. Diese Lösung ist daher eher unwahrscheinlich.

Diese Zinssätze entsprechen mehr der Realität.

---

103. ☒ A(1 | 1) ☒ B(0 | 0) ☐ C(–1 | –1) ☐ D(2 | 2)

Es gilt:
$1^2 = 1$; $0^2 = 0$; $(-1)^2 = 1 \neq -1$; $2^2 = 4 \neq 2$

---

104. a) A(2 | **4**)
B(**11** | 121) oder: B(**–11** | 121)
C(–3,5 | **12,25**)
D(**4,5** | 20,25) oder: D(**–4,5** | 20,25)

Berechne die fehlenden Werte.
$y = x^2 \Rightarrow x = \pm\sqrt{y}$

b) E(–0,5 | **–0,25**)
F(**2,5** | –6,25) oder: F(**–2,5** | –6,25)
G(1,5 | **–2,25**)
H(**4,2** | –17,64) oder: H(**–4,2** | –17,64)

$y = -x^2 \Rightarrow x = \pm\sqrt{-y}$

Hinweise und Tipps

105. ☐ $y=(x+2)^2+1$ ☐ $y=(x-2)^2-1$ ☒ $y=(x-2)^2+1$

Setze die Koordinaten des Scheitelpunkts $S(2\,|\,1) = S(x_S\,|\,y_S)$ in die Scheitelpunktform $y=(x-x_S)^2+y_S$ ein.

---

106. p_1: $S_1(4\,|\,6)$ Scheitelpunkt
$y=(x-4)^2+6$ Scheitelpunktform
$y=x^2-8x+16+6$
$y=x^2-8x+22$ Normalform

p_2: $S_2(-3\,|\,0)$ Scheitelpunkt
$y=(x+3)^2$ Scheitelpunktform
$y=x^2+6x+9$ Normalform

p_3: $S_3(-2\,|\,-4)$ Scheitelpunkt
$y=(x+2)^2-4$ Scheitelpunktform
$y=x^2+4x+4-4$
$y=x^2+4x$ Normalform

p_4: $S_4(1\,|\,4)$ Scheitelpunkt
$y=(x-1)^2+4$ Scheitelpunktform
$y=x^2-2x+1+4$
$y=x^2-2x+5$ Normalform

p_5: $S_5(1\,|\,1)$ Scheitelpunkt
$y=-(x-1)^2+1$ Scheitelpunktform
$y=-(x^2-2x+1)+1$
$y=-x^2+2x$ Normalform

p_6: $S_6(3\,|\,5)$ Scheitelpunkt
$y=-(x-3)^2+5$ Scheitelpunktform
$y=-(x^2-6x+9)+5$
$y=-x^2+6x-4$ Normalform

Lies die Koordinaten der Scheitelpunkte ab.
Setze die Koordinaten der Scheitelpunkte jeweils in die Scheitelpunktform ein.
Löse das Binom auf und gib die Normalform an.

---

107. a) $S(2\,|\,0)$
p nach oben geöffnet: $y=(x-x_S)^2+y_S$
$y=(x-2)^2+0$
$y=x^2-4x+4$

p nach unten geöffnet: $y=-(x-x_S)^2+y_S$
$y=-(x-2)^2+0$
$y=-x^2+4x-4$

b) $S(-1\,|\,-4)$
p nach oben geöffnet: $y=(x-x_S)^2+y_S$
$y=[x-(-1)]^2-4$
$y=(x+1)^2-4$
$y=x^2+2x+1-4$
$y=x^2+2x-3$

p nach unten geöffnet: $y=-(x-x_S)^2+y_S$
$y=-[x-(-1)]^2-4$
$y=-(x+1)^2-4$
$y=-(x^2+2x+1)-4$
$y=-x^2-2x-5$

Setze die Koordinaten des Scheitelpunkts jeweils in die Scheitelpunktform einer nach oben bzw. nach unten geöffneten Parabel ein.
Berechne dann die Normalform.

Hinweise und Tipps

108. a) $y = [x - (-5)]^2 + 0$
$y = (x + 5)^2$

„5 nach **links**" verschoben
$\Rightarrow x_S = -5;\ y_S = 0$

b) $y = -(x - 0)^2 + 3$
$y = -x^2 + 3$

„3 nach **oben**" verschoben
$\Rightarrow x_S = 0;\ y_S = +3$

c) $y = -(x - 2)^2 - 1$

„2 nach **rechts**, 1 nach **unten**" verschoben
$\Rightarrow x_S = +2;\ y_S = -1$

d) $y = [x - (-7)]^2 + 9$
$y = (x + 7)^2 + 9$

„7 nach **links**, 9 nach **oben**" verschoben
$\Rightarrow x_S = -7;\ y_S = +9$

---

109. a) $y = x^2 - 4x - 4$
$y = x^2 - 2 \cdot 2x + 2^2 - 2^2 - 4$
$y = (x - 2)^2 - 8$
$\Rightarrow$ S(2 | −8)

Die Normalparabel ist nach oben geöffnet und um zwei Einheiten nach rechts sowie acht Einheiten nach unten verschoben.

Forme die Normalform jeweils mithilfe der quadratischen Ergänzung in die Scheitelpunktform um.
Gib den Scheitelpunkt an.
Beschreibe Form und Lage der Parabel: Der Scheitelpunkt gibt an, wie die Parabel verschoben wurde. Das Vorzeichen vor der binomischen Formel gibt an, ob die Parabel nach oben oder nach unten geöffnet ist.

b) $y = -x^2 + 6x + 2$
$y = -[x^2 - 6x - 2]$
$y = -[x^2 - 2 \cdot 3x + 3^2 - 3^2 - 2]$
$y = -[(x - 3)^2 - 11]$
$y = -(x - 3)^2 + 11$
$\Rightarrow$ S(3 | 11)

Die Normalparabel ist nach unten geöffnet und um drei Einheiten nach rechts sowie elf Einheiten nach oben verschoben.

c) $y = -x^2 + x + 0{,}5$
$y = -[x^2 - x - 0{,}5]$
$y = -[x^2 - 2 \cdot 0{,}5x + 0{,}5^2 - 0{,}5^2 - 0{,}5]$
$y = -[(x - 0{,}5)^2 - 0{,}75]$
$y = -(x - 0{,}5)^2 + 0{,}75$
$\Rightarrow$ S(0,5 | 0,75)

Die Normalparabel ist nach unten geöffnet und um 0,5 Einheiten nach rechts sowie 0,75 Einheiten nach oben verschoben.

d) $y = x^2 + 3x + 1{,}5$
$y = x^2 + 2 \cdot 1{,}5x + 1{,}5^2 - 1{,}5^2 + 1{,}5$
$y = (x + 1{,}5)^2 - 0{,}75$
$\Rightarrow$ S(−1,5 | −0,75)

Die Normalparabel ist nach oben geöffnet und um 1,5 Einheiten nach links sowie 0,75 Einheiten nach unten verschoben.

110. Grafische Darstellung:

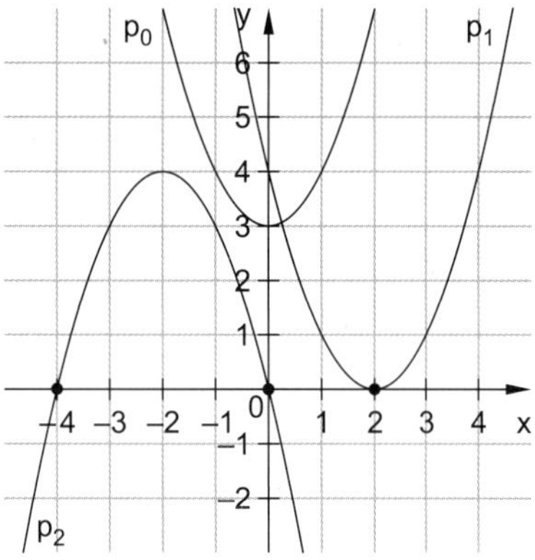

Hinweise und Tipps

Für die 3 Parabeln gilt:

p_0 hat keine Nullstelle und damit keinen Schnittpunkt mit der x-Achse.

p_1 hat 1 Nullstelle und berührt damit die x-Achse in nur 1 Punkt. Der Scheitelpunkt muss also auf der x-Achse liegen.

p_2 hat 2 Nullstellen und damit 2 Schnittpunkte mit der x-Achse.

Zeichne die verschobenen Normalparabeln mithilfe der Parabelschablone.

---

111. p_1: Nullstellen (abgelesen): $x_1=-2;\ x_2=0$

Schnittpunkte mit der x-Achse: $N_1(-2\,|\,0);\ N_2(0\,|\,0)$

Schnittpunkt mit der y-Achse: $S_y(0\,|\,0)$

Funktionsgleichung:

$S_1(-1\,|\,-1)$; nach oben geöffnete Parabel

$\Rightarrow\ p_1\colon y=(x+1)^2-1$

Nullstellen (berechnen):

$$0=(x+1)^2-1 \quad |+1$$
$$(x+1)^2=1 \quad |\sqrt{\ }$$
$$x+1=\pm 1 \quad |-1$$
$$x_1=-1+1=0;\ x_2=-1-1=-2$$

Gib die Nullstellen an.

Lies den Scheitelpunkt ab.
Gib die Scheitelpunktform an.

Setze den Funktionswert $y=0$ und berechne die Nullstellen x_1 und x_2.

Vergleiche die abgelesenen und die berechneten Koordinaten der Nullstellen.

p_2: Nullstellen (abgelesen): keine

Schnittpunkte mit der x-Achse: keine

Schnittpunkt mit der y-Achse: $S_y(0\,|\,2)$

Funktionsgleichung:

$S_2(1\,|\,1)$; nach oben geöffnete Parabel

$\Rightarrow\ p_2\colon y=(x-1)^2+1$

Nullstellen (berechnen):

$$0=(x-1)^2+1 \quad |-1$$
$$(x-1)^2=-1 \quad |\sqrt{\ }$$
$$x-1=\pm\sqrt{-1} \quad \text{nicht zulässig}$$

Die Parabel hat keine Nullstellen. Die Funktionsgleichung hat daher keine Lösung.

p_3: Nullstellen (abgelesen): $x_1=-1;\ x_2=3$

Schnittpunkte mit der x-Achse: $N_1(-1\,|\,0);\ N_2(3\,|\,0)$

Schnittpunkt mit der y-Achse: $S_y(0\,|\,3)$

Funktionsgleichung:

$S_3(1\,|\,4)$; nach unten geöffnete Parabel

$\Rightarrow\ p_3\colon y=-(x-1)^2+4$

Nullstellen (berechnen):

$$0=-(x-1)^2+4 \quad |+(x+1)^2$$
$$(x-1)^2=4 \quad |\sqrt{\ }$$
$$x-1=\pm 2$$
$$x_1=1+2=3;\ x_2=1-2=-1$$

p_4: Nullstelle (abgelesen): $x=2$
Schnittpunkt mit der x-Achse: $N(2|0)$
Schnittpunkt mit der y-Achse: $S_y(0|-4)$
Funktionsgleichung:
$S_4(2|0)$; nach unten geöffnete Parabel
$\Rightarrow\ p_4\!: y=-(x-2)^2+0$
Nullstelle (berechnen):

$$0=-(x-2)^2 \quad |\cdot(-1)$$
$$(x-2)^2=0 \quad |\sqrt{\ }$$
$$x-2=0$$
$$x=2$$

Hinweise und Tipps

Die Parabel hat eine Nullstelle. Daher hat die Funktionsgleichung nur eine Lösung.

---

112. a) Nullstellen berechnen:

$$0=x^2+4x+3$$
$$x_{1/2}=-\frac{4}{2}\pm\sqrt{\left(\frac{4}{2}\right)^2-3}$$
$$x_{1/2}=-2\pm\sqrt{4-3}$$
$$x_{1/2}=-2\pm\sqrt{1}$$
$$x_{1/2}=-2\pm1$$
$$x_1=-2+1=-1$$
$$x_2=-2-1=-3$$

Schnittpunkte mit der x-Achse: $N_1(-1|0)$; $N_2(-3|0)$

Die Schnittpunkte mit der x-Achse befinden sich an den Nullstellen der quadratischen Funktion.
Setze den Funktionswert $y=0$ ein und berechne die Nullstellen mithilfe der Lösungsformel für quadratische Gleichungen.

$$x_{1/2}=-\frac{p}{2}\pm\sqrt{\left(\frac{p}{2}\right)^2-q}$$

Es gilt: $p=4$; $q=3$

b) Nullstellen berechnen:

$$0=-x^2-6x+16 \quad |\cdot(-1)$$
$$0=x^2+6x-16$$
$$x_{1/2}=-\frac{6}{2}\pm\sqrt{\left(\frac{6}{2}\right)^2-(-16)}$$
$$x_{1/2}=-3\pm\sqrt{9+16}$$
$$x_{1/2}=-3\pm\sqrt{25}$$
$$x_{1/2}=-3\pm5$$
$$x_1=-3+5=2$$
$$x_2=-3-5=-8$$

Schnittpunkte mit der x-Achse: $N_1(2|0)$; $N_2(-8|0)$

Es gilt: $p=6$; $q=-16$

---

113. a) Funktionsgleichung von p_1:
$A(1|7)$; $B(3|-1)$
p_1 nach oben geöffnet: $y=x^2+px+q$

$$\text{I}\quad 7=1^2+1p+q$$
$$\text{II}\quad -1=3^2+3p+q$$
$$\text{I}\quad 7=1+p+q \quad |-1-p$$
$$\text{II}\quad -1=9+3p+q \quad |-9-3p$$
$$\text{I}\quad q=6-p$$
$$\text{II}\quad q=-10-3p$$
$$\text{I}=\text{II}\quad 6-p=-10-3p \quad |+3p-6$$
$$2p=-16 \quad |:2$$
$$p=-8$$

Setze die Koordinaten der Punkte A und B in die Normalform $y=x^2+px+q$ ein.
Löse das Gleichungssystem auf.
Gib die vollständige Funktionsgleichung an.

Hinweise und Tipps

p in I $q = 6 + 8$
$q = 14$
$\Rightarrow\ p_1\colon y = x^2 - 8x + 14$

Scheitelpunkt:
$y = x^2 - 2 \cdot 4x + 4^2 - 4^2 + 14$
$y = (x-4)^2 - 2$
$\Rightarrow\ S_1(4\,|\,-2)$

Berechne den Scheitelpunkt mithilfe der quadratischen Ergänzung.

b) Funktionsgleichung von p_2:
$A(-2\,|\,3)$; $B(-4\,|\,-1)$
p_2 nach unten geöffnet: $y = -x^2 + px + q$
I $3 = -(-2)^2 - 2p + q$
II $-1 = -(-4)^2 - 4p + q$

I $3 = -4 - 2p + q \quad |+4+2p$
II $-1 = -16 - 4p + q \quad |+16+4p$

I $q = 7 + 2p$
II $q = 15 + 4p$

I = II $7 + 2p = 15 + 4p \quad |-4p-7$
$-2p = 8 \quad |:(-2)$
$p = -4$

p in I $q = 7 + 2 \cdot (-4)$
$q = 7 - 8$
$q = -1$
$\Rightarrow\ p_2\colon y = -x^2 - 4x - 1$

Scheitelpunkt:
$y = -x^2 - 4x - 1$
$y = -(x^2 + 4x + 1)$
$y = -(x^2 + 2 \cdot 2x + 2^2 - 2^2 + 1)$
$y = -[(x+2)^2 - 3]$
$y = -(x+2)^2 + 3$
$\Rightarrow\ S_2(-2\,|\,3)$

Grafische Darstellung:

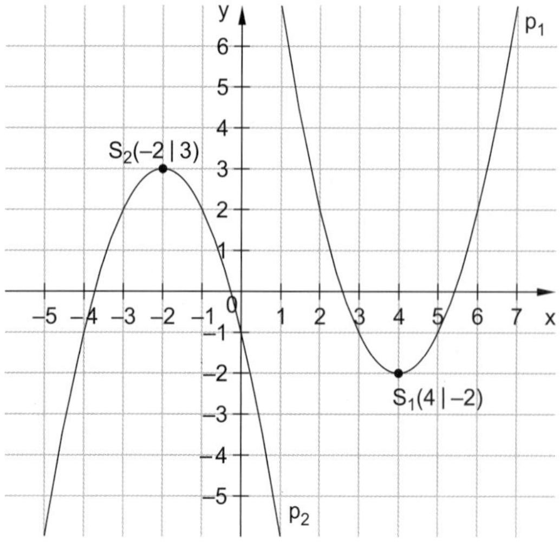

Lege ein Koordinatensystem mit der Einheit 1 cm an.
Platzbedarf:
x-Achse: –5 bis +7
y-Achse: –5 bis +6

Trage die Scheitelpunkte S_1 und S_2 in das Koordinatensystem ein.
Zeichne p_1 und p_2 mithilfe der Parabelschablone.

Hinweise und Tipps

114. a) Schnittpunkte:
$p{:}\ y = x^2 + 2x + 1$
$g{:}\ y = 2x + 2$

$$p = g$$
$$x^2 + 2x + 1 = 2x + 2 \qquad | -2x - 1$$
$$x^2 = 1 \qquad | \sqrt{\ }$$
$$x = \pm 1$$
$x_1 = 1;\ x_2 = -1$

Setze die Funktionsterme gleich und löse die entstandene quadratische Gleichung.

$x_1 = 1$ in g:
$y_2 = 2 \cdot 1 + 2 = 4$
$\Rightarrow\ P(1\,|\,4)$

$x_2 = -1$ in g:
$y_2 = 2 \cdot (-1) + 2 = 0$
$\Rightarrow\ Q(-1\,|\,0)$

Berechne die y-Koordinaten der Schnittpunkte und gib die vollständigen Koordinaten der Schnittpunkte an.

Scheitelpunktform:
$y = x^2 + 2x + 1$
$y = x^2 + 2 \cdot 1x + 1^2 - 1^2 + 1$
$y = (x + 1)^2 + 0$
$S(-1\,|\,0)$

Berechne den Scheitelpunkt S von p.

Der Punkt Q entspricht dem Scheitelpunkt.

Grafische Darstellung:

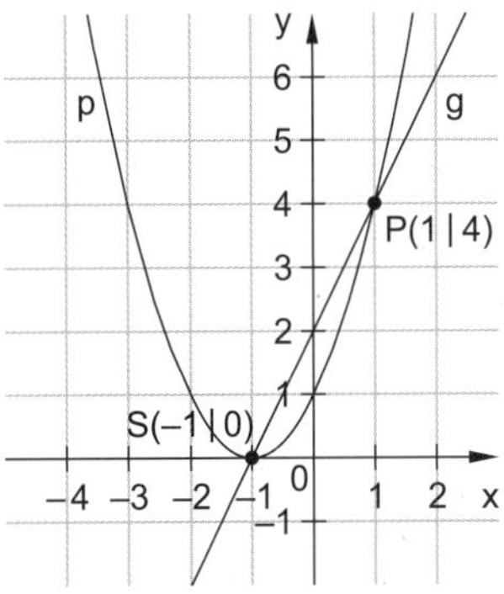

Lege ein Koordinatensystem mit der Einheit 1 cm an.

Platzbedarf:
x-Achse: −4 bis +2
y-Achse: −1 bis +6

Trage den Scheitelpunkt S in das Koordinatensystem ein. Zeichne die Parabel mithilfe der Parabelschablone.

Zeichne die Gerade g mit dem y-Achsenabschnitt $t = 2$ und der Steigung $m = 2$.

Vergleiche die Koordinaten der Schnittpunkte in der Zeichnung mit den berechneten Koordinaten.

b) Schnittpunkte:
$p{:}\ y = x^2 - 2x + 2$
$g{:}\ y = 2x - 2$

$$p = g$$
$$x^2 - 2x + 2 = 2x - 2 \qquad | -2x + 2$$
$$x^2 - 4x + 4 = 0$$
$$(x - 2)^2 = 0 \qquad | \sqrt{\ }$$
$$x - 2 = 0 \qquad | +2$$
$$x = 2$$

$x = 2$ in g:
$y = 2 \cdot 2 - 2 = 2$
$\Rightarrow\ P(2\,|\,2)$

Die quadratische Gleichung hat nur eine Lösung. Die Parabel und die Gerade berühren sich in einem Punkt.

Scheitelpunktform:
$y = x^2 - 2x + 2$
$y = x^2 - 2 \cdot 1x + 1^2 - 1^2 + 2$
$y = (x - 1)^2 + 1$
$S(1\,|\,1)$

Hinweise und Tipps

Grafische Darstellung:

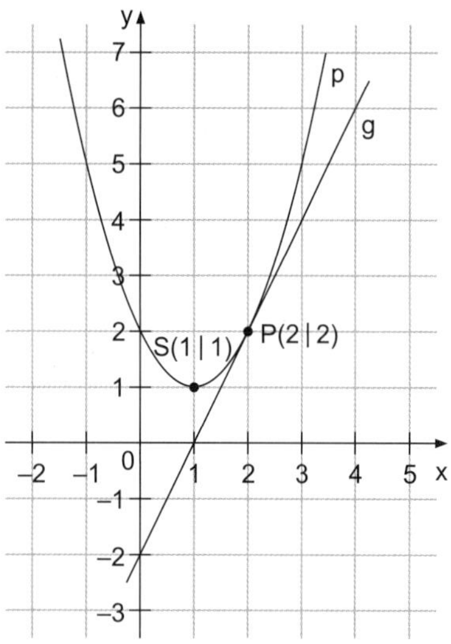

Lege ein Koordinatensystem mit der Einheit 1 cm an.

Platzbedarf:
x-Achse: –2 bis +5
y-Achse: –3 bis +7

Trage den Scheitelpunkt S in das Koordinatensystem ein. Zeichne p mithilfe der Parabelschablone.

Zeichne die Gerade g mit dem y-Achsenabschnitt $t=-2$ und der Steigung $m=2$.

Vergleiche die Koordinaten des Berührpunktes in der Zeichnung mit den berechneten Koordinaten.

c) Schnittpunkte:

p: $y=x^2-2x+3$

g: $y=0{,}5x+1$

$$p=g$$

$$x^2-2x+3=0{,}5x+1 \qquad |-0{,}5x-1$$

$$x^2-2{,}5x+2=0$$

$$x_{1/2}=-\frac{-2{,}5}{2}\pm\sqrt{\left(\frac{-2{,}5}{2}\right)^2-2}$$

$$x_{1/2}=1{,}25\pm\sqrt{1{,}5625-2} \qquad \text{keine Lösung}$$

Der Wert unter der Wurzel (Diskriminante) ist kleiner als null. Die quadratische Gleichung hat keine Lösung. Daher gibt es keinen Schnittpunkt.

Scheitelpunktform:

$y=x^2-2x+3$

$y=x^2-2\cdot 1x+1^2-1^2+3$

$y=(x-1)^2+2$

S(1 | 2)

Grafische Darstellung:

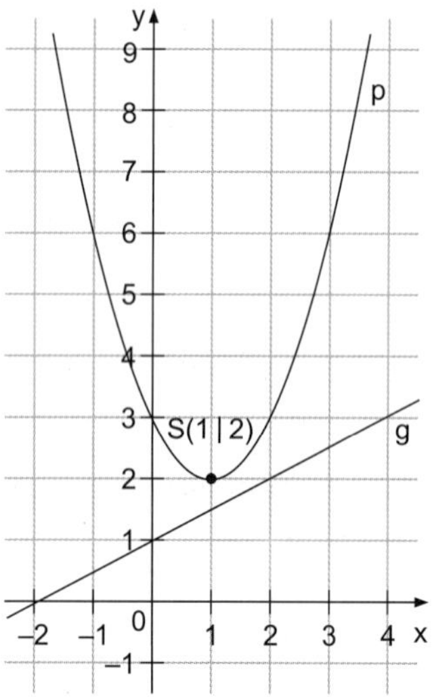

Lege ein Koordinatensystem mit der Einheit 1 cm an.

Platzbedarf:
x-Achse: –2 bis +4
y-Achse: –1 bis +9

Trage den Scheitelpunkt S in das Koordinatensystem ein. Zeichne mithilfe der Parabelschablone den Graphen der Parabel p.

Zeichne die Gerade g mit dem y-Achsenabschnitt $t=1$ und der Steigung $m=0{,}5$.

Anhand der Zeichnung kannst du überprüfen, dass sich die Parabel und die Gerade nicht schneiden.

115. a) Schnittpunkte:

p_1: $y = -x^2 - 4x - 1$

p_2: $y = x^2 + 4x + 5$

$$p_1 = p_2$$

$$-x^2 - 4x - 1 = x^2 + 4x + 5 \qquad |-x^2 - 4x - 5$$

$$-2x^2 - 8x - 6 = 0 \qquad |:(-2)$$

$$x^2 + 4x + 3 = 0$$

$$x_{1/2} = -\frac{4}{2} \pm \sqrt{\left(\frac{4}{2}\right)^2 - 3}$$

$$x_{1/2} = -2 \pm \sqrt{4-3}$$

$$x_{1/2} = -2 \pm \sqrt{1}$$

$$x_{1/2} = -2 \pm 1$$

$$x_1 = -2 + 1 = -1$$

$$x_2 = -2 - 1 = -3$$

$x_1 = -1$ in p_2:

$$y_1 = (-1)^2 + 4 \cdot (-1) + 5$$

$$y_1 = 1 - 4 + 5 = 2$$

$\Rightarrow$ P(−1 | 2)

$x_2 = -3$ in p_2:

$$y_2 = (-3)^2 + 4 \cdot (-3) + 5$$

$$y_2 = 9 - 12 + 5 = 2$$

$\Rightarrow$ Q(−3 | 2)

Scheitelpunktform von p_1:

$$y = -x^2 - 4x - 1$$

$$y = -(x^2 + 4x + 1)$$

$$y = -(x^2 + 2 \cdot 2x + 2^2 - 2^2 + 1)$$

$$y = -[(x+2)^2 - 3]$$

$$y = -(x+2)^2 + 3$$

$S_1(-2 \mid 3)$

Scheitelpunktform von p_2:

$$y = x^2 + 4x + 5$$

$$y = x^2 + 2 \cdot 2x + 2^2 - 2^2 + 5$$

$$y = (x+2)^2 + 1$$

$S_2(-2 \mid 1)$

Grafische Darstellung:

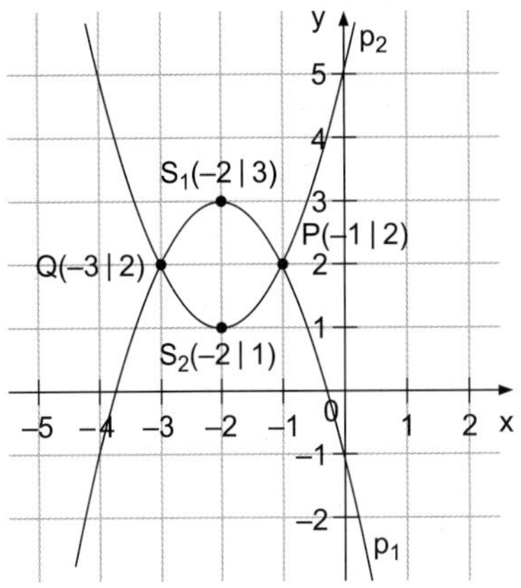

Hinweise und Tipps

Setze die Funktionsterme gleich und löse die entstandene quadratische Gleichung.

Berechne die y-Koordinaten der Schnittpunkte P und Q, indem du die x-Werte jeweils in eine Parabelgleichung einsetzt.

Berechne die Scheitelpunkte S_1 und S_2.

Lege ein Koordinatensystem mit der Einheit 1 cm an.

Platzbedarf:
x-Achse: –5 bis +2
y-Achse: –2 bis +5

Trage die Scheitelpunkte S_1 und S_2 in das Koordinatensystem ein.
Zeichne mithilfe der Schablone die Parabeln p_1 und p_2.

Vergleiche die Koordinaten der Schnittpunkte in der Zeichnung mit den berechneten Koordinaten.

Hinweise und Tipps

b) Schnittpunkte:

p_1: $y = x^2 - 4x + 4$

p_2: $y = x^2 - 8x + 16$

$$p_1 = p_2$$

$$x^2 - 4x + 4 = x^2 - 8x + 16 \quad |-x^2 + 8x - 16$$

$$4x - 12 = 0 \quad |+12$$

$$4x = 12 \quad |:4$$

$$x = 3$$

$x = 3$ in p_1:

$y = 3^2 - 4 \cdot 3 + 4$

$y = 9 - 12 + 4$

$y = 1$

$\Rightarrow$ P(3 | 1)

Die Parabeln haben nur einen Schnittpunkt.

Scheitelpunktform von p_1:

$y = x^2 - 4x + 4$

$y = (x - 2)^2$

$S_1(2 | 0)$

Scheitelpunktform von p_2:

$y = x^2 - 8x + 16$

$y = (x - 4)^2$

$S_2(4 | 0)$

Grafische Darstellung:

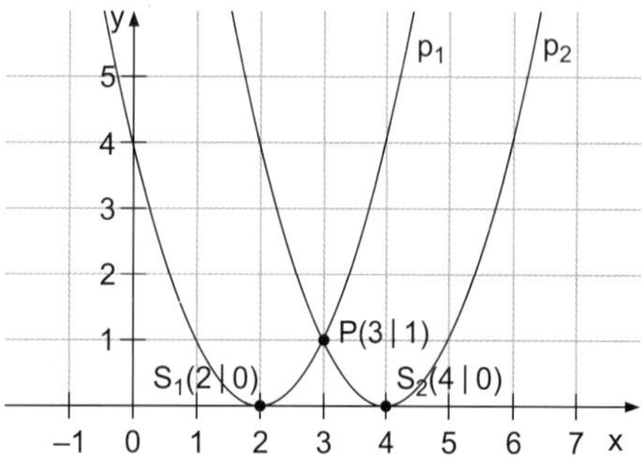

Lege ein Koordinatensystem mit der Einheit 1 cm an.

Platzbedarf:
x-Achse: –1 bis +7
y-Achse: 0 bis +5

Trage die Scheitelpunkte S_1 und S_2 in das Koordinatensystem ein. Zeichne mithilfe der Schablone die Parabeln p_1 und p_2.

Vergleiche die Koordinaten des Schnittpunktes in der Zeichnung mit den berechneten Koordinaten.

c) Schnittpunkte:

p_1: $y = -x^2 - 4x - 5$

p_2: $y = x^2 - 2x - 3$

$$p_1 = p_2$$

$$-x^2 - 4x - 5 = x^2 - 2x - 3 \quad |-x^2 + 2x + 3$$

$$-2x^2 - 2x - 2 = 0 \quad |:(-2)$$

$$x^2 + x + 1 = 0$$

$$x_{1/2} = -\frac{1}{2} \pm \sqrt{\left(\frac{1}{2}\right)^2 - 1}$$

$$x_{1/2} = -0{,}5 \pm \sqrt{0{,}25 - 1} \quad \text{keine Lösung}$$

Der Wert unter der Wurzel (Diskriminante) ist kleiner als null. Daher existiert keine Lösung. Die Parabeln haben keine Schnittpunkte.

Scheitelpunktform von p_1:

$y = -x^2 - 4x - 5$

$y = -(x^2 + 4x + 5)$

$y = -(x^2 + 2 \cdot 2x + 2^2 - 2^2 + 5)$

$y = -[(x + 2)^2 + 1]$

$y = -(x + 2)^2 - 1$

$S_1(-2 | -1)$

Hinweise und Tipps

Scheitelpunktform von p_2:

$y = x^2 - 2x - 3$

$y = x^2 - 2 \cdot 1x + 1^2 - 1^2 - 3$

$y = (x-1)^2 - 4$

$S_2(1\,|\,-4)$

Grafische Darstellung:

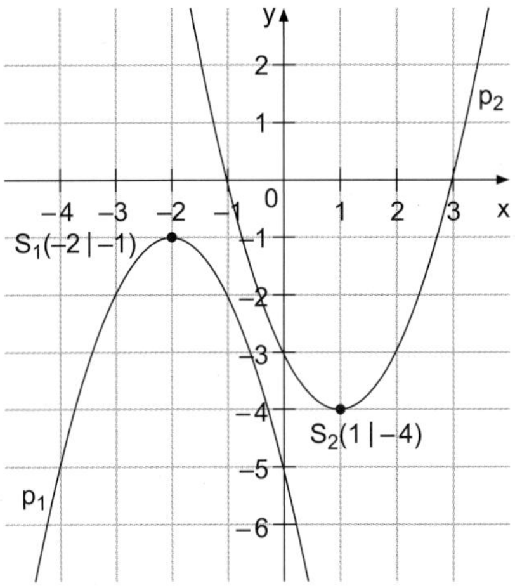

Lege ein Koordinatensystem mit der Einheit 1 cm an.

Platzbedarf:
x-Achse: −4 bis +3
y-Achse: −6 bis +2

Trage die Scheitelpunkte S_1 und S_2 in das Koordinatensystem ein.
Zeichne mithilfe der Schablone die Parabeln p_1 und p_2.

Anhand der Zeichnung kannst du überprüfen, dass es keinen Schnittpunkt der beiden Parabeln gibt.

116. a) $S_1(1\,|\,1)$

$\Rightarrow\ p_1\colon y = (x-1)^2 + 1$

$S_2(1\,|\,-3)$

$\Rightarrow\ p_2\colon y = (x-1)^2 - 3$

$S_3(2\,|\,2)$

$\Rightarrow\ p_3\colon y = -(x-2)^2 + 2$

$S_4(-2\,|\,2)$

$\Rightarrow\ p_4\colon y = -(x+2)^2 + 2$

p_1 ist eine nach oben geöffnete, verschobene Normalparabel.

p_2 ist eine nach oben geöffnete, verschobene Normalparabel.

p_3 ist eine nach unten geöffnete, verschobene Normalparabel.

p_4 ist eine nach unten geöffnete, verschobene Normalparabel.

b)

$$
\begin{aligned}
p_1 &= p_3 \\
(x-1)^2 + 1 &= -(x-2)^2 + 2 \\
x^2 - 2x + 1 + 1 &= -x^2 + 4x - 4 + 2 \\
x^2 - 2x + 2 &= -x^2 + 4x - 2 \qquad |+x^2 - 4x + 2 \\
2x^2 - 6x + 4 &= 0 \qquad |:2 \\
x^2 - 3x + 2 &= 0
\end{aligned}
$$

$$x_{1/2} = -\frac{-3}{2} \pm \sqrt{\left(\frac{-3}{2}\right)^2 - 2}$$

$x_{1/2} = 1{,}5 \pm \sqrt{2{,}25 - 2}$

$x_{1/2} = 1{,}5 \pm \sqrt{0{,}25}$

$x_{1/2} = 1{,}5 \pm 0{,}5$

$x_1 = 1{,}5 + 0{,}5 = 2$

$x_2 = 1{,}5 - 0{,}5 = 1$

Setze die Scheitelpunktformen von p_1 und p_3 gleich.
Löse die entstandene quadratische Gleichung.

$x_1 = 2$ in p_1: $y = (x-1)^2 + 1$:

$y_1 = (2-1)^2 + 1 = 2$

$\Rightarrow\ P(2\,|\,2)$

$x_2 = 1$ in p_1: $y = (x-1)^2 + 1$:

$y_2 = (1-1)^2 + 1 = 1$

$\Rightarrow\ Q(1\,|\,1)$

Berechne die y-Koordinaten der Schnittpunkte, indem du die berechneten x-Werte in die Funktionsgleichung einer Parabel einsetzt.

Hinweise und Tipps

c) p_4: $y = -(x+2)^2 + 2$

$$\begin{aligned} 0 &= -(x+2)^2 + 2 && |+(x+2)^2 \\ (x+2)^2 &= 2 && |\sqrt{\ } \\ x+2 &= \pm\sqrt{2} && |-2 \end{aligned}$$

$x_1 = -2 + \sqrt{2} \approx -0,59$
$x_2 = -2 - \sqrt{2} \approx -3,41$

Setze den Funktionswert von p_4 gleich null und berechne die x-Werte.

---

117. Die Steigung $m = -0,75 = -\frac{3}{4}$ der Geraden ist negativ. Die Gerade verläuft also von links oben nach rechts unten (Steigungsdreieck: 4 Einheiten nach rechts, 3 Einheiten nach unten).
Der y-Achsenabschnitt t der Geraden liegt bei $y = +5$.
Der Scheitelpunkt $S(4\,|\,3)$ der Parabel liegt oberhalb der Geraden (Entfernung von $T(0\,|\,5)$: 4 Einheiten nach rechts, 2 Einheiten nach unten).
Da die Parabel nach unten geöffnet ist, existieren zwei Schnittpunkte mit der Geraden.

Skizze:

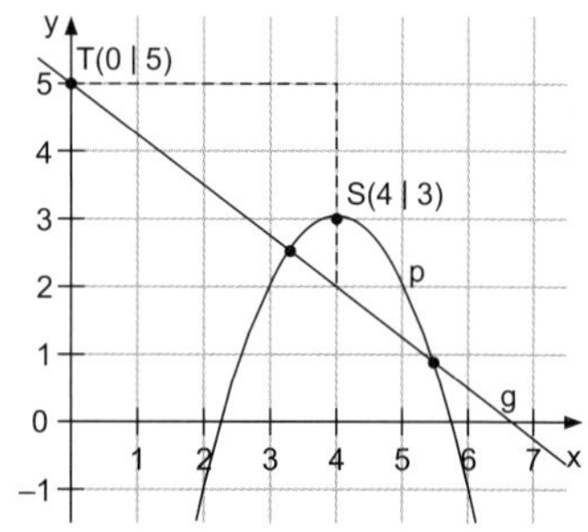

---

118. p_1: $S_1(-4\,|\,-2)$; nach unten geöffnet
p_2: $S_2(-3\,|\,-2)$; nach oben geöffnet
S_1 und S_2 haben die gleiche y-Koordinate und liegen in x-Richtung 1 Einheit voneinander entfernt. p_1 ist nach unten, p_2 nach oben geöffnet.
$\Rightarrow$ Es existiert kein Schnittpunkt.

Skizze:

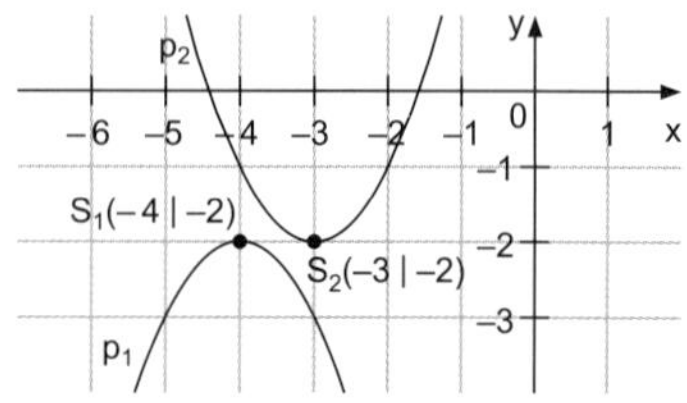

---

119. a) $A(-4\,|\,6)$; $B(2,5\,|\,22,25)$
p nach oben geöffnet: $y = x^2 + px + q$

$$\begin{aligned} &\text{I} && 6 = (-4)^2 - 4p + q \\ &\text{II} && 22,25 = 2,5^2 + 2,5p + q \end{aligned}$$

$$\begin{aligned} &\text{I} && 6 = 16 - 4p + q && |-16+4p \\ &\text{II} && 22,25 = 6,25 + 2,5p + q && |-6,25-2,5p \end{aligned}$$

$$\begin{aligned} &\text{I} && q = -10 + 4p \\ &\text{II} && q = 16 - 2,5p \end{aligned}$$

$$\begin{aligned} &\text{I} = \text{II} && -10 + 4p = 16 - 2,5p && |+10+2,5p \\ & && 6,5p = 26 && |:6,5 \\ & && p = 4 \end{aligned}$$

p in I $\quad q = -10 + 4 \cdot 4 = 6$
$\Rightarrow$ p: $y = x^2 + 4x + 6$

Setze die Koordinaten der Punkte A und B in die Normalform $y = x^2 + px + q$ ein. Löse das Gleichungssystem.

b) $y = x^2 + 4x + 6$
$y = x^2 + 2 \cdot 2x + 2^2 - 2^2 + 6$
$y = (x+2)^2 + 2$
$S(-2\,|\,2)$

Forme die Normalform in die Scheitelpunktform um.

c) Der Scheitelpunkt liegt über der x-Achse. Die Parabel ist nach oben geöffnet.
$\Rightarrow$ Die Parabel hat keine Nullstellen.

120. a) Funktionsgleichung von p_1:
$A(-3|-1)$; $B(2|4)$
p_1 nach oben geöffnet: $y = x^2 + px + q$

$$\begin{aligned} &\text{I} \quad -1 = (-3)^2 - 3p + q \\ &\text{II} \quad 4 = 2^2 + 2p + q \end{aligned}$$

$$\begin{aligned} &\text{I} \quad -1 = 9 - 3p + q \quad &|-9 \\ &\text{II} \quad 4 = 4 + 2p + q \quad &|-4-2p \end{aligned}$$

$$\begin{aligned} &\text{I} \quad -10 = -3p + q \\ &\text{II} \quad -2p = q \end{aligned}$$

$$\begin{aligned} q \text{ in I} \quad -10 &= -3p - 2p \\ -10 &= -5p \quad |:(-5) \\ p &= 2 \end{aligned}$$

$$\begin{aligned} p \text{ in II} \quad -2 \cdot 2 &= q \\ q &= -4 \end{aligned}$$

$\Rightarrow \quad p_1: y = x^2 + 2x - 4$

Funktionsgleichung von p_2:
$A(-3|-1)$; $B(2|4)$
p_2 nach unten geöffnet: $y = -x^2 + px + q$

$$\begin{aligned} &\text{I} \quad -1 = -(-3)^2 - 3p + q \\ &\text{II} \quad 4 = -2^2 + 2p + q \end{aligned}$$

$$\begin{aligned} &\text{I} \quad -1 = -9 - 3p + q \quad &|+9+3p \\ &\text{II} \quad 4 = -4 + 2p + q \quad &|+4-2p \end{aligned}$$

$$\begin{aligned} &\text{I} \quad q = 8 + 3p \\ &\text{II} \quad q = 8 - 2p \end{aligned}$$

$$\begin{aligned} \text{I} = \text{II} \quad 8 + 3p &= 8 - 2p \quad |-8+2p \\ 5p &= 0 \\ p &= 0 \end{aligned}$$

$$\begin{aligned} p \text{ in I} \quad q &= 8 + 3 \cdot 0 \\ q &= 8 \end{aligned}$$

$\Rightarrow \quad p_2: y = -x^2 + 8$

b) Scheitelpunkt von p_1:
$y = x^2 + 2x - 4$
$y = x^2 + 2 \cdot 1x + 1^2 - 1^2 - 4$
$y = (x+1)^2 - 5$
$S_1(-1|-5)$

Scheitelpunkt von p_2:
$y = -x^2 + 8$
$S_2(0|8)$

c) Steigung m:
$A(-3|-1)$; $B(2|4)$

$$m = \frac{4-(-1)}{2-(-3)} = \frac{4+1}{2+3} = \frac{5}{5} = 1$$

y-Achsenabschnitt t:
$B(2|4)$; $m = 1$

$$\begin{aligned} 4 &= 1 \cdot 2 + t \quad |-2 \\ 2 &= t \end{aligned}$$

$\Rightarrow \quad g: y = x + 2$

Hinweise und Tipps

Setze die Koordinaten der Punkte A und B in die Normalform $y = x^2 + px + q$ ein. Löse das Gleichungssystem.

Setze dann die Koordinaten der Punkte A und B in die Normalform $y = -x^2 + px + q$ ein. Löse das Gleichungssystem.

Forme die Normalform von p_1 in die Scheitelpunktform um.
Entnimm der Scheitelpunktform von p_1 die Koordinaten für den Scheitelpunkt S_1.

Berechne mit der Steigungsformel $m = \frac{y_2 - y_1}{x_2 - x_1}$ die Steigung der Geraden g.

Setze den Wert der Steigung m und die Koordinaten eines Punktes (hier: Punkt B) in die Normalform einer Geradengleichung ein und berechne t.

Gib die vollständige Funktionsgleichung von g an.

d) Grafische Darstellung:

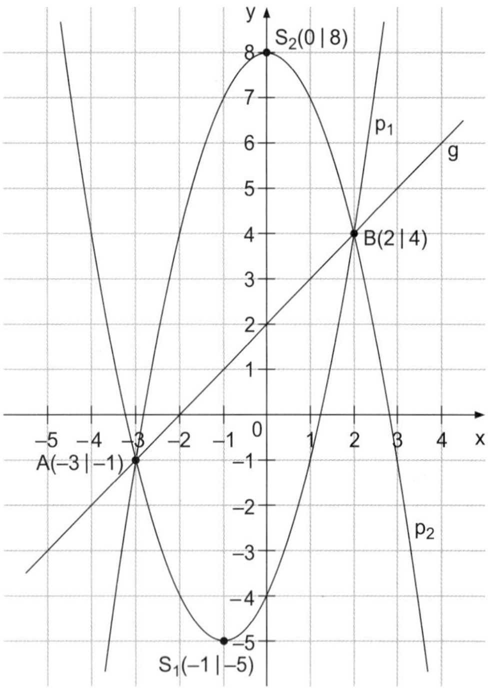

Hinweise und Tipps

Lege ein Koordinatensystem mit der Einheit 1 cm an.

Platzbedarf:
x-Achse: –5 bis +4
y-Achse: –5 bis +8

Trage in das Koordinatensystem die Punkte A, B, S_1 und S_2 ein.
Zeichne mithilfe der Schablone die Parabeln p_1 und p_2.

Zeichne durch die Punkte A und B die Gerade g.

---

121. a) $E = \{9; 10; 11; 12; 13; 14\}$

$P(E) = \frac{6}{14} = \frac{3}{7} = 0,4285\ldots \approx 42,9\ \%$

In der Urne befinden sich 14 Kugeln. Damit sind es 14 mögliche Ergebnisse. Es gibt 6 günstige Ergebnisse.

b) $E = \{1; 3; 5; 7; 9; 11; 13\}$

$P(E) = \frac{7}{14} = \frac{1}{2} = 0,5 = 50\ \%$

Es gibt 7 günstige Ergebnisse.

c) $E = \{2; 3; 4; 6; 8; 9; 10; 12; 14\}$

$P(E) = \frac{9}{14} = 0,6428\ldots \approx 64,3\ \%$

Es gibt 9 günstige Ergebnisse.

d) $E = \{2; 3; 5; 7; 11; 13\}$

$P(E) = \frac{6}{14} = \frac{3}{7} = 0,4285\ldots \approx 42,9\ \%$

Die Zahl 1 ist **keine** Primzahl. Es gibt 6 günstige Ergebnisse.

---

122. a) $P(\text{blaue Kugel}) = \frac{6}{20} = \frac{3}{10} = 0,3 = 30\ \%$

In der Urne liegen 20 Kugeln. Es sind 6 blaue Kugeln.

b) $P(\text{rote Kugel}) = \frac{4}{20} = \frac{1}{5} = 0,2 = 20\ \%$

Es sind 4 rote Kugeln.

c) $P(\text{keine grüne Kugel}) = \frac{13}{20} = 0,65 = 65\ \%$

Es sind $4 + 6 + 3 = 13$ nicht grüne Kugeln.

oder:

$P(\text{nicht grüne Kugel}) = 1 - P(\text{grüne Kugel})$

$P(\text{nicht grüne Kugel}) = 1 - \frac{7}{20} = \frac{13}{20} = 0,65 = 65\ \%$

Du kannst auch mit dem Gegenereignis rechnen: „Ziehen einer grünen Kugel." Ziehe von 1 die Wahrscheinlichkeit des Gegenereignisses ab.

Hinweise und Tipps

d) $P(\text{gelbe oder grüne Kugel}) = \frac{10}{20} = \frac{1}{2} = 0{,}5 = 50\ \%$

Es sind $3 + 7 = 10$ gelbe oder grüne Kugeln.

---

123. a) $P(\text{weißes Feld}) = \frac{2}{4} = \frac{1}{2} = 0{,}5 = 50\ \%$

Zwei Viertel des Kreises sind weiß.

b) $P(\text{graues Feld}) = \frac{3}{8} = 0{,}375 = 37{,}5\ \%$

Der Kreis kann in Achtel geteilt werden. 3 der 8 Felder sind grau.

124.

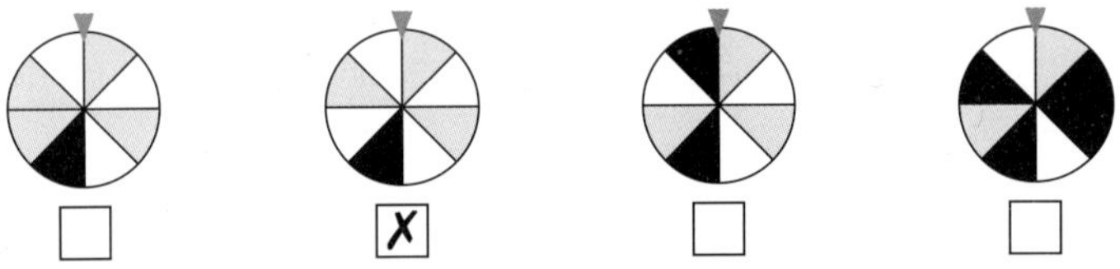

Es sind 8 gleich große Felder. Für die Wahrscheinlichkeit für „weißes Feld" gilt:

$P(\text{weißes Feld}) = 50\ \% = \frac{1}{2} = \frac{4}{8}$

Somit müssen 4 der 8 Felder weiß sein.

---

125. Vollständiges Baumdiagramm:

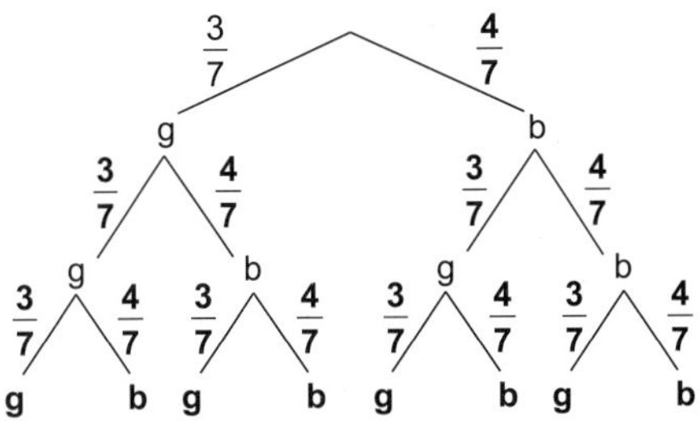

Vervollständige das Baumdiagramm und trage die Wahrscheinlichkeiten entlang der Pfade ein.
Weil Lara die Kugel immer wieder zurücklegt, ändern sich die Wahrscheinlichkeiten nicht.

---

126. Baumdiagramm (Ziehen mit Zurücklegen):

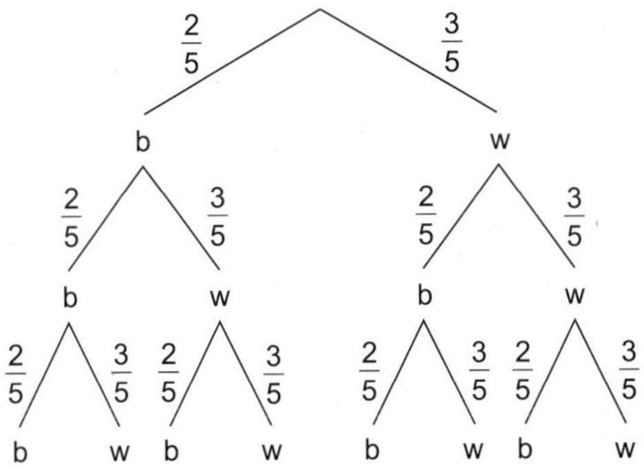

Es gilt:

10 Kugeln ↗ 4 blaue Kugeln $P(\text{blau}) = \frac{4}{10} = \frac{2}{5}$

↘ 6 weiße Kugeln $P(\text{weiß}) = \frac{6}{10} = \frac{3}{5}$

Zeichne das Baumdiagramm und trage die Wahrscheinlichkeiten entlang der Pfade ein.
Beim „Ziehen mit Zurücklegen" ändern sich die Wahrscheinlichkeiten nicht.

a) $E_1 = \{bbb\}$

$P(E_1) = \frac{2}{5} \cdot \frac{2}{5} \cdot \frac{2}{5} = \frac{8}{125} = 0{,}064 = 6{,}4\ \%$

Für das Ereignis „drei blaue Kugeln" existiert nur ein Pfad.
Wende die Multiplikationsregel an.

b) $E_2 = \{bbw;\ bwb;\ wbb\}$

$P(bbw) = \frac{2}{5} \cdot \frac{2}{5} \cdot \frac{3}{5} = \frac{12}{125}$

$P(bwb) = \frac{2}{5} \cdot \frac{3}{5} \cdot \frac{2}{5} = \frac{12}{125}$

$P(wbb) = \frac{3}{5} \cdot \frac{2}{5} \cdot \frac{2}{5} = \frac{12}{125}$

Für das Ereignis „genau eine weiße Kugel" existieren drei Pfade.
Wende zuerst die Multiplikationsregel an.

$P(E_2) = \frac{12}{125} + \frac{12}{125} + \frac{12}{125} = \frac{36}{125} = 0{,}288 = 28{,}8\ \%$

Wende dann die Additionsregel an.

c) $E_3 = \{bww; wbw; wwb\}$

$P(bww) = \frac{2}{5} \cdot \frac{3}{5} \cdot \frac{3}{5} = \frac{18}{125}$

$P(wbw) = \frac{3}{5} \cdot \frac{2}{5} \cdot \frac{3}{5} = \frac{18}{125}$

$P(wwb) = \frac{3}{5} \cdot \frac{3}{5} \cdot \frac{2}{5} = \frac{18}{125}$

$P(E_3) = \frac{18}{125} + \frac{18}{125} + \frac{18}{125} = \frac{54}{125} = 0{,}432 = 43{,}2\,\%$

d) Gegenereignis: $E_5 = \{bbb\}$

$P(bbb) = \frac{2}{5} \cdot \frac{2}{5} \cdot \frac{2}{5} = \frac{8}{125}$

$P(E_4) = 1 - P(bbb) = 1 - \frac{8}{125} = \frac{117}{125} = 0{,}936 = 93{,}6\,\%$

Hinweise und Tipps

Für das Ereignis „zwei weiße und eine blaue Kugel" existieren drei Pfade. Wende zuerst die Multiplikationsregel an.

Wende dann die Additionsregel an.

Da es sehr viele günstige Ergebnisse gibt, ist es leichter, mit dem Gegenereignis „Es wird keine weiße Kugel gezogen" zu rechnen.
Ziehe von 1 die Wahrscheinlichkeit des Gegenereignisses ab.

---

127. a) $P(2; 4) = \frac{1}{8} \cdot \frac{1}{8} = \frac{1}{64}$

$P(4; 2) = \frac{1}{8} \cdot \frac{1}{8} = \frac{1}{64}$

$P(E_1) = \frac{1}{64} + \frac{1}{64} = \frac{2}{64} = \frac{1}{32} = 0{,}03125 \approx 3{,}1\,\%$

Für das Ereignis „die 2 und die 4" existieren zwei Pfade, denn man kann erst die 2 und dann die 4 oder erst die 4 und dann die 2 erhalten.
Wende zuerst die Multiplikationsregel an.

Wende dann die Additionsregel an.

b) $P(\text{ungerade}) = \frac{4}{8} = \frac{1}{2}$

$P(\text{ungerade; ungerade}) = \frac{1}{2} \cdot \frac{1}{2} = \frac{1}{4} = 0{,}25 = 25\,\%$

Ungerade Zahlen auf dem Glücksrad: 1, 3, 5 und 7
Es gibt also 4 günstige Ergebnisse.
Wende die Multiplikationsregel an.

c) $E_3 = \{(1; 1); (2; 2); (3; 3); (4; 4); (5; 5); (6; 6); (7; 7); (8; 8)\}$

$P(1; 1) = P(2; 2) = \ldots = P(8; 8) = \frac{1}{8} \cdot \frac{1}{8} = \frac{1}{64}$

$P(E_3) = 8 \cdot \frac{1}{64} = \frac{1}{8} = 0{,}125 = 12{,}5\,\%$

Es gibt 8 günstige Ergebnisse.
Wende zuerst die Multiplikationsregel an.
Für jedes der 8 günstigen Ergebnisse ist die Wahrscheinlichkeit gleich.
Wende dann die Additionsregel an.

---

128. a) $P(E_1) = P(gg) = \frac{4}{7} \cdot \frac{4}{7} = \frac{16}{49} = 0{,}3265\ldots \approx 32{,}7\,\%$

4 von den $4 + 3 = 7$ Kugeln sind grün.

b) $P(rr) = \frac{3}{7} \cdot \frac{3}{7} = \frac{9}{49}$

$P(rg) = \frac{3}{7} \cdot \frac{4}{7} = \frac{12}{49}$

$P(gr) = \frac{4}{7} \cdot \frac{3}{7} = \frac{12}{49}$

$P(E_2) = \frac{9}{49} + \frac{12}{49} + \frac{12}{49} = \frac{33}{49} = 0{,}6734\ldots \approx 67{,}3\,\%$

„Wenigstens eine Kugel ist rot" bedeutet, dass entweder eine oder alle beide Kugeln rot sein können.

oder:

Gegenereignis: $E = \{gg\}$

$P(gg) = \frac{4}{7} \cdot \frac{4}{7} = \frac{16}{49}$

$P(E_2) = 1 - P(gg) = 1 - \frac{16}{49} = \frac{33}{49} = 0{,}6734\ldots \approx 67{,}3\,\%$

Rechne mit dem Gegenereignis „Keine Kugel ist rot".

Ziehe von 1 die Wahrscheinlichkeit des Gegenereignisses ab.

Hinweise und Tipps

c) $P(rg) = \frac{3}{7} \cdot \frac{4}{7} = \frac{12}{49}$

$P(gr) = \frac{4}{7} \cdot \frac{3}{7} = \frac{12}{49}$

Für das Ereignis „eine rote und eine grüne Kugel" existieren zwei Pfade.
Wende zuerst die Multiplikationsregel an.

$P(E_3) = \frac{12}{49} + \frac{12}{49} = \frac{24}{49} = 0{,}4897\ldots \approx 49{,}0\ \%$

Wende dann die Additionsregel an.

d) $P(E_4) = P(g) = \frac{4}{7} = 0{,}5714\ldots \approx 57{,}1\ \%$

Da es nur auf die erste Kugel ankommt, ist es egal, welche Kugel beim zweiten Zug gezogen wird.

---

129. Baumdiagramm (Ziehen ohne Zurücklegen):

4 Asse (A); 3 Könige (K); 1 Dame (D)
1. Zug: $4 + 3 + 1 = 8$ Karten
2. Zug: $8 - 1 = 7$ Karten
Trage die Wahrscheinlichkeiten entlang der Pfade ein.
Beachte, dass sich beim „Ziehen ohne Zurücklegen" die Wahrscheinlichkeiten mit jedem Zug ändern.

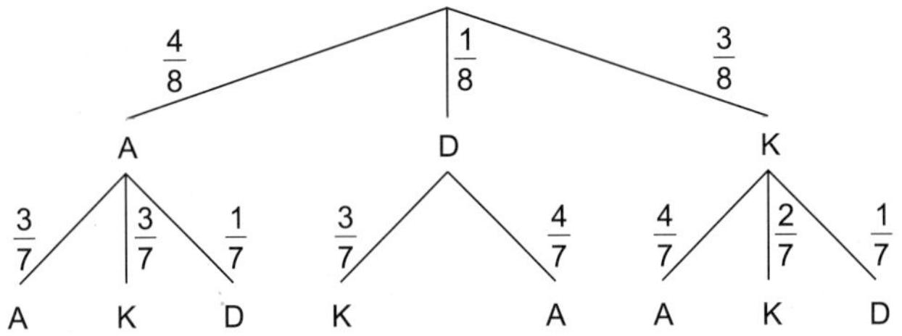

a) $E_1 = \{AA\}$

$P(E_1) = \frac{4}{8} \cdot \frac{3}{7} = \frac{12}{56} = \frac{3}{14} = 0{,}2142\ldots \approx 21{,}4\ \%$

Für das Ereignis „zwei Asse" existiert nur ein Pfad.
Wende die Multiplikationsregel an.

b) $E_2 = \{DK;\ KD\}$

$P(DK) = \frac{1}{8} \cdot \frac{3}{7} = \frac{3}{56}$

$P(KD) = \frac{3}{8} \cdot \frac{1}{7} = \frac{3}{56}$

Für das Ereignis „ein König und eine Dame" existieren zwei Pfade.
Wende zuerst die Multiplikationsregel an.

$P(E_2) = \frac{3}{56} + \frac{3}{56} = \frac{6}{56} = \frac{3}{28} = 0{,}1071\ldots \approx 10{,}7\ \%$

Wende dann die Additionsregel an.

c) $E_3 = \{DK;\ KK;\ KD\}$

$P(DK) = \frac{1}{8} \cdot \frac{3}{7} = \frac{3}{56}$

$P(KK) = \frac{3}{8} \cdot \frac{2}{7} = \frac{6}{56}$

$P(KD) = \frac{3}{8} \cdot \frac{1}{7} = \frac{3}{56}$

Für das Ereignis „kein Ass" existieren drei Pfade.
Wende zuerst die Multiplikationsregel an.

$P(E_3) = \frac{3}{56} + \frac{6}{56} + \frac{3}{56} = \frac{12}{56} = \frac{3}{14} = 0{,}2142\ldots \approx 21{,}4\ \%$

Wende dann die Additionsregel an.

d) $E_4 = \{AK;\ KA\}$

$P(AK) = \frac{4}{8} \cdot \frac{3}{7} = \frac{12}{56}$

$P(KA) = \frac{3}{8} \cdot \frac{4}{7} = \frac{12}{56}$

Für das Ereignis „ein Ass und ein König" existieren zwei Pfade.
Wende zuerst die Multiplikationsregel an.

$P(E_4) = \frac{12}{56} + \frac{12}{56} = \frac{24}{56} = \frac{3}{7} = 0{,}4285\ldots \approx 42{,}9\ \%$

Wende dann die Additionsregel an.

Hinweise und Tipps

130. a) Anzahl der Kombinationsmöglichkeiten:
$4 \cdot 9 \cdot 6 \cdot 3 \cdot 8 = 5\,184$
Leo hat 5 184 Kombinationsmöglichkeiten.

Auswahl aus 4 Prozessoren, 9 Gehäusen, 6 Brennern, 3 Soundkarten, 8 Grafikkarten.

b) Anzahl der Auswahlmöglichkeiten:
$6 \cdot 3 \cdot 2 = 36$
Er hat noch 36 Auswahlmöglichkeiten.

Auswahl aus 6 Brennern, 3 Soundkarten, $8 - 6 = 2$ Grafikkarten.

---

131. a) Anzahl der Kombinationsmöglichkeiten:
$29 \cdot 60 \cdot 9 \cdot 48 = 751\,680$
Sie kann sich 751 680-mal unterschiedlich kleiden.

Annahmen:
- Wenn Aline eine Hose trägt, dann hat sie keinen Rock an und umgekehrt.
$\Rightarrow \; 12 + 17 = 29$ Beinkleider
- Wenn sie eine Bluse anzieht, dann braucht sie kein T-Shirt und umgekehrt.
$\Rightarrow \; 24 + 36 = 60$ Oberteile
- Aline trägt immer eine der 9 Jacken und eines der 48 Paar Schuhe.

b) Anzahl der Jahre:
$751\,680 : 365 = 2\,059{,}39\ldots$
Nach ca. 2 060 Jahren (!) würden ihr die Kombinationsmöglichkeiten ausgehen.

Rechne mit 1 Jahr = 365 Tage.

---

132. a) Mögliche Zahlenkombinationen:
$9 \cdot 10 \cdot 10 \cdot 10 = 9\,000$
Es gibt 9 000 verschiedene Zahlenkombinationen.

Für die erste Stelle gibt es 9 mögliche Ziffern, für die zweite, dritte und vierte Stelle stehen jeweils 10 Ziffern zur Verfügung.

b) Anzahl der falschen Zahlenkombinationen:
$10 \cdot 10 - 1 = 100 - 1 = 99$
Julia kann noch 99 falsche Zahlenkombinationen eintippen.

Vergiss nicht, die richtige Zahlenkombination als Möglichkeit abzuziehen.

---

133. Möglichkeiten für den Zieleinlauf:
$8! = 8 \cdot 7 \cdot 6 \cdot 5 \cdot 4 \cdot 3 \cdot 2 \cdot 1 = 40\,320$
Bei 8 Pferden gibt es 40 320 Möglichkeiten für den Zieleinlauf.

Es ist die Anzahl der möglichen Anordnungen von 8 Pferden gesucht.

---

134. a) Aufstellung von 4 Läufern:
$4! = 4 \cdot 3 \cdot 2 \cdot 1 = 24$
Es gibt 24 Möglichkeiten.

b) Aufstellung von 3 Läufern:
$3! = 3 \cdot 2 \cdot 1 = 6$
Es gibt 6 Möglichkeiten.

Der Startläufer steht fest. Es bleiben 3 Läufer übrig.

---

135. a) Anordnungsmöglichkeiten eines Kartenspiels:
$36! = 3{,}719\ldots \cdot 10^{41} \approx 3{,}72 \cdot 10^{41}$
Es gibt rund $3{,}72 \cdot 10^{41}$ Möglichkeiten.

b) Anzahl der Anordnungen:
$8! = 40\,320$
Es gibt 40 320 Möglichkeiten.

4 Asse und 4 Könige $\Rightarrow$ 8 Karten

Hinweise und Tipps

136. Anzahl der Möglichkeiten:
$12! = 12 \cdot 11 \cdot 10 \cdot 9 \cdot 8 \cdot 7 \cdot 6 \cdot 5 \cdot 4 \cdot 3 \cdot 2 \cdot 1 = 479\,001\,600$
Jarno hat recht, die Anzahl der Möglichkeiten befindet sich im dreistelligen Millionenbereich.

Es ist die Anzahl der möglichen Anordnungen von 12 Liedern gesucht.

137. a) Volumen der Kugel mit halbem Radius:

$$V_{\text{neue Kugel}} = \frac{4}{3} \cdot \left(\frac{1}{2} \cdot r\right)^3 \cdot \pi = \frac{4}{3} \cdot \frac{1}{8} \cdot r^3 \cdot \pi = \frac{1}{8} \cdot \underbrace{\frac{4}{3} \cdot r^3 \cdot \pi}_{V_{\text{Kugel}}} = \frac{1}{8} \cdot V_{\text{Kugel}}$$

Oberflächeninhalt der Kugel mit halbem Radius:

$$O_{\text{neue Kugel}} = 4 \cdot \left(\frac{1}{2} \cdot r\right)^2 \cdot \pi = 4 \cdot \frac{1}{4} \cdot r^2 \cdot \pi = \frac{1}{4} \cdot \underbrace{4 \cdot r^2 \cdot \pi}_{O_{\text{Kugel}}} = \frac{1}{4} \cdot O_{\text{Kugel}}$$

Das Volumen ist $\frac{1}{8}$-mal so groß und die Oberfläche $\frac{1}{4}$-mal so groß.

Setze für den Radius $\frac{1}{2} \cdot r$ in die Volumen- bzw. Oberflächenformel einer Kugel ein:
$V = \frac{4}{3} r^3 \cdot \pi$
$O = 4r^2 \cdot \pi$

b) Volumen der Kugel mit doppeltem Radius:

$$V_{\text{neue Kugel}} = \frac{4}{3} \cdot (2r)^3 \cdot \pi = \frac{4}{3} \cdot 8 \cdot r^3 \cdot \pi = 8 \cdot \underbrace{\frac{4}{3} \cdot r^3 \cdot \pi}_{V_{\text{Kugel}}} = 8 \cdot V_{\text{Kugel}}$$

Oberflächeninhalt der Kugel mit doppeltem Radius:

$$O_{\text{neue Kugel}} = 4 \cdot (2r)^2 \cdot \pi = 4 \cdot \underbrace{4 \cdot r^2 \cdot \pi}_{O_{\text{Kugel}}} = 4 \cdot O_{\text{Kugel}}$$

Das Volumen ist 8-mal so groß und die Oberfläche 4-mal so groß.

Setze für den Radius 2r in die Volumen- bzw. Oberflächenformel einer Kugel ein:
$V = \frac{4}{3} r^3 \cdot \pi$
$O = 4r^2 \cdot \pi$

138. a) Fußball: $r = 11$ cm
Volumen des Fußballs:
$V = \frac{4}{3} \cdot (11\text{ cm})^3 \cdot 3{,}14$
$V \approx 5\,572{,}45\text{ cm}^3$
Oberfläche des Fußballs:
$O = 4 \cdot (11\text{ cm})^2 \cdot 3{,}14$
$O = 1\,519{,}76\text{ cm}^2$

b) Sonne:
$d = 2{,}8 \cdot 10^7\text{ km} \Rightarrow r = 1{,}4 \cdot 10^7\text{ km}$
Volumen der Sonne:
$V = \frac{4}{3} \cdot (1{,}4 \cdot 10^7\text{ km})^3 \cdot 3{,}14$
$V \approx 1{,}15 \cdot 10^{22}\text{ km}^3$
Oberfläche der Sonne:
$O = 4 \cdot (1{,}4 \cdot 10^7\text{ km})^2 \cdot 3{,}14$
$O \approx 2{,}46 \cdot 10^{15}\text{ km}^2$

Setze die gegebenen Werte in die Volumen- bzw. Oberflächenformel einer Kugel ein:
$V = \frac{4}{3} r^3 \cdot \pi$
$O = 4r^2 \cdot \pi$
Rechne mit $\pi = 3{,}14$.

139. Oberfläche des Gasbehälters:
$d = 28\text{ m} \Rightarrow r = 14\text{ m}$
$O = 4 \cdot (14\text{ m})^2 \cdot 3{,}14$
$O = 2\,461{,}76\text{ m}^2$

Berechne zuerst die Oberfläche des Gasbehälters:
$O = 4r^2 \cdot \pi$
Rechne mit $\pi = 3{,}14$.

Anzahl der benötigten Farbfässer:
$2\,461{,}76\ m^2 : 350\ m^2 = 7{,}03\ldots$
Es werden rund 8 Fässer benötigt.

Hinweise und Tipps

1 Fass reicht für 350 m^2.
Du musst hier aufrunden, weil 7 Fässer gerade nicht ausreichen.

---

140. $r = 10\ cm$
Volumen:
$$V = \frac{4}{3} \cdot (10\ cm)^3 \cdot 3{,}14 \approx 4\,186{,}67\ cm^3$$
Oberfläche:
$$O = 4 \cdot (10\ cm)^2 \cdot 3{,}14 = 1\,256\ cm^2$$

Berechne das ursprüngliche Volumen und die ursprüngliche Oberfläche:
$V = \frac{4}{3} r^3 \cdot \pi$
$O = 4r^2 \cdot \pi$
Rechne mit $\pi = 3{,}14$.

a) Oberfläche der kleineren Kugel:
$1\,256\ cm^2 : 2 = 628\ cm^2$

Berechne zuerst die halbe Oberfläche.

Radius der kleineren Kugel:
$$628\ cm^2 = 4r^2 \cdot 3{,}14 \quad |:4;:3{,}14$$
$$50\ cm^2 = r^2 \quad |\sqrt{\ }$$
$$r \approx 7{,}07\ cm$$

Setze die bekannten Größen in die Formel für die Oberfläche ein und löse nach r auf.

Volumen der kleineren Kugel:
$$V = \frac{4}{3} \cdot (7{,}07\ cm)^3 \cdot 3{,}14$$
$$V \approx 1\,479{,}54\ cm^3$$

Berechne mit dem neuen Radius das Volumen der Kugel.

b) Oberfläche der größeren Kugel:
$1\,256\ cm^2 \cdot 2 = 2\,512\ cm^2$

Berechne zuerst die doppelte Oberfläche.

Radius der größeren Kugel:
$$2\,512\ cm^2 = 4r^2 \cdot 3{,}14 \quad |:4;:3{,}14$$
$$200\ cm^2 = r^2 \quad |\sqrt{\ }$$
$$r \approx 14{,}14\ cm$$

Setze die bekannten Größen in die Formel für die Oberfläche ein und löse nach r auf.

Volumen der größeren Kugel:
$$V = \frac{4}{3} \cdot (14{,}14\ cm)^3 \cdot 3{,}14$$
$$V \approx 11\,836{,}32\ cm^3$$

Berechne mit dem neuen Radius das Volumen der Kugel.

---

141. Volumen des Bleibarrens:
$$V = 7{,}345\ kg : 11{,}3\ \frac{kg}{dm^3}$$
$$V = 0{,}65\ dm^3$$

Volumen = Masse : Dichte

Volumen einer kleinen Kugel:
$0{,}65\ dm^3 : 50 = 0{,}013\ dm^3 = 13\ cm^3$

Radius einer kleinen Kugel:
$$13\ cm^3 = \frac{4}{3} r^3 \cdot 3{,}14 \quad \left|\cdot \frac{3}{4};:3{,}14\right.$$
$$r^3 = \frac{3 \cdot 13\ cm^3}{4 \cdot 3{,}14} \quad |\sqrt[3]{\ }$$
$$r \approx 1{,}46\ cm$$
$$\Rightarrow \quad d = 2 \cdot 1{,}46\ cm = 2{,}92\ cm$$

Eine kleine Kugel hat einen Durchmesser von 2,92 cm.

---

142. Volumen des Zylinders:
$V_Z = (5\text{ cm})^2 \cdot 3{,}14 \cdot 10\text{ cm} = 785\text{ cm}^3$

Volumen der Kugel:
$V_{Ku} = \frac{4}{3} \cdot (5\text{ cm})^3 \cdot 3{,}14 \approx 523{,}33\text{ cm}^3$

Volumen des Kegels:
$V_{Ke} = \frac{1}{3} \cdot (5\text{ cm})^2 \cdot 3{,}14 \cdot 10\text{ cm} \approx 261{,}67\text{ cm}^3$

Anteil des Kugelvolumens am Zylindervolumen:
$523{,}33\text{ cm}^3 : 785\text{ cm}^3 = 0{,}666\ldots \approx \frac{2}{3}$

Die Kugel hat $\frac{2}{3}$ des Zylindervolumens.

Anteil des Kegelvolumens am Zylindervolumen:
$261{,}67\text{ cm}^3 : 785\text{ cm}^3 = 0{,}333\ldots \approx \frac{1}{3}$

Der Kegel hat $\frac{1}{3}$ des Zylindervolumens.

Hinweise und Tipps

$V_Z = r^2 \cdot \pi \cdot h_Z$ mit $h_Z = 2r$
Rechne mit $\pi = 3{,}14$.

$V_{Ku} = \frac{4}{3} r^3 \cdot \pi$
Rechne mit $\pi = 3{,}14$.

$V_{Ke} = \frac{1}{3} r^2 \cdot \pi \cdot h_{Ke}$ mit $h_{Ke} = 2r$
Rechne mit $\pi = 3{,}14$.

Du kannst den Anteil allgemein berechnen:
$$\frac{V_{Ku}}{V_Z} = \frac{\frac{4}{3} r^3 \cdot \pi}{r^2 \cdot \pi \cdot h_Z} = \frac{\frac{4}{3} r^3 \cdot \pi}{r^2 \cdot \pi \cdot 2r} = \frac{\frac{4}{3}}{2} = \frac{4}{6} = \frac{2}{3}$$

Du kannst den Anteil allgemein berechnen:
$$\frac{V_{Ke}}{V_Z} = \frac{\frac{1}{3} r^2 \cdot \pi \cdot h_{Ke}}{r^2 \cdot \pi \cdot h_Z} = \frac{\frac{1}{3} r^2 \cdot \pi \cdot 2r}{r^2 \cdot \pi \cdot 2r} = \frac{1}{3}$$

---

143. a) Volumen:
$V_{Lot} = V_{Halbkugel} + V_{Kegel}$

$V_{Lot} = \frac{1}{2} \cdot \frac{4}{3} r^3 \cdot \pi + \frac{1}{3} r^2 \cdot \pi \cdot h$

$V_{Lot} = \frac{2}{3} \cdot (2\text{ cm})^3 \cdot 3{,}14 + \frac{1}{3} \cdot (2\text{ cm})^2 \cdot 3{,}14 \cdot 7\text{ cm}$

$V_{Lot} \approx 46{,}05\text{ cm}^3$

Gewicht:
$m = 46{,}05\text{ cm}^3 \cdot 7{,}8\ \frac{\text{g}}{\text{cm}^3} = 359{,}19\text{ g}$

Das Maurerlot hat ein Gewicht von 359,19 g.

Der Kegel und die Halbkugel besitzen den gleichen Radius:
$d = 4\text{ cm} \Rightarrow r = 2\text{ cm}$

Masse = Volumen · Dichte

b) Seitenlinie s:
$s^2 = (2\text{ cm})^2 + (7\text{ cm})^2$
$s^2 = 53\text{ cm}^2 \quad |\sqrt{\ }$
$s \approx 7{,}28\text{ cm}$

Kegelmantel:
$M = r \cdot \pi \cdot s$
$M = 2\text{ cm} \cdot 3{,}14 \cdot 7{,}28\text{ cm}$
$M \approx 45{,}72\text{ cm}^2$

Oberfläche der Halbkugel:
$O_{HK} = \frac{1}{2} \cdot 4 \cdot (2\text{ cm})^2 \cdot 3{,}14$

$O_{HK} = 25{,}12\text{ cm}^2$

Oberfläche des Maurerlotes:
$O_{Lot} = 45{,}72\text{ cm}^2 + 25{,}12\text{ cm}^2$
$O_{Lot} = 70{,}84\text{ cm}^2$

Das Lot hat eine Oberfläche von 70,84 cm².

Die Oberfläche des Maurerlotes setzt sich aus dem Kegelmantel und der Oberfläche der Halbkugel zusammen.
Berechne die Länge der Seitenlinie s mithilfe des Satzes von Pythagoras.

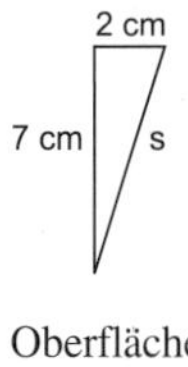

Oberfläche der Halbkugel:
$O_{HK} = \frac{1}{2} \cdot 4r^2 \cdot \pi$

Rechne mit $\pi = 3{,}14$.

Hinweise und Tipps

144. a) Radius des kugelförmigen Gastanks:

$$904\,320\text{ dm}^3 = \frac{4}{3}\cdot r^3\cdot 3{,}14 \qquad \Big|\cdot\frac{3}{4};\ :3{,}14$$

$$r^3 = \frac{3\cdot 904\,320\text{ dm}^3}{4\cdot 3{,}14} \qquad \Big|\sqrt[3]{\ }$$

$$r = 60\text{ dm}$$

Höhe des zylinderförmigen Tanks:

$$V = r^2\cdot\pi\cdot h_Z$$

$$904\,320\text{ dm}^3 = (60\text{ dm})^2\cdot 3{,}14\cdot h_Z \qquad \big|:(60\text{ dm})^2;\ :3{,}14$$

$$h_Z \approx 80\text{ dm}$$

$$h_Z = 8\text{ m}$$

Der zylinderförmige Tank ist 8 m hoch.

Berechne zuerst den Radius des Gastanks. Der Zylinder hat den gleichen Radius wie die Kugel.
$1\ \ell = 1\text{ dm}^3$
$V = \frac{4}{3}r^3\cdot\pi$
Rechne mit $\pi = 3{,}14$.

Der zylinderförmige Gastank fasst ebenfalls $904\,320\text{ dm}^3$ Gas.
Setze die bekannten Größen in die Formel zur Berechnung des Zylindervolumens ein und löse nach h_Z auf.

b) Kugeloberfläche:

$$O_K = 4\cdot(6\text{ cm})^2\cdot 3{,}14$$

$$O_K \approx 452{,}16\text{ cm}^2$$

Zylinderoberfläche:

$$O_Z = 2\,r^2\cdot\pi + 2\,r\cdot\pi\cdot h_Z$$

$$O_Z = 2\cdot(6\text{ m})^2\cdot 3{,}14 + 2\cdot 6\text{ m}\cdot 3{,}14\cdot 8\text{ m}$$

$$O_Z \approx 527{,}52\text{ m}^2$$

Unterschied der Oberflächen in m^2:
$527{,}52\text{ m}^2 - 452{,}16\text{ m}^2 = 75{,}36\text{ m}^2$

Unterschied in Prozent:
$75{,}36\text{ m}^2 : 452{,}16\text{ m}^2\cdot 100\ \% = 16{,}666\ldots\ \% \approx 16{,}67\ \%$

Die Zylinderoberfläche ist um 16,67 % größer als die Kugeloberfläche.

Berechne die Oberfläche der Kugel ($r = 6$ m).
$O = 4r^2\cdot\pi$
Rechne mit $\pi = 3{,}14$.
Berechne dann die Oberfläche des Zylinders. Die Zylinderoberfläche setzt sich aus der Grundfläche ($r = 6$ m), der Deckfläche und der Mantelfläche ($d = 12$ m, $h_Z = 8$ m) zusammen.

Der Grundwert ist die Kugeloberfläche.

---

145. a) Höhe des Wassers:

$$V_Z = r^2\cdot\pi\cdot h_Z$$

$$1\,000\text{ cm}^3 = (4\text{ cm})^2\cdot 3{,}14\cdot h_Z \qquad \big|:(4\text{ cm})^2;\ :3{,}14$$

$$h_Z \approx 19{,}90\text{ cm}$$

Das Wasser steht 19,89 cm hoch.

$1\ \ell = 1\text{ dm}^3 = 1\,000\text{ cm}^3$
$d = 8\text{ cm} \Rightarrow r = 4\text{ cm}$
Setze die bekannten Größen in die Formel zur Berechnung des Zylindervolumens ein und löse nach h_Z auf.

b) Volumen der Kugel:

$$V_K = \frac{4}{3}{r_K}^3\cdot\pi$$

$$V_K = \frac{4}{3}\cdot(3{,}75\text{ cm})^3\cdot 3{,}14$$

$$V_K \approx 220{,}78\text{ cm}^3$$

Höhe des Anstiegs:

$$V_K = V_{Wasser}$$

$$V_{Wasser} = {r_Z}^2\cdot\pi\cdot h$$

$$220{,}78\text{ cm}^3 = (4\text{ cm})^2\cdot 3{,}14\cdot h \qquad \big|:(4\text{ cm})^2;\ :3{,}14$$

$$h \approx 4{,}39\text{ cm}$$

Das Wasser steigt um 4,39 cm an.

Berechne zunächst das Volumen der Kugel.
$d_K = 7{,}5\text{ cm} \Rightarrow r_K = 3{,}75\text{ cm}$
$V = \frac{4}{3}r^3\cdot\pi$
Rechne mit $\pi = 3{,}14$.

Die Metallkugel verdrängt Wasser, das im Zylinder hochsteigt. Das Volumen des verdrängten Wassers entspricht dem Volumen der Kugel.
Setze die bekannten Größen in die Formel zur Berechnung des Zylindervolumens ein und berechne die Höhe.
$d_Z = 8\text{ cm} \Rightarrow r_Z = 4\text{ cm}$

Hinweise und Tipps

146. Volumen des Tropfens:

$V = \frac{4}{3} r^3 \cdot \pi$

$V = \frac{4}{3} \cdot (3\ mm)^3 \cdot 3{,}14$

$V = 113{,}04\ mm^3$

Volumen der äußeren Kugel:

$V_a = \frac{4}{3} \cdot (30\ mm)^3 \cdot 3{,}14$

$V_a = 113\,040\ mm^3$

Volumen der inneren Kugel:

$V_i = 113\,040\ mm^3 - 113{,}04\ mm^3$

$V_i = 112\,926{,}96\ mm^3$

Radius der inneren Kugel:

$112\,984{,}24\ mm^3 = \frac{4}{3} \cdot r_i^3 \cdot 3{,}14 \quad \Big|\cdot \frac{3}{4};\ :3{,}14$

$r_i^3 = \frac{3 \cdot 112\,984{,}24\ mm^3}{4 \cdot 3{,}14} \quad \Big|\sqrt[3]{\ }$

$r_i \approx 29{,}995\ mm$

Wandstärke der Seifenblase:
30 mm − 29,995 mm = 0,005 mm
Die Seifenblasenhaut hat eine Wandstärke von 0,005 mm.

Das Volumen des Seifenwassertropfens entspricht dem Volumen der Seifenblasenhaut (Hohlkugel). Berechne zunächst das Volumen des Seifenwassertropfens.
$d = 6\ mm \Rightarrow r = 3\ mm$
$V = \frac{4}{3} r^3 \cdot \pi$
Rechne mit $\pi = 3{,}14$.

Berechne das Volumen der äußeren Kugel.
$d_a = 6\ cm \Rightarrow r_a = 3\ cm = 30\ mm$
$V_a = \frac{4}{3} r_a^3 \cdot \pi$
Rechne mit $\pi = 3{,}14$.

Berechne das Volumen der inneren Kugel.
$V_i = V_a - V$

Berechne den Radius der inneren Kugel.
$V_i = \frac{4}{3} r_i^3 \cdot \pi$
Rechne mit $\pi = 3{,}14$.

Die Differenz aus dem äußeren Radius und dem inneren Radius ergibt die Wandstärke.

---

147. a) Volumen des Granitwürfels:

$V_{Würfel} = a^3$

$V_{Würfel} = (1{,}2\ m)^3$

$V_{Würfel} = 1{,}728\ m^3 = 1\,728\ dm^3$

Masse des Granitwürfels:

$m_{Würfel} = 1\,728\ dm^3 \cdot 2{,}8\frac{kg}{dm^3} = 4\,838{,}4\ kg$

Masse der herausgeschlagenen Halbkugel:
4 838,4 kg − 4 463 kg = 375,4 kg

Volumen der Halbkugel:

$375{,}4\ kg : 2{,}8\frac{kg}{dm^3} \approx 134{,}07\ dm^3 = 134{,}07\ \ell$

Das Brunnenbecken fasst 134,07 Liter Wasser.

Die Differenz aus der Masse des Granitwürfels und der Masse des fertigen Brunnenteils ist die Masse der herausgeschlagenen Halbkugel.

Masse = Volumen · Dichte

4,463 t = 4 463 kg

Volumen = Masse : Dichte
$1\ dm^3 = 1\ \ell$

b) Volumen der ganzen Kugel:
$134{,}07\ dm^3 \cdot 2 = 268{,}14\ dm^3$

Radius der Kugel:

$268{,}14\ dm^3 = \frac{4}{3} \cdot r^3 \cdot 3{,}14 \quad \Big|\cdot \frac{3}{4};\ :3{,}14$

$r^3 = \frac{3 \cdot 268{,}14\ dm^3}{4 \cdot 3{,}14} \quad \Big|\sqrt[3]{\ }$

$r \approx 4{,}0\ dm$

$\Rightarrow\ d \approx 8{,}0\ dm$

Das Brunnenbecken hat einen Durchmesser von 8 dm.

Berechne den Radius der Kugel.
Setze die bekannten Größen in die Formel zur Berechnung des Kugelvolumens ein und löse nach r auf.
$V = \frac{4}{3} r^3 \cdot \pi$
Rechne mit $\pi = 3{,}14$.

Hinweise und Tipps

148. Zeichnung:

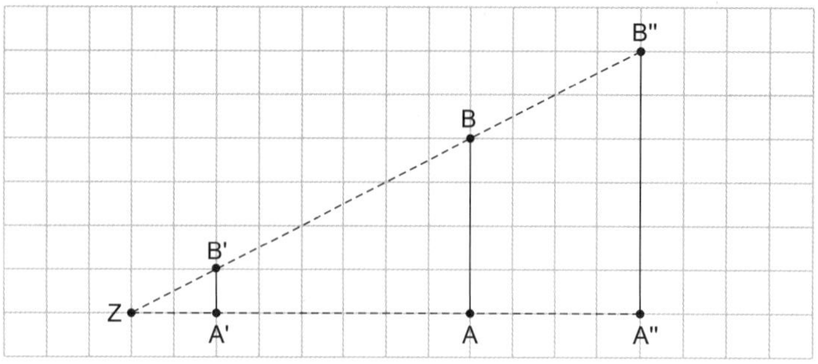

Entnimm die Längen der Zeichnung:
$|\overline{AB}| = 2\text{ cm}$
$|\overline{ZA}| = 4\text{ cm}$
Für die Strecke $\overline{A'B'}$ mit $k = 0{,}25$ gilt:
$|\overline{ZA'}| = 0{,}25 \cdot |\overline{ZA}| = 1\text{ cm}$
$|\overline{A'B'}| = 0{,}25 \cdot |\overline{AB}| = 0{,}5\text{ cm}$
Für die Strecke $\overline{A''B''}$ mit $k = 1{,}5$ gilt:
$|\overline{ZA''}| = 1{,}5 \cdot |\overline{ZA}| = 6\text{ cm}$
$|\overline{A''B''}| = 1{,}5 \cdot |\overline{AB}| = 3\text{ cm}$

149. Zeichnung:

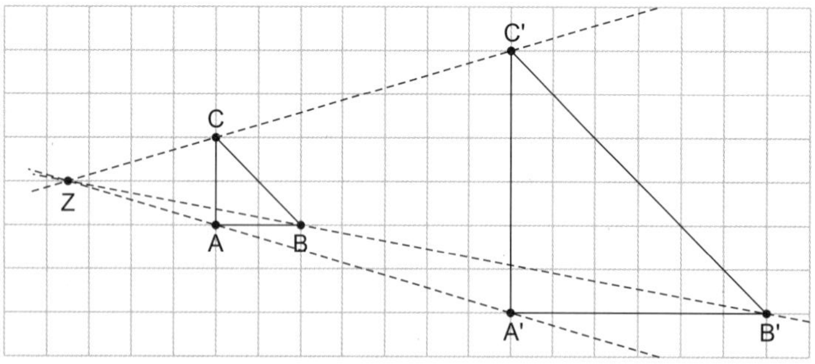

Vorgehen:
Zeichne Geraden durch A und A' sowie durch B und B'.
Der Schnittpunkt der beiden Geraden ist das Streckungszentrum Z.
Hinweis: Es genügt, zwei Geraden zu zeichnen. Alle Geraden, die Original- und Bildpunkte verbinden, schneiden sich im Streckungszentrum Z.

Streckungsfaktor:

$$k = \frac{|\overline{A'B'}|}{|\overline{AB}|} = \frac{3\text{ cm}}{1\text{ cm}} = 3$$

Entnimm die Längen der Zeichnung:
$|\overline{AB}| = 1\text{ cm}$; $|\overline{A'B'}| = 3\text{ cm}$

150. a)

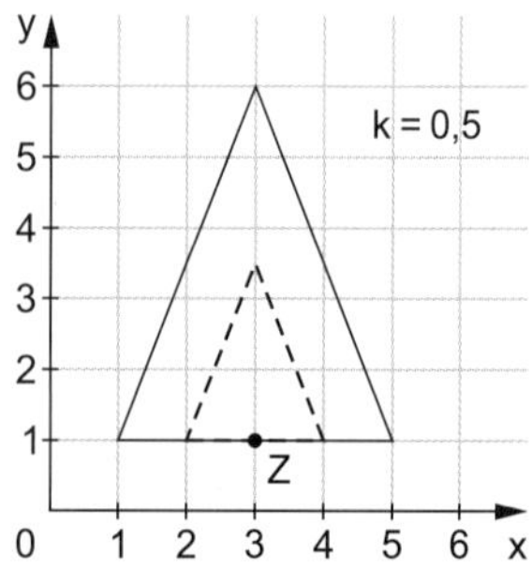

Verkleinere die Figur mit $k = 0{,}5$.
⇒ Die Streckenlängen halbieren sich.

b)

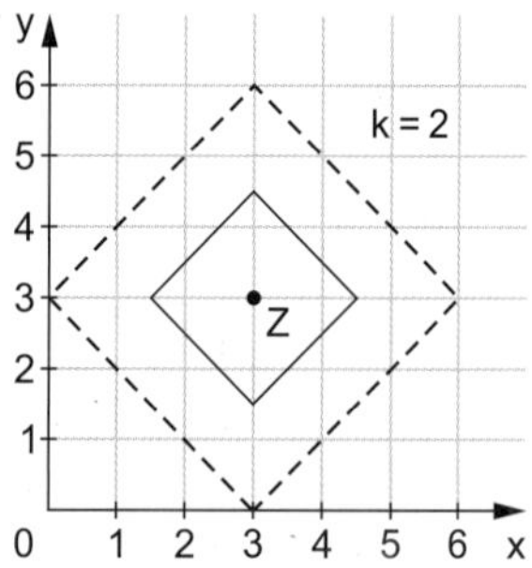

Vergrößere die Figur mit $k = 2$.
⇒ Die Streckenlängen verdoppeln sich.

151. ☐ a = 1 cm ☐ a = 2 cm ☐ a = 4 cm ☒ a = 16 cm

$$a = \frac{a'}{k} = \frac{4\text{ cm}}{0{,}25} = \frac{4\text{ cm}}{\frac{1}{4}} = 4 \cdot 4\text{ cm} = 16\text{ cm}$$

Hinweise und Tipps

152. a) $|\overline{ZB'}| = 7\text{ m} + 3{,}5\text{ m} = 10{,}5\text{ m}$

Streckungsfaktoren:

$$\frac{|\overline{ZA'}|}{|\overline{ZA}|} = \frac{9\text{ m}}{6\text{ m}} = 1{,}5$$

$$\frac{|\overline{ZB'}|}{|\overline{ZB}|} = \frac{10{,}5\text{ m}}{7\text{ m}} = 1{,}5$$

Es liegt eine zentrische Streckung vor.

Länge der Strecke $\overline{AB}$:

$1{,}5 \cdot |\overline{AB}| = 15\text{ m} \quad |:1{,}5$

$|\overline{AB}| = 10\text{ m}$

Hinweise: Berechne die Länge der Strecke $\overline{ZB'}$. Berechne dann den Streckungsfaktor für $\frac{|\overline{ZA'}|}{|\overline{ZA}|}$ und $\frac{|\overline{ZB'}|}{|\overline{ZB}|}$.

Berechne nun die Länge der Originalstrecke $\overline{AB}$: $k \cdot |\overline{AB}| = |\overline{A'B'}|$ mit $k = 1{,}5$

b) $|\overline{ZA'}| = 36\text{ cm} + 18\text{ cm} = 54\text{ cm}$

$|\overline{ZB'}| = 28\text{ cm} + 14\text{ cm} = 42\text{ cm}$

Streckungsfaktoren:

$$\frac{|\overline{ZA'}|}{|\overline{ZA}|} = \frac{54\text{ cm}}{36\text{ cm}} = 1{,}5$$

$$\frac{|\overline{ZB'}|}{|\overline{ZB}|} = \frac{42\text{ cm}}{28\text{ cm}} = 1{,}5$$

Es liegt eine zentrische Streckung vor.

Länge der Strecke $\overline{A'B'}$:

$|\overline{A'B'}| = 1{,}5 \cdot 21\text{ cm} = 31{,}5\text{ cm}$

Hinweise: Berechne die Länge der Strecken $\overline{ZA'}$ und $\overline{ZB'}$.

Berechne den Streckungsfaktor für $\frac{|\overline{ZA'}|}{|\overline{ZA}|}$ und $\frac{|\overline{ZB'}|}{|\overline{ZB}|}$.

Berechne die Länge der Bildstrecke $\overline{A'B'}$: $|\overline{A'B'}| = k \cdot |\overline{AB}|$ mit $k = 1{,}5$

---

153. a) Streckungsfaktor:

$$k = \frac{|\overline{ZA'}|}{|\overline{ZA}|} = \frac{21\text{ dm}}{14\text{ dm}} = 1{,}5$$

Länge der Strecke $\overline{ZB'}$:

$|\overline{ZB'}| = k \cdot |\overline{ZB}| = 1{,}5 \cdot 18\text{ dm} = 27\text{ dm}$

Länge der Strecke $\overline{AB}$:

$k \cdot |\overline{AB}| = |\overline{A'B'}|$

$1{,}5 \cdot |\overline{AB}| = 15\text{ dm} \quad |:1{,}5$

$|\overline{AB}| = 10\text{ dm}$

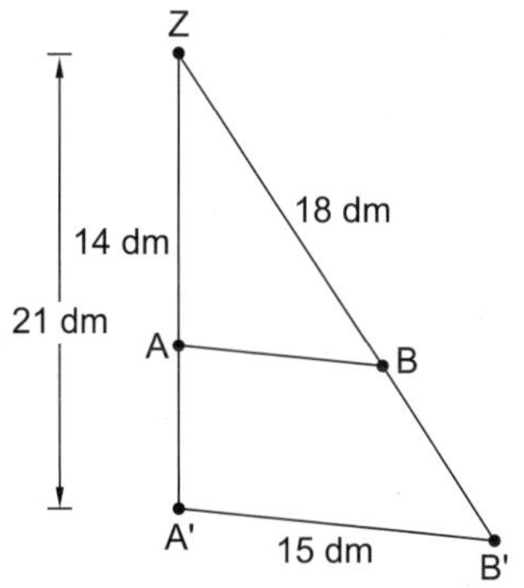

Hinweise: Beschrifte die Skizzen: Lege zuerst das Streckungszentrum fest. Die Originalpunkte werden mit A und B, die Bildpunkte mit A' und B' bezeichnet.

b) Streckungsfaktor:

$$k = \frac{|\overline{A'B'}|}{|\overline{AB}|} = \frac{81\text{ mm}}{27\text{ mm}} = 3$$

Länge der Strecke $\overline{ZA}$:

$k \cdot |\overline{ZA}| = |\overline{ZA'}|$

$3 \cdot |\overline{ZA}| = 93\text{ mm} \quad |:3$

$|\overline{ZA}| = 31\text{ mm}$

Länge der Strecke $\overline{ZB'}$:

$|\overline{ZB'}| = k \cdot |\overline{ZB}| = 3 \cdot 7{,}5\text{ mm} = 22{,}5\text{ mm}$

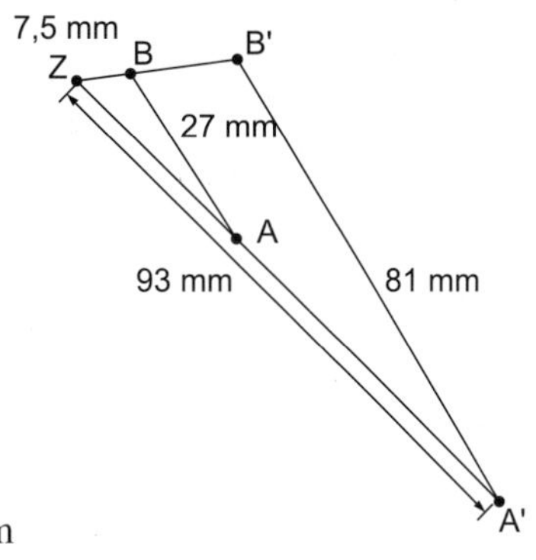

Hinweise und Tipps

154. ☐ k = 0,25 ☒ k = 0,5 ☐ k = 4 ☐ k = 16

$\frac{A'}{A} = k^2$

$\Rightarrow k = \sqrt{\frac{A'}{A}} = \sqrt{\frac{\frac{1}{4} \cdot A}{A}} = \sqrt{\frac{1}{4}} = \frac{1}{2} = 0{,}5$

---

155. Neuer Flächeninhalt:

$A' = 56\ cm^2 + 294\ cm^2 = 350\ cm^2$

Berechne zuerst den vergrößerten Flächeninhalt.

Streckungsfaktor:

Ermittle dann den Streckungsfaktor der Fläche.

$k^2 = \frac{A'}{A}$

$k^2 = \frac{350\ cm^2}{56\ cm^2}$

$k^2 = 6{,}25 \quad |\sqrt{}$

$k = 2{,}5$

Länge der Seite a:

Berechne mithilfe des Streckungsfaktors die Länge der Seite a.

$k \cdot a = a'$

$2{,}5 \cdot a = 17{,}5\ cm \quad |:2{,}5$

$a = 7\ cm$

Länge der Seite b:

Berechne über die Formel zur Flächenberechnung die Länge der Seite b: $A = a \cdot b$

$56\ cm^2 = 7\ cm \cdot b \quad |:7\ cm$

$b = 8\ cm$

Umfang:

Berechne den Umfang: $u = 2 \cdot a + 2 \cdot b$

$u = 2 \cdot 7\ cm + 2 \cdot 8\ cm$

$u = 30\ cm$

Das ursprüngliche Rechteck hat einen Umfang von 30 cm.

---

156. Seitenlängen des Bilddreiecks:

1. Möglichkeit:
Verkleinere zuerst g und h mit k = 0,5. Berechne dann den Flächeninhalt des Bilddreiecks mit g' und h':

$A' = \frac{g' \cdot h'}{2}$

$g' = 0{,}5 \cdot 12\ cm = 6\ cm$

$h' = 0{,}5 \cdot 7\ cm = 3{,}5\ cm$

Flächeninhalt des Bilddreiecks:

$A' = \frac{6\ cm \cdot 3{,}5\ cm}{2}$

$A' = 10{,}5\ cm^2$

oder:

Flächeninhalt des Originaldreiecks:

2. Möglichkeit:
Berechne zuerst den Flächeninhalt A des Originaldreiecks:

$A = \frac{g \cdot h}{2}$

Berechne dann den Flächeninhalt A' des Bilddreiecks.

$A = \frac{12\ cm \cdot 7\ cm}{2}$

$A = 42\ cm^2$

Flächeninhalt des Bilddreiecks:

$A' = k^2 \cdot A$

$A' = 0{,}5^2 \cdot 42\ cm^2$

$A' = 10{,}5\ cm^2$

Das Bilddreieck hat einen Flächeninhalt von $10{,}5\ cm^2$.

---

157. ☐ $2\ cm^3$ ☒ $3\ cm^3$ ☐ $12\ cm^3$ ☐ $192\ cm^3$

$\frac{V'}{V} = k^3$

$\Rightarrow V = \frac{V'}{k^3} = \frac{24\ cm^3}{2^3} = \frac{24\ cm^3}{8} = 3\ cm^3$

Hinweise und Tipps

158. ☒ Der neue Quader ist kleiner als der ursprüngliche Quader.

Wegen $k < 1$ ist es eine Verkleinerung.

☐ Das Volumen des Quaders verfünffacht sich.

Es gilt: $V' = k^3 \cdot V = \left(\frac{1}{5}\right)^3 \cdot V = \frac{1}{125} \cdot V$

☒ Die Geraden, die jeweils den Bildpunkt mit seinem Originalpunkt verbinden, schneiden sich.

Die Geraden schneiden sich im Streckungszentrum.

☐ Das Bild des Quaders ist ein Würfel.

Das Bild eines Quaders ist wieder ein Quader (außer er war vorher ein Würfel).

☐ Im ursprünglichen und im neuen Quader sind die sich entsprechenden Seiten gleich lang.

Die Seiten werden mit dem Faktor k verkleinert. Nur die Winkel bleiben gleich.

---

159. a) Länge der Seite a:

$$3\,840\text{ cm}^3 = \frac{1}{3} \cdot a^2 \cdot 20\text{ cm} \quad |\cdot 3;\ :20\text{ cm}$$

$$a^2 = \frac{3\,840\text{ cm}^3 \cdot 3}{20\text{ cm}} \quad |\sqrt{\ }$$

$$a = 24\text{ cm}$$

Setze die gegebenen Größen in die Formel $V = \frac{1}{3} \cdot a^2 \cdot h$ ein und löse nach a auf.

Maße der Bildpyramide:
$a' = 2 \cdot 24\text{ cm} = 48\text{ cm}$
$h' = 2 \cdot 20\text{ cm} = 40\text{ cm}$

Volumen der Bildpyramide:
$V' = 2^3 \cdot 3\,840\text{ cm}^3 = 30\,720\text{ cm}^3$

Berechne mithilfe des Streckungsfaktors k die gesuchten Werte:
$a' = k \cdot a$
$h' = k \cdot h$
$V' = k^3 \cdot V$

b) Volumen des Kegels:

$$V = \frac{1}{3}(9\text{ cm})^2 \cdot 3{,}14 \cdot 8{,}1\text{ cm}$$

$$V \approx 686{,}72\text{ cm}^3$$

Berechne zunächst das Originalvolumen des Kegels mit $V = \frac{1}{3} r^2 \cdot \pi \cdot h$.

Rechne mit $\pi = 3{,}14$.

Streckungsfaktor:

$$k^3 = \frac{18{,}54\text{ cm}^3}{686{,}72\text{ cm}^3} \quad |\sqrt[3]{\ }$$

$$k = 0{,}299\ldots \approx 0{,}3$$

Berechne den Streckungsfaktor mit $k^3 = \frac{V'}{V}$.

Maße des Bildkegels:
$r' = 0{,}3 \cdot 9\text{ cm} = 2{,}7\text{ cm}$
$h' = 0{,}3 \cdot 8{,}1\text{ cm} = 2{,}43\text{ cm}$

Berechne mithilfe des Streckungsfaktors k die gesuchten Werte:
$r' = k \cdot r$ und $h' = k \cdot h$

c) Maße des Bildzylinders:
$r' = 4 \cdot 9\text{ cm} = 36\text{ cm}$
$h' = 4 \cdot 18\text{ cm} = 72\text{ cm}$

Berechne mithilfe des Streckungsfaktors die Längen von r' und h'.

Volumen des Zylinders:
$V = (9\text{ cm})^2 \cdot 3{,}14 \cdot 18\text{ cm}$
$V = 4\,578{,}12\text{ cm}^3$

Berechne das Originalvolumen des Zylinders mit $V = r^2 \cdot \pi \cdot h$.
Rechne mit $\pi = 3{,}14$.

Volumen des Bildzylinders:
$V' = 4^3 \cdot 4\,578{,}12\text{ cm}^3$
$V' = 292\,999{,}68\text{ cm}^3$

Berechne mithilfe des Streckungsfaktors k das Bildvolumen: $V' = k^3 \cdot V$

Mantelfläche des Zylinders:
$M = 2 \cdot 9\text{ cm} \cdot 3{,}14 \cdot 18\text{ cm}$
$M \approx 1\,017{,}36\text{ cm}^2$

Berechne die Mantelfläche des Zylinders mit $M = 2 \cdot r \cdot \pi \cdot h$.
Rechne mit $\pi = 3{,}14$.

Mantelfläche des Bildzylinders:
$M' = 4^2 \cdot 1\,017{,}36\text{ cm}^2$
$M' = 16\,277{,}76\text{ cm}^2$

Berechne die Bildfläche:
$M' = k^2 \cdot M$

Hinweise und Tipps

160. a) $k^2 = 9 \Rightarrow k = 3$

Flächen werden mit k^2 gestreckt.

b) Für den neuen Radius gilt:

$$\begin{aligned} r' &= k \cdot r \\ r + 5\text{ cm} &= 3r \quad &|-r \\ 5\text{ cm} &= 2r \quad &|:2 \\ r &= 2{,}5\text{ cm} \end{aligned}$$

Neuer Radius:
$r' = 2{,}5\text{ cm} + 5\text{ cm} = 7{,}5\text{ cm}$

Der ursprüngliche Radius beträgt 2,5 cm, der neue Radius 7,5 cm.

Der Radius r wird mit $k = 3$ gestreckt.
Der Radius r wächst um 5 cm. Somit misst der gestreckte Radius $r + 5$ cm.

---

161. a)

$$\begin{aligned} &\text{I} \quad a \cdot b = 100 \\ &\text{II} \quad 2a + 2b = 41 \quad |:2 \\ &\text{II} \quad a + b = 20{,}5 \quad |-a \\ &\qquad b = 20{,}5 - a \end{aligned}$$

$$\begin{aligned} \text{II in I} \quad a(20{,}5 - a) &= 100 \\ 20{,}5a - a^2 &= 100 \quad |-100 \\ 20{,}5a - a^2 - 100 &= 0 \quad |\cdot(-1) \\ a^2 - 20{,}5a + 100 &= 0 \end{aligned}$$

$$a_{1/2} = -\frac{-20{,}5}{2} \pm \sqrt{\left(\frac{-20{,}5}{2}\right)^2 - 100}$$

$$a_{1/2} = 10{,}25 \pm \sqrt{105{,}0625 - 100}$$

$$a_{1/2} = 10{,}25 \pm \sqrt{5{,}0625}$$

$$a_{1/2} = 10{,}25 \pm 2{,}25$$

$$a_1 = 10{,}25 + 2{,}25 = 12{,}5$$
$$a_2 = 10{,}25 - 2{,}25 = 8$$

a_1 in II $\quad b_1 = 20{,}5 - 12{,}5$
$\qquad b_1 = 8$
a_2 in II $\quad b_2 = 20{,}5 - 8$
$\qquad b_2 = 12{,}5$

Die Seitenlängen des ursprünglichen Rechtecks betragen $a = 12{,}5$ cm und $b = 8$ cm oder $a = 8$ cm und $b = 12{,}5$ cm.

Löse mithilfe eines Gleichungssystems.
Gleichung I: Flächeninhalt $A = a \cdot b$
Gleichung II: Umfang $u = 2a + 2b$

b) $A' = 2{,}5^2 \cdot 100\text{ cm}^2 = 625\text{ cm}^2$
Der neue Flächeninhalt beträgt 625 cm^2.

Berechne die Bildfläche:
$A' = k^2 \cdot a$

c) Umfang des neuen Rechtecks:
$u' = 2{,}5 \cdot 41\text{ cm} = 102{,}5\text{ cm}$

Zuwachs des Umfangs:
$102{,}5\text{ cm} - 41\text{ cm} = 61{,}5\text{ cm}$

Prozentualer Zuwachs:
$61{,}5\text{ cm} : 41\text{ cm} \cdot 100\,\% = 150\,\%$

oder:

Original: 1
Bild: $2{,}5 \cdot 1 = 2{,}5$
Unterschied: $1{,}5 = 150\,\%$

Der Umfang des Rechtecks wächst um 150 %.

Berechne den Bildumfang:
$u' = k \cdot u$

Berechne den Zuwachs des Umfangs zunächst in cm und dann in Prozent.

Hinweise und Tipps

162. [X] $\frac{|\overline{A''D}|}{|\overline{A'C}|} = \frac{|\overline{AA''}|}{|\overline{AA'}|}$

Dieses Streckenverhältnis lässt sich mit dem 2. Strahlensatz aufstellen.

[ ] $\frac{|\overline{B''D}|}{|\overline{B''A''}|} = \frac{|\overline{ZB''}|}{|\overline{ZA''}|}$

[ ] $\frac{|\overline{CD}|}{|\overline{AC}|} = \frac{|\overline{B'B''}|}{|\overline{AB}|}$

[X] $\frac{|\overline{ZB''}|}{|\overline{ZB'}|} = \frac{|\overline{ZA''}|}{|\overline{ZA'}|}$

Dieses Streckenverhältnis lässt sich mit dem 1. Strahlensatz aufstellen.

---

163. a) $\frac{a}{e} = \frac{b+c}{\boxed{\mathbf{f}}}$

Dieses Streckenverhältnis lässt sich mit dem 2. Strahlensatz aufstellen.

b) $\frac{g}{h} = \frac{\boxed{\mathbf{c}}}{b}$

Dieses Streckenverhältnis lässt sich mit dem 1. Strahlensatz aufstellen.

c) $\frac{i}{g} = \frac{a}{\boxed{\mathbf{g+h}}}$

Dieses Streckenverhältnis lässt sich mit dem 2. Strahlensatz aufstellen.

d) $\frac{d}{f} = \frac{\boxed{\mathbf{g+h}}}{b+c}$

Dieses Streckenverhältnis lässt sich mit dem 1. Strahlensatz aufstellen.

---

164. Länge der Strecke $\overline{DE}$:

$$\frac{|\overline{DE}|}{|\overline{BC}|} = \frac{|\overline{AD}|}{|\overline{AB}|}$$

$$\frac{|\overline{DE}|}{2\text{ m}} = \frac{12\text{ m}}{4\text{ m}} \qquad |\cdot 2\text{ m}$$

$$|\overline{DE}| = \frac{12\text{ m}\cdot 2\text{ m}}{4\text{ m}}$$

$$|\overline{DE}| = 6\text{ m}$$

Die Leiter ist 5,5 m hoch.

Beschrifte die Skizze mit den Maßen:

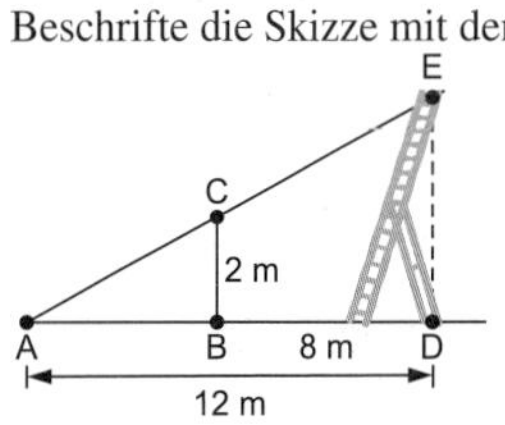

Es gilt:

$|\overline{AB}| = |\overline{AD}| - |\overline{BD}| = 12\text{ m} - 8\text{ m} = 4\text{ m}$

Nutze den 2. Strahlensatz. Forme ihn nach der Länge der Strecke $\overline{DE}$ um.

---

165. a) Länge der Strecke $\overline{ZB'}$:

$$\frac{|\overline{A'B'}|}{|\overline{AB}|} = \frac{|\overline{ZB'}|}{|\overline{ZB}|}$$

$$\frac{7{,}2\text{ m}}{4{,}8\text{ m}} = \frac{|\overline{ZB'}|}{6\text{ m}} \qquad |\cdot 6\text{ m}$$

$$|\overline{ZB'}| = \frac{7{,}2\text{ m}\cdot 6\text{ m}}{4{,}8\text{ m}}$$

$$|\overline{ZB'}| = 9\text{ m}$$

Berechne die Länge von $\overline{ZB'}$ mithilfe des 2. Strahlensatzes.

Länge der Strecke $\overline{BB'}$:

$$|\overline{BB'}| = |\overline{ZB'}| - |\overline{ZB}|$$

$$|\overline{BB'}| = 9\text{ m} - 6\text{ m}$$

$$|\overline{BB'}| = 3\text{ m}$$

Berechne die Länge von $\overline{BB'}$.

Hinweise und Tipps

Länge der Strecke $\overline{AA'}$:

$$\frac{|\overline{AA'}|}{|\overline{ZA}|}=\frac{|\overline{BB'}|}{|\overline{ZB}|}$$

$$\frac{|\overline{AA'}|}{8{,}4\text{ m}}=\frac{3\text{ m}}{6\text{ m}}\quad|\cdot 8{,}4\text{ m}$$

$$|\overline{AA'}|=\frac{3\text{ m}\cdot 8{,}4\text{ m}}{6\text{ m}}$$

$$|\overline{AA'}|=4{,}2\text{ m}$$

Berechne die Länge von $\overline{AA'}$ mithilfe des 1. Strahlensatzes.

b) Länge der Strecke $\overline{ZB'}$:

$$\frac{|\overline{ZA'}|}{|\overline{ZA}|}=\frac{|\overline{ZB'}|}{|\overline{ZB}|}$$

$$\frac{6\text{ cm}}{4\text{ cm}}=\frac{|\overline{ZB'}|}{3{,}6\text{ cm}}\quad|\cdot 3{,}6\text{ cm}$$

$$|\overline{ZB'}|=\frac{6\text{ cm}\cdot 3{,}6\text{ cm}}{4\text{ cm}}$$

$$|\overline{ZB'}|=5{,}4\text{ cm}$$

Berechne die Länge von $\overline{ZB'}$ mithilfe des 1. Strahlensatzes.

Länge der Strecke $\overline{A'B'}$:

$$\frac{|\overline{A'B'}|}{|\overline{AB}|}=\frac{|\overline{ZA'}|}{|\overline{ZA}|}$$

$$\frac{|\overline{A'B'}|}{3\text{ cm}}=\frac{6\text{ cm}}{4\text{ cm}}\quad|\cdot 3\text{ cm}$$

$$|\overline{A'B'}|=\frac{6\text{ cm}\cdot 3\text{ cm}}{4\text{ cm}}$$

$$|\overline{A'B'}|=4{,}5\text{ cm}$$

Berechne die Länge von $\overline{A'B'}$ mithilfe des 2. Strahlensatzes.

166. Da g und h parallel sind, gilt nach dem 1. Strahlensatz:

$$\frac{|\overline{AA'}|}{|\overline{ZA}|}\overset{?}{=}\frac{|\overline{BB'}|}{|\overline{ZB}|}$$

$$\frac{3\text{ cm}}{6\text{ cm}}\overset{?}{=}\frac{6\text{ cm}}{8\text{ cm}}$$

$$\frac{1}{2}\neq\frac{3}{4}$$

Die angegebenen Maße können nicht stimmen.

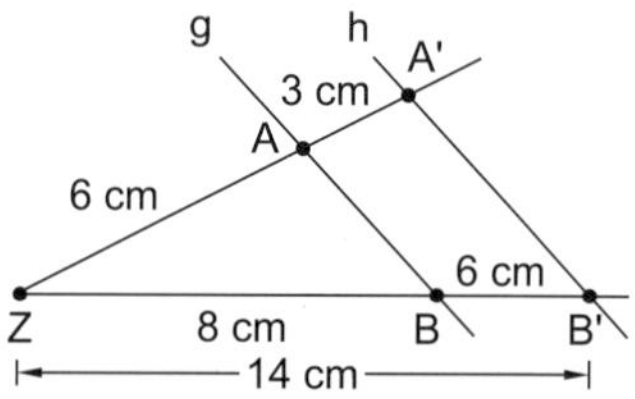

Es gilt:

$|\overline{BB'}|=|\overline{ZB'}|-|\overline{ZB}|=14\text{ m}-8\text{ m}=6\text{ m}$

Prüfe, ob der 1. Strahlensatz erfüllt ist.

167. a) Länge der Strecke x:

$$\frac{x}{30\text{ m}}=\frac{55\text{ m}}{15\text{ m}}\quad|\cdot 30\text{ m}$$

$$x=\frac{55\text{ m}\cdot 30\text{ m}}{15\text{ m}}$$

$$x=110\text{ m}$$

Der See ist 110 m lang.

Berechne die Länge von x mithilfe des 1. Strahlensatzes:

$$\frac{|\overline{AA'}|}{|\overline{ZA}|}=\frac{|\overline{BB'}|}{|\overline{ZB}|}$$

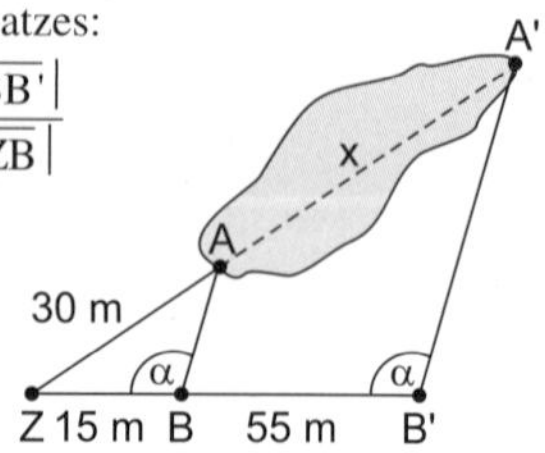

b) Länge der Strecke x:

$$\frac{x+45\text{ m}}{x}=\frac{150\text{ m}}{90\text{ m}} \quad |\cdot x;\ \cdot 90\text{ m}$$

$$90\text{ m}\cdot(x+45\text{ m})=x\cdot 150\text{ m}$$

$$x\cdot 90\text{ m}+4\,050\text{ m}^2=x\cdot 150\text{ m} \quad |-x\cdot 90\text{ m}$$

$$4\,050\text{ m}^2=x\cdot 60\text{ m} \quad |:60\text{ m}$$

$$x=67{,}5\text{ m}$$

Der Fluss ist 67,5 m breit.

Hinweise und Tipps

Berechne die Länge von x mithilfe des 2. Strahlensatzes:

$$\frac{|\overline{ZA'}|}{|\overline{ZA}|}=\frac{|\overline{A'B'}|}{|\overline{AB}|}$$

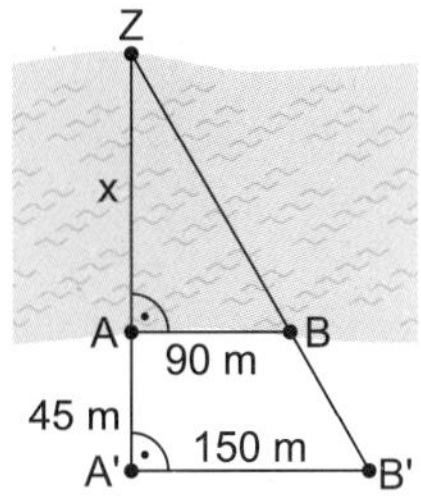

168.

- [ ] $c^2=a^2+b^2$
- [x] $e^2=c^2+d^2$ — Satz des Pythagoras
- [ ] $e^2=d^2\cdot f^2$
- [x] $a^2=b\cdot f$ — Kathetensatz
- [x] $c^2=b\cdot d$ — Höhensatz

169.

- [ ] ABC
- [x] ABD
- [ ] ABE

Der Satz des Pythagoras gilt nur in rechtwinkligen Dreiecken. Der Halbkreis mit M als Mittelpunkt ist der Thaleskreis über $\overline{AB}$. Da nur der Punkt D auf diesem Kreis liegt, ist nur das Dreieck ABD rechtwinklig.

170. Überprüfung, ob der Satz des Pythagoras gilt:

$$b^2 \stackrel{?}{=} a^2+c^2$$

$$(10\text{ cm})^2 \stackrel{?}{=} (8\text{ cm})^2+(6\text{ cm})^2$$

$$100\text{ cm}^2 \stackrel{?}{=} 64\text{ cm}^2+36\text{ cm}^2$$

$$100\text{ cm}^2 = 100\text{ cm}^2$$

Da der Satz des Pythagoras gilt, ist das Dreieck rechtwinklig.

Ein Dreieck ist genau dann rechtwinklig, wenn der Satz des Pythagoras gilt. Überprüfe also, ob der Satz des Pythagoras gilt. Die Hypotenuse ist die längste Seite im Dreieck.

171. Länge der Seite $\overline{AC}$:

$$|\overline{AC}|^2=(5\text{ cm})^2+(4\text{ cm})^2$$

$$|\overline{AC}|^2=41\text{ cm}^2 \quad |\sqrt{\ }$$

$$|\overline{AC}|=6{,}40\ldots\text{ cm}$$

$$|\overline{AC}|\approx 6{,}4\text{ cm}$$

Berechne die Länge der Flächendiagonale $\overline{AC}$ mithilfe des Satzes von Pythagoras im rechtwinkligen Dreieck ABC.

Länge der Seite $\overline{AG}$:

$$|\overline{AG}|^2=(6{,}4\text{ cm})^2+(3\text{ cm})^2$$

$$|\overline{AG}|^2=49{,}96\text{ cm}^2 \quad |\sqrt{\ }$$

$$|\overline{AG}|=7{,}06\ldots\text{ cm}$$

$$|\overline{AG}|\approx 7{,}1\text{ cm}$$

Berechne die Länge der Raumdiagonale $\overline{AG}$ mithilfe des Satzes von Pythagoras im rechtwinkligen Dreieck ACG.

Flächeninhalt des Dreiecks:

$$A=\frac{|\overline{AC}|\cdot|\overline{CG}|}{2}$$

$$A=\frac{6{,}4\text{ cm}\cdot 3\text{ cm}}{2}$$

$$A=9{,}6\text{ cm}^2$$

Das graue Dreieck ist ein rechtwinkliges Dreieck mit $\overline{AC}$ und $\overline{CG}$ als Katheten.

Hinweise und Tipps

Umfang des Dreiecks:
$u = 6{,}4\text{ cm} + 3\text{ cm} + 7{,}1\text{ cm}$
$u = 16{,}5\text{ cm}$

Das graue Dreieck hat einen Flächeninhalt von 9,6 cm^2 und einen Umfang von 16,5 cm.

---

172. Hypotenusenabschnitt p:

$$(91\text{ cm})^2 = (p + 33\text{ cm}) \cdot p$$
$$8\,281\text{ cm}^2 = p^2 + p \cdot 33\text{ cm} \qquad |-8\,281\text{ cm}^2$$
$$p^2 + p \cdot 33\text{ cm} - 8\,281\text{ cm}^2 = 0$$
$$p_{1/2} = -\frac{33\text{ cm}}{2} \pm \sqrt{\left(\frac{33\text{ cm}}{2}\right)^2 - (-8\,281\text{ cm}^2)}$$
$$p_{1/2} = -16{,}5\text{ cm} \pm \sqrt{272{,}25\text{ cm}^2 + 8\,281\text{ cm}^2}$$
$$p_{1/2} = -16{,}5\text{ cm} \pm \sqrt{8\,553{,}25\text{ cm}^2}$$
$$p_{1/2} = -16{,}5\text{ cm} \pm 92{,}48\ldots\text{ cm}$$
$$p = p_1 \approx -16{,}5\text{ cm} + 92{,}5\text{ cm} = 76\text{ cm}$$

($p_2 \approx -16{,}5\text{ cm} - 92{,}5\text{ cm} = -109\text{ cm}$ ist keine sinnvolle Lösung)

Der Hypotenusenabschnitt p ist 76 cm lang.

Berechne p mithilfe des Kathetensatzes:
$a^2 = c \cdot p$ mit $c = (p + 33\text{ cm})$

Hypotenuse c:
$c = 76\text{ cm} + 33\text{ cm}$
$c = 109\text{ cm}$

Die Hypotenuse c ist 109 cm lang.

Es gilt: $c = p + q$

Höhe h:
$h^2 = 76\text{ cm} \cdot 33\text{ cm}$
$h^2 = 2\,508\text{ cm}^2 \qquad |\sqrt{\ }$
$h = 50{,}07\ldots\text{ cm}$
$h \approx 50{,}1\text{ cm}$

Die Höhe ist 50,1 cm lang.

Berechne h mithilfe des Höhensatzes:
$h^2 = p \cdot q$
Du kannst h aber auch mithilfe des Satzes von Pythagoras berechnen:
$h^2 = a^2 - p^2$

Kathete b:
$b^2 = 109\text{ cm} \cdot 33\text{ cm}$
$b^2 = 3\,597\text{ cm}^2 \qquad |\sqrt{\ }$
$b = 59{,}97\ldots\text{ cm}$
$b \approx 60\text{ cm}$

Die Kathete b ist 60 cm lang.

Berechne b mithilfe des Kathetensatzes:
$b^2 = c \cdot q$
Du kannst b aber auch mit dem Satz von Pythagoras berechnen (2 Möglichkeiten):
$b^2 = h^2 + q^2$ oder $b^2 = c^2 - a^2$

---

173. Länge von s:

$$\frac{s}{7\text{ m}} = \frac{4{,}8\text{ m}}{4{,}8\text{ m} + 3{,}6\text{ m}} \qquad |\cdot 7\text{ m}$$
$$s = \frac{4{,}8\text{ m} \cdot 7\text{ m}}{8{,}4\text{ m}}$$
$$s = 4\text{ m}$$

Berechne die Länge von s mithilfe des 2. Strahlensatzes.

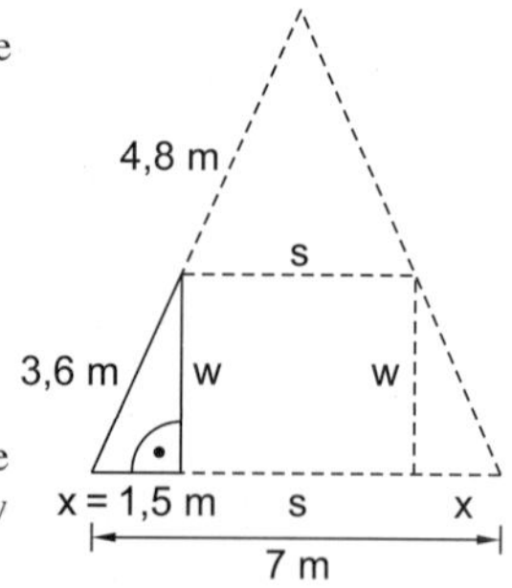

Länge von w:
$w^2 = (3{,}6\text{ m})^2 - (1{,}5\text{ m})^2$
$w^2 = 12{,}96\text{ m}^2 - 2{,}25\text{ m}^2$
$w^2 = 10{,}71\text{ m}^2 \qquad |\sqrt{\ }$
$w = 3{,}272\ldots\text{ m}$
$w \approx 3{,}27\text{ m}$

Berechne die Länge von w mithilfe des Satzes von Pythagoras.
Es gilt:
$x = (7\text{ m} - 4\text{ m}) : 2 = 3\text{ m} : 2 = 1{,}5\text{ m}$

Hinweise und Tipps

174. a) Höhe des Dachs:

$h^2 = (5{,}84\ \text{m})^2 - (4\ \text{m})^2$

$h^2 = 34{,}1056\ \text{m}^2 - 16\ \text{m}^2$

$h^2 = 18{,}1056\ \text{m}^2 \quad |\sqrt{\ }$

$h = 4{,}255\ldots\ \text{m}$

$h \approx 4{,}26\ \text{m}$

Das Dach ist rund 4,26 m hoch.

Berechne die Höhe des Dachs mithilfe des Satzes von Pythagoras.
Es gilt: 2,06 m + 3,78 m = 5,84 m

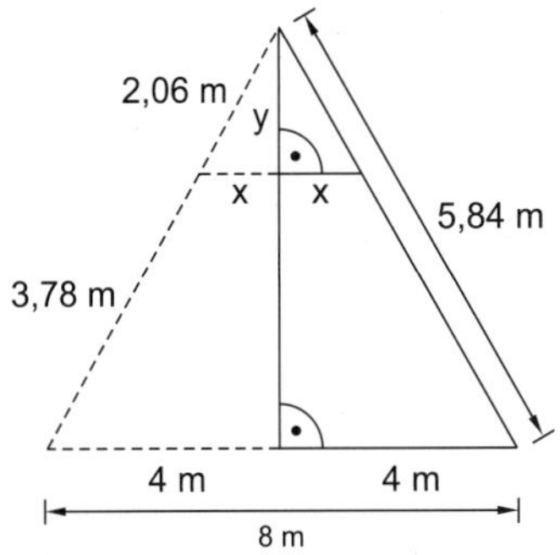

b) Breite der Decke:

$\frac{\text{Decke}}{8\ \text{m}} = \frac{2{,}06\ \text{m}}{5{,}84\ \text{m}} \quad |\cdot 8\ \text{m}$

$\text{Decke} = \frac{2{,}06\ \text{m} \cdot 8\ \text{m}}{5{,}84\ \text{m}}$

$\text{Decke} = 2{,}821\ldots\ \text{m}$

$\text{Decke} \approx 2{,}82\ \text{m}$

Die Decke wird rund 2,82 m breit.

Die Deckenbreite kannst du mithilfe des 2. Strahlensatzes berechnen.

c) Höhe der Abtrennung:

$y^2 = (2{,}06\ \text{m})^2 - (1{,}41\ \text{m})^2$

$y^2 = 2{,}2555\ \text{m}^2 \quad |\sqrt{\ }$

$y = 1{,}501\ldots\ \text{m}$

$y \approx 1{,}50\ \text{m}$

Berechne zunächst die Höhe y der Abtrennung mithilfe des Satzes von Pythagoras.
Es gilt: $x = 2{,}82\ \text{m} : 2 = 1{,}41\ \text{m}$

Höhe des Ateliers:

$\text{Höhe} = 4{,}26\ \text{m} - 1{,}50\ \text{m} = 2{,}76\ \text{m}$

Das Atelier ist 2,76 m hoch.

Um die Höhe des Ateliers zu erhalten, musst du die Höhe der Abtrennung von der Höhe des Dachs abziehen: $\text{Höhe} = h - y$

d) Flächeninhalt des Ateliers:

$A = 8\ \text{m} \cdot 12{,}5\ \text{m} = 100\ \text{m}^2$

Das Atelier hat eine Fläche von $100\ \text{m}^2$.

Die Wohnfläche des Ateliers ist ein Rechteck mit a = 8 m und b = 12,5 m.

e) Rauminhalt des Ateliers:

$V = \frac{8\ \text{m} + 2{,}82\ \text{m}}{2} \cdot 2{,}76\ \text{m} \cdot 12{,}5\ \text{m}$

$V \approx 186{,}65\ \text{m}^3$

Das Atelier hat ein Volumen von $186{,}65\ \text{m}^3$.

Das Atelier ist ein Prisma mit einem Trapez als Grundfläche:

$V = A_G \cdot h_k$

$V = \frac{a+c}{2} \cdot h_T \cdot h_k$

---

175. a) Höhe h des Dreiecks:

$h^2 = 28{,}8\ \text{m} \cdot 7{,}2\ \text{m}$

$h^2 = 207{,}36\ \text{m}^2 \quad |\sqrt{\ }$

$h = 14{,}4\ \text{m}$

Berechne die Höhe des Dreiecks mithilfe des Höhensatzes:
$h^2 = p \cdot q$

Länge a des längeren (linken) Seils:

$a^2 = (28{,}8\ \text{m})^2 + (14{,}4\ \text{m})^2$

$a^2 = 1\,036{,}8\ \text{m}^2 \quad |\sqrt{\ }$

$a = 32{,}199\ldots\ \text{m}$

$a \approx 32{,}2\ \text{m}$

Berechne die Länge der Seile jeweils mithilfe des Satzes von Pythagoras.

Länge b des kürzeren (rechten) Seils:

$b^2 = (14{,}4\ \text{m})^2 + (7{,}2\ \text{m})^2$

$b^2 = 259{,}2\ \text{m}^2 \quad |\sqrt{\ }$

$b = 16{,}099\ldots\ \text{m}$

$b \approx 16{,}1\ \text{m}$

Die Seile sind 32,2 m und 16,1 m lang.

Hinweise und Tipps

b) Höhe des Masts:

$\frac{2}{3} \mathrel{\hat{=}} 14{,}4 \text{ m}$

$\frac{1}{3} \mathrel{\hat{=}} \frac{14{,}4 \text{ m}}{2} = 7{,}2 \text{ m}$

$\frac{3}{3} \mathrel{\hat{=}} 7{,}2 \text{ m} \cdot 3 = 21{,}6 \text{ m}$

Der Mast ist 21,6 m hoch.

Die Höhe des Dreiecks entspricht zwei Dritteln der Masthöhe.

---

176. Länge der Strecke $\overline{DS}$:

$|\overline{DS}|^2 = |\overline{AD}|^2 - |\overline{AS}|^2$

$|\overline{DS}|^2 = (15 \text{ dm})^2 - (9 \text{ dm})^2$

$|\overline{DS}|^2 = 144 \text{ dm}^2 \quad |\sqrt{\ }$

$|\overline{DS}| = 12 \text{ dm}$

Berechne die Länge der Strecke $\overline{DS}$ mithilfe des Satzes von Pythagoras.

Länge der Strecke $\overline{CS}$:

$|\overline{DS}|^2 = |\overline{AS}| \cdot |\overline{CS}|$

$144 \text{ dm}^2 = 9 \text{ dm} \cdot |\overline{CS}| \quad |:9$

$|\overline{CS}| = 16 \text{ dm}$

Berechne die Länge der Strecke $\overline{CS}$ mithilfe des Höhensatzes.

Länge der Strecke $\overline{CD}$:

$|\overline{CD}|^2 = (25 \text{ dm})^2 - (15 \text{ dm})^2$

$|\overline{CD}|^2 = 400 \text{ dm}^2 \quad |\sqrt{\ }$

$|\overline{CD}| = 20 \text{ dm}$

Berechne die Länge der Strecke $\overline{CD}$ mithilfe des Satzes von Pythagoras.
$|\overline{AC}| = 9 \text{ dm} + 16 \text{ dm} = 25 \text{ dm}$

Umfang des Drachens:

$u = 2 \cdot 15 \text{ dm} + 2 \cdot 20 \text{ dm}$

$u = 70 \text{ dm}$

Umfang des Drachens: $u = 2 \cdot a + 2 \cdot b$
mit $a = |\overline{AD}| = 15 \text{ dm}$
und $b = |\overline{CD}| = 20 \text{ dm}$

Flächeninhalt des Drachens:

$A = \frac{25 \text{ dm} \cdot 24 \text{ dm}}{2}$

$A = 300 \text{ dm}^2$

Der Umfang ist 70 dm und der Flächeninhalt beträgt 300 dm^2.

Flächeninhalt des Drachens: $A = \frac{e \cdot f}{2}$
mit $e = |\overline{AC}| = 25 \text{ dm}$
und $f = 2 \cdot |\overline{DS}| = 2 \cdot 12 \text{ dm} = 24 \text{ dm}$

---

177. Länge der Strecke $\overline{CD}$:

$|\overline{BC}| = 2 \cdot |\overline{CD}|$

$\Rightarrow \quad |\overline{BD}| = |\overline{BC}| + |\overline{CD}| = 2 \cdot |\overline{CD}| + |\overline{CD}| = 3 \cdot |\overline{CD}|$

$|\overline{AD}|^2 = |\overline{BD}| \cdot |\overline{CD}|$

$(4 \text{ m})^2 = 3 \cdot |\overline{CD}| \cdot |\overline{CD}|$

$16 \text{ m}^2 = 3 \cdot |\overline{CD}|^2 \quad |:3$

$|\overline{CD}|^2 = \frac{16 \text{ m}^2}{3} \quad |\sqrt{\ }$

$|\overline{CD}| = 2{,}309\ldots \text{ m}$

$|\overline{CD}| \approx 2{,}31 \text{ m}$

Stelle zunächst den Hypotenusenabschnitt $\overline{BC}$ und die Strecke $\overline{BD}$ in Abhängigkeit von $\overline{CD}$ dar:
Der Abstand der Punkte C und D ist $|\overline{CD}|$.
Die Entfernung der Punkte B und C beträgt dann $2 \cdot |\overline{CD}|$.
Die Länge der Hypotenuse (Abstand der Punkte B und D) beträgt somit $3 \cdot |\overline{CD}|$.

Wende den Kathetensatz an.

Länge der Strecke $\overline{BC}$:

$|\overline{BC}| = 2 \cdot |\overline{CD}| = 2 \cdot 2{,}31 \text{ m} = 4{,}62 \text{ m}$

Länge der Strecke $\overline{BD}$:

$|\overline{BD}| = 3 \cdot |\overline{CD}| = 3 \cdot 2{,}31 \text{ m} = 6{,}93 \text{ m}$

Hinweise und Tipps

Länge der Strecke $\overline{AC}$:

$|\overline{AC}|^2 = |\overline{BC}| \cdot |\overline{CD}|$

$|\overline{AC}|^2 = 4{,}62 \text{ m} \cdot 2{,}31 \text{ m}$

$|\overline{AC}|^2 = 10{,}67722 \text{ m}^2 \quad |\sqrt{\ }$

$|\overline{AC}| = 3{,}266\ldots \text{ m}$

$|\overline{AC}| \approx 3{,}27 \text{ m}$

Berechne die Länge der Strecke $\overline{AC}$ mithilfe des Höhensatzes.

Länge der Strecke $\overline{AB}$:

$|\overline{AB}|^2 = |\overline{BD}| \cdot |\overline{BC}|$

$|\overline{AB}|^2 = 6{,}91 \text{ m} \cdot 4{,}62 \text{ m}$

$|\overline{AB}|^2 = 31{,}9242 \text{ m}^2 \quad |\sqrt{\ }$

$|\overline{AB}| = 5{,}650\ldots \text{ m}$

$|\overline{AB}| \approx 5{,}65 \text{ m}$

Berechne die Länge der Strecke $\overline{AB}$ mithilfe des Kathetensatzes.
Du kannst aber auch mit dem Satz von Pythagoras rechnen.
Rundungsbedingt können die Ergebnisse bei anderen Lösungswegen von der Musterlösung abweichen.

178. Höhe des Bilddreiecks:

$h'^2 = 4{,}5 \text{ cm} \cdot 10{,}5 \text{ cm}$

$h'^2 = 47{,}25 \text{ cm}^2 \quad |\sqrt{\ }$

$h' = 6{,}873\ldots \text{ cm}$

$h' \approx 6{,}87 \text{ cm}$

Berechne die Höhe h' des Bilddreiecks mithilfe des Höhensatzes.

Flächeninhalt des Bilddreiecks:

$$A' = \frac{g' \cdot h'}{2}$$

$$A' = \frac{15 \text{ cm} \cdot 6{,}87 \text{ cm}}{2}$$

$A' = 51{,}525 \text{ cm}^2$

Berechne den Flächeninhalt A' des Bilddreiecks mit $g' = 4{,}5 \text{ cm} + 10{,}5 \text{ cm} = 15 \text{ cm}$.

Flächeninhalt des ursprünglichen Dreiecks:

$k^2 \cdot A = A'$

$2{,}25 \cdot A = 51{,}525 \text{ cm}^2 \quad |:2{,}25$

$A = 22{,}9 \text{ cm}^2$

Das ursprüngliche Dreieck hat einen Flächeninhalt von $22{,}9 \text{ cm}^2$.

Berechne mithilfe des Streckungsfaktors $k^2 = 2{,}25$ den Flächeninhalt des ursprünglichen Dreiecks.

Seitenlängen des Bilddreiecks:

$a'^2 = h'^2 + p'^2$

$a'^2 = (6{,}87 \text{ cm})^2 + (10{,}5 \text{ cm})^2$

$a'^2 = 157{,}4469 \text{ cm}^2 \quad |\sqrt{\ }$

$a' = 12{,}547\ldots \text{ cm}$

$a' \approx 12{,}55 \text{ cm}$

$b'^2 = h'^2 + q'^2$

$b'^2 = (6{,}87 \text{ cm})^2 + (4{,}5 \text{ cm})^2$

$b'^2 = 67{,}4469 \text{ cm}^2 \quad |\sqrt{\ }$

$b' = 8{,}212\ldots \text{ cm}$

$b' \approx 8{,}21 \text{ cm}$

$c' = g' = 15 \text{ cm}$

Zur Berechnung des Umfangs u gibt es mehrere Möglichkeiten.
Hier wird zunächst der Umfang des Bilddreiecks berechnet.
Berechne jeweils mithilfe des Satzes von Pythagoras die Bildstrecken $|\overline{AC}| = b'$ und $|\overline{BC}| = a'$.

Umfang des Bilddreiecks:

$u' = a' + b' + c'$

$u' = 12{,}55 \text{ cm} + 8{,}21 \text{ cm} + 15 \text{ cm}$

$u' = 35{,}76 \text{ cm}$

Hinweise und Tipps

Umfang des ursprünglichen Dreiecks:

$$k \cdot u = u'$$
$$1{,}5 \cdot u = 35{,}76\ \text{cm} \qquad |:1{,}5$$
$$u = 23{,}84\ \text{cm}$$

Das ursprüngliche Dreieck hat einen Umfang von 23,84 cm.

Berechne den Umfang des ursprünglichen Dreiecks mithilfe des Streckungsfaktors $k = \sqrt{2{,}25} = 1{,}5$.

179.

☐ $\sin\alpha = \frac{8\ \text{cm}}{10\ \text{cm}}$

☒ $\cos\gamma = \frac{6\ \text{cm}}{10\ \text{cm}}$

☐ $\tan\alpha = \frac{8\ \text{cm}}{6\ \text{cm}}$

☒ $\sin\gamma = \frac{8\ \text{cm}}{10\ \text{cm}}$ ☐ $\cos\alpha = \frac{6\ \text{cm}}{10\ \text{cm}}$ ☒ $\tan\alpha = \frac{6\ \text{cm}}{8\ \text{cm}}$

$\sin\alpha = \frac{\text{Gegenkathete}}{\text{Hypotenuse}}$

$\cos\alpha = \frac{\text{Ankathete}}{\text{Hypotenuse}}$

$\tan\alpha = \frac{\text{Gegenkathete}}{\text{Ankathete}}$

Im Dreieck ist die Hypotenuse 10 cm lang. Die Ankathete von α ist 8 cm lang, die Gegenkathete von α ist 6 cm lang. Die Ankathete von γ ist 6 cm lang, die Gegenkathete von γ ist 8 cm lang.

---

180. a) $\cos\beta = \frac{\boxed{\mathbf{c}}}{\boxed{\mathbf{a}}}$

b) $\boxed{\mathbf{sin}}\ \gamma = \frac{c}{a}$

c) $\tan\gamma = \frac{\boxed{\mathbf{c}}}{\boxed{\mathbf{b}}}$

d) $\boxed{\mathbf{tan}}\ \beta = \frac{b}{c}$

---

181. a) Länge der Seite c:

$$c^2 = b^2 - a^2$$
$$c^2 = (6{,}6\ \text{cm})^2 - (4{,}2\ \text{cm})^2$$
$$c^2 = 25{,}92\ \text{cm}^2 \qquad |\sqrt{}$$
$$c = 5{,}091\ldots\ \text{cm}$$
$$c \approx 5{,}09\ \text{cm}$$

Berechne die Länge von c mithilfe des Satzes von Pythagoras.

Winkel α:

$$\sin\alpha = \frac{a}{b}$$
$$\sin\alpha = \frac{4{,}2\ \text{cm}}{6{,}6\ \text{cm}}$$
$$\alpha = 39{,}52\ldots^\circ$$
$$\alpha \approx 39{,}5^\circ$$

Die Seite b ist die Hypotenuse, die Seite a die Gegenkathete von α.
⇒ Sinus

Winkel γ:

$$\cos\gamma = \frac{a}{b}$$
$$\cos\gamma = \frac{4{,}2\ \text{cm}}{6{,}6\ \text{cm}}$$
$$\gamma = 50{,}47\ldots^\circ$$
$$\gamma \approx 50{,}5^\circ$$

Die Seite a ist die Ankathete von γ. Die Seite b ist die Hypotenuse.
⇒ Kosinus

Hinweise und Tipps

b) Winkel γ:

$\gamma + 90° + 52° = 180° \quad |-90°; -52°$

$\gamma = 38°$

Die Winkelsumme im Dreieck beträgt 180°.

Länge der Seite b:

$\frac{b}{a} = \sin 52°$

$\frac{b}{3{,}9\text{ cm}} = \sin 52° \quad |\cdot 3{,}9\text{ cm}$

$b = 3{,}9\text{ cm} \cdot \sin 52°$

$b = 3{,}07\ldots\text{ cm}$

$b \approx 3{,}1\text{ cm}$

Die Kathete b ist Gegenkathete des Winkels mit der Größe 52°.
Die Seite a ist die Hypotenuse.
$\Rightarrow$ Sinus

Länge der Seite c:

$c^2 = a^2 - b^2$

$c^2 = (3{,}9\text{ cm})^2 - (3{,}1\text{ cm})^2$

$c^2 = 5{,}6\text{ cm}^2 \quad |\sqrt{\ }$

$c = 2{,}36\ldots\text{ cm}$

$c \approx 2{,}4\text{ cm}$

Die Länge der Kathete c kann mithilfe des Satzes von Pythagoras berechnet werden. Du kannst c aber auch mit dem Sinus oder mit dem Kosinus berechnen:
$c = a \cdot \sin 38°$
$c = a \cdot \cos 52°$

---

182. a) Länge des Seils:

$\sin 40° = \frac{50\text{ m}}{x} \quad |\cdot x;\ :\sin 40°$

$x = \frac{50\text{ m}}{\sin 40°}$

$x = 77{,}78\ldots\text{ m}$

$x \approx 77{,}8\text{ m}$

Das Seil muss mindestens 77,8 m lang sein.

Fertige eine Skizze an und trage die bekannten Größen ein:

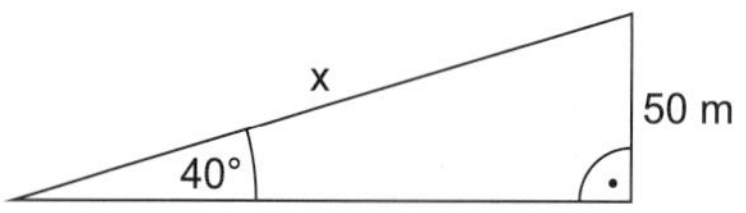

Länge des Seils: x (Hypotenuse)
Höhe des Turms: h = 50 m (Gegenkathete)

b) Neuer Steigungswinkel:

$\sin\alpha = \frac{50\text{ m}}{100\text{ m}} = 0{,}5 \quad \Rightarrow \quad \alpha = 30°$

Der Steigungswinkel würde 30° betragen.

Länge der Hypotenuse: 100 m
Die Höhe des Turms bleibt unverändert.

---

183. I $\frac{h}{x} = \tan 48° \quad |\cdot x$

II $\frac{h}{(15\text{ km} - x)} = \tan 42° \quad |\cdot(15\text{ km} - x)$

I $h = x \cdot \tan 48°$

II $h = (15\text{ km} - x) \cdot \tan 42°$

I = II

$x \cdot \tan 48° = (15\text{ km} - x) \cdot \tan 42°$

$x \cdot \tan 48° = 15\text{ km} \cdot \tan 42° - x \cdot \tan 42° \quad |+x \cdot \tan 42°$

$x \cdot \tan 48° + x \cdot \tan 42° = 15\text{ km} \cdot \tan 42°$

$2{,}01x \approx 13{,}51\text{ km} \quad |:2{,}01$

$x = 6{,}721\ldots\text{ km}$

$x \approx 6{,}72\text{ km}$

Entfernung von A: 6,72 km
Entfernung von B: 15 km − 6,72 km = 8,28 km

Zeichne eine Skizze und trage die bekannten Größen ein:

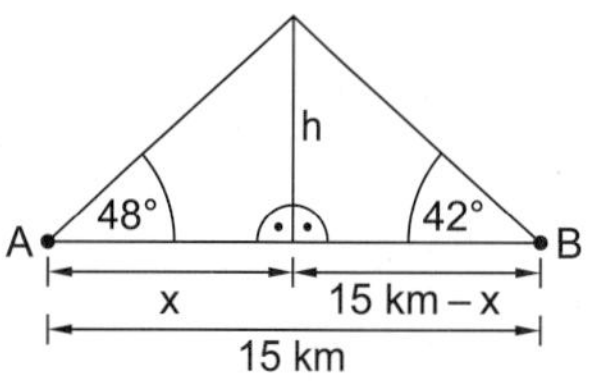

h ist in beiden Dreiecken Gegenkathete zu den gegebenen Winkeln.
Berechne die Variablen h und x mithilfe eines Gleichungssystems.

184. Radius r:

$$\frac{r}{h_1} = \tan 31{,}5°$$

$$\frac{r}{12\text{ dm}} = \tan 31{,}5° \qquad |\cdot 12\text{ dm}$$

$$r = 7{,}353\ldots\text{ dm}$$

$$r \approx 7{,}35\text{ dm}$$

Seitenlinie des linken Kegels:

$$\cos 31{,}5° = \frac{h_1}{s_1}$$

$$\cos 31{,}5° = \frac{12\text{ dm}}{s_1} \qquad |\cdot s_1;\ :\cos 31{,}5°$$

$$s_1 = 14{,}073\ldots\text{ dm}$$

$$s_1 \approx 14{,}07\text{ dm}$$

Seitenlinie des rechten Kegels:

$$\sin 17{,}5° = \frac{r}{s_2}$$

$$\sin 17{,}5° = \frac{7{,}35\text{ dm}}{s_2} \qquad |\cdot s_2;\ :\sin 17{,}5°$$

$$s_2 = 24{,}442\ldots\text{ dm}$$

$$s_2 \approx 24{,}44\text{ dm}$$

Höhe des rechten Kegels:

$$\tan 17{,}5° = \frac{r}{h_2}$$

$$\tan 17{,}5° = \frac{7{,}35\text{ dm}}{h_2} \qquad |\cdot h_2;\ :\tan 17{,}5°$$

$$h_2 = 23{,}311\ldots\text{ dm}$$

$$h_2 \approx 23{,}31\text{ dm}$$

Volumen des Doppelkegels:

$$V_1 = \frac{1}{3}\cdot(7{,}35\text{ dm})^2\cdot 3{,}14\cdot 12\text{ dm} \approx 678{,}523\text{ dm}^3$$

$$V_2 = \frac{1}{3}\cdot(7{,}35\text{ dm})^2\cdot 3{,}14\cdot 23{,}31\text{ dm} \approx 1\,318{,}030\text{ dm}^3$$

$$V = V_1 + V_2$$

$$V = 678{,}523\text{ dm}^3 + 1\,318{,}030\text{ dm}^3$$

$$V = 1\,996{,}553\text{ dm}^3$$

Mantelflächen der Kegel:

$$M_1 = 7{,}35\text{ dm}\cdot 3{,}14\cdot 14{,}07\text{ dm} \approx 324{,}722\text{ dm}^2$$

$$M_2 = 7{,}35\text{ dm}\cdot 3{,}14\cdot 24{,}44\text{ dm} \approx 564{,}051\text{ dm}^2$$

Oberfläche des Doppelkegels:

$$O = M_1 + M_2$$

$$O = 324{,}722\text{ dm}^2 + 564{,}051\text{ dm}^2$$

$$O = 888{,}773\text{ dm}^2$$

Der Doppelkegel hat ein Volumen von 1 996,553 dm^3 und eine Oberfläche von 888,773 dm^2.

Hinweise und Tipps

Zeichne einen Querschnitt des Doppelkegels und trage alle bekannten Maße ein:

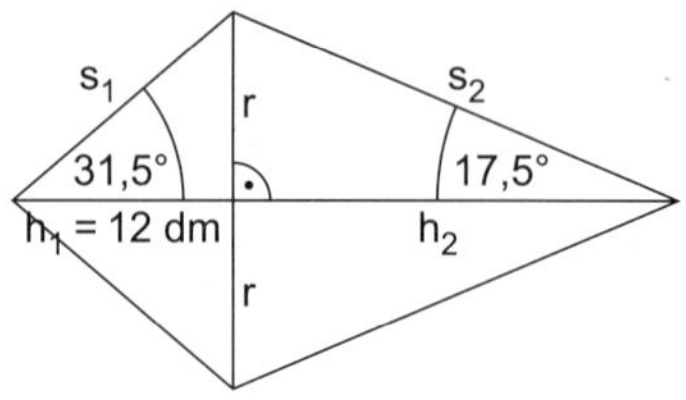

Berechne r mit dem Tangens.
Berechne s_1 mit dem Kosinus.

Berechne s_2 mit dem Sinus.

Berechne h_2 mit dem Tangens.

Das Volumen des Doppelkegels setzt sich aus dem Volumen V_1 des linken Kegels und dem Volumen V_2 des rechten Kegels zusammen. Berechne die Kegelvolumina mit folgender Formel:

$V = \frac{1}{3}r^2\cdot\pi\cdot h$

Rechne mit $\pi = 3{,}14$.

Die Oberfläche des Doppelkegels setzt sich aus den Mantelflächen der beiden Kegel zusammen.
Berechne die Mantelflächen mit folgender Formel:

$M = r\cdot\pi\cdot s$

Rechne mit $\pi = 3{,}14$.

185. a) Bestimmungsdreieck:

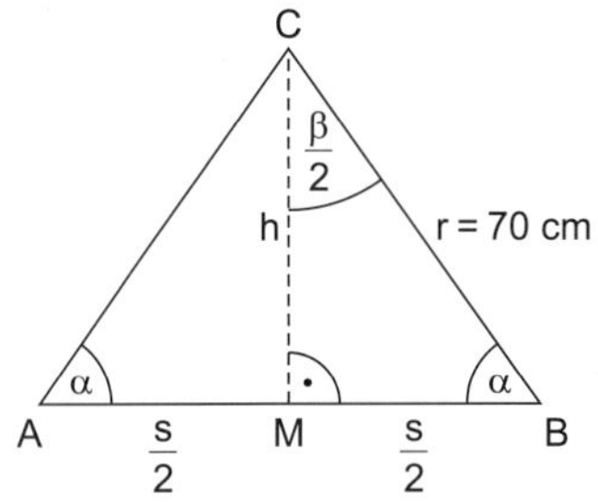

b) Mittelpunktswinkel β:

$\beta = 360° : 5 = 72°$

$\Rightarrow \quad \frac{\beta}{2} = 72° : 2 = 36°$

Basiswinkel α:

$\alpha = 180° - 90° - 36° = 54°$

Seitenlänge s:

$\frac{\frac{s}{2}}{70\text{ cm}} = \cos 54° \quad | \cdot 70\text{ cm}$

$\frac{s}{2} = 70\text{ cm} \cdot \cos 54° \quad | \cdot 2$

$s = 140\text{ cm} \cdot \cos 54°$

$s = 82{,}289\ldots\text{ cm}$

$s \approx 82{,}29\text{ cm}$

c) Höhe des Bestimmungsdreiecks:

$\frac{h}{70\text{ cm}} = \sin 54° \quad | \cdot 70\text{ cm}$

$h = 70\text{ cm} \cdot \sin 54°$

$h = 56{,}631\ldots\text{ cm}$

$h \approx 56{,}63\text{ cm}$

Volumen einer Säule:

$V = 5 \cdot \frac{82{,}28\text{ cm} \cdot 56{,}63\text{ cm}}{2} \cdot 60\text{ cm}$

$V = 698\,927{,}46\text{ cm}^3$

$V \approx 0{,}699\text{ m}^3$

Gewicht einer Säule:

$m = 0{,}699\text{ m}^3 \cdot 2{,}8\frac{\text{t}}{\text{m}^3} \approx 1{,}96\text{ t}$

Anzahl der Säulen:

$6\text{ t} : 1{,}96\text{ t} = 3{,}06\ldots$

Der Lkw darf drei Säulen laden.

Hinweise und Tipps

Das Bestimmungsdreieck eines regelmäßigen Fünfecks ist ein gleichschenkliges Dreieck.

Im rechtwinkligen Dreieck MBC sind die Länge der Hypotenuse und die Größe der anliegenden Winkel bekannt. Wende zur Berechnung von $\frac{s}{2}$ die Winkelsätze an.

Du hast mehrere Möglichkeiten.
Hier wird der Kosinus verwendet.

Berechne die Höhe des Bestimmungsdreiecks.
Hier wird mit dem Sinus gerechnet. Du kannst aber auch den Kosinus, den Tangens oder den Satz von Pythagoras anwenden.

Berechne das Volumen einer Säule mit der Volumenformel für gerade Prismen:
$V = G \cdot h_K$
Die Grundfläche der Säule besteht aus fünf Bestimmungsdreiecken:
$G = 5 \cdot \frac{s \cdot h}{2}$

Wandle cm^3 in m^3 um und berechne die Masse einer Säule in t:
Masse = Volumen · Dichte

Berechne die Anzahl der Säulen.

Hinweise und Tipps

186. I $\frac{h}{x} = \tan 74° \quad |\cdot x$

II $\frac{h}{(24\text{ km} - x)} = \tan 55° \quad |\cdot (24\text{ km} - x)$

I $h = x \cdot \tan 74°$

II $h = (24\text{ km} - x) \cdot \tan 55°$

$$\begin{aligned} \text{I} = \text{II} \qquad x \cdot \tan 74° &= (24\text{ km} - x) \cdot \tan 55° \\ x \cdot \tan 74° &= 24\text{ km} \cdot \tan 55° - x \cdot \tan 55° \quad |+x \cdot \tan 55° \\ x \cdot \tan 74° + x \cdot \tan 55° &= 24\text{ km} \cdot \tan 55° \\ 4{,}9156x &\approx 34{,}2756\text{ km} \quad |:4{,}9156 \\ x &\approx 6{,}973\text{ km} \end{aligned}$$

x in I $h = 6{,}973\text{ km} \cdot \tan 74°$

$h \approx 24{,}318\text{ km}$

Entfernung vom linken Leuchtturm:

$\cos 74° = \frac{x}{b}$

$\cos 74° = \frac{6{,}973\text{ km}}{b} \quad |\cdot b; :\cos 74°$

$b = 25{,}2977\ldots\text{ km}$

$b \approx 25{,}298\text{ km}$

Entfernung vom rechten Leuchtturm:

$\cos 55° = \frac{24\text{ km} - x}{a}$

$\cos 55° = \frac{24\text{ km} - 6{,}973\text{ km}}{a} \quad |\cdot a; :\cos 55°$

$a = 29{,}6856\ldots\text{ km}$

$a \approx 29{,}686\text{ km}$

Das Schiff ist 25,298 km vom linken und 29,686 km vom rechten Leuchtturm entfernt.

Zeichne eine Skizze und trage die bekannten Größen ein:

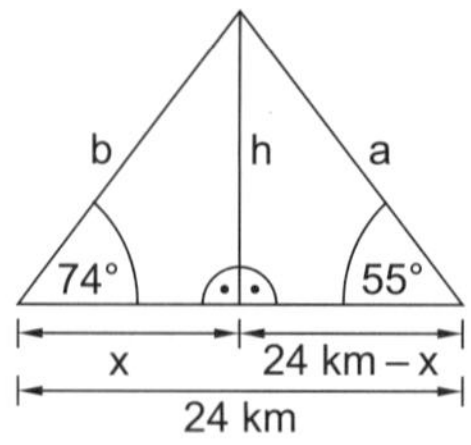

Berechne die Variablen h und x mithilfe eines Gleichungssystems.

Setze die Lösung für x in die umgeformte Gleichung I ein und berechne h.

Berechne die Entfernungen a und b der beiden Leuchttürme vom Schiff mithilfe der Winkelsätze.
Es gibt mehrere Möglichkeiten zur Berechnung.
Hier wird der Kosinus verwendet.

---

187. a) Länge der Strecke $\overline{SD}$:

$|\overline{SD}|^2 = (3\text{ cm})^2 + (5\text{ cm})^2$

$|\overline{SD}|^2 = 34\text{ cm}^2 \quad |\sqrt{\ }$

$|\overline{SD}| = 5{,}830\ldots\text{ cm}$

$|\overline{SD}| \approx 5{,}83\text{ cm}$

oder:

$S(7\,|\,11);\ D(4\,|\,6)$

$|\overline{SD}|^2 = (6-11)^2 + (4-7)^2$

$|\overline{SD}|^2 = 25 + 9$

$|\overline{SD}|^2 = 34 \quad |\sqrt{\ }$

$|\overline{SD}| = 5{,}830\ldots \approx 5{,}83\text{ (cm)}$

b) Flächeninhalt des Dreiecks DCS:

$A_{DCS} = \frac{5{,}5\text{ cm} \cdot 5\text{ cm}}{2}$

$A_{DCS} = 13{,}75\text{ cm}^2$

Lies die Längen aus der Zeichnung ab und berechne die Länge der Strecke mithilfe des Satzes von Pythagoras.

Berechne die Länge der Strecke $\overline{SD}$ mithilfe der Abstandsformel:
$|\overline{SD}|^2 = (y_D - y_S)^2 + (x_D - x_S)^2$

Flächeninhalt eines Dreiecks: $A = \frac{g \cdot h}{2}$

Entnimm die Maße aus der Zeichnung:
$g = 5{,}5\text{ cm};\ h = 5\text{ cm}$

Hinweise und Tipps

c) Doppelter Flächeninhalt des Dreiecks DCS:

$2 \cdot A_{DCS} = 2 \cdot 13{,}75\ \text{cm}^2 = 27{,}5\ \text{cm}^2$

Flächeninhalt des Dreiecks ABS:

$A_{ABS} = \dfrac{11\ \text{cm} \cdot 10\ \text{cm}}{2}$

$A_{ABS} = 55\ \text{cm}^2$

Es gilt:

$2 \cdot A_{DCS} = 27{,}5\ \text{cm}^2 \neq 55\ \text{cm}^2 = A_{ABS}$

Nein, der Flächeninhalt vervierfacht sich.

Flächeninhalt eines Dreiecks: $A = \dfrac{g \cdot h}{2}$
Entnimm die Maße aus der Zeichnung:
$g = 11$ cm; $h = 10$ cm

d) Winkel α (bei D und bei A):

$\tan\alpha = \dfrac{5\ \text{cm}}{3\ \text{cm}}$

$\tan\alpha = \dfrac{5}{3} \qquad |\tan^{-1}$

$\alpha = 59{,}036\ldots°$

$\alpha \approx 59°$

Winkel β (bei C und bei B):

$\tan\beta = \dfrac{5\ \text{cm}}{2{,}5\ \text{cm}}$

$\tan\beta = 2 \qquad |\tan^{-1}$

$\beta = 63{,}434\ldots°$

$\beta \approx 63°$

Winkel γ (bei S):

$\gamma = 180° - \alpha - \beta$

$\gamma = 180° - 59° - 63°$

$\gamma = 58°$

Berechne die Winkel α und β mit dem Tangens.

Die Winkelsumme im Dreieck beträgt 180°.

188. a) Grafische Darstellung:

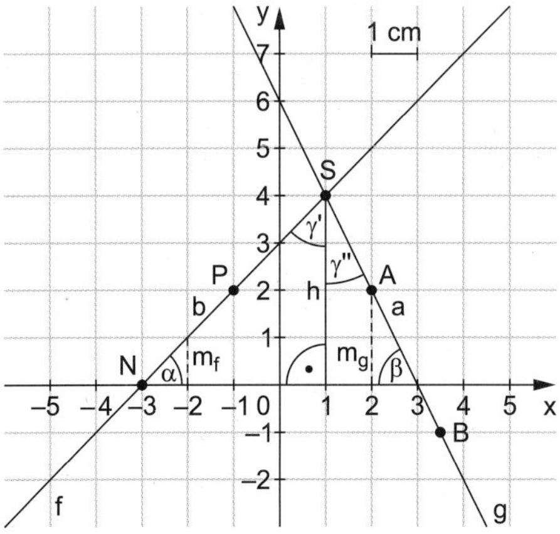

Schnittpunkt der Geraden:
S(1 | 4)

Vorgehen:
Lege ein Koordinatensystem mit der Einheit 1 cm an.
Platzbedarf:
x-Achse: –5 bis +5
y-Achse: –2 bis +7
Trage alle Punkte in das Koordinatensystem ein und zeichne die Geraden f und g.
Gib die Koordinaten des Schnittpunktes der Geraden f und g an.

b) Winkel der Geraden f mit der x-Achse:

$m_f = 1 \;\Rightarrow\; \tan\alpha = 1 \quad |\tan^{-1}$

$\alpha = 45°$

Winkel der Geraden g mit der x-Achse:

$m_g = -2;\ |m_g| = 2 \;\Rightarrow\; \tan\beta = 2 \quad |\tan^{-1}$

$\beta \approx 63{,}4°$

c) Flächeninhalt des Dreiecks:

$$A = \frac{6\text{ cm} \cdot 4\text{ cm}}{2}$$

$A = 12\text{ cm}^2$

Seitenlängen des Dreiecks:

$a^2 = (4\text{ cm})^2 + (2\text{ cm})^2$

$a^2 = 20\text{ cm}^2 \quad |\sqrt{\ }$

$a = 4{,}472\ldots\text{ cm}$

$a \approx 4{,}47\text{ cm}$

$b^2 = (4\text{ cm})^2 + (4\text{ cm})^2$

$b^2 = 32\text{ cm}^2 \quad |\sqrt{\ }$

$b = 5{,}656\ldots\text{ cm}$

$b \approx 5{,}66\text{ cm}$

Umfang des Dreiecks:

$u = 4{,}47\text{ cm} + 5{,}66\text{ cm} + 6\text{ cm}$

$u = 16{,}13\text{ cm}$

Das Dreieck hat einen Flächeninhalt von 12 cm^2 und einen Umfang von 16,13 cm.

d) $\tan\gamma' = \dfrac{4\text{ cm}}{4\text{ cm}} = 1 \quad |\tan^{-1}$

$\gamma' = 45°$

$\tan\gamma'' = \dfrac{2\text{ cm}}{4\text{ cm}} = 0{,}5 \quad |\tan^{-1}$

$\gamma'' \approx 26{,}57°$

Hinweise und Tipps

Der Betrag der Steigung m einer Geraden entspricht dem Tangens des Winkels, den die Gerade und die x-Achse bilden (siehe Skizze).

Lies die Länge der Grundseite g und die Länge der Höhe h aus dem Koordinatensystem ab:
g = 6 cm; h = 4 cm

Die Höhe h teilt das Dreieck in zwei rechtwinklige Dreiecke.
Berechne mithilfe des Satzes von Pythagoras die fehlenden Seitenlängen a und b.
Du kannst die fehlenden Seitenlängen auch mit der Abstandsformel oder mithilfe der Winkelsätze berechnen.

Berechne die Größe der Teilwinkel mit dem Tangens.

M10-Musterprüfung an Mittelschulen in Bayern
Mathematik – Teil A

Aufgaben

Punkte

1. $(3x^4)^2 = 3x^8$

Bei der Termumformung ist ein Fehler unterlaufen.
Beschreiben Sie diesen und berichtigen Sie ihn.

Die Zahl drei muss auch Quadriert werden : $= 9x^8$

1 √

2. Zum Mieten eines Leihwagens gibt es zwei Angebote.

Angebot A	Angebot B
0,40 € pro Kilometer	0,20 € pro Kilometer
kein Grundpreis	10 € Grundpreis

a) Die Abhängigkeit der Kosten in Euro von der Fahrstrecke in Kilometern lässt sich für Angebot A mit der Funktionsgleichung $y = 0{,}4x$ darstellen.
Bestimmen Sie die Funktionsgleichung für das Angebot B.

$y = 0{,}2x + 10$

b) Berechnen Sie für das Angebot A die Kosten für eine Wegstrecke von 80 Kilometern.

$80 \cdot 0{,}40\,€ = 32$

1 √

3. Kreuzen Sie den Sachverhalt an, bei dem es sich um ein exponentielles Wachstum handelt.

- [x] Die Anzahl einer bestimmten Bakterienart verdoppelt sich im Labor alle 20 Minuten.
- [ ] Für mobile Daten am Smartphone müssen pro Gigabyte 5 € bezahlt werden.
- [ ] Für die Anlage eines festen Betrages erhält man bei einer Bank jährlich 0,5 % Zinsen, die dem Kunden am Ende des Jahres in bar ausgezahlt werden.

0,5 √

4. In der folgenden Skizze ist M der Mittelpunkt des Kreises.
Für eines der drei beschrifteten Dreiecke gilt:

$$\sin\alpha = \frac{\text{Gegenkathete}}{\text{Hypotenuse}}$$

Benennen Sie dieses Dreieck und begründen Sie Ihre Entscheidung.

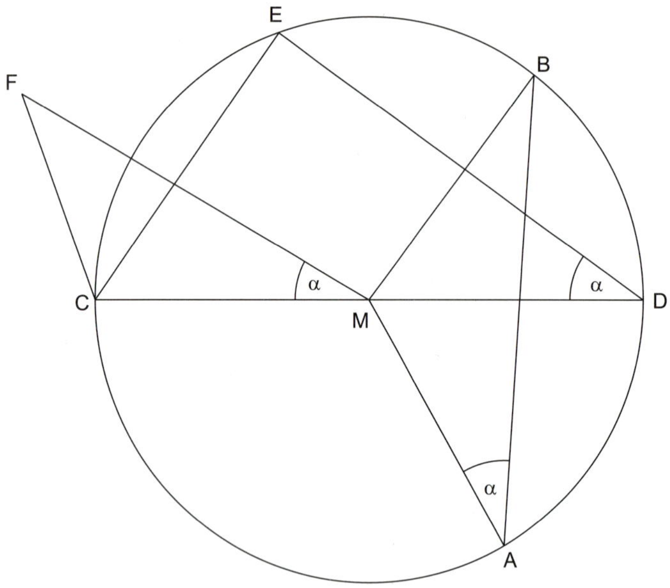

Quelle: StMUK

Es ist Dreieck CDE, da es einen 90° Winkel hat und im halbkreis liegt.

√1

5. Der Durchmesser einer Kugel wird verdoppelt.
Geben Sie den Faktor an, um den sich das Volumen der Kugel verändert.

1

6. Die abgebildeten Funktionsgraphen stellen verschiedene Sachverhalte dar.
Ordnen Sie jedem der beiden unten stehenden Sachverhalte genau einen passenden Graphen zu.

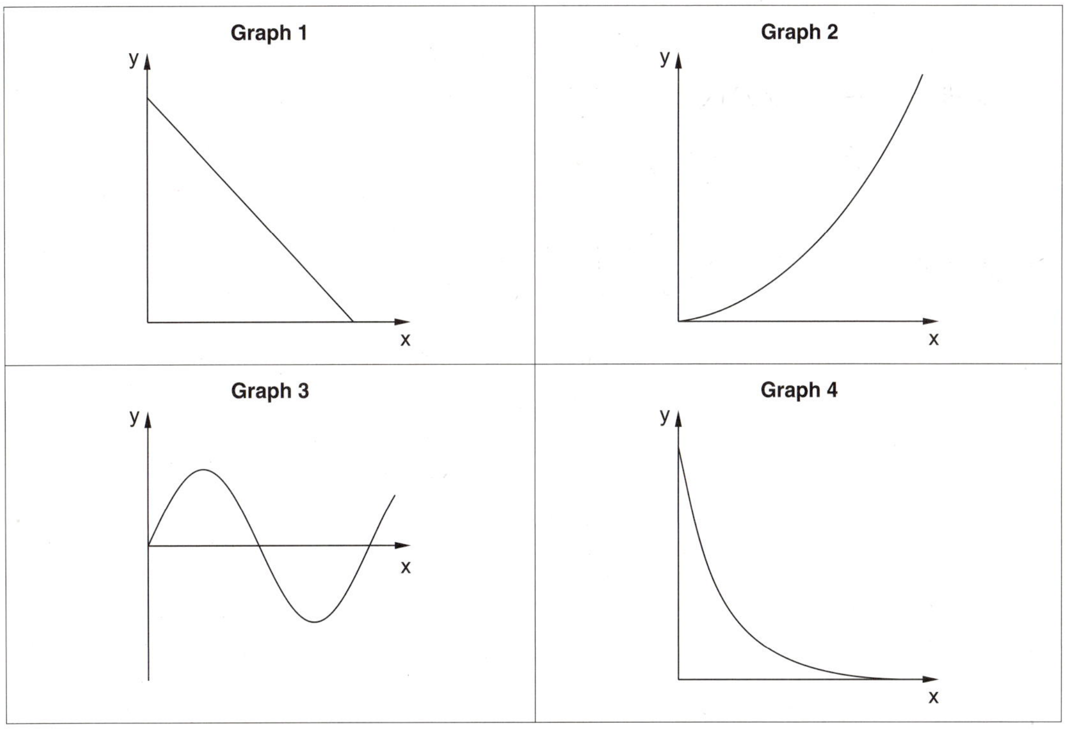

Quelle: StMUK

Sachverhalt	Graph
Zerfall eines radioaktiven Stoffs *x-Achse: Zeit* *y-Achse: Restmenge*	4
Bewegung eines Pendels *x-Achse: Zeit* *y-Achse: Geschwindigkeit*	3

1 ✓

7. In einem Behälter befinden sich 20 Kugeln.
Einige Kugeln sind schwarz (S), die übrigen sind anders gefärbt (Nicht S).
Es wird zweimal nacheinander eine Kugel nach dem Zufallsprinzip gezogen.

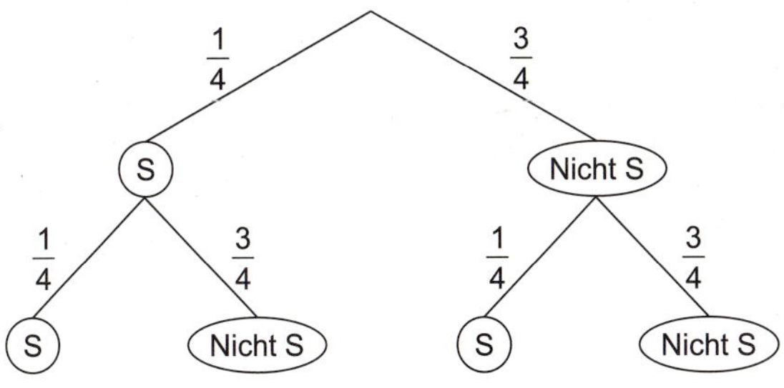

Quelle: StMUK

a) Erklären Sie anhand des Baumdiagramms, dass es sich um ein Zufallsexperiment mit Zurücklegen handelt.

b) Geben Sie an, wie viele schwarze Kugeln sich zu Beginn in dem Behälter befinden.
Begründen Sie Ihre Antwort entweder mithilfe einer Rechnung, einer Zeichnung oder in Worten.

:4 ($\frac{4}{4}$ ≙ 20) :4
$\frac{1}{4}$ ≙ 5

Es sind 5 schwarze Kugeln

√ 1,5

8. Die folgende Skizze zeigt eine Anwendung der Strahlensätze.
Kreuzen Sie die richtige Aussage an.

Es gilt: $g_1 \parallel g_2 \parallel g_3 \parallel g_4$

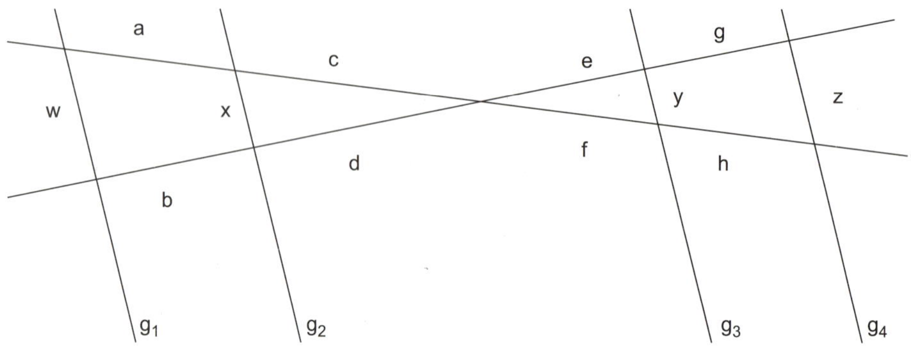

Quelle: StMUK

☐ $\frac{c+f}{d+e} = \frac{y}{x}$

☐ $\frac{w}{b+d} = \frac{y}{e}$

☐ $\frac{a+c}{b+d} = \frac{e+g}{f+h}$

☐ $\frac{z}{f+h} = \frac{a+c}{x}$

1

Lösungen

Teil A

Hinweise und Tipps

1. Richtige Umformung:
$(3x^4)^2 = \mathbf{9}x^8$

Erklärung:
Beim Potenzieren der Klammer wurde vergessen, die Zahl 3 zu potenzieren. Die Zahl 3 steht aber innerhalb der Klammer und muss somit auch potenziert werden.

Beachte das Potenzgesetz zum Potenzieren von Potenzen.

Wichtig: Hier ist eine Beschreibung des Fehlers gefordert und diese muss deshalb zwingend erfolgen, um den Punkt zu erhalten. Die Angabe der richtigen Gleichung allein reicht NICHT aus!

---

2. a) Funktionsgleichung für Angebot B:
x: Anzahl der Kilometer
$y = 0{,}2x + 10$

Stelle die lineare Gleichung mithilfe der Angaben auf.
Hier ist die Anzahl der Kilometer die Variable und der Grundpreis eine Konstante.

b) Kosten für die Wegstrecke von 80 Kilometern:
$x = 80$ in $y = 0{,}4x$:
$y = 0{,}4 \cdot 80$
$y = 32$
Die Kosten für 80 Kilometer betragen beim Angebot A 32 €.

Setze die 80 Kilometer in die gegebene Gleichung ein und berechne die Kosten.

3.
- [x] Die Anzahl einer bestimmten Bakterienart verdoppelt sich im Labor alle 20 Minuten.
- [ ] Für mobile Daten am Smartphone müssen pro Gigabyte 5 € bezahlt werden.
- [ ] Für die Anlage eines festen Betrages erhält man bei einer Bank jährlich 0,5 % Zinsen, die dem Kunden am Ende des Jahres in bar ausgezahlt werden.

Exponentielles Wachstum bedeutet, dass sich eine Größe in jeweils den gleichen Zeitschritten vervielfacht (hier: verdoppelt). Dies ist nur bei der ersten Auswahlmöglichkeit der Fall.

---

4. Richtiges Dreieck:
Dreieck CDE

Mögliche Begründung:
Der Punkt E liegt auf dem Thaleskreis über $\overline{CD}$. Somit ist das Dreieck CDE rechtwinklig. Im rechtwinkligen Dreieck gilt:

$$\sin\alpha = \frac{\text{Gegenkathete}}{\text{Hypotenuse}}$$

Der Quotient $\sin\alpha = \frac{\text{Gegenkathete}}{\text{Hypotenuse}}$ gilt nur in rechtwinkligen Dreiecken. Der Halbkreis mit M als Mittelpunkt ist der Thaleskreis über $\overline{CD}$. Da der Punkt E auf diesem Kreis liegt, befindet sich dort ein rechter Winkel. Das Dreieck CDE ist somit rechtwinklig.

Wichtig: Eine passende Begründung ist hier zwingend erforderlich, um die volle Punktzahl zu erhalten.

5.

$$V_{\text{Kugel}} = \frac{1}{6} d^3 \cdot \pi$$

$$V_{\text{neue Kugel}} = \frac{1}{6} \cdot (2 \cdot d)^3 \cdot \pi$$

$$V_{\text{neue Kugel}} = \frac{1}{6} \cdot 8 \cdot d^3 \cdot \pi$$

$$V_{\text{neue Kugel}} = 8 \cdot V_{\text{Kugel}}$$

Das Volumen ändert sich um den Faktor 8.

Volumenformel für Kugeln: $V = \frac{1}{6} d^3 \cdot \pi$

Verdopplung des Durchmessers: $d_{neu} = 2 \cdot d$
Da der Durchmesser mit 3 potenziert wird, wird auch die 2 mit 3 potenziert. Somit erhält man den Faktor 8.

Hinweis:
Es wäre ebenso möglich, den Faktor anhand eines Zahlenbeispiels auszurechnen. Beide Lösungswege sind akzeptiert.

6. Zuordnung:

Sachverhalt	**Graph**
Zerfall eines radioaktiven Stoffs *x-Achse: Zeit* *y-Achse: Restmenge*	**4**
Bewegung eines Pendels *x-Achse: Zeit* *y-Achse: Geschwindigkeit*	**3**

Hinweise und Tipps

- Zerfall eines radioaktiven Stoffs:
Hier wird der Graph eines Zerfallsprozesses (Restmenge in Abhängigkeit von der vergangenen Zeit) gesucht.
Da es sich um einen Zerfallsprozess handelt, nimmt die Restmenge mit der Zeit ab, d. h., es kommen nur die Graphen 1 und 4 infrage.
Beim radioaktiven Zerfall nimmt die Restmenge nicht stetig gleichbleibend ab, denn es handelt sich um einen exponentiellen Zerfall. Die Restmenge nimmt erst schnell und dann immer langsamer ab, bis sie sich der 0 annähert, diese aber nicht erreicht. Dies passt zu Graph 4.
- Bewegung eines Pendels:
Hier wird der Graph für die Bewegung eines Pendels (Geschwindigkeit in Abhängigkeit von der vergangenen Zeit) gesucht.
Das Pendel beginnt zu schwingen und wird immer schneller (die Geschwindigkeit steigt an), bis es den tiefsten Punkt erreicht. Dann nimmt die Geschwindigkeit ab und geht gegen 0 (wenn das Pendel den höchsten Punkt erreicht). Nun kehrt sich die Pendelbewegung um. Es nimmt Geschwindigkeit in die andere Richtung auf, bis es den tiefsten Punkt erreicht und wieder langsamer wird. Im zweiten Umkehrpunkt ist die Geschwindigkeit wieder 0 und das Pendel wendet erneut. Dies zeigt Graph 3.

7. a) Erklärung:
Die Wahrscheinlichkeiten für „S" und „Nicht S" bleiben in jeder Stufe des Baumdiagramms gleich. Daher muss es ein Zufallsexperiment mit Zurücklegen sein.

Beim Ziehen *ohne* Zurücklegen verringert sich die Anzahl der Kugeln im Behälter. Die Wahrscheinlichkeiten für „S" und „Nicht S" ändern sich also nach dem Zug. Da sich die Wahrscheinlichkeiten nicht ändern, bleibt auch die Anzahl der Kugeln im Behälter gleich. Die gezogene Kugel muss zurückgelegt worden sein.

b) Gesamtzahl der Kugeln: 20

Anteil der schwarzen Kugeln zu Beginn: $\frac{1}{4}$

$\frac{1}{4}$ von $20 = \frac{1}{4} \cdot 20 = 5$

Zu Beginn sind 5 schwarze Kugeln in dem Behälter.

Hinweis:
Es sind auch andere Lösungswege, zum Beispiel durch Zeichnung oder Beschreibung, zulässig.

8.

☐ $\frac{c+f}{d+e} = \frac{y}{x}$

☒ $\frac{w}{b+d} = \frac{y}{e}$

☐ $\frac{a+c}{b+d} = \frac{e+g}{f+h}$

☐ $\frac{z}{f+h} = \frac{a+c}{x}$

Dieses Streckenverhältnis lässt sich mit dem 2. Strahlensatz aufstellen.

M10-Musterprüfung an Mittelschulen in Bayern
Mathematik – Teil B: Aufgabengruppe I

Aufgaben

Punkte

1. a) Auf der Parabel p_1 mit der Funktionsgleichung $y = x^2 + 2x + 5$ liegen die Punkte $A(-3 | y_A)$, $B(x_B | 13)$ und $C(x_C | 13)$.
Berechnen Sie die fehlenden Koordinaten der Punkte A, B und C.

b) Bestimmen Sie die Funktionsgleichung der Parabel p_1 in der Scheitelpunktform und geben Sie den Scheitelpunkt S_1 an.

c) Die Punkte $D(-1 | -12)$ und $E(2 | -9)$ liegen auf der nach unten geöffneten Normalparabel p_2.
Ermitteln Sie rechnerisch die Funktionsgleichung von p_2 in der Normalform.

d) Die nach oben geöffnete Normalparabel p_3 hat den Scheitelpunkt $S_3(2{,}5 | -3)$.
Bestimmen Sie die Funktionsgleichung von p_3 in der Normalform.

e) Zeichnen Sie die Parabeln p_1 und p_3 in ein Koordinatensystem mit der Längeneinheit 1 cm.

f) Eine nach oben geöffnete Parabel p_4 wird an der y-Achse gespiegelt.
Dadurch entsteht eine nach oben geöffnete Parabel p_5. Beide haben die gleiche Funktionsgleichung.
Beschreiben Sie die Lage des Scheitelpunkts S_4 der Parabel p_4 im Koordinatensystem. 8

2. Bei einer Gleichung zur Anwendung einer binomischen Formel ist nur noch das gemischte Glied bekannt.
Stellen Sie eine mögliche vollständige Gleichung auf und notieren Sie diese auf Ihrem Lösungsblatt.

$\square - 24a^6b^2 + \square = (\square - \square)^2$ 2

3. a) Bestimmen Sie rechnerisch die Funktionsgleichung der Geraden g_1, die durch die Punkte $P(-1 | 5)$ und $Q(2 | -4)$ verläuft.

b) Die Gerade g_2 hat keinen Punkt mit der Geraden g_3: $2y = -1x + 10$ gemeinsam.
Geben Sie die Funktionsgleichung einer möglichen Geraden g_2 in der Normalform an und beschreiben Sie Ihr Vorgehen.

c) Berechnen Sie die x-Koordinate des Schnittpunkts N der Geraden g_3 mit der x-Achse und geben Sie N an.

d) Zeigen Sie, dass der Punkt $S(3 | 3{,}5)$ der Schnittpunkt von g_3 und g_4: $y = 2{,}5x - 4$ ist.

e) Zeichnen Sie die Geraden g_1 und g_4 in ein Koordinatensystem mit der Längeneinheit 1 cm. 7

4. Herr Müller plant, in seinem Garten einen rechteckigen Swimmingpool mit einer Länge von 14 m und einer Breite von 10,5 m zu errichten. Um den Pool herum soll ein Streifen mit der Breite x gefliest werden. Der Flächeninhalt der verlegten Fliesen soll zwei Drittel der Pool-Fläche betragen.

Skizze:

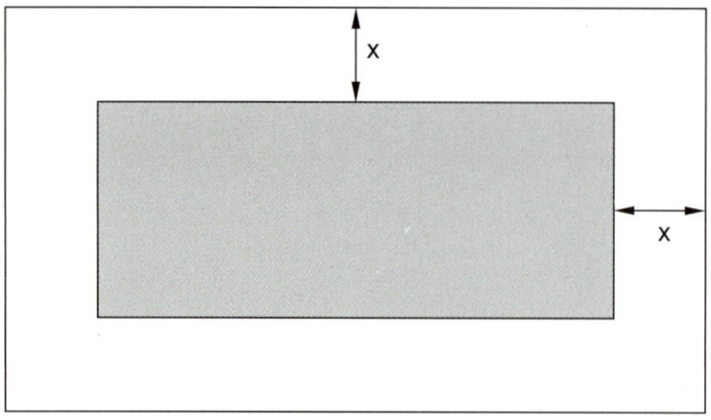

Quelle: StMUK

Hinweis: Skizze nicht maßstabsgetreu.

Die Breite des Streifens x wird mit folgender Gleichung berechnet:

$$2 \cdot (14 \cdot x) + 2 \cdot (10{,}5 \cdot x) + 4x^2 = \frac{2}{3}(14 \cdot 10{,}5)$$

Ermitteln Sie x und geben Sie die Breite des Streifens an. 4

5. a) Ein Würfel hat die Kantenlänge a. Das Volumen des Würfels ist genauso groß wie das Gesamtvolumen von 6 Kugeln mit einem Radius von je 8 cm.
Ermitteln Sie die Kantenlänge a des Würfels.

b) Begründen Sie rechnerisch, dass ein Würfel mit Kantenlänge a und eine Kugel mit Radius $r = a \cdot \sqrt[3]{\frac{3}{4\pi}}$ das gleiche Volumen haben. 3

6. In folgendem Quader gilt:

$\sphericalangle BGC = 53°$

$|\overline{CG}| = 3{,}0\,cm$

$|\overline{HG}| = 7{,}5\,cm$

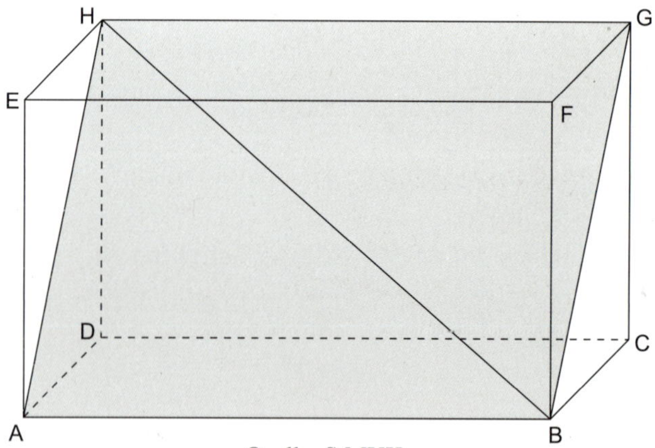

Quelle: StMUK

Hinweis: Skizze nicht maßstabsgetreu.

Ermitteln Sie rechnerisch die Größe des Winkels HBA und die Länge der Raumdiagonalen $\overline{HB}$. 3

7. Tim, der am 1. Februar Geburtstag hat, erhält aktuell ein monatliches Taschengeld von 10 €. Ab dem Monat nach seinem zwölften Geburtstag soll sich dieses jeden Monat erhöhen. Seine Eltern bieten ihm zwei Varianten bis zu seinem 18. Geburtstag an:

Variante A: Das Taschengeld wird jeden Monat um einen Euro erhöht.

Variante B: Das Taschengeld wird jeden Monat um 4 % gegenüber dem Vormonat erhöht.

a) Ermitteln Sie, mit welcher Variante Tim an seinem 15. Geburtstag ein höheres Taschengeld erhalten würde.

b) Berechnen Sie für Variante B, nach wie vielen Monaten Tim zum ersten Mal mehr als 100 € Taschengeld erhalten würde.

c) Tim träumt davon, nach zwei Jahren 200 € Taschengeld zu erhalten.
Berechnen Sie die monatliche prozentuale Taschengelderhöhung, die diesen Traum ermöglichen würde.

d) Wenn man die Varianten A und B in einem Koordinatensystem als Graphen darstellt, darf man nur einzelne Punkte einzeichnen.
Begründen Sie, dass die Graphen nicht als durchgehende Linien gezeichnet werden können. 5

8. Ein Fußballteam besteht aus elf Spielerinnen: eine Torhüterin (T), drei Abwehrspielerinnen (A), fünf Mittelfeldspielerinnen (M) und zwei Stürmerinnen (S).
Die Spielerinnen betreten nacheinander in zufälliger Reihenfolge das Spielfeld.

a) Geben Sie die Wahrscheinlichkeit dafür an, dass eine der Abwehrspielerinnen als Erste auf das Spielfeld kommt.

b) Die ersten vier Spielerinnen könnten das Spielfeld in folgender Reihenfolge betreten:
Mittelfeldspielerin – Abwehrspielerin – Stürmerin – Torhüterin
Bestimmen Sie rechnerisch die Wahrscheinlichkeit für dieses Ereignis.

c) Berechnen Sie die Wahrscheinlichkeit dafür, dass unter den ersten beiden Spielerinnen, die das Spielfeld betreten, höchstens eine Mittelfeldspielerin ist.

d) Der Trainer möchte gerne, dass dieselben elf Spielerinnen bei jedem Spiel in einer anderen Reihenfolge das Spielfeld betreten.
Entscheiden Sie, ob dies innerhalb einer Saison mit insgesamt 32 Spielen möglich ist.
Begründen Sie Ihre Antwort rechnerisch. 4

9. Gegeben ist folgende Figur mit den Längen $p = 2$ m und $q = 8$ m.

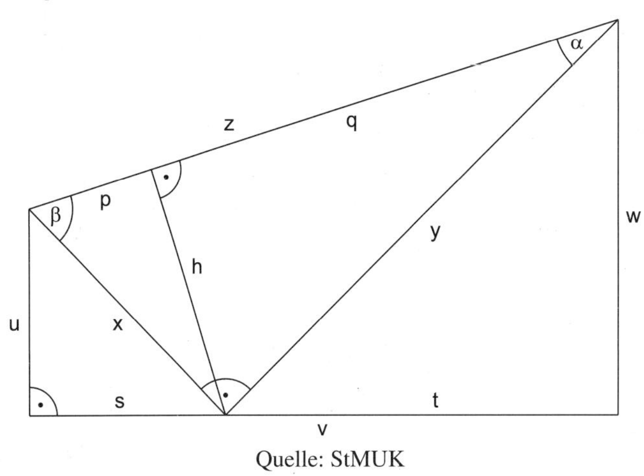

Quelle: StMUK

Hinweis: Skizze nicht maßstabsgetreu.

Berechnen Sie die Längen der Strecken x, y und h sowie die Größen der Winkel α und β. 4

Lösungen

Teil B: Aufgabengruppe I

1. a) Fehlende Koordinaten der Punkte A, B und C der Parabel p_1:

p_1: $y = x^2 + 2x + 5$

Punkt $A(-3 | y_A)$:

$y_A = (-3)^2 + 2 \cdot (-3) + 5$

$y_A = 8$

Punkte $B(x_B | 13)$ und $C(x_C | 13)$:

$13 = x^2 + 2x + 5 \quad | -13$

$0 = x^2 + 2x - 8$

$x_{1/2} = -\frac{2}{2} \pm \sqrt{\left(\frac{2}{2}\right)^2 - (-8)}$

$x_{1/2} = -1 \pm \sqrt{9}$

$x_{1/2} = -1 \pm 3$

$x_1 = -1 - 3$

$x_1 = -4$

$x_2 = -1 + 3$

$x_2 = 2$

$\Rightarrow x_B = 2; \; x_C = -4$

b) Funktionsgleichung der Parabel p_1 in die Scheitelpunktform umformen und Scheitelpunkt S_1:

p_1: $y = x^2 + 2x + 5$

$y = x^2 + 2x + 5$

$y = x^2 + 2x + 1^2 - 1^2 + 5$

$y = (x+1)^2 - 1 + 5$

$y = (x+1)^2 + 4$

$S_1(-1 | 4)$

c) Funktionsgleichung der Parabel p_2 in der Normalform:

$D(-1 | -12)$; $E(2 | -9)$

p_2 nach unten geöffnet: $y = -x^2 + px + q$

I $\quad -12 = -(-1)^2 + (-1) \cdot p + q$

II $\quad -9 = -(2)^2 + 2 \cdot p + q$

I $\quad -12 = -1 - p + q \quad | +1; +p$

II $\quad -9 = -4 + 2p + q$

I $\quad -11 + p = q$

I in II $\quad -9 = -4 + 2p - 11 + p$

$-9 = -15 + 3p \quad | +15$

$6 = 3p \quad | :3$

$2 = p$

Hinweise und Tipps

Berechne die y-Koordinate des Punktes A, indem du den x-Wert in die Funktionsgleichung einsetzt und den zugehörigen y-Wert ausrechnest.

B und C haben dieselbe y-Koordinate. Setze diese in die Funktionsgleichung ein. Stelle dann die Gleichung so um, dass auf der linken Seite 0 steht, um die Lösungsformel für quadratische Gleichungen anwenden zu können.

Berechne nun die x-Koordinaten der Punkte B und C mithilfe der Lösungsformel für quadratische Gleichungen.

$x_{1/2} = -\frac{p}{2} \pm \sqrt{\left(\frac{p}{2}\right)^2 - q}$

Hier ist $p = 2$ und $q = -8$.

Da die Punkte B und C dieselbe y-Koordinate haben, ist eine mögliche Lösung auch $x_B = -4$ und $x_C = 2$.

Wandle die Funktionsgleichung durch quadratische Ergänzung in die Scheitelpunktform um.
Bilde das Binom.

Lies die Koordinaten des Scheitelpunktes S_1 aus der Scheitelpunktform ab.

Setze die Punkte D und E jeweils in die Normalform für nach unten geöffnete Parabeln ein.

Achte auf die Vorzeichen.

Löse das Gleichungssystem (hier: mit dem Einsetzungsverfahren).

Löse eine Gleichung (hier: Gleichung I) nach q auf.

Setze den erhaltenen Term für q in Gleichung II ein und berechne p.

Hinweise und Tipps

p in I $\quad -11+2=q$
$\quad\quad -9=q$

Setze p in die umgeformte Gleichung I ein und berechne q.

p_2: $y=-x^2+2x-9$

Gib die Funktionsgleichung von p_2 in der Normalform an.

d) Funktionsgleichung der Parabel p_3 in der Normalform:
$S_3(2{,}5\,|\,-3)$
p_3 nach oben geöffnet: $y=(x-x_S)^2+y_S$
$y=(x-2{,}5)^2-3$
$y=x^2-5x+6{,}25-3$
$y=x^2-5x+3{,}25$

Setze den Scheitelpunkt S_3 in die Scheitelpunktform für eine nach oben geöffnete Parabel ein. Achte auf die Vorzeichen.

Berechne die Klammer mithilfe der binomischen Formel.
Fasse zusammen.

e) Grafische Darstellung:

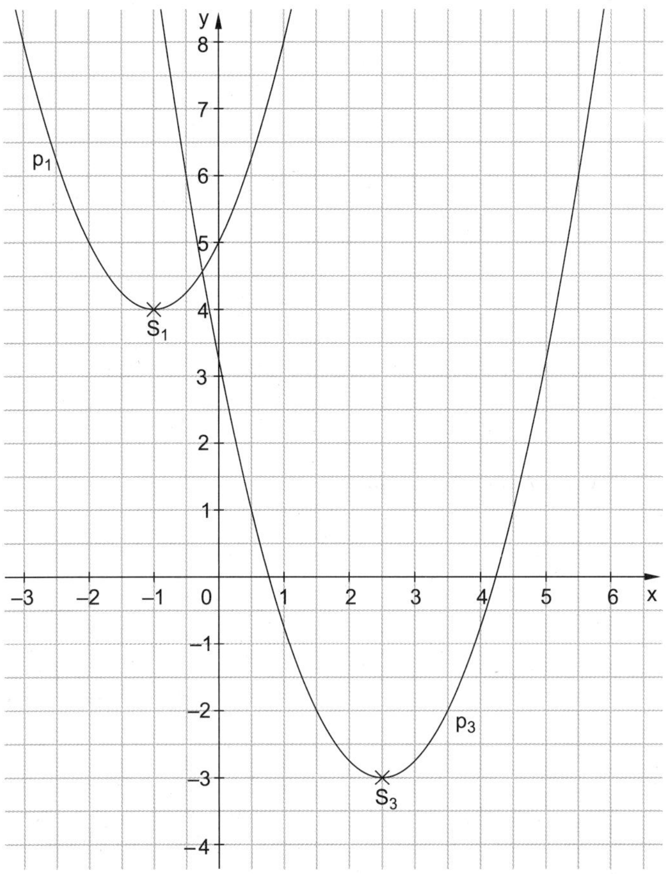

Lege ein Koordinatensystem mit der Einheit 1 cm an.
Platzbedarf:
x-Achse: –3 bis +6
y-Achse: –4 bis +8
Beschrifte das Koordinatensystem vollständig.

Trage den Scheitelpunkt S_1 ein und zeichne mithilfe der Parabelschablone die nach oben geöffnete Normalparabel p_1.

Trage den Scheitelpunkt S_3 ein und zeichne mithilfe der Parabelschablone die nach oben geöffnete Normalparabel p_3.

f) Beschreibung:
Der Scheitelpunkt S_4 der Parabel p_4 liegt auf der y-Achse.

Haben zwei Parabeln die gleiche Funktionsgleichung, stimmen die beiden Parabeln und damit auch ihre Scheitelpunkte überein. Der Scheitelpunkt S_4 ist auch gleichzeitig der Scheitelpunkt S_5. Da an der y-Achse gespiegelt wurde, muss der Scheitelpunkt der beiden Parabeln also auf der y-Achse liegen.
Der linke Teil des Graphen der einen Parabel wird nach dem Spiegeln auf dem rechten Teil des Graphen der anderen Parabel abgebildet und umgekehrt.

2. Gegebene Gleichung:

$\square - 24a^6b^2 + \square = (\square - \square)^2$

Mögliche Lösung:

$\boxed{\mathbf{4a^{12}}} - 24a^6b^2 + \boxed{\mathbf{36b^4}} = (\boxed{\mathbf{2a^6}} - \boxed{\mathbf{6b^2}})^2$

oder:

$\boxed{\mathbf{36a^{12}}} - 24a^6b^2 + \boxed{\mathbf{4b^4}} = (\boxed{\mathbf{6a^6}} - \boxed{\mathbf{2b^2}})^2$

etc.

Hinweise und Tipps

Das Minus in der Klammer weist darauf hin, dass es sich um eine Anwendung der 2. binomischen Formel handelt:

$a^2 - 2ab + b^2 = (a-b)^2$

Vorgehen beim Lösen:

- Um die beiden Terme in der Klammer rechts zu erhalten, muss der gegebene gemischte Teil der binomischen Formel links aufgelöst werden:
  $24a^6b^2 : 2 = 12a^6b^2$
- Wähle nun zwei Terme, deren Produkt $12a^6b^2$ ergibt, und setze sie in die Klammer rechts ein.
  Beispiel: $2a^6 \cdot 6b^2 = 12a^6b^2$
- Quadriere deine Terme in der Klammer, um die fehlenden Terme links zu erhalten. Beachte dabei die Potenzgesetze.

---

3. a) Funktionsgleichung der Geraden g_1:

Steigung:

$P(-1|5); Q(2|-4)$

$m_1 = \frac{-4-5}{2-(-1)} = \frac{-9}{3} = -3$

Bestimme die Steigung m_1 mit der Steigungsformel: $m_1 = \frac{y_2 - y_1}{x_2 - x_1}$

Setze die Koordinaten der Punkte P und Q in die Steigungsformel ein. Beachte dabei die Vorzeichen.

y-Achsenabschnitt:

$m_1 = -3; P(-1|5)$

$y = m_1 \cdot x + t_1$

$5 = -3 \cdot (-1) + t_1$

$5 = 3 + t_1 \quad |-3$

$2 = t_1$

Setze den Wert der Steigung m_1 und die Koordinaten eines Punktes (hier: P) in die Normalform ein, um t_1 zu berechnen.

g_1: $y = -3x + 2$

Gib die Funktionsgleichung von g_1 an.

b) Mögliche Funktionsgleichung von g_2:

g_2 und g_3 keine gemeinsamen Punkte;

g_3: $2y = -1x + 10 \quad |:2$

$y = -0{,}5x + 5$

Forme die Funktionsgleichung von g_3 zuerst in die Normalform um.

Steigung m_2 von g_2:

$m_2 = m_3 = -0{,}5$

Zwei Geraden haben genau dann keinen Schnittpunkt, wenn sie parallel verlaufen, also die gleiche Steigung aufweisen. Daher muss gelten: $m_2 = m_3$

y-Achsenabschnitt t_2 von g_2:

$t_2 \neq t_3 = 5$

Der y-Achsenabschnitt ist frei wählbar, solange gilt: $t_2 \neq 5 = t_3$

Es sind verschiedene Lösungen möglich.

Mögliche Lösung:

g_2: $y = -0{,}5x + 10$

oder:

g_2: $y = -0{,}5x - 3$

etc.

Gib eine mögliche Funktionsgleichung in der Normalform an.

Wichtig: Hier ist eine Versprachlichung, also Beschreibung des Vorgehens, gefordert. Rechnungen allein reichen NICHT aus, um die Punkte zu erhalten!

c) Koordinaten des Schnittpunkts N von g_3 mit der x-Achse:

g_3: $y = -0{,}5x + 5$

$$0 = -0{,}5x + 5 \qquad |-5$$
$$-5 = -0{,}5x \qquad |:(-0{,}5)$$
$$10 = x$$

N(10 | 0)

d) Berechnung des Schnittpunkts S der Geraden g_3 und g_4:

g_3: $y = -0{,}5x + 5$

g_4: $y = 2{,}5x - 4$

$$g_3 = g_4$$
$$-0{,}5x + 5 = 2{,}5x - 4 \qquad |-2{,}5x; -5$$
$$-3x = -9 \qquad |:(-3)$$
$$x = 3$$

$x = 3$ in g_4:

$y = 2{,}5 \cdot 3 - 4$

$y = 3{,}5$

S(3 | 3,5)

$\Rightarrow$ S liegt auf g_3 und auf g_4 und ist somit deren Schnittpunkt.

e) Grafische Darstellung:

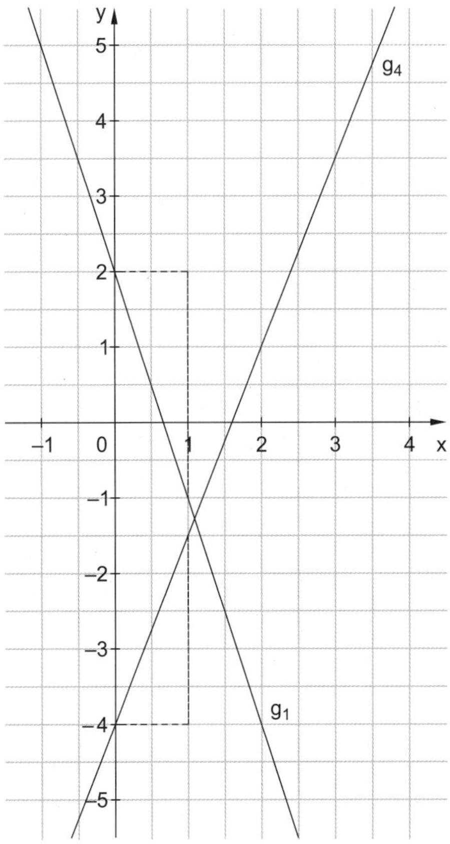

Hinweise und Tipps

Um den Schnittpunkt der Geraden g_3 mit der x-Achse zu erhalten, musst du die Nullstelle der linearen Funktion berechnen. An der Nullstelle ist der y-Wert immer 0.

Gib die Koordinaten von N an.

Um den Nachweis zu führen, dass S(3 | 3,5) der Schnittpunkt der Geraden g_3 und g_4 ist, wird der Schnittpunkt der Geraden berechnet und mit S verglichen.

Setze die Funktionsterme von g_3 und g_4 gleich und löse nach x auf.

Setze den Wert von x in eine der beiden Funktionsgleichungen (hier: g_4) ein und berechne y.

Die berechneten Koordinaten des Schnittpunktes der Geraden g_3 und g_4 sind identisch mit den Koordinaten des Punktes S. Somit ist S Schnittpunkt der Geraden.

Lege ein Koordinatensystem mit der Einheit 1 cm an.

Platzbedarf:
x-Achse: –1 bis +4
y-Achse: –5 bis +5

Beschrifte das Koordinatensystem vollständig.

Zeichne die Geraden g_1 und g_4 mithilfe des y-Achsenabschnitts und des Steigungsdreiecks ein.

Hinweise und Tipps

4.

$$2\cdot(14\cdot x)+2\cdot(10{,}5\cdot x)+4x^2=\frac{2}{3}(14\cdot 10{,}5)$$

Löse die Klammern auf. Fasse zusammen.

$$28x+21x+4x^2=98 \quad |-98$$

Bringe alles auf eine Seite.

$$4x^2+49x-98=0 \quad |:4$$

$$x^2+12{,}25x-24{,}5=0$$

Forme die quadratische Gleichung in die Normalform um.

$$x_{1/2}=-\frac{12{,}25}{2}\pm\sqrt{\left(\frac{12{,}25}{2}\right)^2-(-24{,}5)}$$

$$x_{1/2}=-\frac{12{,}25}{2}\pm\sqrt{62{,}015625}$$

$$x_{1/2}=-6{,}125\pm 7{,}875$$

Löse mithilfe der Lösungsformel.

$$x_{1/2}=-\frac{p}{2}\pm\sqrt{\left(\frac{p}{2}\right)^2-q}$$

Hier ist $p=12{,}25$ und $q=-24{,}5$.

$$x_1=-6{,}125+7{,}875$$
$$x_1=1{,}75$$
$$x_2=-6{,}125-7{,}875$$
$$x_2=-14 \quad \Rightarrow \text{ keine sinnvolle Lösung}$$

Überprüfe die Lösungen. Da eine Länge gesucht wird, ist nur die positive Lösung möglich.

Die Breite des Streifens beträgt 1,75 m.

Formuliere einen Antwortsatz.

---

5. a) Volumen der 6 Kugeln:
$r=8\text{ cm}$

$$V_K=V\cdot 6$$
$$V_K=\frac{4}{3}(8\text{ cm})^3\cdot\pi\cdot 6$$
$$V_K=12\,861{,}44\text{ cm}^3$$

Berechne das Volumen der sechs Kugeln mithilfe der Volumenformel für die Kugel:
$V=\frac{4}{3}r^3\cdot\pi$ oder $V=\frac{1}{6}d^3\cdot\pi$

Der Radius beträgt 8 cm. Rechne mit $\pi=3{,}14$.

Kantenlänge a des Würfels:

$$V_K=V_W$$
$$12\,861{,}44\text{ cm}^3=a^3 \quad |\sqrt[3]{}$$
$$23{,}429\ldots\text{ cm}=a$$
$$23{,}4\text{ cm}\approx a$$

Das Volumen der sechs Kugeln ist genauso groß wie das Volumen des Würfels.

Berechne die Kantenlänge a des Würfels mit der Volumenformel für Würfel:
$V=a^3$
Runde sinnvoll (hier: eine Dezimalstelle).

b) Begründung:

$$V_W=V_K$$
$$a^3=\frac{4}{3}r^3\cdot\pi \quad |:\frac{4}{3};\ :\pi$$
$$a^3\cdot\frac{3}{4\cdot\pi}=r^3 \quad |\sqrt[3]{}$$
$$a\cdot\sqrt[3]{\frac{3}{4\cdot\pi}}=r$$

$\Rightarrow$ entspricht der Vorgabe

Es ist zu begründen, dass für einen Würfel mit der Kantenlänge a und eine Kugel mit dem Radius r mit gleichem Volumen gilt:
$r=a\cdot\sqrt[3]{\frac{3}{4\pi}}$

Volumen des Würfels: $V_W=a^3$

Volumen der Kugel: $V_K=\frac{4}{3}r^3\cdot\pi$

Setze die Volumina gleich. Löse nach r auf.

Hinweis:
Die Begründung kann auch mit einem Zahlenbeispiel erfolgen, solange es nachvollziehbar und ausführlich dargestellt wird.

6. $|\overline{CG}| = 3{,}0\text{ cm}; |\overline{HG}| = 7{,}5\text{ cm}; \sphericalangle BGC = 53°$

Länge der Strecke $\overline{GB}$:

$$\cos 53° = \frac{|\overline{CG}|}{|\overline{GB}|}$$

$$\cos 53° = \frac{3\text{ cm}}{|\overline{GB}|} \qquad |\cdot|\overline{GB}|;\ :\cos 53°$$

$$|\overline{GB}| = 4{,}984\ldots\text{ cm}$$

$$|\overline{GB}| \approx 5\text{ cm}$$

Größe des Winkels HBA:

$$\tan \sphericalangle HBA = \frac{|\overline{AH}|}{|\overline{AB}|}$$

$$\tan \sphericalangle HBA = \frac{5\text{ cm}}{7{,}5\text{ cm}}$$

$$\tan \sphericalangle HBA = \frac{2}{3} \qquad |\tan^{-1}$$

$$\sphericalangle HBA = 33{,}690\ldots°$$

$$\sphericalangle HBA \approx 33{,}7°$$

Länge der Raumdiagonalen $\overline{HB}$:

$$|\overline{AH}|^2 + |\overline{AB}|^2 = |\overline{HB}|^2$$

$$(5\text{ cm})^2 + (7{,}5\text{ cm})^2 = |\overline{HB}|^2$$

$$81{,}25\text{ cm}^2 = |\overline{HB}|^2 \qquad |\sqrt{\ }$$

$$9{,}013\ldots\text{ cm} = |\overline{HB}|$$

$$9\text{ cm} \approx |\overline{HB}|$$

Hinweise und Tipps

Im Quader gilt:
$|\overline{CG}| = 3{,}0\text{ cm} = |\overline{BF}| = |\overline{AE}| = |\overline{DH}|$
$|\overline{HG}| = 7{,}5\text{ cm} = |\overline{EF}| = |\overline{DC}| = |\overline{AB}|$

$\overline{GB}$ ist die Hypotenuse und $\overline{CG}$ die Ankathete zum Winkel BGC im rechtwinkligen Dreieck BCG. Mithilfe des Kosinus kann $|\overline{GB}|$ berechnet werden:

$$\cos \sphericalangle BGC = \frac{\text{Ankathete}}{\text{Hypotenuse}}$$

Runde sinnvoll (hier: ganze Zentimeter).

Die Länge der Seitendiagonalen $\overline{GB}$ entspricht der Länge der gegenüberliegenden Seitendiagonalen $\overline{AH}$:
$|\overline{GB}| = |\overline{AH}| = 5\text{ cm}$
Im rechtwinkligen Dreieck ABH ist $\overline{AH}$ die Gegenkathete und $\overline{AB}$ die Ankathete zum Winkel HBA. Berechne $\sphericalangle$ HBA mit dem Tangens.

$$\tan \sphericalangle HBA = \frac{\text{Gegenkathete}}{\text{Ankathete}}$$

Runde sinnvoll (hier: eine Dezimalstelle).

Berechne die Länge der Strecke $\overline{HB}$ mithilfe des Satzes des Pythagoras. Die Strecken $\overline{AH}$ und $\overline{AB}$ sind die Katheten im rechtwinkligen Dreieck HBA.
$|\overline{AH}|^2 + |\overline{AB}|^2 = |\overline{HB}|^2$

Runde sinnvoll (hier: ganze Zentimeter).
Hinweis:
Du kannst $|\overline{HB}|$ auch mit dem Sinus oder dem Kosinus im rechtwinkligen Dreieck HBA berechnen.

---

7. a) Höhe des Taschengeldes am 15. Geburtstag:
Anfangswert: $W_0 = 10\ €$
Anzahl der Monate:
$n = 3 \cdot 12 = 36$

Variante A:
$y_A = W_0 + n \cdot 1\ €$
$y_A = 10\ € + 36 \cdot 1\ €$
$y_A = 46\ €$

Variante B:
$p = 4\ \% = 0{,}04$
$q = 1 + p$
$q = 1{,}04$

$W_{36} = 10\ € \cdot 1{,}04^{36}$
$W_{36} = 41{,}039\ldots\ €$
$W_{36} \approx 41\ €$

Tim bekommt mit der Variante A ein höheres Taschengeld.

Berechne zunächst die Gesamtanzahl der Monate. Betrachtet wird der Zeitraum vom 12. bis zum 15. Geburtstag, also 3 Jahre.
Stelle dann für beide Varianten die entsprechenden Gleichungen auf.
Variante A stellt eine lineare Erhöhung um einen Euro pro Monat dar.

Es handelt sich um ein positives Wachstum. Bestimme q mithilfe der Formel.
$q = 1 + p$

Setze die gegebenen Werte in die Wachstumsformel ein. Berechne W_n.
$W_n = W_0 \cdot q^n$
Runde sinnvoll (hier: ganze Euro).
Formuliere einen Antwortsatz.

Hinweise und Tipps

b) Anzahl der Monate, bis das Taschengeld 100 € beträgt:
Anfangswert: $W_0 = 10$ €
Endwert: $W_n = 100$ €
Wachstumsfaktor: $q = 1{,}04$
Gesucht: n

$$100\text{ €} = 10\text{ €} \cdot 1{,}04^n \quad |:10\text{ €}$$
$$10 = 1{,}04^n \quad |\log$$
$$n = \log_{1{,}04} 10$$
$$n = 58{,}708\ldots$$
$$n \approx 59$$

Setze die gegebenen Werte in die Wachstumsformel ein. Löse nach n auf.
$W_n = W_0 \cdot q^n$
Berechne n mithilfe des Logarithmus. Runde auf ganze Monate.

Ab dem 59. Monat hätte Tim mehr als 100 Euro.

Formuliere einen Antwortsatz.

c) Monatliche prozentuale Taschengelderhöhung:
Anfangswert: $W_0 = 10$ €
Endwert: $W_n = 200$ €
Anzahl der Monate: $n = 2 \cdot 12 = 24$
Gesucht: p (bzw. q)
Wachstumsfaktor:

$$200\text{ €} = 10\text{ €} \cdot q^{24} \quad |:10\text{ €}$$
$$20 = q^{24} \quad |\sqrt[24]{\ }$$
$$1{,}1329\ldots = q$$

Setze die gegebenen Werte in die Wachstumsformel ein. Löse nach q auf.
$W_n = W_0 \cdot q^n$

Prozentuale Erhöhung:

$$1{,}1329\ldots = 1 + p \quad |-1$$
$$p = 0{,}1329\ldots$$
$$p = 13{,}29\ldots\ \%$$
$$p \approx 13{,}3\ \%$$

Es handelt sich um ein positives Wachstum. Bestimme p % mithilfe der Formel.
$q = 1 + p$
Runde den Prozentsatz sinnvoll (hier: eine Dezimalstelle).

d) Begründung:
Das Taschengeld wird nur einmal im Monat ausbezahlt und daher darf es bei beiden Varianten für jeden Monat nur als ein Punkt markiert werden. Eine Linie würde bedeuten, dass es über den Zeitraum von einem Monat langsam auf den neuen Wert gesteigert wird.

Formuliere eine passende Begründung.

---

8. a) Wahrscheinlichkeit für „eine Abwehrspielerin als Erste“:
gesamt: $1 + 3 + 5 + 2 = 11$ Spielerinnen
Abwehrspielerinnen: 3 Spielerinnen

Es gibt insgesamt 11 Spielerinnen. Für das Ereignis „eine Abwehrspielerin als Erste“ gibt es 3 günstige Ergebnisse.

Wahrscheinlichkeit:

$$p(A) = \frac{3}{11}$$

Gib die Wahrscheinlichkeit in einem Bruch an.

Wahrscheinlichkeit als Dezimalbruch:

$$p(A) = \frac{3}{11} = 0{,}27272\ldots \approx 0{,}273$$

Die Wahrscheinlichkeit kann zusätzlich als Dezimalbruch oder in Prozent angegeben werden. Dies ist aber nicht verlangt.

Wahrscheinlichkeit in Prozent:
$p\ \% = 3 : 11 \cdot 100\ \% = 27{,}272\ldots\ \% \approx 27{,}3\ \%$

b) Wahrscheinlichkeit für die Reihenfolge „Mittelfeldspielerin – Abwehrspielerin – Stürmerin – Torhüterin“:

$$p\,(\text{M-A-S-T}) = \frac{5}{11} \cdot \frac{3}{10} \cdot \frac{2}{9} \cdot \frac{1}{8}$$

$$p\,(\text{M-A-S-T}) = \frac{1}{264}$$

Wahrscheinlichkeit als Dezimalbruch:

$$p\,(\text{M-A-S-T}) = \frac{1}{264} = 0{,}003787\ldots \approx 0{,}004$$

Wahrscheinlichkeit in Prozent:
$p\,\% = 1 : 264 \cdot 100\,\% = 0{,}3787\ldots\,\% = 0{,}4\,\%$

Hinweise und Tipps

Es gibt insgesamt 11 Spielerinnen:
1 Torhüterin (T)
3 Abwehrspielerinnen (A)
5 Mittelfeldspielerinnen (M)
2 Stürmerinnen (S)

Da die Spielerinnen das Spielfeld nur einmal betreten können, handelt es sich um „Ziehen ohne Zurücklegen“. So verringert sich die Anzahl der verfügbaren Spielerinnen mit jedem Betreten ($\hat{=}$ Zug) um 1.

Bei den Wahrscheinlichkeiten steht jeweils im Zähler die Anzahl der in der Kategorie verfügbaren Spielerinnen, im Nenner die Anzahl aller Spielerinnen.
Nach der 1. Pfadregel werden die Brüche entlang des Pfades multipliziert.

Die Wahrscheinlichkeit kann zusätzlich als Dezimalbruch oder in Prozent angegeben werden. Dies ist aber nicht verlangt.

c) Wahrscheinlichkeit für „höchstens eine Mittelfeldspielerin“:
$p\,(\text{höchstens eine M}) = 1 - p\,(\text{M; M})$

$$p\,(\text{höchstens eine M}) = 1 - \frac{5}{11} \cdot \frac{4}{10}$$

$$p\,(\text{höchstens eine M}) = \frac{9}{11}$$

Wahrscheinlichkeit als Dezimalbruch:

$$p\,(\text{höchstens eine M}) = \frac{9}{11} = 0{,}81818\ldots \approx 0{,}818$$

Wahrscheinlichkeit in Prozent:
$p\,\% = 9 : 11 \cdot 100\,\% = 81{,}818\ldots\,\% = 81{,}8\,\%$

„Höchstens eine Mittelfeldspielerin“ bedeutet, dass die beiden ersten Spielerinnen nicht beides Mittelfeldspielerinnen sein sollen. Rechne hier mit dem Gegenereignis, indem du von 1 die Wahrscheinlichkeit für „zwei Mittelfeldspielerinnen“ subtrahierst.

Gib die Wahrscheinlichkeit in einem Bruch an.

Die Wahrscheinlichkeit kann zusätzlich als Dezimalbruch oder in Prozent angegeben werden. Dies ist aber nicht verlangt.

d) Anzahl der möglichen Reihenfolgen:
$11! = 39\,916\,800$ Möglichkeiten

Es gilt:
$39\,916\,800 > 32$
$\Rightarrow$ Es ist möglich.

Es gibt 11 Spielerinnen und damit 11 verschiedene Elemente. Die Reihenfolgen sind hier als Anordnungen zu sehen.
Für n verschiedene Elemente gibt es n! Anordnungen und damit n! verschiedene Reihenfolgen.

---

9. $p = 2\text{ m};\ q = 8\text{ m}$

Bei dieser Aufgabe ist es hilfreich, das Angabenblatt immer wieder zu drehen, um die Streckenverhältnisse besser erkennen zu können.

Länge der Strecke h:
$h^2 = 2\text{ m} \cdot 8\text{ m}$
$h^2 = 16\text{ m}^2 \quad |\sqrt{\ }$
$h = 4\text{ m}$

Berechne die Länge der Strecke h mithilfe des Höhensatzes:
$h^2 = p \cdot q$

Länge der Strecke z:
$z = p + q$
$z = 2\text{ m} + 8\text{ m}$
$z = 10\text{ m}$

Berechne die Länge der Hypotenuse z, indem du die beiden Hypotenusenabschnitte addierst.

Länge der Strecke x:

$x^2 = 10\text{ m} \cdot 2\text{ m}$

$x^2 = 20\text{ m} \quad |\sqrt{}$

$x = 4{,}4721\ldots\text{ m}$

$x \approx 4{,}47\text{ m}$

Länge der Strecke y:

$x^2 + y^2 = z^2$

$(4{,}47\text{ m})^2 + y^2 = (10\text{ m})^2 \quad |-(4{,}47\text{ m})^2$

$y^2 = 80{,}0191\text{ m}^2 \quad |\sqrt{}$

$y = 8{,}945\ldots\text{ m}$

$y \approx 8{,}95\text{ m}$

Größe des Winkels α:

$\cos\alpha = \frac{q}{y}$

$\cos\alpha = \frac{8\text{ m}}{8{,}95\text{ m}}$

$\cos\alpha = 0{,}89385\ldots \quad |\cos^{-1}$

$\alpha = 26{,}638\ldots°$

$\alpha \approx 26{,}6°$

Größe des Winkels β:

$26{,}6° + \beta + 90° = 180° \quad |-26{,}6°; -90°$

$\beta = 63{,}4°$

Hinweise und Tipps

Berechne die Länge der Strecke x mithilfe des Kathetensatzes:
$x^2 = z \cdot p$

Runde sinnvoll (hier: zwei Dezimalstellen).

Berechne die Länge der Strecke y mithilfe des Satzes des Pythagoras. Die Strecken x und y sind die Katheten und die Strecke z ist die Hypotenuse im rechtwinkligen Dreieck.

Runde sinnvoll (hier: zwei Dezimalstellen).

Hinweis:
Du kannst y auch mit dem Kathetensatz $y^2 = z \cdot q$ berechnen.

Die Strecke q ist die Ankathete zum Winkel α und die Strecke y die Hypotenuse im rechtwinkligen Dreieck. Mithilfe des Kosinus kann die Größe des Winkels α berechnet werden:

$\cos\alpha = \frac{\text{Ankathete}}{\text{Hypotenuse}}$

Der Winkel β kann über die Winkelsumme im Dreieck bestimmt werden.
$\alpha + \beta + \gamma = 180°$

Hinweis:
Es gibt viele Möglichkeiten, diese Aufgabe zu lösen. Du kannst z. B. auch mit dem Sinus oder dem Tangens rechnen. Je nachdem, welchen Lösungsweg du gewählt hast, kannst du leicht unterschiedliche Ergebnisse erhalten, weil mit gerundeten Werten gerechnet wird.

M10-Musterprüfung an Mittelschulen in Bayern
Mathematik – Teil B: Aufgabengruppe II

Aufgaben Punkte

1. a) Die Parabel p_1 hat die Funktionsgleichung $y=-x^2+7x-10$ und schneidet die x-Achse in den Punkten N_1 und N_2.
Berechnen Sie die x-Koordinaten der Punkte N_1 und N_2.

b) Überprüfen Sie nachvollziehbar, ob die Punkte $Q(3\,|-2)$ und $P(7\,|-10)$ auf der Parabel p_1 liegen.

c) Die nach oben geöffnete Normalparabel p_2 hat den Scheitelpunkt $S_2(5\,|-4)$.
Ermitteln Sie rechnerisch die Funktionsgleichung von p_2 in der Normalform.

d) Die Gerade g: $y=3x-4$ schneidet die Parabel p_3: $y=(x-2)^2+2$ in den Punkten R und T.
Berechnen Sie die Koordinaten von R und T.

e) Zeichnen Sie die Parabeln p_2 und p_3 in ein Koordinatensystem mit der Längeneinheit 1 cm.

f) Die Parabel p_4 hat die Funktionsgleichung $y=(x-1)^2+3$.
Geben Sie die Funktionsgleichung einer möglichen Parabel p_5 an, die nur einen gemeinsamen Punkt mit der Parabel p_4 hat.
Begründen Sie mithilfe eines Textes, einer Rechnung oder einer Zeichnung, warum p_4 und p_5 nur einen gemeinsamen Punkt haben. 7

2. a) Ersetzen Sie den Platzhalter $\square$ jeweils durch den entsprechenden Term und schreiben Sie die mathematisch richtige Gleichung auf Ihr Lösungsblatt.

$49x^2-\square+144y^4=(\square-12y^2)^2$

b) Ersetzen Sie den Platzhalter $\bigcirc$ jeweils durch das entsprechende Rechenzeichen und schreiben Sie die mathematisch richtige Gleichung auf Ihr Lösungsblatt.

$-(4a-9b)^2=-16a^2 \oplus 72ab \ominus 81b^2$ 2

3. a) Gegeben ist eine Gerade g_1: $y=-2x+4$.
Entscheiden Sie, welche dieser Aussagen richtig sind und notieren Sie die zugehörigen Nummern auf Ihr Lösungsblatt.
(1) Die Gerade g_1 verläuft durch den Nullpunkt.
(2) Die Gerade g_1 schneidet die x-Achse im Punkt $(2\,|\,0)$.
(3) Die Gerade g_1 verläuft nicht im 3. Quadranten.
(4) Die Gerade g_1 schneidet die y-Achse im Punkt $(0\,|-4)$.

b) Überprüfen Sie rechnerisch, ob der Punkt $B(86\,|-168)$ auf der Geraden g_1 liegt.

c) Der Punkt $P(4\,|\,2)$ liegt auf einer Geraden g_2 mit der Steigung $m_2=\frac{1}{4}$.
Bestimmen Sie die Funktionsgleichung der Geraden g_2 rechnerisch.

d) Begründen Sie, dass die Gerade g_3: $0=3y+6x-12$ mindestens zwei gemeinsame Punkte mit der Geraden g_1 hat.

e) Die Gerade g_4: $y=1+0{,}5x$ schneidet die Gerade g_1.
Zeigen Sie rechnerisch, dass g_1 senkrecht auf g_4 steht.

f) Berechnen Sie die x-Koordinate des Schnittpunkts N der Geraden g_5: $y=-0{,}5x+3$ mit der x-Achse und geben Sie diesen Punkt an.

g) Zeichnen Sie die Geraden g_1 und g_4 in ein Koordinatensystem mit der Längeneinheit 1 cm. 7

4. Geben Sie die Definitionsmenge der folgenden Gleichung an und ermitteln Sie die Lösungsmenge rechnerisch.

$$\frac{4}{x+2} - \frac{3}{x-1} = 5$$ 4

5. a) Eine Hohlkugel aus Messing hat eine Masse von 4 352 g und einen äußeren Durchmesser von 18 cm.
Berechnen Sie den inneren Radius dieser Kugel, wenn 1 cm^3 Messing eine Masse von 8,5 g hat.

b) Eine andere Messingkugel mit einem Durchmesser von 25 cm wird vergoldet.
Ermitteln Sie rechnerisch den Materialpreis des Blattgoldes, wenn Blattgold 200 €/m^2 kostet. 4

6. Der radioaktive Stoff Plutonium-243 hat eine Halbwertszeit von etwa 5 Stunden.

a) Bestimmen Sie rechnerisch die Masse an Plutonium-243, die bei einer Ausgangsmenge von 200 mg nach 30 Stunden noch vorhanden ist.

b) Berechnen Sie die Masse des ursprünglich vorhandenen Plutoniums-243, wenn nach 20 Stunden noch 15 mg nachweisbar sind.

c) Ermitteln Sie rechnerisch, nach wie vielen Stunden von ursprünglich 400 mg Plutonium-243 noch 12,5 mg vorhanden sind. 5

7. Im abgebildeten gleichseitigen Dreieck ABC gilt:
$|\overline{CE}| = 4\,\text{cm}$; $|\overline{GB}| = 9{,}2\,\text{cm}$

C ist der Mittelpunkt des Kreissektors.
Berechnen Sie die Fläche der Figur PQGF.

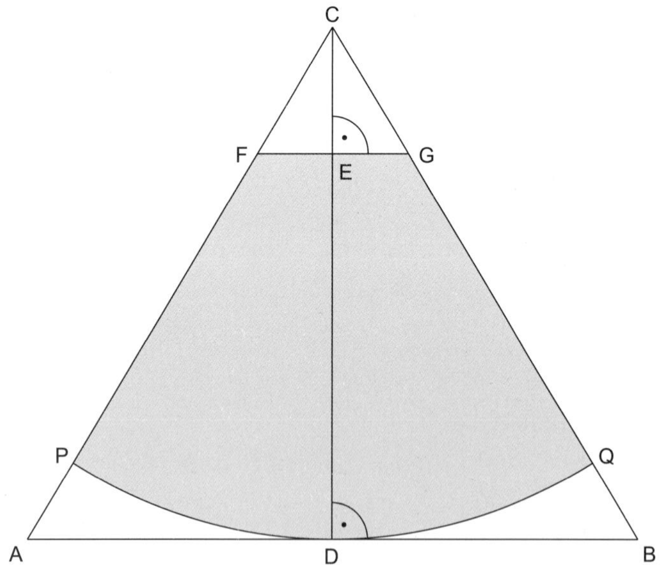

Quelle: StMUK

Hinweis: Skizze nicht maßstabsgetreu. 5

8. Aus einer Kiste mit 17 grünen (G) und 18 roten Äpfeln (R) werden nacheinander nach dem Zufallsprinzip zwei Äpfel entnommen und nicht wieder zurückgelegt.

a) Zeichnen Sie zu diesem Sachverhalt ein Baumdiagramm und beschriften Sie die Äste mit den jeweiligen Wahrscheinlichkeiten.

b) Berechnen Sie die Wahrscheinlichkeit dafür, dass ein roter und ein grüner Apfel aus der Kiste genommen wurden.

c) In anderen Kisten befinden sich Kirschen. Die Wahrscheinlichkeit dafür, dass sich in einer Kiste faule Kirschen befinden, beträgt 0,2.
Jan behauptet: „Da befinden sich ja in jeder zweiten Kiste faule Kirschen."
Begründen Sie, dass Jans Aussage falsch ist. 4

9. Vereinfachen Sie den folgenden Term so weit wie möglich.
Es gilt: a; b; $c \neq 0$

$$\frac{144a^{25} \cdot 0{,}5b^{4} \cdot 10a^{-7}c^{-2}}{8c^{-2} \cdot 0{,}25b^{-4} \cdot 5b^{3} \cdot 12a^{15}}$$ 2

Lösungen

Teil B: Aufgabengruppe II

Hinweise und Tipps

1. a) x-Koordinaten der Schnittpunkte N_1 und N_2 von p_1 mit der x-Achse:

p_1: $y = -x^2 + 7x - 10$

$0 = -x^2 + 7x - 10 \quad |\cdot(-1)$

$0 = x^2 - 7x + 10$

$x_{1/2} = -\frac{-7}{2} \pm \sqrt{\left(\frac{-7}{2}\right)^2 - 10}$

$x_{1/2} = 3{,}5 \pm \sqrt{2{,}25}$

$x_{1/2} = 3{,}5 \pm 1{,}5$

$x_1 = 3{,}5 + 1{,}5$

$x_1 = 5$

$x_2 = 3{,}5 - 1{,}5$

$x_2 = 2$

Die Schnittpunkte einer Normalparabel mit der x-Achse befinden sich an den Nullstellen der quadratischen Funktion.

Setze den Funktionswert $y = 0$ ein und berechne die Nullstellen x_1 und x_2 mithilfe der Lösungsformel für quadratische Gleichungen.

$x_{1/2} = -\frac{p}{2} \pm \sqrt{\left(\frac{p}{2}\right)^2 - q}$

Hier ist $p = -7$ und $q = 10$.

b) Überprüfung, ob die Punkte Q und P auf der Parabel p_1 liegen:

p_1: $y = -x^2 + 7x - 10$

Punkt Q(3 | –2):

$-2 \stackrel{?}{=} -3^2 + 7 \cdot 3 - 10$

$-2 \stackrel{?}{=} -9 + 21 - 10$

$-2 \neq 2$

$\Rightarrow$ Q liegt nicht auf p_1.

Setze die Koordinaten des Punktes Q in die Funktionsgleichung von p_1 ein und fasse zusammen.
Überprüfe, ob die Werte auf beiden Seiten übereinstimmen.

Da beide Seiten nicht die gleichen Werte haben, liegt der Punkt Q nicht auf p_1.

Punkt P(7 | –10):

$-10 \stackrel{?}{=} -7^2 + 7 \cdot 7 - 10$

$-10 \stackrel{?}{=} -49 + 49 - 10$

$-10 = -10$

$\Rightarrow$ P liegt auf p_1.

Setze die Koordinaten des Punktes P in die Funktionsgleichung von p_1 ein und fasse zusammen.

Da beide Seiten die gleichen Werte haben, liegt der Punkt P auf p_1.

c) Funktionsgleichung der Parabel p_2 in der Normalform:

$S_2(5 | -4)$

p_2 nach oben geöffnet: $y = (x - x_S)^2 + y_S$

$y = (x - 5)^2 + (-4)$

$y = x^2 - 10x + 25 - 4$

$y = x^2 - 10x + 21$

Setze den Scheitelpunkt S_2 in die Scheitelpunktform für eine nach oben geöffnete Parabel ein. Achte auf die Vorzeichen.

Berechne die Klammer mithilfe der binomischen Formel und fasse zusammen.

d) Koordinaten der Schnittpunkte R und T der Parabel p_3 und der Geraden g:

$g: y = 3x - 4$

$p_3: y = (x - 2)^2 + 2$

$y = x^2 - 4x + 4 + 2$

$y = x^2 - 4x + 6$

Forme zunächst die Funktionsgleichung der Parabel p_3 in die Normalform um.

$g = p_3$

$3x - 4 = x^2 - 4x + 6 \quad |-3x+4$

$0 = x^2 - 7x + 10$

$x_{1/2} = -\frac{-7}{2} \pm \sqrt{\left(\frac{-7}{2}\right)^2 - 10}$

$x_{1/2} = 3,5 \pm \sqrt{2,25}$

$x_{1/2} = 3,5 \pm 1,5$

$x_1 = 3,5 + 1,5$

$x_1 = 5$

$x_2 = 3,5 - 1,5$

$x_2 = 2$

$x_1 = 5$ in g:

$y_1 = 3 \cdot 5 - 4$

$y_1 = 11$

$\Rightarrow \quad R(5\,|\,11)$

$x_2 = 2$ in g:

$y_2 = 3 \cdot 2 - 4$

$y_2 = 2$

$\Rightarrow \quad T(2\,|\,2)$

e) Grafische Darstellung:

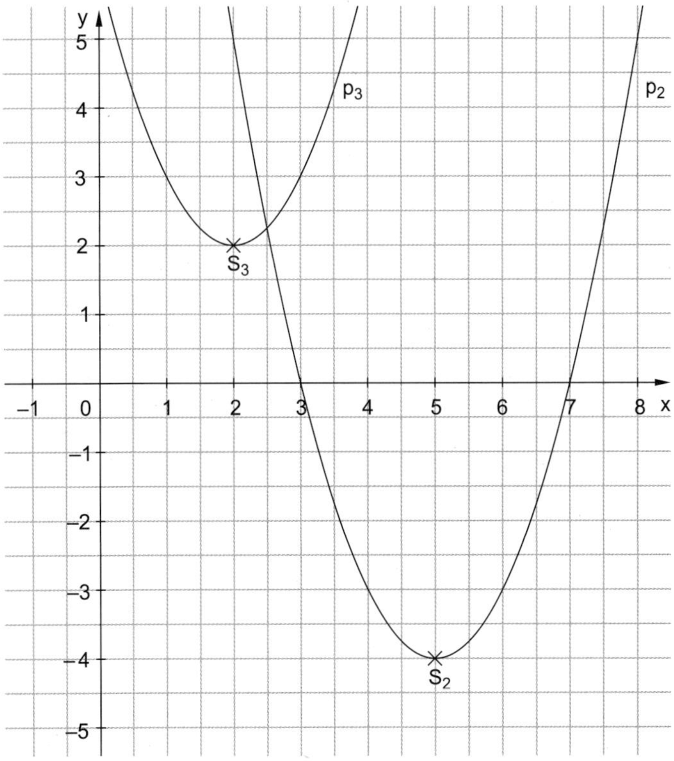

Hinweise und Tipps

Setze die Funktionsterme von g und p_3 gleich. Forme die quadratische Gleichung in die Normalform um und berechne die x-Koordinaten mithilfe der Lösungsformel für quadratische Gleichungen.

$x_{1/2} = -\frac{p}{2} \pm \sqrt{\left(\frac{p}{2}\right)^2 - q}$

Hier ist $p = -7$ und $q = 10$.

Setze x_1 und x_2 jeweils in eine der beiden Funktionsgleichungen (hier: g) ein und berechne die y-Koordinaten der Schnittpunkte R und T.

Gib die Koordinaten der Schnittpunkte an.

Lege ein Koordinatensystem mit der Einheit 1 cm an.

Platzbedarf:
x-Achse: –1 bis +8
y-Achse: –5 bis +5

Beschrifte das Koordinatensystem vollständig.

Trage den Scheitelpunkt S_2 ein und zeichne mithilfe der Parabelschablone die nach oben geöffnete Normalparabel p_2.

Lies den Scheitelpunkt der Parabel p_3 aus der Scheitelpunktform ab ($S_3(2\,|\,2)$). Trage S_3 ein und zeichne mithilfe der Parabelschablone die nach oben geöffnete Normalparabel p_3.

f) Funktionsgleichung:
$p_5: y = -(x-1)^2 + 3$

Begründung:
Die Parabeln p_4 und p_5 haben denselben Scheitelpunkt.
Da p_4 nach oben geöffnet ist und p_5 nach unten geöffnet ist, haben sie nur den Scheitelpunkt gemeinsam.

Hinweise und Tipps

Zwei Parabeln haben nur dann genau einen gemeinsamen Punkt, wenn sie den gleichen Scheitelpunkt haben und eine Parabel nach oben und die andere nach unten geöffnet ist. Da die Parabel p_4 nach oben geöffnet ist (siehe Funktionsgleichung), muss die Parabel p_5 nach unten geöffnet sein.

Wichtig: Hier kann mit einem Text, einer Rechnung oder einer Zeichnung begründet werden. Die alleinige Angabe der Funktionsgleichung ist NICHT ausreichend.

---

2. a) Gegebene Gleichung:
$49x^2 - \square + 144y^4 = (\square - 12y^2)^2$

Lösung:
$49x^2 - \boxed{\mathbf{168xy^2}} + 144y^4 = (\boxed{\mathbf{7x}} - 12y^2)^2$

Das Minus in der Klammer weist darauf hin, dass es sich um eine Anwendung der 2. binomischen Formel handelt:
$a^2 - 2ab + b^2 = (a-b)^2$

Vorgehen beim Lösen:
- Um den ersten Term in der Klammer zu erhalten, ziehe die Wurzel aus dem ersten Term der aufgelösten Klammer (hier: $49x^2$).
- Den gemischten Teil der binomischen Formel berechnest du mithilfe des 1. und des 2. Terms in der Klammer:
  $2 \cdot 7x \cdot 12y^2 = 168xy^2$

b) Gegebene Gleichung:
$-(4a - 9b)^2 = -16a^2 \bigcirc 72ab \bigcirc 81b^2$

Lösung:
$-(4a - 9b)^2 = -16a^2 \oplus 72ab \ominus 81b^2$

Das Minus **in der Klammer** weist darauf hin, dass es sich um eine Anwendung der 2. binomischen Formel handelt:
$(a-b)^2 = a^2 - 2ab + b^2$
Das Minus **vor der Klammer** kehrt alle Vorzeichen in der aufgelösten Form der binomischen Formel um.
Setze die entsprechenden Rechenzeichen in die Platzhalter ein.

---

3. a) Aussagen (2) und (3) sind richtig.

Tipp: Mithilfe einer Skizze der Geraden kannst du die Aussagen leicht überprüfen.
Für die Gerade $g_1: y = -2x + 4$ gilt:
- Der y-Achsenabschnitt ist 4, d. h., g_1 schneidet die y-Achse im Punkt $(0\,|\,4)$. Somit verläuft g_1 nicht durch den Nullpunkt und schneidet die y-Achse auch nicht im Punkt $(0\,|\,-4)$.
  Aussagen (1) und (4) sind falsch.
- Die Nullstelle von g_1 lautet:
  $0 = -2x + 4 \quad |-4$
  $-4 = -2x \quad |:(-2)$
  $x = 2$
  Aussage (2) ist somit richtig.
- Die Gerade schneidet die y-Achse bei 4 und verläuft fallend von links oben nach rechts unten. Daher kann sie nicht durch den 3. Quadranten verlaufen.
  Aussage (3) ist somit richtig.

Hinweise und Tipps

b) Überprüfung, ob der Punkt B auf der Geraden g_1 liegt:
$B(86\,|\,-168)$; g_1: $y = -2x + 4$

$-168 \stackrel{?}{=} -2 \cdot 86 + 4$

$-168 \stackrel{?}{=} -172 + 4$

$-168 = -168$

$\Rightarrow$ B liegt auf g_1.

Setze die Koordinaten des Punktes B in die Funktionsgleichung von g_1 ein und fasse zusammen.
Überprüfe, ob die Werte auf beiden Seiten übereinstimmen.

Da beide Seiten die gleichen Werte haben, liegt der Punkt B auf der Geraden g_1.

c) Funktionsgleichung der Geraden g_2:
$P(4\,|\,2)$; $m_2 = \frac{1}{4}$

$y = m_2 \cdot x + t_2$

$2 = \frac{1}{4} \cdot 4 + t_2$

$2 = 1 + t_2 \qquad |-1$

$1 = t_2$

g_2: $y = \frac{1}{4}x + 1$

Setze den Wert der Steigung m_2 und die Koordinaten des Punktes P in die Normalform ein, um t_2 zu berechnen.

Gib die Funktionsgleichung von g_2 an.

d) Begründung:
g_1: $y = -2x + 4$

g_3: $0 = 3y + 6x - 12 \qquad |-3y$

$-3y = 6x - 12 \qquad |:(-3)$

$y = -2x + 4$

$\Rightarrow g_1 = g_3$

Da die beiden Geraden identisch sind, haben sie unendlich viele gemeinsame Punkte.

Forme die Funktionsgleichung von g_3 zuerst in die Normalform um.
Die Funktionsgleichung von g_3 entspricht der Funktionsgleichung von g_1.

e) Nachweis, dass g_4 senkrecht auf g_1 steht:
$g_1: y = -2x + 4 \Rightarrow m_1 = -2$

$g_4: y = 1 + 0{,}5x$

$y = 0{,}5x + 1 \Rightarrow m_4 = 0{,}5$

$m_1 \cdot m_4 = -2 \cdot 0{,}5 = -1$

$\Rightarrow g_1 \perp g_4$

Zwei Geraden stehen senkrecht aufeinander, wenn der eine Steigungsfaktor dem negativen Kehrwert des anderen entspricht.
Es müsste also gelten:
$m_1 \cdot m_4 = -1$

Die beiden Geraden stehen also senkrecht aufeinander.

f) Koordinaten des Schnittpunkts N von g_5 mit der x-Achse:
$g_5: y = -0{,}5x + 3$

$0 = -0{,}5x + 3 \qquad |-3$

$-3 = -0{,}5x \qquad |:(-0{,}5)$

$6 = x$

$N(6\,|\,0)$

Um den Schnittpunkt der Geraden g_5 mit der x-Achse zu erhalten, musst du die Nullstelle der linearen Funktion berechnen.
An der Nullstelle ist der y-Wert immer 0.

g) Grafische Darstellung:

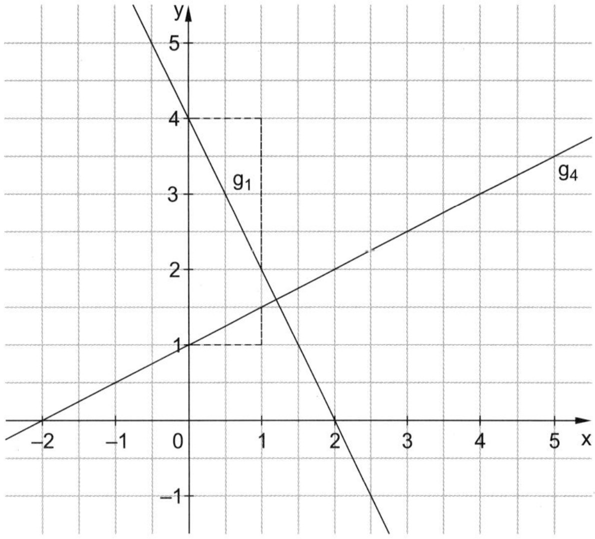

Hinweise und Tipps

Lege ein Koordinatensystem mit der Einheit 1 cm an.

Platzbedarf:
x-Achse: –2 bis +5
y-Achse: –1 bis +5

Beschrifte das Koordinatensystem vollständig.

Zeichne die Geraden g_1 und g_4 mithilfe des y-Achsenabschnitts und des Steigungsdreiecks ein.

---

4. $\frac{4}{x+2} - \frac{3}{x-1} = 5$

Definitionsmenge:

- $x + 2 \neq 0 \quad |-2$
  $x \neq -2$
- $x - 1 \neq 0 \quad |+1$
  $x \neq 1$

$D = \mathbb{R} \setminus \{-2; 1\}$

Bestimme die Definitionsmenge. Die Terme in den Nennern der Brüche dürfen nicht 0 sein.

Gib die Definitionsmenge an. Achte auf die richtige Schreibweise.

Lösungsmenge:
Lösen der Gleichung:
Hauptnenner: $(x+2)(x-1)$

$$\frac{4}{x+2} - \frac{3}{x-1} = 5 \quad |\cdot(x+2)(x-1)$$

Multipliziere mit dem Hauptnenner.

$$4\cdot(x-1) - 3(x+2) = 5(x+2)(x-1)$$
$$4x - 4 - 3x - 6 = 5(x^2 - x + 2x - 2)$$

Löse die Klammern auf. Beachte die Vorzeichen. Fasse zusammen.

$$x - 10 = 5x^2 + 5x - 10 \quad |-x; +10$$

Bringe alles auf eine Seite.

$$0 = 5x^2 + 4x \quad |:5$$
$$0 = x^2 + 0{,}8x$$

Forme die quadratische Gleichung in die Normalform um.

$$x_{1/2} = -\frac{0{,}8}{2} \pm \sqrt{\left(\frac{0{,}8}{2}\right)^2 - 0}$$
$$x_{1/2} = -0{,}4 \pm \sqrt{0{,}4^2}$$
$$x_{1/2} = -0{,}4 \pm 0{,}4$$

Löse mithilfe der Lösungsformel.

$x_{1/2} = -\frac{p}{2} \pm \sqrt{\left(\frac{p}{2}\right)^2 - q}$

Hier ist $p = 0{,}8$ und $q = 0$.

$x_1 = -0{,}4 + 0{,}4$
$x_1 = 0$

$x_2 = -0{,}4 - 0{,}4$
$x_2 = -0{,}8$

Überprüfe, ob die Lösungen in der Definitionsmenge liegen.

$L = \{-0{,}8; 0\}$

Gib die Lösungsmenge an.

Hinweise und Tipps

5. a) Volumen der Hohlkugel:

$m = 4\,352\text{ g};\ \rho = 8{,}5\,\frac{\text{g}}{\text{cm}^3}$

$V_{HK} = m : \rho$

$V_{HK} = 4\,352\text{ g} : 8{,}5\,\frac{\text{g}}{\text{cm}^3}$

$V_{HK} = 512\text{ cm}^3$

Berechne das Volumen der Hohlkugel, indem du die Masse durch die Dichte von Messing dividierst.

Volumen der äußeren Kugel:

$d_a = 18\text{ cm} \Rightarrow r_a = 9\text{ cm}$

$V_{\text{außen}} = \frac{4}{3} r_a^3 \cdot \pi$

$V_{\text{außen}} = \frac{4}{3} \cdot (9\text{ cm})^3 \cdot 3{,}14$

$V_{\text{außen}} = 3\,052{,}08\text{ cm}^3$

Berechne das Volumen der äußeren Kugel mithilfe der Volumenformel für Kugeln:

$V = \frac{4}{3} r^3 \cdot \pi$ oder $V = \frac{1}{6} d^3 \cdot \pi$

Der Durchmesser ist 18 cm, der Radius beträgt somit 9 cm. Rechne mit $\pi = 3{,}14$.

Volumen der inneren Kugel:

$V_{HK} + V_{\text{innen}} = V_{\text{außen}}$

$512\text{ cm}^3 + V_{\text{innen}} = 3\,052{,}08\text{ cm}^3 \quad | -512\text{ cm}^3$

$V_{\text{innen}} = 2\,540{,}08\text{ cm}^3$

Die Summe aus dem Volumen der Hohlkugel und dem Volumen der inneren „Luftkugel" ergibt das Volumen der äußeren Kugel:

$V_{HK} + V_{\text{innen}} = V_{\text{außen}}$

Radius der inneren Kugel:

$\frac{4}{3} \cdot r_i^3 \cdot \pi = 2\,540{,}08\text{ cm}^3 \quad | : \frac{4}{3};\ : 3{,}14$

$r_i^3 = 606{,}7070\ldots\text{ cm}^3 \quad | \sqrt[3]{\ }$

$r_i = 8{,}4656\ldots\text{ cm}$

$r_i \approx 8{,}47\text{ cm}$

Den Radius der inneren Kugel erhältst du, indem du die Volumenformel für Kugeln nach dem Radius auflöst.

$V = \frac{4}{3} r^3 \cdot \pi$

Rechne mit $\pi = 3{,}14$.

Runde sinnvoll (hier: zwei Dezimalstellen).

b) Oberflächeninhalt der Kugel:

$d = 25\text{ cm} \Rightarrow r = 12{,}5\text{ cm}$

$O = d^2 \cdot \pi$

$O = (25\text{ cm})^2 \cdot 3{,}14$

$O = 1\,962{,}5\text{ cm}^2$

Verwende die Formel für den Oberflächeninhalt der Kugel:

$O_K = d^2 \cdot \pi$ oder $O_K = 4 \cdot r^2 \cdot \pi$

Der Durchmesser beträgt 25 cm, der Radius wäre dann 12,5 cm. Rechne mit $\pi = 3{,}14$.

Kosten für das Blattgold:

$200\,\frac{€}{\text{m}^2} = 200\,\frac{€}{10\,000\text{ cm}^2} = 200 \cdot 0{,}0001\,\frac{€}{\text{cm}^2} = 0{,}02\,\frac{€}{\text{cm}^2}$

$K = 1\,962{,}5\text{ cm}^2 \cdot 0{,}02\,\frac{€}{\text{cm}^2}$

$K = 39{,}25\ €$

Beachte, dass hier der Preis für das Blattgold pro m^2 angegeben wurde, die berechnete Einheit jedoch cm^2 ist. Rechne um.

Berechne dann die Kosten.

Hinweis:
Du könntest O auch gleich in m^2 umrechnen und mit den $200\,\frac{€}{\text{m}^2}$ multiplizieren.

---

6. a) Anzahl der Halbwertszeiten:

Gesamtzeitraum: 30 Stunden
Halbwertszeit: 5 Stunden

$n = \frac{30}{5} = 6$

Berechne zunächst die Anzahl der einzelnen Beobachtungszeiträume (hier: Halbwertszeiten) im gesamten Zeitraum.

Masse an Plutonium-243 nach 30 Stunden:

Anfangswert: $W_0 = 200\text{ mg}$
Anzahl der Halbwertszeiten: $n = 6$
Wachstumsfaktor: $q = 0{,}5$
Gesucht: W_6

Halbwertszeit bedeutet, dass nach einem bestimmten Zeitraum nur noch die Hälfte (50 %) der ursprünglichen Menge vorhanden ist. Damit ist der Wachstumsfaktor q hier immer 0,5.

$W_n = W_0 \cdot q^n$
$W_6 = 200\text{ mg} \cdot 0{,}5^6$
$W_6 = 3{,}125\text{ mg}$

Nach 30 Stunden sind noch 3,125 mg Plutonium-243 vorhanden.

Hinweise und Tipps

Setze die gegebenen Werte in die Wachstumsformel ein. Berechne W_n.
$W_n = W_0 \cdot q^n$

b) Anzahl der Halbwertszeiten:

$n = \frac{20}{5} = 4$

Masse des ursprünglich vorhandenen Plutoniums-243:

Endwert:	$W_4 = 15\text{ mg}$
Anzahl der Halbwertszeiten:	$n = 4$
Abnahme:	$q = 0{,}5$
Gesucht: W_0	

$W_n = W_0 \cdot q^n$
$15\text{ mg} = W_0 \cdot 0{,}5^4 \quad |:0{,}5^4$
$240\text{ mg} = W_0$

Ursprünglich waren 240 mg Plutonium-243 vorhanden.

Berechne zunächst die Anzahl der einzelnen Beobachtungszeiträume (hier: Halbwertszeiten) im gesamten Zeitraum.

Setze die gegebenen Werte in die Wachstumsformel ein. Berechne W_0.
$W_n = W_0 \cdot q^n$

c) Anzahl der Beobachtungszeiträume berechnen:

Anfangswert:	$W_0 = 400\text{ mg}$
Endwert:	$W_n = 12{,}5\text{ mg}$
Abnahme:	$q = 0{,}5$
Gesucht: n	

$W_n = W_0 \cdot q^n$
$12{,}5\text{ mg} = 400\text{ mg} \cdot 0{,}5^n \quad |:400\text{ mg}$
$0{,}03125 = 0{,}5^n \quad |\log$
$n = \log_{0,5} 0{,}03125$
$n = 5$

Gesamtzeit in Stunden:
$t = 5 \cdot 5\text{ h}$
$t = 25\text{ h}$

Nach 25 Stunden sind noch 12,5 mg Plutonium-243 vorhanden.

Setze die gegebenen Werte in die Wachstumsformel ein. Löse nach n auf.
$W_n = W_0 \cdot q^n$

Berechne n mithilfe des Logarithmus.

Berechne die Gesamtzeit, indem du die Anzahl der Beobachtungszeiträume mit der Halbwertszeit multiplizierst.

---

7. $|\overline{CE}| = 4\text{ cm}; |\overline{GB}| = 9{,}2\text{ cm}$
$\alpha = \beta = \gamma = 60°$

Länge der Strecke $\overline{CG}$:

$\cos 30° = \frac{|\overline{CE}|}{|\overline{CG}|}$

$\cos 30° = \frac{4\text{ cm}}{|\overline{CG}|} \quad |\cdot|\overline{CG}|;\ :\cos 30°$

$|\overline{CG}| = 4{,}6188\ldots\text{ cm}$
$|\overline{CG}| \approx 4{,}6\text{ cm}$

Da es sich um ein gleichseitiges Dreieck handelt, gilt: $\alpha = \beta = \gamma = 60°$
Zudem halbiert die Mittelsenkrechte $\overline{CD}$ den Winkel γ.
Die Fläche der Figur PQGF erhältst du, indem du von der Fläche des Kreissektors PQC die Fläche des Dreiecks FGC subtrahierst.

Im rechtwinkligen Dreieck CEG ist die Strecke $\overline{CG}$ die Hypotenuse und die Strecke $\overline{CE}$ die Ankathete zum gegebenen Winkel $\sphericalangle ECG = 0{,}5 \cdot \gamma = 30°$.
Berechne die Länge der Strecke $\overline{CG}$ mit dem Kosinus.

$\cos \sphericalangle ECG = \frac{\text{Ankathete}}{\text{Hypotenuse}}$

Länge der Strecke $\overline{EG}$:

$$\sin 30° = \frac{|\overline{EG}|}{|\overline{CG}|}$$

$$\sin 30° = \frac{|\overline{EG}|}{4{,}6\text{ cm}} \quad |\cdot 4{,}6\text{ cm}$$

$$2{,}3\text{ cm} = |\overline{EG}|$$

Hinweise und Tipps

Im rechtwinkligen Dreieck CEG ist $\overline{CG}$ die Hypotenuse und $\overline{EG}$ die Gegenkathete zum gegebenen Winkel $\sphericalangle$ ECG = 30°. Berechne $|\overline{EG}|$ mit dem Sinus.

$$\sin \sphericalangle ECG = \frac{\text{Gegenkathete}}{\text{Hypotenuse}}$$

Hinweis:
Du kannst $|\overline{EG}|$ auch mit dem Satz des Pythagoras oder mit dem Tangens im rechtwinkligen Dreieck CEG berechnen.

Flächeninhalt des Dreiecks FGC:

$$A_{\text{Dreieck}} = \frac{2 \cdot |\overline{EG}| \cdot |\overline{CE}|}{2}$$

$$A_{\text{Dreieck}} = \frac{2 \cdot 2{,}3\text{ cm} \cdot 4\text{ cm}}{2}$$

$$A_{\text{Dreieck}} = 9{,}2\text{ cm}^2$$

Berechne den Flächeninhalt des Dreiecks mit der Formel:

$$A = \frac{g \cdot h}{2}$$

Hier ist $g = 2 \cdot |\overline{EG}|$ und h ist $|\overline{CE}|$.

Länge der Strecke $\overline{CD}$:

$$\frac{|\overline{CE}|}{|\overline{CD}|} = \frac{|\overline{CG}|}{|\overline{CG}| + |\overline{GB}|}$$

$$\frac{4\text{ cm}}{|\overline{CD}|} = \frac{4{,}6\text{ cm}}{4{,}6\text{ cm} + 9{,}2\text{ cm}}$$

$$\frac{4\text{ cm}}{|\overline{CD}|} = \frac{1}{3} \quad |\cdot |\overline{CD}|;\ \cdot 3$$

$$|\overline{CD}| = 12\text{ cm}$$

Zur Berechnung des Kreissektors benötigst du den Radius des Kreises, hier die Länge der Strecke $\overline{CD}$.
Stelle dafür das Streckenverhältnis mit dem 1. Strahlensatz auf. Der Punkt C ist hierbei das Zentrum.

Löse nach $|\overline{CD}|$ auf.

oder:

Länge der Strecke $\overline{CB}$:

$$|\overline{CB}| = |\overline{CG}| + |\overline{GB}|$$

$$|\overline{CB}| = 4{,}6\text{ cm} + 9{,}2\text{ cm}$$

$$|\overline{CB}| = 13{,}8\text{ cm}$$

Zur Berechnung des Kreissektors benötigst du den Radius des Kreises, hier die Länge der Strecke $\overline{CD}$. Um $|\overline{CD}|$ berechnen zu können, musst du zunächst die Längen der Strecken $\overline{CB}$ und $\overline{DB}$ bestimmen.

Länge der Strecke $\overline{DB}$:

$$\frac{|\overline{CG}|}{|\overline{EG}|} = \frac{|\overline{CB}|}{|\overline{DB}|}$$

$$\frac{4{,}6\text{ cm}}{2{,}3\text{ cm}} = \frac{13{,}8\text{ cm}}{|\overline{DB}|}$$

$$2 = \frac{13{,}8\text{ cm}}{|\overline{DB}|} \quad |\cdot |\overline{DB}|;\ :2$$

$$|\overline{DB}| = 6{,}9\text{ cm}$$

Stelle das Streckenverhältnis mit dem 2. Strahlensatz auf, um die Länge der Strecke $\overline{DB}$ zu berechnen. Der Punkt C ist hierbei das Zentrum.

Löse nach $|\overline{DB}|$ auf.

Länge der Strecke $\overline{CD}$:

$$(6{,}9\text{ cm})^2 + |\overline{CD}|^2 = (13{,}8\text{ cm})^2 \quad |-(6{,}9\text{ cm})^2$$

$$|\overline{CD}|^2 = 142{,}83\text{ cm}^2 \quad |\sqrt{\ }$$

$$|\overline{CD}| = 11{,}951\ldots\text{ cm}$$

$$|\overline{CD}| \approx 12\text{ cm}$$

Berechne die Länge der Strecke $\overline{CD}$ mithilfe des Satzes des Pythagoras. Die Strecke $\overline{DB}$ ist eine Kathete und die Strecke $\overline{CB}$ ist die Hypotenuse im rechtwinkligen Dreieck CDB:

$$|\overline{DB}|^2 + |\overline{CD}|^2 = |\overline{CB}|^2$$

Runde sinnvoll (hier: ganze Zentimeter).

Hinweis:
Es gibt noch weitere Möglichkeiten, $|\overline{CD}|$ zu berechnen.

Flächeninhalt des Kreissektors:
$360°:60° = 6$

$A_{Kreissektor} = A_{Kreis} : 6$

$A_{Kreissektor} = |\overline{CD}|^2 \cdot \pi : 6$

$A_{Kreissektor} = (12\text{ cm})^2 \cdot 3{,}14 : 6$

$A_{Kreissektor} = 75{,}36\text{ cm}^2$

$A_{Kreissektor} \approx 75{,}4\text{ cm}^2$

Flächeninhalt der Figur PQGF:

$A_{PQGF} = A_{Kreissektor} - A_{Dreieck}$

$A_{PQGF} = 75{,}4\text{ cm}^2 - 9{,}2\text{ cm}^2$

$A_{PQGF} = 66{,}2\text{ cm}^2$

Hinweise und Tipps

Da der Winkel beim Punkt C 60° beträgt, entspricht die Fläche des Kreissektors einem Sechstel der ganzen Kreisfläche. Berechne den Flächeninhalt mithilfe der Flächeninhaltsformel für den Kreis:

$A_{Kreis} = r^2 \cdot \pi$

Rechne mit $\pi = 3{,}14$.
Runde sinnvoll (hier: eine Dezimalstelle).

Berechne den Flächeninhalt der Figur PQGF, indem du den Flächeninhalt des Dreiecks vom Flächeninhalt des Kreissektors subtrahierst.

---

8. a) Baumdiagramm:

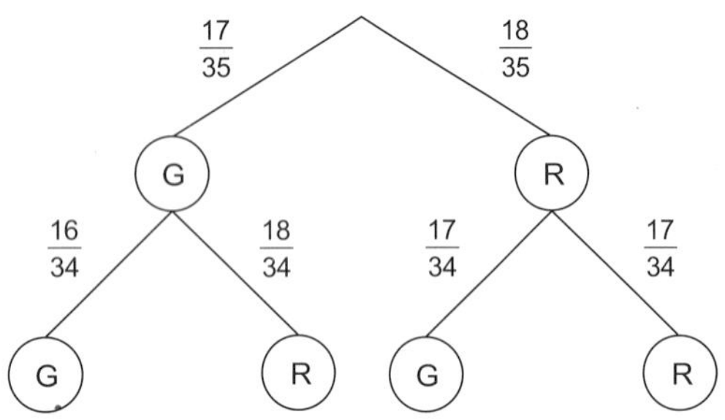

In der Kiste sind 17 grüne Äpfel (G) und 18 rote Äpfel (R), also insgesamt 35 Äpfel.
Es wird zweimal hintereinander ein Apfel entnommen und nicht wieder zurückgelegt. Die Anzahl der Äpfel verringert sich also mit jedem Zug um 1.
Wird beim ersten Zug ein grüner Apfel (G) entnommen, verringert sich die Anzahl der grünen Äpfel um 1, d. h., die Anzahl der grünen Äpfel ist dann 16.
Wird beim ersten Zug ein roter Apfel (R) entnommen, verringert sich die Anzahl der roten Äpfel um 1 auf 17.
Zeichne das Baumdiagramm für 2 Züge. Notiere die Wahrscheinlichkeiten.

b) Wahrscheinlichkeit für „ein roter und ein grüner Apfel":

$$p(GR) = \frac{17}{35} \cdot \frac{18}{34} = \frac{9}{35}$$

$$p(RG) = \frac{18}{35} \cdot \frac{17}{34} = \frac{9}{35}$$

$$p(\text{ein roter und ein grüner Apfel}) = \frac{9}{35} + \frac{9}{35} = \frac{18}{35}$$

Wahrscheinlichkeit in Prozent:
$p\,\% = 18:35 \cdot 100\,\% = 51{,}428\ldots\,\% \approx 51\,\%$

Die Wahrscheinlichkeit, dass ein roter und ein grüner Apfel genommen wurden, beträgt etwa 51 %.

Für das Ereignis „ein roter und ein grüner Apfel" gibt es zwei günstige Ergebnisse: „erst ein grüner und dann ein roter" und „erst ein roter und dann ein grüner". Wende zur Berechnung der zugehörigen Wahrscheinlichkeiten die 1. Pfadregel (Multiplikationsregel) an.

Gib die Gesamtwahrscheinlichkeit an. Wende hierzu die 2. Pfadregel (Additionsregel) an.

Gib die Wahrscheinlichkeit auch in Prozent an.
Runde sinnvoll (hier: ganze Prozent).

c) Begründung:
Die Aussage „jede zweite Kiste" entspricht einer Wahrscheinlichkeit von 50 % und nicht den angegebenen 0,2 = 20 %.

Formuliere eine passende Begründung.

9.

$$\frac{144a^{25} \cdot 0{,}5b^4 \cdot 10a^{-7}c^{-2}}{8c^{-2} \cdot 0{,}25b^{-4} \cdot 5b^3 \cdot 12a^{15}} = \frac{144 \cdot 0{,}5 \cdot 10 \cdot a^{25} \cdot a^{-7} \cdot b^4 \cdot c^{-2}}{8 \cdot 0{,}25 \cdot 5 \cdot 12 \cdot a^{15} \cdot b^{-4} \cdot b^3 \cdot c^{-2}}$$

$$= \frac{720 \cdot a^{18} \cdot b^4 \cdot c^{-2}}{120 \cdot a^{15} \cdot b^{-1} \cdot c^{-2}}$$

$$= 6a^3b^5$$

Stelle im Zähler und Nenner so um, dass jeweils Zahlen und gleiche Variablen beieinanderstehen.

Fasse je die Zähler und Nenner zusammen. Beachte die Potenzgesetze bei gleicher Basis.

Kürze bzw. wende das Potenzgesetz zum Dividieren von Termen mit gleicher Basis an.

M10-Prüfung an Mittelschulen in Bayern 2019
Mathematik – Aufgabengruppe I

Aufgaben

Punkte

1. a) Schreiben Sie die Nummern der richtigen Aussagen auf Ihr Lösungsblatt.

(1) Der Graph jeder beliebigen quadratischen Funktion schneidet die y-Achse.

(2) Der Graph jeder beliebigen quadratischen Funktion schneidet die x-Achse.

(3) Der Graph jeder beliebigen quadratischen Funktion besitzt einen Scheitelpunkt.

(4) An der Funktionsgleichung jeder quadratischen Funktion kann der Schnittpunkt des Graphen mit der y-Achse ohne Berechnung direkt abgelesen werden.

b) Ermitteln Sie rechnerisch den Scheitelpunkt S_1 der nach oben geöffneten Normalparabel p_1: $y = x^2 - 7x + 10$.

c) Berechnen Sie die Koordinaten aller Schnittpunkte von p_1 mit der x-Achse und der y-Achse und geben Sie die Punkte an.

d) Die nach oben geöffnete Normalparabel p_2 mit der Funktionsgleichung p_2: $y = x^2 + 3x$ schneidet die Parabel p_1 im Punkt T.
Bestimmen Sie rechnerisch die Koordinaten von T und geben Sie den Punkt an.

e) Eine Parabel p_4 soll keinen gemeinsamen Punkt mit der nach unten geöffneten Normalparabel p_3 mit dem Scheitelpunkt $S_3(-2\,|\,1)$ haben. Geben Sie die Funktionsgleichung einer möglichen Parabel p_4 in Scheitelpunktform an.

f) Zeichnen Sie die Graphen von p_1 und p_2 in ein Koordinatensystem mit der Längeneinheit 1 cm. 8

2. Geben Sie die Definitionsmenge der folgenden Gleichung an und ermitteln Sie die Lösungsmenge rechnerisch.

$$\frac{x}{2x-2} - 0{,}25 = \frac{2}{4x-8}$$ 4

3. Die Einfassung eines Brunnens hat von oben betrachtet die Form eines regelmäßigen Fünfecks (siehe Skizze).

Berechnen Sie den Flächeninhalt der grauen Fläche ($s = 2$ m; $a = 3$ m; $a \parallel s$).

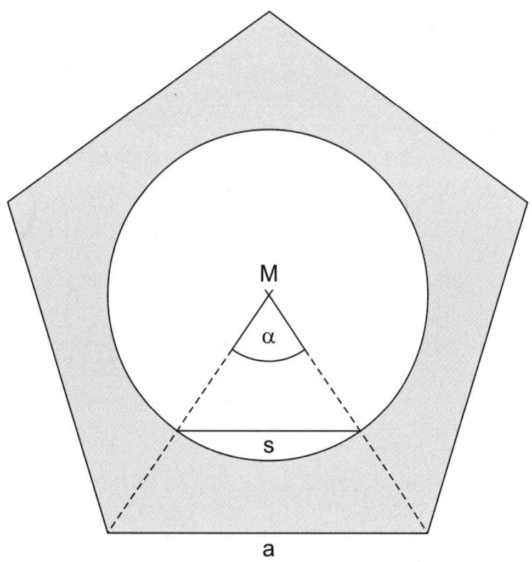

Hinweis: Skizze nicht maßstabsgetreu 5

4. Die Gerade g_1 mit der Steigung $m_1 = 2$ verläuft durch den Punkt A $(5|3)$.

a) Bestimmen Sie die Funktionsgleichung von g_1 rechnerisch.

b) Die Gerade g_2 verläuft durch den Ursprung und schneidet g_1 senkrecht.
Ermitteln Sie rechnerisch die Funktionsgleichung von g_2.

c) Zeichnen Sie die beiden Geraden g_1 und g_2 in ein Koordinatensystem mit der Längeneinheit 1 cm.

d) Berechnen Sie die Größe des spitzen Winkels α, den die Gerade g_1 mit der x-Achse einschließt.

e) Überprüfen Sie, ob die unten stehenden Geraden jeweils parallel zu g_1 sind.
Begründen Sie in beiden Fällen Ihre Entscheidung.

g_3: $4x + 2y = 8x + 3$

g_4: $-\frac{y}{2} = x + 1$

f) Auf der Geraden g_5 liegen die Punkte $E(-2|4)$ und $F(2|-2)$.
Bestimmen Sie die Funktionsgleichung von g_5 rechnerisch. 8

5. Ein zylinderförmiges Gefäß mit einem Innendurchmesser von 10,0 cm ist zur Hälfte mit Wasser gefüllt.

a) Beim vollständigen Eintauchen eines Metallstücks mit einer Masse von 1 050 g in den Zylinder steigt der Wasserstand um 1,5 cm an. Berechnen Sie die Masse von 1 cm^3 dieses Metalls.

b) Ein kugelförmiges Metallstück hat ein Volumen von 560 cm^3.
Weisen Sie rechnerisch nach, dass diese Kugel nicht in den vorgegebenen Zylinder eingetaucht werden kann. 4

6. Schreiben Sie die folgenden Aussagen auf Ihr Lösungsblatt und ersetzen Sie jeweils den Platzhalter $\blacksquare$ so, dass die Streckenverhältnisse richtig wiedergegeben werden. Es gilt: $g_1 \| g_2 \| g_3$

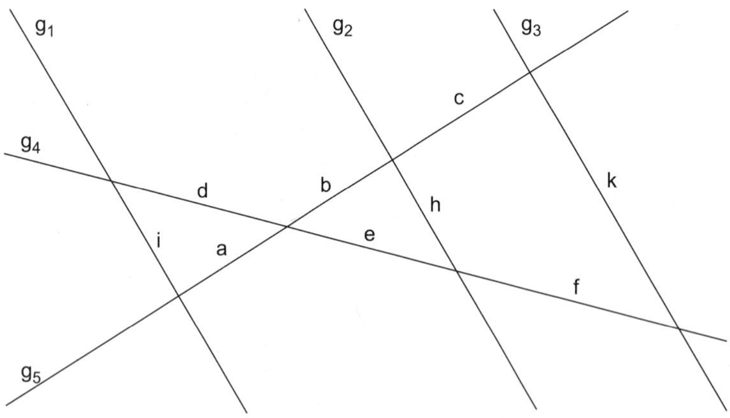

Hinweis: Skizze nicht maßstabsgetreu

a) $\frac{\blacksquare}{a} = \frac{k}{i}$ b) $\frac{e}{d} = \frac{\blacksquare}{a}$ c) $\frac{b+c}{k} = \frac{b}{\blacksquare}$ 3

7. Bei folgenden Aufgaben handelt es sich um Anwendungen der zentrischen Streckung:

a) Das Volumen eines Würfels wird um das 27-fache verkleinert.
Ermitteln Sie den Streckungsfaktor k.

b) Der Radius eines Kreises wird um 6 cm verlängert. Dadurch vervierfacht sich der Flächeninhalt des Kreises.
Berechnen Sie den ursprünglichen Radius r und den neuen Radius r'. 3

8. Elektroautos erfreuen sich einer immer größeren Beliebtheit.

a) In den drei Jahren von 2003 bis 2006 stieg die Anzahl der zugelassenen Elektroautos in Deutschland durchschnittlich um 4 % pro Jahr.
Im Jahr 2006 waren 1 931 Fahrzeuge angemeldet.
Berechnen Sie die Zahl der zugelassenen Elektroautos für das Jahr 2003.

b) In den folgenden 12 Jahren bis zum Jahr 2018 stieg die Zahl der zugelassenen Elektroautos auf 34 022.
Ermitteln Sie rechnerisch die durchschnittliche jährliche Zunahme in Prozent.

c) Ab 2018 erhofft sich die Automobilindustrie eine durchschnittliche jährliche Zunahme von 31 %.
Berechnen Sie, nach wie vielen Jahren sich unter dieser Annahme die Zahl der zugelassenen Elektroautos auf 131 255 erhöht. 4

9. Lösen Sie die Gleichungen für $x \in \mathbb{Z}$.
Stellen Sie Ihre Lösungswege nachvollziehbar dar.

a) $(2^2)^x = \frac{1}{64}$ b) $5^x : 5^{-2} = 5^3$ c) $(-2) \cdot (-2)^x = (-2)^{-4}$ 3

10. Aus einem Korb mit 8 gekochten und 2 rohen Eiern werden 3 Eier entnommen und nicht wieder zurückgelegt.

a) Zeichnen Sie für diesen Ablauf ein Baumdiagramm und beschriften Sie dieses mit den jeweiligen Wahrscheinlichkeiten.

b) Berechnen Sie die Wahrscheinlichkeit, dass bei diesem Ablauf genau ein rohes Ei entnommen wird. 3

Lösungen

Aufgabengruppe I

Hinweise und Tipps

1. a) korrekte Aussagen: (1), (3)

Jede quadratische Funktion kann in die Normalform $y = x^2 + px + q$ umgeformt werden. Der Wert von q ist die y-Koordinate des Schnittpunkts mit der y-Achse. Die Aussage (1) ist richtig.

Für $y_s < 0$ hat eine nach unten geöffnete Parabel mit dem Scheitelpunkt $S(x_s \mid y_s)$ keinen Schnittpunkt mit der x-Achse. Die Aussage (2) ist falsch.

Jede quadratische Funktion kann in die Scheitelpunktform umgeformt werden. Die Aussage (3) ist richtig.

An der Funktionsgleichung einer quadratischen Funktion in der Scheitelpunktform kann der Schnittpunkt mit der y-Achse nicht direkt abgelesen werden. Die Aussage (4) ist falsch.

b) Scheitelpunkt S_1 von p_1:

$y = x^2 - 7x + 10$

$y = (x^2 - 2 \cdot 3{,}5x + 3{,}5^2) - 3{,}5^2 + 10$

$y = (x - 3{,}5)^2 - 12{,}25 + 10$

$y = (x - 3{,}5)^2 - 2{,}25$

$S_1(3{,}5 \mid -2{,}25)$

Forme die Funktionsgleichung durch quadratische Ergänzung in die Scheitelpunktform um.
Bilde das Binom.
Lies die Koordinaten des Scheitelpunkts S_1 aus der Scheitelpunktform ab und gib die vollständigen Koordinaten des Scheitelpunkts S_1 an.

c) Koordinaten der Schnittpunkte von p_1 mit der x-Achse:

$p_1: y = x^2 - 7x + 10$

$x^2 - 7x + 10 = 0$

$x_{1/2} = 3{,}5 \pm \sqrt{(-3{,}5)^2 - 10}$

$x_{1/2} = 3{,}5 \pm \sqrt{12{,}25 - 10}$

$x_{1/2} = 3{,}5 \pm \sqrt{2{,}25}$

$x_{1/2} = 3{,}5 \pm 1{,}5$

$x_1 = 3{,}5 - 1{,}5$

$x_1 = 2$

$x_2 = 3{,}5 + 1{,}5$

$x_2 = 5$

Die Schnittpunkte einer Normalparabel mit der x-Achse sind die Nullstellen der quadratischen Funktion. Setze den Funktionswert $y = 0$ und berechne die Nullstellen x_1 und x_2 mithilfe der Lösungsformel für quadratische Gleichungen.

$$x_{1/2} = -\frac{p}{2} \pm \sqrt{\left(\frac{p}{2}\right)^2 - q}$$

Hier ist $p = -7$ und $q = 10$.

$N_1(2 \mid 0)$
$N_2(5 \mid 0)$

Gib die Koordinaten von N_1 und N_2 an.

Koordinaten des Schnittpunkts Y von p_1 mit der y-Achse:

$p_1: y = x^2 - 7x + 10$

$y = 0^2 - 7 \cdot 0 + 10$

$y = 10$

$Y(0 \mid 10)$

Die x-Koordinate des Schnittpunkts einer Normalparabel mit der y-Achse hat den Wert 0. Setze in die Funktionsgleichung von p_1 $x = 0$ ein und berechne y.
Gib die Koordinaten von Y an.

Hinweise und Tipps

d) Koordinaten des Schnittpunkts T von p_1 mit p_2:

$p_1: y = x^2 - 7x + 10$

$p_2: y = x^2 + 3x$

$$x^2 - 7x + 10 = x^2 + 3x \quad | -x^2; -3x$$
$$-10x + 10 = 0 \quad | -10$$
$$-10x = -10 \quad | :(-10)$$
$$x = 1$$

$x = 1$ in p_2:

$y = 1^2 + 3 \cdot 1$

$y = 4$

$T(1 | 4)$

Setze die Funktionsgleichungen p_1 und p_2 gleich. Löse nach x auf.

Setze $x = 1$ in eine der beiden Funktionsgleichungen (hier: p_2) ein und berechne die y-Koordinate des Schnittpunkts.
Gib die Koordinaten des Schnittpunkts T an.

e) Funktionsgleichung einer möglichen Parabel p_4 in Scheitelpunktform:

Bezugspunkt ist der Scheitelpunkt der Normalparabel p_3:
$S_3(-2 | 1)$
möglicher Scheitelpunkt für p_4:
$S_4(-2 | 1{,}5)$

Funktionsgleichung von p_4 in Scheitelpunktform:
p_4 nach oben geöffnet:

$y = (x - x_{S_4})^2 + y_{S_4}$

$p_4: y = (x + 2)^2 + 1{,}5$

Bedingungen für eine Parabel p_4, die keinen Schnittpunkt mit der nach unten geöffneten Normalparabel p_3 hat.
$S_3(-2 | 1)$
$S_4(x_4 | y_4)$
Die Parabel p_4 muss nach oben geöffnet sein.
Der Scheitelpunkt S_4 der Parabel p_4 muss über dem Scheitelpunkt S_3 der Parabel p_3 liegen.
Die y_4-Koordinate von S_4 muss größer sein als die y_3-Koordinate von S_3.
Die x_4-Koordinate von S_4 verschiebt den Scheitelpunkt entlang der x-Achse und darf beliebige Werte annehmen.
Alle Werte für $x \in \mathbb{R}$ (hier: $x_4 = -2$) und $y_4 > 1$ (hier: $y_4 = 1{,}5$) erfüllen die Bedingungen.
Setze die Koordinaten von S_4 in die Scheitelpunktform für eine nach oben geöffnete Normalparabel ein.

f) Scheitelpunkt S_2 von p_2:

$p_2: y = x^2 + 3x$

$y = x^2 + 2 \cdot 1{,}5x + 1{,}5^2 - 1{,}5^2$

$y = (x + 1{,}5)^2 - 2{,}25$

$S_2(-1{,}5 | -2{,}25)$

Forme die Funktionsgleichung durch quadratische Ergänzung in die Scheitelpunktform um.
Bilde das Binom.
Lies die Koordinaten des Scheitelpunkts S_2 aus der Scheitelpunktform ab und gib die vollständigen Koordinaten des Scheitelpunkts S_2 an.

Hinweise und Tipps

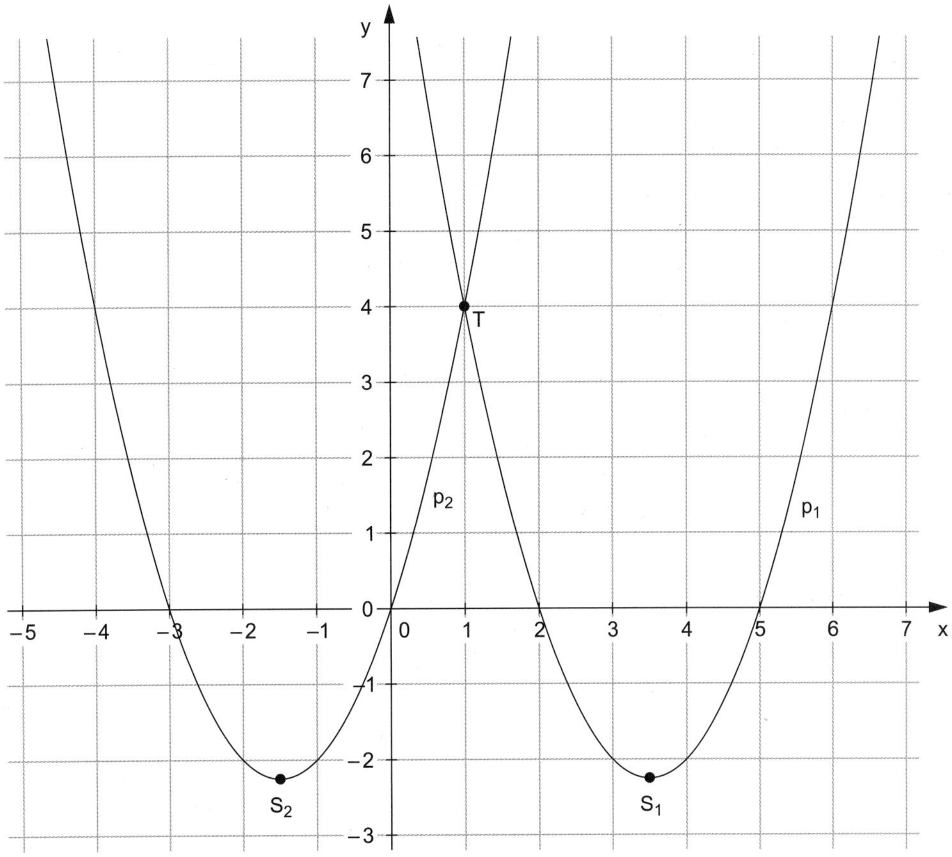

Lege ein Koordinatensystem mit der Einheit 1 cm an. Platzbedarf:
x-Achse: −5 bis +7
y-Achse: −3 bis +7
Beschrifte das Koordinatensystem vollständig.
Trage den Scheitelpunkt S_1 ein und zeichne mithilfe der Kurvenschablone die nach oben geöffnete Normalparabel p_1. Trage den Scheitelpunkt S_2 ein und zeichne mithilfe der Kurvenschablone die nach oben geöffnete Normalparabel p_2. Wenn du genau gezeichnet hast, schneiden sich die Graphen im Punkt $T(1\,|\,4)$.

2. $\dfrac{x}{2x-2} - 0{,}25 = \dfrac{2}{4x-8}$

Bestimme die Definitionsmenge. Die Terme im Nenner dürfen nicht null sein. Gib die Definitionsmenge an.

Definitionsmenge:

$$2x-2 \neq 0 \quad |+2$$
$$2x \neq 2 \quad |:2$$
$$x \neq 1$$

$$4x-8 \neq 0 \quad |+8$$
$$4x \neq 8 \quad |:4$$
$$x \neq 2$$

$\mathbb{D} = \mathbb{R} \setminus \{1;\, 2\}$

Lösungsmenge:

Multipliziere mit dem Hauptnenner.
Multipliziere aus.
Fasse zusammen.
Forme die quadratische Gleichung in die Normalform um.
Klammere x aus.

$$\frac{x}{2x-2} - 0{,}25 = \frac{2}{4x-8} \quad |\cdot(2x-2)\cdot(4x-8)$$
$$x\cdot(4x-8) - 0{,}25\cdot(2x-2)\cdot(4x-8) = 2\cdot(2x-2)$$
$$4x^2 - 8x - 0{,}25\cdot(8x^2 - 16x - 8x + 16) = 4x - 4$$
$$4x^2 - 8x - 2x^2 + 4x + 2x - 4 = 4x - 4$$
$$2x^2 - 2x - 4 = 4x - 4 \quad |-4x;\, +4$$
$$2x^2 - 6x = 0 \quad |:2$$

Hinweise und Tipps

$x^2 - 3x = 0$

$x \cdot (x-3) = 0$

$x_1 = 0$

$x_2 - 3 = 0 \quad |+3$

$x_2 = 3$

Ein Produkt hat genau dann den Wert 0, wenn ein Faktor 0 ist.

$x_1 \neq 1$ und $x_1 \neq 2$

$x_2 \neq 1$ und $x_2 \neq 2$

$\mathbb{L} = \{0; 3\}$

Überprüfe, ob die Lösungen in $\mathbb{D}$ liegen. Beide Lösungen liegen in $\mathbb{D}$. Gib die Lösungsmenge an.

oder:

$x^2 - 3x = 0$

$x_{1/2} = 1{,}5 \pm \sqrt{(-1{,}5)^2 - 0}$

$x_{1/2} = 1{,}5 \pm \sqrt{2{,}25}$

$x_{1/2} = 1{,}5 \pm 1{,}5$

$x_1 = 1{,}5 - 1{,}5$

$x_1 = 0$

$x_2 = 1{,}5 + 1{,}5$

$x_2 = 3$

Löse mithilfe der Lösungsformel für quadratische Gleichungen.

$x_{1/2} = -\frac{p}{2} \pm \sqrt{\left(\frac{p}{2}\right)^2 - q}$

Hier ist $p = -3$ und $q = 0$.

$x_1 \neq 1$ und $x_1 \neq 2$

$x_2 \neq 1$ und $x_2 \neq 2$

$\mathbb{L} = \{0; 3\}$

Überprüfe, ob die Lösungen in $\mathbb{D}$ liegen, und gib die Lösungsmenge an.

3. Größe des Mittelpunktswinkels α:

$\alpha = \frac{360°}{5}$

$\alpha = 72°$

Der Flächeninhalt der grauen Fläche ist die Differenz aus dem Flächeninhalt des Fünfecks und dem Flächeninhalt des weißen Kreises.
Das Bestimmungsdreieck des regelmäßigen Fünfecks ist ein gleichschenkliges Dreieck.

Zeichne eine Skizze des Bestimmungsdreiecks. Zeichne die Dreieckshöhe h ein. Trage alle gegebenen Werte ein.

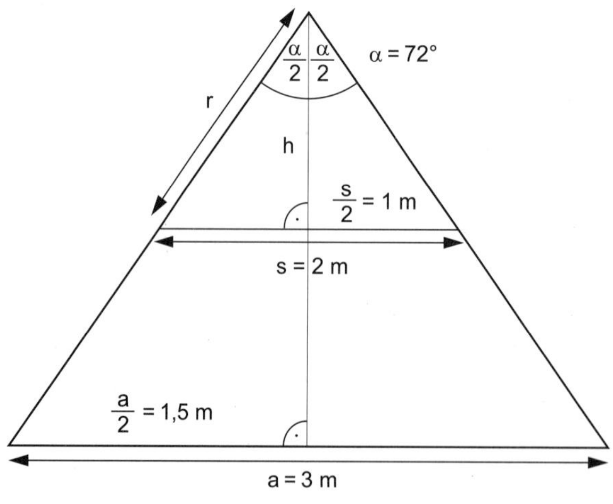

Länge der Höhe h:

$\frac{\alpha}{2} = 36°$

$\frac{a}{2} = 1{,}5\ \text{m}$

$\tan 36° = \frac{1{,}5\ \text{m}}{h} \quad |\cdot h;\ :\tan 36°$

$h = \frac{1{,}5\ \text{m}}{\tan 36°}$

Im gleichschenkligen Dreieck halbiert die Höhe die Grundseite.
Im großen rechtwinkligen Dreieck ist $\frac{a}{2}$ die Gegenkathete und h die Ankathete zum Winkel $\frac{\alpha}{2}$.
Berechne die Länge der Höhe h mithilfe des Tangens.

$\tan\frac{\alpha}{2} = \frac{\text{Gegenkathete}}{\text{Ankathete}}$

$h = 2{,}064\ldots\ m$

$h \approx 2{,}1\ m$

Flächeninhalt des regelmäßigen Fünfecks A_5:

$A_5 = 5 \cdot \frac{1}{2} \cdot 3\ m \cdot 2{,}1\ m$

$A_5 = 15{,}75\ m^2$

Länge des Radius r:

$\frac{\alpha}{2} = 36°$

$\frac{s}{2} = 1\ m$

$\sin 36° = \frac{1\ m}{r} \quad | \cdot r;\ :\sin 36°$

$r = \frac{1\ m}{\sin 36°}$

$r = 1{,}701\ldots\ m$

$r \approx 1{,}7\ m$

Flächeninhalt des weißen Kreises:

$A_{Kreis} = (1{,}7\ m)^2 \cdot 3{,}14$

$A_{Kreis} = 9{,}0746\ m^2$

$A_{Kreis} \approx 9{,}07\ m^2$

Flächeninhalt der grauen Fläche A_{grau}:

$A_{grau} = A_5 - A_{Kreis}$

$A_{grau} = 15{,}75\ m^2 - 9{,}07\ m^2$

$A_{grau} = 6{,}68\ m^2$

$A_{grau} \approx 6{,}7\ m^2$

Hinweise und Tipps

Runde die Länge der Höhe sinnvoll (hier: 1 Dezimalstelle).

Berechne den Flächeninhalt des regelmäßigen Fünfecks.

$A_5 = 5 \cdot A_{Bestimmungsdreieck} = 5 \cdot \frac{1}{2} a \cdot h$

Im kleinen rechtwinkligen Dreieck ist $\frac{s}{2}$ die Gegenkathete zum Winkel $\frac{\alpha}{2}$ und r die Hypotenuse.

Berechne die Länge des Radius r mithilfe des Sinus.

$\sin \frac{\alpha}{2} = \frac{\text{Gegenkathete}}{\text{Hypotenuse}}$

Runde die Länge des Radius sinnvoll (hier: 1 Dezimalstelle).

Berechne den Flächeninhalt des weißen Kreises: $A_{Kreis} = r^2 \cdot \pi$

Du kannst die π-Taste verwenden oder mit $\pi = 3{,}14$ rechnen (hier: $\pi = 3{,}14$). Runde den Flächeninhalt des Kreises sinnvoll (hier: 2 Dezimalstellen).

Subtrahiere vom Flächeninhalt des regelmäßigen Fünfecks den Flächeninhalt des weißen Kreises und du erhältst den Flächeninhalt der grauen Fläche. Runde das Ergebnis sinnvoll (hier: 1 Dezimalstelle).

---

4. a) Funktionsgleichung von g_1:

$m_1 = 2$ und $A(5|3)$ in g_1:

$y = m_1 \cdot x + t_1$

$3 = 2 \cdot 5 + t_1$

$3 = 10 + t_1 \quad |-10$

$t_1 = -7$

g_1: $y = 2x - 7$

Setze den Wert der Steigung m_1 und die Koordinaten des Punkts A in die Normalform einer linearen Funktion ein und berechne t_1. Gib die vollständige Funktionsgleichung an.

b) Funktionsgleichung von g_2:

Steigung:

$m_1 \cdot m_2 = -1$

$2 \cdot m_2 = -1 \quad |:2$

$m_2 = -0{,}5$

Achsenabschnitt von g_2:

$t_2 = 0$

g_2: $y = -0{,}5x$

Die Gerade g_2 steht senkrecht auf g_1. Berechne die Steigung m_2 der Geraden g_2 mit der Formel für die Steigung von senkrechten Geraden. Die Gerade g_2 verläuft durch den Koordinatenursprung, der y-Achsenabschnitt hat den Wert 0. Gib die vollständige Funktionsgleichung an.

Hinweise und Tipps

c) grafische Darstellung:

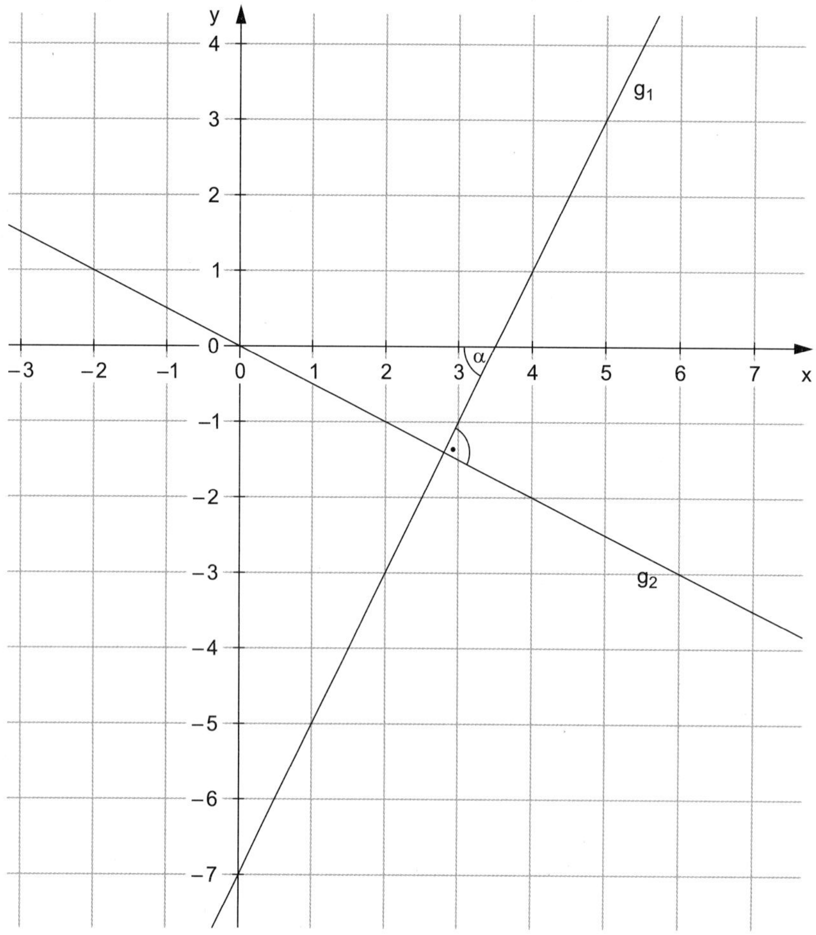

Lege ein Koordinatensystem mit der Einheit 1 cm an.
Platzbedarf:
x-Achse: –3 bis +7
y-Achse: –7 bis +4
Beschrifte das Koordinatensystem vollständig.
Zeichne g_1 und g_2 jeweils mithilfe des y-Achsenabschnitts und des Steigungsdreiecks.
Kontrolliere, ob der Punkt A in deiner Zeichnung auf g_1 liegt.
Kontrolliere mit dem Geodreieck, ob g_2 senkrecht zu g_1 steht.

d) Größe des spitzen Winkels α:
Länge der Gegenkathete: 7 cm
Länge der Ankathete: 3,5 cm

$$\tan\alpha = \frac{7\text{ cm}}{3{,}5\text{ cm}}$$

$$\tan\alpha = 2$$

$$\alpha = 63{,}434\ldots°$$

$$\alpha \approx 63{,}4°$$

oder:

$$\tan\alpha = m_1$$

$$\tan\alpha = 2$$

$$\alpha = 63{,}434\ldots°$$

$$\alpha \approx 63{,}4°$$

Die Schnittpunkte der Geraden g_1 mit der x-Achse und der y-Achse und der Koordinatenursprung sind die Eckpunkte eines rechtwinkligen Dreiecks.
Der y-Achsenabschnitt ist die Gegenkathete, die Entfernung vom Koordinatenursprung zum Schnittpunkt der Geraden g_1 mit der x-Achse die Ankathete. Lies die Länge der Ankathete und der Gegenkathete aus der grafischen Darstellung ab und berechne die Größe des Winkels α mit dem Tangens.

$$\tan\alpha = \frac{\text{Gegenkathete}}{\text{Ankathete}}$$

Runde die Größe des Winkels sinnvoll (hier: 1 Dezimalstelle).
Der Tangens des Winkels, den eine Gerade g mit der y-Achse bildet, ergibt die Steigung der Geraden g.

e) Prüfen, ob g_3 parallel zu g_1:

$$g_3:\ 4x+2y=8x+3 \quad |-4x$$
$$2y=4x+3 \quad |:2$$
$$y=2x+1{,}5$$

$m_3=2$ und $m_1=2$

$m_3=m_1$

g_3 ist parallel zu g_1.

Prüfen, ob g_4 parallel zu g_1:

$$g_4:\ -\frac{y}{2}=x+1 \quad |\cdot(-2)$$
$$y=-2x-2$$

$m_4=-2$ und $m_1=2$

$m_4 \neq m_1$

g_4 ist nicht parallel zu g_1.

Hinweise und Tipps

Zueinander parallele Geraden haben die gleiche Steigung.
Forme die Funktionsgleichungen von g_3 und g_4 jeweils in die Normalform für eine lineare Funktion um: $y=m\cdot x+t$
Vergleiche die Steigungen m_3 und m_4 mit m_1.

f) Funktionsgleichung der Geraden g_5 durch die Punkte E und F:
$E(-2|4)$; $F(2|-2)$

$$m_5=\frac{-2-4}{2-(-2)}=\frac{-6}{4}=-\frac{3}{2}=-1{,}5$$

$m_5=-1{,}5$ und $E(-2|4)$ in g_5: $y=m_5\cdot x+t_5$

$$4=-1{,}5\cdot(-2)+t_5$$
$$4=3+t_5 \quad |-3$$
$$t_5=1$$

g_5: $y=-1{,}5x+1$

Steigungsformel:

$$m=\frac{y_2-y_1}{x_2-x_1}$$

Setze die Koordinaten der Punkte E und F in die Steigungsformel ein und berechne die Steigung m_5. Achte auf die Vorzeichen.
Setze den Wert der Steigung m_5 und die Koordinaten eines Punkts (hier: E) in die Normalform einer linearen Funktion ein und berechne t_5.
Gib die vollständige Funktionsgleichung der Geraden g_5 an.

5. a) Volumen des Metallstücks in cm^3:

$d=10$ cm
$r=5$ cm
$h=1{,}5$ cm

$$V_{Metallstück}=(5\text{ cm})^2\cdot 3{,}14\cdot 1{,}5\text{ cm}$$
$$V_{Metallstück}=117{,}75\text{ cm}^3$$

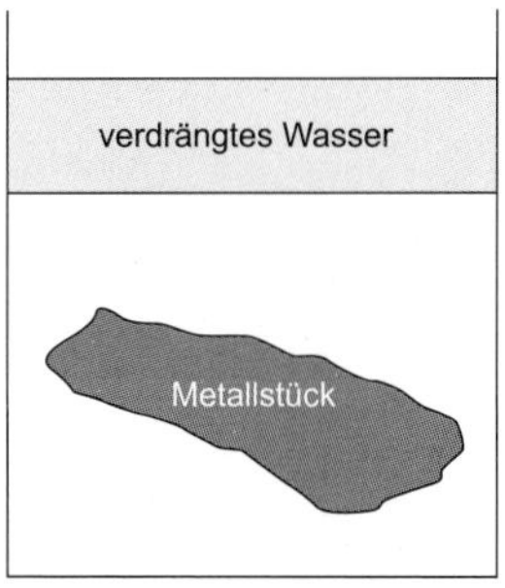

Das Volumen des Metallstücks ist gleich dem Volumen des verdrängten Wassers im Zylinder. Berechne das Volumen des verdrängten Wassers.
$V_z=r^2\cdot\pi\cdot h$
Du kannst die π-Taste verwenden oder mit $\pi=3{,}14$ rechnen (hier: $\pi=3{,}14$).

Masse von 1 cm^3 dieses Metalls in g:

$$\frac{1\,050\text{ g}}{117{,}75\text{ cm}^3}=8{,}917\ldots\frac{\text{g}}{\text{cm}^3}\approx 8{,}9\frac{\text{g}}{\text{cm}^3}$$

1 cm^3 dieses Metalls hat eine Masse von 8,9 g.

Die Masse des gesamten Metallstücks und das Volumen des Metallstücks sind nun bekannt. Berechne die Masse von 1 cm^3 Metall.
Runde sinnvoll (hier: 1 Dezimalstelle).

b) Radius der Kugel:

$V=560\text{ cm}^3$

$$560\text{ cm}^3=\frac{4}{3}\cdot r_k^3\cdot 3{,}14 \quad |\cdot 3;\ :4;\ :3{,}14$$
$$133{,}757\ldots\text{ cm}^3=r_k^3 \quad |\sqrt[3]{\ }$$
$$r_k=5{,}114\ldots\text{ cm}$$
$$r_k\approx 5{,}1\text{ cm}$$

Berechne den Radius der Kugel.

$$V=\frac{4}{3}\cdot r_k^3\cdot\pi$$

Rechne hier mit $\pi=3{,}14$.
Runde sinnvoll (hier: 1 Dezimalstelle).

Durchmesser der Kugel:

$d_k = 2 \cdot r_k$

$d_k = 2 \cdot 5{,}1\ \text{cm}$

$d_k = 10{,}2\ \text{cm}$

Durchmesser des Zylinders:

$d = 10\ \text{cm}$

$d_k > d$

Die Kugel passt nicht in den Zylinder.

Hinweise und Tipps

Vergleiche den Durchmesser der Kugel mit dem Durchmesser des Zylinders.

---

6. a) $\frac{b+c}{a} = \frac{k}{i}$

Wende die Strahlensätze an.
2. Strahlensatz

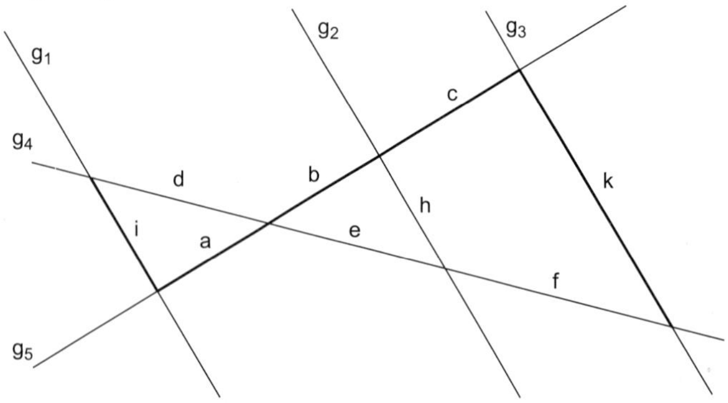

b) $\frac{e}{d} = \frac{b}{a}$

1. Strahlensatz

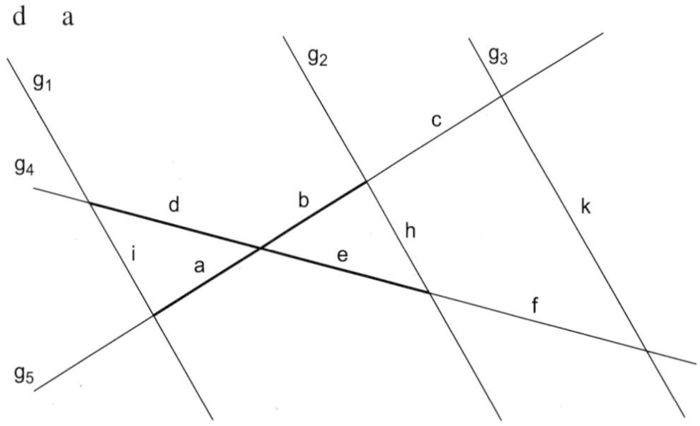

c) $\frac{b+c}{k} = \frac{b}{h}$

2. Strahlensatz

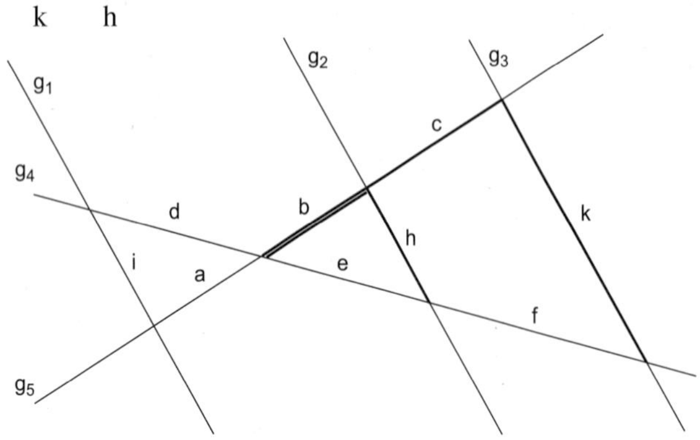

7. a) $k^3 = \frac{1}{27} \quad |\sqrt[3]{\ }$

$k = \frac{1}{3}$

b) ursprünglicher Radius r und neuer Radius r':

$k^2 = 4 \quad |\sqrt{\ }$

$k = 2$

neuer, gestreckter Radius: $2 \cdot r$
neuer, verlängerter Radius: $r + 6$ cm

$r + 6\text{ cm} = 2r \quad |-r$

$6\text{ cm} = r$

ursprünglicher Radius: $r = 6$ cm
neuer Radius: $r' = 2 \cdot 6$ cm
$r' = 12$ cm

oder:

alter Radius: r
Flächeninhalt des alten Kreises: $r^2 \cdot \pi$
Flächeninhalt des gestreckten Kreises: $4r^2 \cdot \pi$
neuer Radius: $r + 6$
Flächeninhalt des neuen Kreises: $(r+6)^2 \cdot \pi$

$$4r^2\pi = (r+6)^2\pi \quad |:\pi$$
$$4r^2 = (r+6)^2$$
$$4r^2 = r^2 + 12r + 36 \quad |-r^2; -12r; -36$$
$$3r^2 - 12r - 36 = 0 \quad |:3$$
$$r^2 - 4r - 12 = 0$$

$$r_{1/2} = -(-2) \pm \sqrt{(-2)^2 - (-12)}$$
$$r_{1/2} = 2 \pm \sqrt{4+12}$$
$$r_{1/2} = 2 \pm \sqrt{16}$$
$$r_{1/2} = 2 \pm 4$$
$$r_1 = 2 - 4$$
$(r_1 = -2)$ keine sinnvolle Lösung
$$r_2 = 2 + 4$$
$$r_2 = 6$$

ursprünglicher Radius: $r = 6$ cm
neuer Radius: $r' = 6\text{ cm} + 6\text{ cm}$
$r' = 12$ cm

Hinweise und Tipps

Das Volumen des Bildwürfels ist der 27. Teil des Volumens des Originalwürfels.
Volumen werden mit dem Streckungsfaktor k^3 gestreckt.

Der Flächeninhalt des gestreckten Kreises vervierfacht sich.
Flächen werden mit dem Streckungsfaktor k^2 gestreckt. Zum neuen Radius gibt es zwei gleichwertige Aussagen. Gib die Längen der Radien an.

Zum Flächeninhalt des neuen Kreises gibt es zwei äquivalente Aussagen.
Setze die beiden Aussagen gleich.

Löse das Binom auf.
Forme die quadratische Gleichung in die Normalform um.
Löse mithilfe der Lösungsformel für quadratische Gleichungen.

$$r_{1/2} = -\frac{p}{2} \pm \sqrt{\left(\frac{p}{2}\right)^2 - q}$$

Hier ist $p = -4$ und $q = -12$.

Schließe die nicht sinnvolle Lösung aus.
Gib die Längen der Radien an.

Hinweise und Tipps

8. a) Anzahl der zugelassenen Elektroautos für das Jahr 2003:

$n = 3$
$W_3 = 1\,931$
$p\,\% = 4\,\% = 0{,}04$
$q = 1 + 0{,}04 = 1{,}04$
$1\,931 = W_0 \cdot 1{,}04^3 \quad |:1{,}04^3$
$W_0 = 1\,716{,}65\ldots$
$W_0 \approx 1\,717$

Im Jahr 2003 waren 1 717 Elektroautos zugelassen.

Bestimme den Wachstumsfaktor für ein positives Wachstum.
Setze die gegebenen Werte in die Wachstumsformel ein und berechne W_0.
$W_n = W_0 \cdot q^n$

Runde sinnvoll.

b) durchschnittlicher jährlicher Zuwachs in Prozent:

$n = 12$
$W_{12} = 34\,022$
$W_0 = 1\,931$
$34\,022 = 1\,931 \cdot q^{12} \quad |:1931;\ \sqrt[12]{\ }$
$q = 1{,}27008\ldots$
$1{,}27008\ldots = 1 + \frac{p}{100} \quad |-1$
$0{,}27008\ldots = \frac{p}{100} \quad |\cdot 100$
$p\,\% = 27{,}008\,\%$
$p\,\% \approx 27\,\%$

Der prozentuale Zuwachs pro Jahr lag bei 27 %.

Setze die gegebenen Werte in die Wachstumsformel ein und berechne q.

Berechne p %. Es handelt sich um ein positives Wachstum.
$q = 1 + \frac{p}{100}$

Runde den Prozentsatz sinnvoll (hier: ganze Prozent).

c) Zeit in Jahren:

$p\,\% = 31\,\% = 0{,}31$
$q = 1 + 0{,}31 = 1{,}31$
$W_0 = 34\,022$
$W_n = 131\,255$
$131\,255 = 34\,022 \cdot 1{,}31^n \quad |:34\,022$
$3{,}8579\ldots = 1{,}31^n$
$n = \log_{1{,}31} 3{,}8579\ldots$
$n = \frac{\lg 3{,}8579\ldots}{\lg 1{,}31}$
$n = 4{,}999\ldots$
$n \approx 5$

Nach 5 Jahren sind 131 255 Elektroautos zugelassen.

Bestimme den Wachstumsfaktor für positives Wachstum.
Setze die gegebenen Werte in die Wachstumsformel ein.

Berechne n mit dem Logarithmus.

Runde sinnvoll.

---

9. a) $(2^2)^x = \frac{1}{64}$

$4^x = \frac{1}{64}$
$4^x = 64^{-1}$
$4^x = 4^{-3}$
$x = -3$

oder:

Löse nach x auf.
Wende die Potenzgesetze an.
Jeder Bruch kann als Potenz mit negativem Exponenten geschrieben werden.
Schreibe 64 als 4er-Potenz.

Hinweise und Tipps

$$(2^2)^x = \frac{1}{64}$$
$$4^x = \frac{1}{64}$$
$$x = \log_4 \frac{1}{64}$$
$$x = \frac{\lg \frac{1}{64}}{\lg 4}$$
$$x = -3$$

Berechne x mit dem Logarithmus.

b) $5^x : 5^{-2} = 5^3 \quad | \cdot 5^{-2}$
$$5^x = 5^3 \cdot 5^{-2}$$
$$5^x = 5^{3-2}$$
$$5^x = 5^1$$
$$x = 1$$

Löse nach x auf.
Wende die Potenzgesetze an.
Potenzen mit gleicher Basis werden multipliziert, indem man die Exponenten addiert.

c) $(-2) \cdot (-2)^x = (-2)^{-4} \quad | \cdot (-2)^{-1}$
$$(-2)^1 \cdot (-2)^{-1} \cdot (-2)^x = (-2)^{-4} \cdot (-2)^{-1}$$
$$(-2)^{1-1} \cdot (-2)^x = (-2)^{-4-1}$$
$$(-2)^0 \cdot (-2)^x = (-2)^{-5}$$
$$1 \cdot (-2)^x = (-2)^{-5}$$
$$x = -5$$

Wende die Potenzgesetze an.
Löse nach x auf.
Potenzen mit gleicher Basis werden multipliziert, indem man die Exponenten addiert.
$n^0 = 1$

10. a) Baumdiagramm:

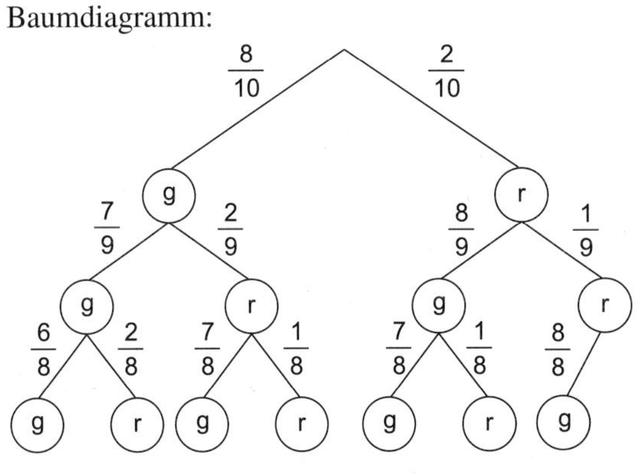

8 gekochte Eier (g)
2 rohe Eier (r)
Im Korb befinden sich insgesamt 10 Eier. Beim Ziehen ohne Zurücklegen verringert sich nach jedem Zug die Anzahl aller Eier im Korb um 1.
Wird beim 1. Ziehen ein gekochtes Ei entnommen, verringert sich die Anzahl der gekochten Eier um 1.
Wird beim 1. Ziehen ein rohes Ei entnommen, verringert sich die Anzahl der rohen Eier um 1. Wird auch beim 2. Ziehen ein rohes Ei entnommen, liegen keine rohen Eier mehr im Korb.
Zeichne ein Baumdiagramm für 3 Züge. Schreibe zu jedem Ereignis die Wahrscheinlichkeit.

b) Wahrscheinlichkeit für „genau ein rohes Ei“:

$$p(g;g;r) = \frac{8}{10} \cdot \frac{7}{9} \cdot \frac{2}{8} = \frac{112}{720} = \frac{7}{45}$$
$$p(g;r;g) = \frac{8}{10} \cdot \frac{2}{9} \cdot \frac{7}{8} = \frac{112}{720} = \frac{7}{45}$$
$$p(r;g;g) = \frac{2}{10} \cdot \frac{8}{9} \cdot \frac{7}{8} = \frac{112}{720} = \frac{7}{45}$$

Für das Ereignis „genau ein rohes Ei“ gibt es 3 günstige Ergebnisse.
Wende die 1. Pfadregel (Multiplikationsregel) an.

$$p(\text{genau ein rohes Ei}) = \frac{7}{45} + \frac{7}{45} + \frac{7}{45} = \frac{21}{45} = \frac{7}{15}$$

Gib die Gesamtwahrscheinlichkeit an.
Wende die 2. Pfadregel (Additionsregel) an.

Wahrscheinlichkeit in Prozent:

$p\,\% = 7 : 15 \cdot 100\,\%$

$p\,\% = 46{,}666\ldots\,\%$

$p\,\% \approx 47\,\%$

Hinweise und Tipps

Du kannst die Gesamtwahrscheinlichkeit auch in Prozent angeben.

Runde den Prozentsatz sinnvoll (hier: ganze Prozent).

M10-Prüfung an Mittelschulen in Bayern 2019
Mathematik – Aufgabengruppe II

Aufgaben

Punkte

1. a) Die Punkte $A(1|2{,}5)$ und $B(3|-2{,}5)$ liegen auf der Geraden g_1.
Bestimmen Sie die Funktionsgleichung von g_1 rechnerisch.

b) Die Gerade g_2 hat die Funktionsgleichung g_2: $y = \frac{2}{4}x + 1$.

Bestimmen Sie die Koordinaten des Schnittpunkts N von g_2 mit der x-Achse und geben Sie N an.

c) Die Gerade g_3 mit der Funktionsgleichung $2y + 4 = 4x$ schneidet g_2 im Punkt T.
Berechnen Sie die Koordinaten von T und geben Sie den Punkt an.

d) Überprüfen Sie mithilfe einer Rechnung, ob der Punkt $C(1|-1)$ auf der Geraden g_3 liegt.

e) Zeichnen Sie die Graphen der Geraden g_2 und g_3 in ein Koordinatensystem mit der Einheit 1 cm.

f) Ermitteln Sie rechnerisch die Größe des spitzen Winkels α, den die Gerade g_2 mit der x-Achse einschließt. 8

2. Ein bayerischer Braumeister wanderte nach China aus. Im Jahr 2017 produzierte er dort 5 000 Hektoliter alkoholfreies Bier. Er geht von einem durchschnittlichen jährlichen Anstieg seiner Produktion um 6 % in Bezug auf das jeweilige Vorjahr aus.

a) Berechnen Sie die im Jahr 2022 produzierte Biermenge.

b) Ermitteln Sie rechnerisch, nach wie vielen Jahren er die Jahresmenge von 5 000 Hektolitern verdoppeln kann, wenn man von einem gleichbleibenden Wachstumsfaktor ausgeht.

c) Berechnen Sie die prozentuale durchschnittliche jährliche Steigerung, wenn er seine Jahresmenge innerhalb der nächsten 10 Jahre verdoppeln will. 4

3. Geben Sie die Definitionsmenge der folgenden Gleichung an und ermitteln Sie die Lösungsmenge rechnerisch.

$$\frac{2(2+x)}{6-x} + 2 = \frac{6+x}{x}$$ 4

4. Eine Kugel soll in einem würfelförmigen Karton mit der Kantenlänge a = 1 m so verpackt werden, dass sich der Kugelmittelpunkt M exakt in der Mitte des Kartons befindet. Dazu werden die Wände des Würfels mit Styroporplatten ausgekleidet.
Das Volumen der Kugel beträgt $\frac{1}{4}$ des Volumens des Würfels.
Berechnen Sie die Stärke x der Styroporplatten zwischen Kugel und Wand (siehe Skizze).
Mögliche Verformungen des Styropors sowie die Wandstärke des Kartons sollen vernachlässigt werden. 3

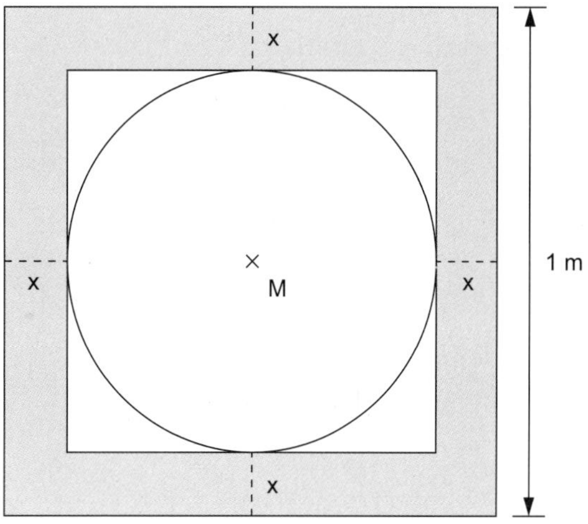

5. Folgende Aufgaben sind Anwendungen von binomischen Formeln:

a) Ersetzen Sie die Platzhalter jeweils durch den entsprechenden Term und schreiben Sie die mathematisch richtige Gleichung auf Ihr Lösungsblatt.
$(\blacklozenge - 9d)^2 = 36a^2 - \blacksquare + 81d^2$

b) Zeigen Sie nachvollziehbar, dass sich der Term $\frac{(a+b)^2 \cdot (a-b)^2}{a^2 - b^2}$ in den Term $a^2 - b^2$ umformen lässt. Es gilt: $a^2 - b^2 \neq 0$. 3

6. a) Bestimmen Sie die Funktionsgleichung der Parabel p_1 in der Normalform (siehe Skizze).

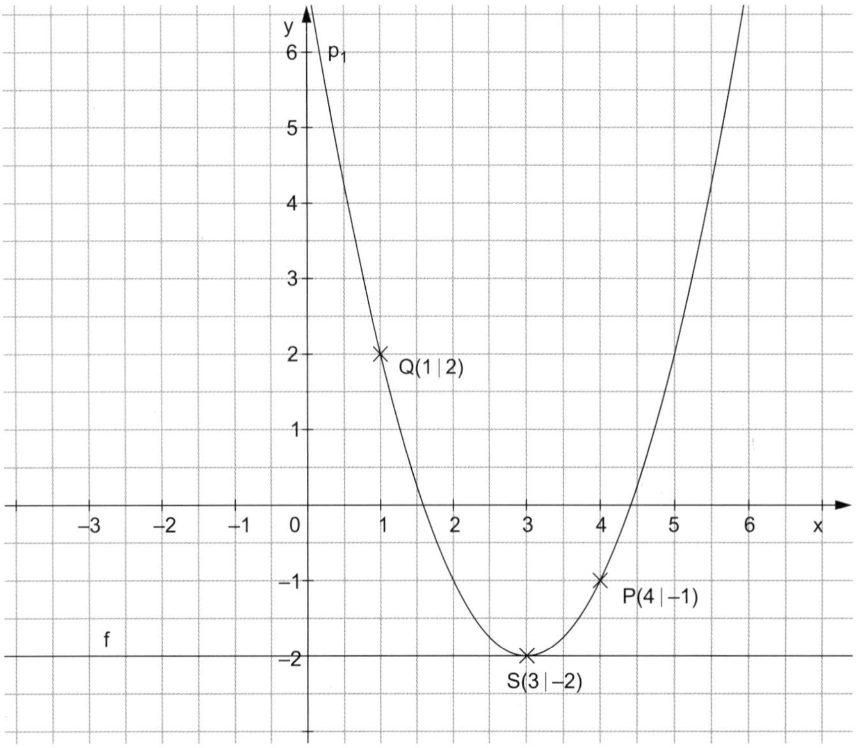

b) Bestimmen Sie rechnerisch die x-Koordinaten der Schnittpunkte N_1 und N_2 der Parabel p_2: $y = x^2 - 5x + 2{,}25$ mit der x-Achse.

c) Die Parabel p_3 mit der Funktionsgleichung $y = -x^2 + 5x - 8{,}25$ schneidet die Parabel p_2 in den Punkten R und T.
Ermitteln Sie rechnerisch die Koordinaten dieser Schnittpunkte und geben Sie R und T an.

d) Der Punkt $W(-22{,}5 \,|\, y_W)$ liegt auf der Parabel p_3.
Ermitteln Sie rechnerisch die fehlende Koordinate y_W.

e) Eine nach unten geöffnete Normalparabel p_4 hat den Scheitelpunkt $S_4(-1 \,|\, 2)$.
Ermitteln Sie rechnerisch die Funktionsgleichung der Parabel p_4 in der Normalform.

f) Geben Sie die Funktionsgleichung der Geraden f (siehe Skizze) an. 8

7. Vereinfachen Sie die folgenden Terme so weit wie möglich.
Es gilt: a, b, c > 0

a) $\frac{3a^3 \cdot 4b^{-7} \cdot 3a^{-1} \cdot 3b^8}{9a^{-2} \cdot 15b}$ b) $\sqrt[5]{c^3} \cdot a^{-6} \cdot \sqrt[5]{c^2} \cdot a^{12}$ 2

8. Anja Schmid schützt den Zugang zu ihrem Computer mit einem vierstelligen Passwort, das aus einer Kombination aus Buchstaben und Ziffern bestehen kann. Sie wählt für die erste Stelle einen der 26 Buchstaben des Alphabets. Dabei wird zwischen Groß- und Kleinschreibung unterschieden. An der zweiten bis vierten Stelle folgt jeweils eine Ziffer.

a) Das richtige Passwort soll in zwei Versuchen erraten werden.
Zeichnen Sie dazu ein Baumdiagramm für die ersten beiden zufälligen Versuche und beschriften Sie die Äste mit den jeweiligen Wahrscheinlichkeiten. Die gleiche Kombination wird dabei kein zweites Mal eingegeben.

b) Ermitteln Sie rechnerisch die Wahrscheinlichkeit, das richtige Passwort in maximal zwei Versuchen zu erraten.

c) Berechnen Sie die Wahrscheinlichkeit, mit einem Versuch die richtige Kombination zu erraten, wenn gleichzeitig
- der Buchstabe ein A oder S in Großschreibung ist,
- die erste Ziffer eine 8 ist und
- keine Null und keine ungerade Ziffer vorkommt. 5

9. Eine Figur setzt sich ausschließlich aus rechtwinkligen Dreiecken zusammen, die zueinander ähnlich sind (siehe Skizze).
Es gilt: $\overline{AD} = 8\,\text{cm}$, $\overline{DC} = 4\,\text{cm}$, $\overline{FH} = 3\,\text{cm}$, $\overline{GE} = 5{,}4\,\text{cm}$

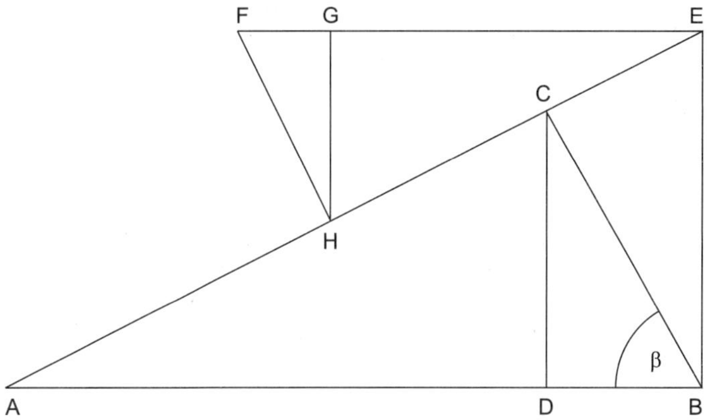

Hinweis: Skizze nicht maßstabsgetreu

a) Berechnen Sie die Länge der Strecke [DB].

b) Ermitteln Sie rechnerisch die Größe des Winkels β.

c) Berechnen Sie die Länge der Strecke [FG].

d) Formulieren Sie eine korrekte Anwendung eines Strahlensatzes, die auf die Figur zutrifft. 5

10. Ein Kopiergerät kann Bilder vergrößern und verkleinern. Dazu stellt man den entsprechenden Prozentsatz ein.
Beispielsweise werden bei der Einstellung 110 % alle Längen um den Streckungsfaktor $k=1{,}1$ verlängert, bei 90 % dagegen um den Streckungsfaktor $k=0{,}9$ verkürzt.

a) Ein Quadrat mit der Seitenlänge $a=9$ cm wird mit der Einstellung 70 % kopiert. Berechnen Sie die Seitenlänge a' des Bildquadrates.

b) Ein Dreieck mit einem Flächeninhalt $A=12\ \text{cm}^2$ wird auf ein Dreieck mit einem Flächeninhalt von $A'=17{,}28\ \text{cm}^2$ vergrößert.
Bestimmen Sie rechnerisch, welcher Prozentsatz eingestellt wurde.

c) Ein Rechteck ABCD mit den Seitenlängen $a=6$ cm und $b=3$ cm wird durch eine zentrische Streckung mit dem Streckungsfaktor $k=\frac{1}{3}$ auf das Bildrechteck A'B'C'D' abgebildet.
Das Streckungszentrum ist der Punkt A. Stellen Sie diese zentrische Streckung zeichnerisch dar. 3

Lösungen

Aufgabengruppe II

1. a) Funktionsgleichung der Geraden g_1 durch die Punkte A und B:

$A(1\,|\,2{,}5);\ B(3\,|\,-2{,}5)$

$m_1 = \frac{-2{,}5-2{,}5}{3-1} = \frac{-5}{2} = -2{,}5$

$m_1 = -2{,}5$ und $A(1\,|\,2{,}5)$ in g_1:

$y = m_1 \cdot x + t_1$

$2{,}5 = -2{,}5 \cdot 1 + t_1$

$2{,}5 = -2{,}5 + t_1 \quad |+2{,}5$

$t_1 = 5$

$g_1\colon y = -2{,}5x + 5$

Hinweise und Tipps

Steigungsformel:

$m = \frac{y_2 - y_1}{x_2 - x_1}$

Setze die Koordinaten der Punkte A und B in die Steigungsformel ein und berechne die Steigung m_1.
Setze den Wert der Steigung m_1 und die Koordinaten eines Punkts (hier: A) in die Normalform einer linearen Funktion ein und berechne t_1.
Gib die vollständige Funktionsgleichung der Geraden g_1 an.

b) Koordinaten des Schnittpunkts N von g_2 mit der x-Achse:

$g_2\colon y = \frac{2}{4}x + 1$

$\frac{2}{4}x + 1 = 0 \quad |\cdot 2$

$x + 2 = 0 \quad |-2$

$x = -2$

$N(-2\,|\,0)$

Um den Schnittpunkt der Geraden g_2 mit der x-Achse zu erhalten, berechne die Nullstelle der linearen Funktion.
Die Nullstelle einer linearen Funktion hat den Funktionswert $y = 0$.

c) Koordinaten des Schnittpunkts T der beiden Geraden g_2 und g_3:

$g_3\colon 2y + 4 = 4x \quad |-4$

$2y = 4x - 4 \quad |:2$

$y = 2x - 2$

Forme die Geradengleichung von g_3 in die Normalform einer linearen Funktion um.

$g_2\colon y = \frac{2}{4}x + 1$

$g_2\colon y = 0{,}5x + 1$

Schreibe die Steigung m_2 von g_2 als Dezimalbruch.

$2x - 2 = 0{,}5x + 1 \quad |+2;\ -0{,}5x$

$1{,}5x = 3 \quad |:1{,}5$

$x = 2$

Setze die Funktionsgleichungen von g_2 und g_3 gleich und löse nach x auf.

in g_2: $y = 0{,}5 \cdot 2 + 1$

$y = 2$

$T(2\,|\,2)$

Setze $x = 2$ in g_2 oder g_3 (hier: g_2) ein und berechne y.
Gib die Koordinaten des Schnittpunkts T an.

d) Überprüfen der Lage von Punkt C auf g_3:

$g_3\colon y = 2x - 2$

$C(1\,|\,-1)$

$y = 2 \cdot 1 - 2$

$y = 0$

$0 \neq -1$

C liegt nicht auf g_3.

Liegt der Punkt C auf der Geraden g_3, müssen seine Koordinaten die Funktionsgleichung von g_3 erfüllen.
Setze die x-Koordinate von C in die Funktionsgleichung von g_3 ein und berechne den Funktionswert.
Vergleiche den Funktionswert mit der y-Koordinate des Punkts C.

e) grafische Darstellung:

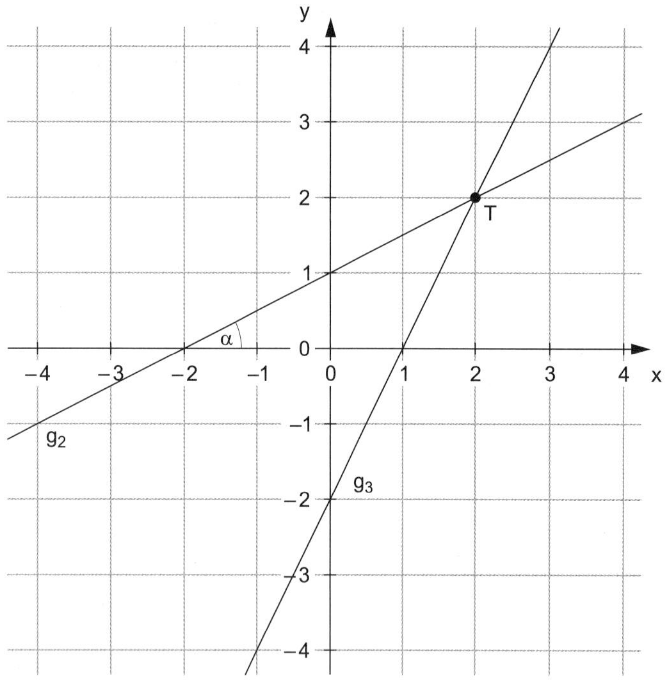

Hinweise und Tipps

Lege ein Koordinatensystem mit der Einheit 1 cm an. Platzbedarf:
x-Achse: -4 bis $+4$
y-Achse: -4 bis $+4$
Beschrifte das Koordinatensystem vollständig. Zeichne g_2 und g_3 mithilfe des y-Achsenabschnitts und des Steigungsdreiecks.
Trage den Punkt T in das Koordinatensystem ein.
Die Geraden g_2 und g_3 müssen sich im Punkt T schneiden.

f) Größe des spitzen Winkels α:

$\tan \alpha = 0,5$

$\alpha = 26,565\ldots°$

$\alpha \approx 26,6°$

oder:

Größe des spitzen Winkels α:
Länge der Gegenkathete: 1 cm
Länge der Ankathete: 2 cm

$$\tan \alpha = \frac{1\text{ cm}}{2\text{ cm}}$$

$\tan \alpha = 0,5$

$\alpha = 26,565\ldots°$

$\alpha \approx 26,6°$

Der Tangens des Winkels, den eine Gerade g mit der y-Achse bildet, ergibt die Steigung der Geraden g. Runde die Größe des Winkels sinnvoll (hier: 1 Dezimalstelle).

Die Schnittpunkte der Geraden g_2 mit der x-Achse und y-Achse und der Koordinatenursprung sind die Eckpunkte eines rechtwinkligen Dreiecks.
Der y-Achsenabschnitt ist die Gegenkathete, die Entfernung vom Koordinatenursprung zum Schnittpunkt der Geraden g_2 mit der x-Achse die Ankathete.
Lies die Länge der Ankathete und der Gegenkathete aus der grafischen Darstellung ab und berechne die Größe des Winkels α mit dem Tangens.

$$\tan \alpha = \frac{\text{Gegenkathete}}{\text{Ankathete}}$$

Runde die Größe des Winkels sinnvoll (hier: 1 Dezimalstelle).

Hinweise und Tipps

2. a) produzierte Biermenge im Jahr 2022:

$W_0 = 5\,000\ hl$
$n = 5$
$p\,\% = 6\,\% = 0{,}06$
$q = 1 + 0{,}06 = 1{,}06$
$W_5 = 5\,000\ hl \cdot 1{,}06^5$
$W_5 = 6\,691{,}12\ldots\ hl$
$W_5 \approx 6\,691\ hl$

Die im Jahr 2022 produzierte Biermenge beträgt 6 691 hl.

Bestimme den Wachstumsfaktor für ein positives Wachstum.
Setze die gegebenen Werte in die Wachstumsformel ein und berechne W_n.
$W_n = W_0 \cdot q^n$

Runde sinnvoll (hier: ganze hl).

b) Zeit in Jahren:

$W_0 = 5\,000\ hl$
$W_n = 2 \cdot 5\,000\ hl = 10\,000\ hl$
$q = 1{,}06$
$10\,000\ hl = 5\,000\ hl \cdot 1{,}06^n \quad |:5\,000\ hl$
$2 = 1{,}06^n$

$$n = \frac{\lg 2}{\lg 1{,}06}$$

$n = 11{,}895...$
$n \approx 12$

Nach 12 Jahren wird sich die produzierte Biermenge verdoppelt haben.

Setze die gegebenen Werte in die Wachstumsformel ein.
Löse nach n auf.

Berechne n mit dem Logarithmus.

Runde sinnvoll (hier: ganze Jahre).

c) durchschnittlicher jährlicher Zuwachs in Prozent:

$W_0 = 5\,000\ hl$
$W_{10} = 10\,000\ hl$
$n = 10$
$10\,000\ hl = 5\,000\ hl \cdot q^{10} \quad |:5\,000\ hl;\ \sqrt[10]{}$
$q = 1{,}07177\ldots$

$$1{,}07177\ldots = 1 + \frac{p}{100} \quad |-1$$

$$0{,}07177\ldots = \frac{p}{100} \quad |\cdot 100$$

$p\,\% = 7{,}177\ldots\%$
$p\,\% \approx 7{,}2\ \%$

Der prozentuale Zuwachs pro Jahr müsste bei 7,2 % liegen.

Setze die gegebenen Werte in die Wachstumsformel ein und berechne q.

Berechne p %. Es handelt sich um ein positives Wachstum.
$q = 1 + \frac{p}{100}$

Runde den Prozentsatz sinnvoll (hier: 1 Dezimalstelle).

---

3. $$\frac{2(2+x)}{6-x} + 2 = \frac{6+x}{x}$$

Definitionsmenge:

$6 - x \neq 0 \quad |+x$
$x \neq 6$
$x \neq 0$

$\mathbb{D} = \mathbb{R} \setminus \{0;\ 6\}$

Bestimme die Definitionsmenge. Die Terme im Nenner dürfen nicht null sein.

Gib die Definitionsmenge an.

Hinweise und Tipps

Lösungsmenge:

$$\frac{2(2+x)}{6-x}+2=\frac{6+x}{x} \quad |\cdot x\cdot(6-x)$$

$$x\cdot 2\cdot(2+x)+2\cdot x\cdot(6-x)=(6+x)\cdot(6-x)$$

$$4x+2x^2+12x-2x^2=36-6x+6x-x^2$$

$$16x=36-x^2 \quad |-36;\ +x^2$$

$$x^2+16x-36=0$$

$$x_{1/2}=-8\pm\sqrt{8^2+36}$$

$$x_{1/2}=-8\pm\sqrt{64+36}$$

$$x_{1/2}=-8\pm\sqrt{100}$$

$$x_{1/2}=-8\pm 10$$

$$x_1=-8-10$$

$$x_1=-18$$

$$x_2=-8+10$$

$$x_2=2$$

$x_1\neq 0$ und $x_1\neq 6$

$x_2\neq 0$ und $x_2\neq 6$

$\mathbb{L}=\{-18;\ 2\}$

Multipliziere mit dem Hauptnenner.
Multipliziere aus.
Fasse zusammen.
Forme die quadratische Gleichung in die Normalform um.
Löse mithilfe der Lösungsformel für quadratische Gleichungen.

$$x_{1/2}=-\frac{p}{2}\pm\sqrt{\left(\frac{p}{2}\right)^2-q}$$

Hier ist $p=16$ und $q=-36$.

Überprüfe, ob die Lösungen in $\mathbb{D}$ liegen.
Beide Lösungen liegen in $\mathbb{D}$.
Gib die Lösungsmenge an.

---

4. Volumen des Würfels:

$a=1\text{ m}$

$V_{Würfel}=1\text{ m}\cdot 1\text{ m}\cdot 1\text{ m}$

$V_{Würfel}=1\text{ m}^3$

Die Kantenlänge des Würfels ist gegeben.
Berechne das Volumen des Würfels.
$V_{Würfel}=a\cdot a\cdot a$

Volumen der Kugel:

$$V_{Kugel}=\frac{1}{4}\cdot 1\text{ m}^3$$

$V_{Kugel}=0{,}25\text{ m}^3$

Das Volumen der Kugel beträgt $\frac{1}{4}$ des Volumens des Würfels.

Radius der Kugel:

$$0{,}25\text{ m}^3=\frac{4}{3}\cdot r^3\cdot 3{,}14 \quad |\cdot 3;\ :4;\ :3{,}14;\ \sqrt[3]{\ }$$

$r=0{,}3908\ldots\text{ m}$

$r\approx 0{,}39\text{ m}$

Berechne den Radius der Kugel.

$$V=\frac{4}{3}\cdot r^3\cdot\pi$$

Du kannst die π-Taste verwenden oder mit $\pi=3{,}14$ rechnen.
Rechne hier mit $\pi=3{,}14$.
Runde sinnvoll (hier: 2 Dezimalstellen).

Abstand x der Kugel zur Verpackung:
Durchmesser der Kugel:

$d=2\cdot 0{,}39\text{ m}$

$d=0{,}78\text{ m}$

Kantenlänge des Würfels:

$a=1\text{ m}$

$2x=1\text{ m}-0{,}78\text{ m}$

$2x=0{,}22\text{ m} \quad |:2$

$x=0{,}11\text{ m}$

Die Stärke der Styroporplatten beträgt 0,11 m.

Die Differenz aus der Kantenlänge a des Würfels und dem Durchmesser d der Kugel ergibt den doppelten Abstand x.
Berechne den Abstand x.

Hinweise und Tipps

5. a) $(\blacklozenge - 9d)^2 = 36a^2 - \blacksquare + 81d^2$

$x^2 = 36a^2$

$x = \sqrt{36a^2}$

$x = 6a$

$y = 9d$

$2xy = 2 \cdot 6a \cdot 9d$

$2xy = 108ad$

vollständige Gleichung:

$(6a - 9d)^2 = 36a^2 - 108ad + 81d^2$

Das negative Rechenzeichen in der Klammer auf der linken Seite der Gleichung weist auf die 2. binomische Formel hin.
$(x - y)^2 = x^2 - 2xy + y^2$
Berechne schrittweise x und 2xy. Gib die vollständige Gleichung an.

b) $\dfrac{(a+b)^2 \cdot (a-b)^2}{a^2 - b^2} =$

$\dfrac{(a+b) \cdot (a+b) \cdot (a-b) \cdot (a-b)}{(a+b) \cdot (a-b)} =$

$(a+b) \cdot (a-b) = a^2 - b^2$

Die Terme im Zähler sind das 1. und 2. Binom, der Term im Nenner ist das 3. Binom.
Schreibe die Binome als Produkt.
Nach dem Kürzen erhältst du die 3. binomische Formel.

---

6. a) Funktionsgleichung der Parabel p_1 in der Normalform:

$S(3|-2)$

p_1 nach oben geöffnet: $y = (x - x_s)^2 + y_s$

$y = (x-3)^2 - 2$

$y = x^2 - 6x + 9 - 2$

$y = x^2 - 6x + 7$

Setze die Koordinaten von S in die Scheitelpunktform für eine nach oben geöffnete Normalparabel ein.
Löse das Binom auf.
Fasse zusammen, dann erhältst du die Funktionsgleichung von p_1 in der Normalform.

oder:

$P(4|-1)$; $Q(1|2)$

p_1 nach oben geöffnet: $y = x^2 + px + q$

I $\quad -1 = 4^2 + 4p + q$

II $\quad 2 = 1^2 + 1p + q$

I $\quad -1 = 16 + 4p + q \quad |-16; -4p$

II $\quad 2 = 1 + p + q \quad |-1; -p$

I $\quad -17 - 4p = q$

II $\quad 1 - p = q$

I = II $\quad -17 - 4p = 1 - p \quad |+17; +p$

$-3p = 18 \quad |:(-3)$

$p = -6$

in II $\quad q = 1 - (-6)$

$q = 7$

p_1: $y = x^2 - 6x + 7$

Die Punkte P und Q liegen auf der Parabel p_1.
Setze die Koordinaten der Punkte P und Q jeweils in die Normalform für eine nach oben geöffnete Parabel ein.
Löse das Gleichungssystem (hier: Gleichsetzungsverfahren).

Löse beide Gleichungen nach q auf.
Setze die beiden erhaltenen Terme für q gleich und berechne p.

Setze $p = -6$ in eine umgeformte Gleichung (hier: Gleichung II) ein und berechne q.
Gib die Funktionsgleichung von p_1 in der Normalform an.

b) x-Koordinaten der Schnittpunkte von p_2 mit der x-Achse:

p_2: $y = x^2 - 5x + 2{,}25$

Die Schnittpunkte einer Normalparabel mit der x-Achse sind die Nullstellen der quadratischen Funktion.
Setze den Funktionswert y gleich 0 und berechne die Nullstellen x_1 und x_2 mithilfe der Lösungsformel für quadratische Gleichungen.

$x^2 - 5x + 2{,}25 = 0$

$x_{1/2} = 2{,}5 \pm \sqrt{(-2{,}5)^2 - 2{,}25}$

$x_{1/2} = 2{,}5 \pm \sqrt{6{,}25 - 2{,}25}$

$x_{1/2} = 2{,}5 \pm \sqrt{4}$

$x_{1/2} = 2{,}5 \pm 2$

$x_1 = 2{,}5 - 2$

$x_1 = 0{,}5$

$x_2 = 2{,}5 + 2$

$x_2 = 4{,}5$

c) x-Koordinaten der Schnittpunkte R und T von p_2 mit p_3:

p_2: $y = x^2 - 5x + 2{,}25$

p_3: $y = -x^2 + 5x - 8{,}25$

$x^2 - 5x + 2{,}25 = -x^2 + 5x - 8{,}25 \quad |+x^2;\ -5x;\ +8{,}25$

$2x^2 - 10x + 10{,}5 = 0 \quad |:2$

$x^2 - 5x + 5{,}25 = 0$

$x_{1/2} = 2{,}5 \pm \sqrt{(-2{,}5)^2 - 5{,}25}$

$x_{1/2} = 2{,}5 \pm \sqrt{6{,}25 - 5{,}25}$

$x_{1/2} = 2{,}5 \pm \sqrt{1}$

$x_{1/2} = 2{,}5 \pm 1$

$x_1 = 2{,}5 - 1$

$x_1 = 1{,}5$

$x_2 = 2{,}5 + 1$

$x_2 = 3{,}5$

x_1 in p_2:

$y_1 = 1{,}5^2 - 5 \cdot 1{,}5 + 2{,}25$

$y_1 = 2{,}25 - 7{,}5 + 2{,}25$

$y_1 = -3$

x_2 in p_2:

$y_2 = 3{,}5^2 - 5 \cdot 3{,}5 + 2{,}25$

$y_2 = 12{,}25 - 17{,}5 + 2{,}25$

$y_2 = -3$

$R(1{,}5 \mid -3)$; $T(3{,}5 \mid -3)$

d) fehlende y-Koordinate des Punkts W:

$W(-22{,}5 \mid y_W)$ in p_3: $y = -x^2 + 5x - 8{,}25$

$y_W = -(-22{,}5)^2 + 5 \cdot (-22{,}5) - 8{,}25$

$y_W = -506{,}25 - 112{,}5 - 8{,}25$

$y_W = -627$

Hinweise und Tipps

$x_{1/2} = -\frac{p}{2} \pm \sqrt{\left(\frac{p}{2}\right)^2 - q}$

Hier ist $p = -5$ und $q = 2{,}25$.

Hier ist nur nach den x-Koordinaten gefragt. Die Nullstellen liegen bei $N_1(0{,}5 \mid 0)$ und $N_2(4{,}5 \mid 0)$.

Setze die Funktionsgleichungen von p_2 und p_3 gleich. Forme die quadratische Gleichung in die Normalform um und löse sie mit der Lösungsformel.

$x_{1/2} = -\frac{p}{2} \pm \sqrt{\left(\frac{p}{2}\right)^2 - q}$

Hier ist $p = -5$ und $q = 5{,}25$.

Setze x_1 und x_2 in eine der beiden Funktionsgleichungen (hier: p_2) ein und berechne die y-Koordinaten der Schnittpunkte.

Gib die Koordinaten der Schnittpunkte an.

Setze die x-Koordinate des Punkts W in die Funktionsgleichung der Parabel p_3 ein und berechne den Funktionswert y.
Hier ist nur nach der y-Koordinate gefragt. Vollständige Koordinaten: $W(-22{,}5 \mid -627)$

Hinweise und Tipps

e) Funktionsgleichung der Parabel p_4 in der Normalform:

$S_4(-1\,|\,2)$

p_4 nach unten geöffnet: p_4: $y=-(x-x_s)^2+y_s$

p_4: $y=-(x+1)^2+2$

$y=-(x^2+2x+1)+2$

$y=-x^2-2x-1+2$

$y=-x^2-2x+1$

Setze die Koordinaten von S_4 in die Scheitelpunktform für eine nach unten geöffnete Normalparabel ein.
Löse das Binom auf.

Löse die Klammer auf und fasse zusammen, dann erhältst du die Funktionsgleichung in Normalform.

f) Funktionsgleichung der Geraden f:

$m=0;\ t=-2$

$y=-2$

Die Gerade f ist eine Parallele zur x-Achse. Parallele zur x-Achse haben keine Steigung. Lies den y-Achsenabschnitt aus der Skizze ab.

---

7. a) $\dfrac{3a^3\cdot 4b^{-7}\cdot 3a^{-1}\cdot 3b^8}{9a^{-2}\cdot 15b}=$

$\dfrac{4a^3\cdot b^{-7}\cdot a^{-1}\cdot b^8}{5a^{-2}\cdot b}=$

$\dfrac{4a^{3-1}\cdot b^{-7+8}}{5a^{-2}\cdot b}=$

$\dfrac{4a^2\cdot b^1}{5a^{-2}\cdot b}=$

$\dfrac{4a^2\cdot a^2\cdot b^1\cdot b^{-1}}{5}=$

$\dfrac{4a^{2+2}\cdot b^{1-1}}{5}=\dfrac{4}{5}a^4$

Kürze die Zahlen.

Wende die Potenzgesetze an.
Potenzen mit gleicher Basis werden multipliziert, indem man die Exponenten addiert.

Brüche können als Potenzen mit negativen Exponenten dargestellt werden.
Schreibe die Variablen im Nenner in den Zähler.
$n^0=1$

b) $\sqrt[5]{c^3}\cdot a^{-6}\cdot\sqrt[5]{c^2}\cdot a^{12}=$

$c^{\frac{3}{5}}\cdot a^{-6}\cdot c^{\frac{2}{5}}\cdot a^{12}=$

$c^{\frac{3+2}{5}}\cdot a^{-6+12}=c\cdot a^6$

Wende die Potenzgesetze an.
Wurzeln können als Potenzen mit rationalen Exponenten dargestellt werden.
Potenzen mit gleicher Basis werden multipliziert, indem man die Exponenten addiert.

---

8. a) Anzahl der möglichen Kombinationen:

1. Stelle	2. Stelle	3. Stelle	4. Stelle	Passwort-kombinationen
1 Buchstabe	1 Ziffer	1 Ziffer	1 Ziffer	
$2\cdot 26$	$\cdot 10$	$\cdot 10$	$\cdot 10$	$=52\,000$

Wahrscheinlichkeit für die richtige Kombination:

$p(r)=\dfrac{1}{52\,000}$

Wahrscheinlichkeit für eine falsche Kombination:

$p(f)=\dfrac{51\,999}{52\,000}$

An der 1. Stelle steht ein Buchstabe aus 26 Buchstaben in Großschreibung und 26 Buchstaben in Kleinschreibung.
An der 2. bis 4. Stelle steht je 1 Ziffer aus 10 möglichen Ziffern.
Berechne die Anzahl der möglichen Kombinationen.
Nur eine Kombination ist richtig.

Der Versuch, das Passwort zu erraten, entspricht einem Ziehen ohne Zurücklegen.

Nach dem ersten Versuch verringert sich die Anzahl aller möglichen Kombinationen um 1. Die Anzahl der richtigen und falschen Kombinationen verringert sich ebenfalls um 1.

Hinweise und Tipps

Zeichne das Baumdiagramm für 2 Versuche.

Baumdiagramm:

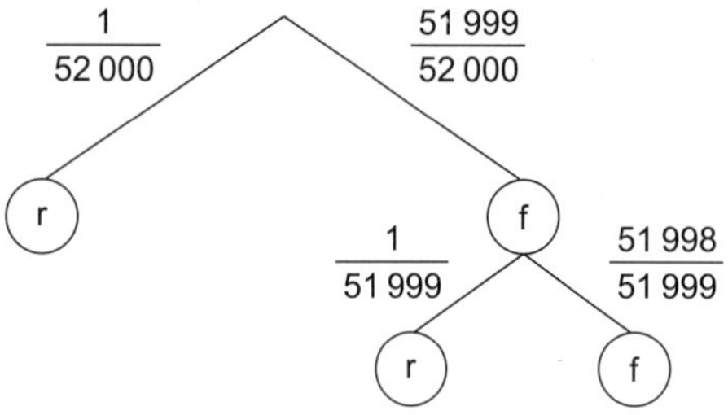

b) Wahrscheinlichkeit für das richtige Passwort nach höchstens 2 Versuchen:

$$p(r) = \frac{1}{52\,000}$$

$$p(f;r) = \frac{51\,999}{52\,000} \cdot \frac{1}{51\,999} = \frac{1}{52\,000}$$

$$p(\text{„richtiges Passwort“}) = \frac{1}{52\,000} + \frac{1}{52\,000} = \frac{2}{52\,000} = \frac{1}{26\,000}$$

Wahrscheinlichkeit als Dezimalbruch:

$$p(r) = \frac{1}{26\,000} = 0{,}000038... \approx 0{,}00004$$

Wahrscheinlichkeit in Prozent:

$p\,\% = 1 : 26\,000 \cdot 100\,\%$

$p\,\% = 0{,}0038...\,\%$

$p\,\% \approx 0{,}004\,\%$

Die Wahrscheinlichkeit für „richtiges Passwort nach zwei Versuchen“ beträgt 0,004 %.

Für das Ereignis „richtiges Passwort“ gibt es zwei günstige Ergebnisse. Höchstens 2 heißt nach 1 oder 2 Versuchen.
Berechne die Wahrscheinlichkeit für jedes günstige Ergebnis.
Wende die 1. Pfadregel (Produktregel) an.
Gib die Gesamtwahrscheinlichkeit an.
Wende dazu die 2. Pfadregel (Additionsregel) an.

Du kannst die Wahrscheinlichkeit auch als Dezimalbruch oder in Prozent angeben.
Runde sinnvoll.

c) Anzahl der möglichen Kombinationen:

1. Stelle	**2. Stelle**	**3. Stelle**	**4. Stelle**	**Passwort-kombinationen**
A oder S	8	2; 4; 6; 8	2; 4; 6; 8	
2	$\cdot 1$	$\cdot 4$	$\cdot 4$	$= 32$

An der 1. Stelle können 2 Buchstaben stehen.
An der 2. Stelle steht die Ziffer 8.
An der 3. und 4. Stelle steht jeweils eine aus vier möglichen geraden Zahlen.

Wahrscheinlichkeit für die richtige Kombination mit einem Versuch:

$$p(r) = \frac{1}{32}$$

Es gibt nur einen Versuch, nur eine Kombination ist richtig.

Wahrscheinlichkeit als Dezimalbruch:

$$\frac{1}{32} = 0{,}03125 \approx 0{,}03$$

Du kannst die Wahrscheinlichkeit auch als Dezimalbruch oder in Prozent angeben.

Wahrscheinlichkeit in Prozent:

$p\,\% = 1 : 32 \cdot 100\,\%$

$p\,\% = 3{,}125\,\%$

$p\,\% \approx 3\,\%$

Runde sinnvoll (hier: 2 Dezimalstellen bzw. ganze Prozent).

9. a) Länge der Strecke $\overline{DB}$:

$\overline{DC}^2 = \overline{AD} \cdot \overline{DB}$

$(4\text{ cm})^2 = 8\text{ cm} \cdot \overline{DB}$

$16\text{ cm} = 8\text{ cm} \cdot \overline{DB} \quad |:8\text{ cm}$

$\overline{DB} = 2\text{ cm}$

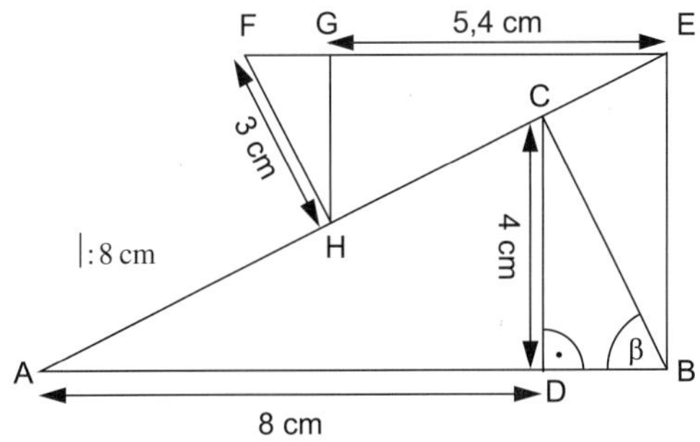

Hinweise und Tipps

Fertige eine Skizze an. Trage in die Skizze alle gegebenen Strecken ein.
Im rechtwinkligen Dreieck ABC sind die Strecken [AD] und [DB] die Hypotenusenabschnitte p und q, die Strecke [DC] ist die Höhe h.
Berechne die Länge der Strecke $\overline{DB}$ mithilfe des Höhensatzes.

$h^2 = p \cdot q$

b) Größe des Winkels β:

$\tan\beta = \frac{\overline{DC}}{\overline{DB}}$

$\tan\beta = \frac{4\text{ cm}}{2\text{ cm}}$

$\tan\beta = 2$

$\beta = 63,434...^\circ$

$\beta \approx 63,4^\circ$

Im rechtwinkligen Dreieck BCD ist die Seite $\overline{DC}$ die Gegenkathete und die Seite $\overline{DB}$ die Ankathete zum Winkel β.
Berechne die Größe des Winkels β mithilfe des Tangens.

$\tan\beta = \frac{\text{Gegenkathete}}{\text{Ankathete}}$

Runde die Größe des Winkels sinnvoll (hier: 1 Dezimalstelle).

c) Länge der Strecke $\overline{FG}$:

$\cos\beta = \frac{\text{Ankathete}}{\text{Hypotenuse}}$

$\cos 63,4^\circ = \frac{\overline{FG}}{3\text{ cm}} \quad |\cdot 3\text{ cm}$

$3\text{ cm} \cdot \cos 63,4^\circ = \overline{FG}$

$\overline{FG} = 1,343\ldots\text{ cm}$

$\overline{FG} \approx 1,3\text{ cm}$

oder:

Originalstrecke: $\overline{AD} = 8\text{ cm}$

Bildstrecke: $\overline{GE} = 5,4\text{ cm}$

$k = \frac{5,4\text{ cm}}{8\text{ cm}}$

$k = 0,675$

Länge der Strecke $\overline{FG}$:

Originalstrecke: $\overline{DB} = 2\text{ cm}$

Bildstrecke: $\overline{FG}$

$0,675 = \frac{\overline{FG}}{2\text{ cm}} \quad |\cdot 2\text{cm}$

$\overline{FG} = 1,35\text{ cm}$

$\overline{FG} \approx 1,4\text{ cm}$

oder:

Nach der Aufgabenstellung sind die rechtwinkligen Dreiecke ähnlich zueinander.
$\Delta(ABC) \sim \Delta(EFH)$

Ähnliche Dreiecke sind winkeltreu.
$\sphericalangle HFG = \beta$

Im rechtwinkligen Dreieck EFH ist die Seite $\overline{FH}$ die Hypotenuse und die Seite $\overline{FG}$ die Ankathete zum Winkel β.
Berechne die Länge der Seite $\overline{FG}$ mit dem Kosinus.

$\cos\beta = \frac{\text{Ankathete}}{\text{Hypotenuse}}$

Runde sinnvoll (hier: 1 Dezimalstelle).

Nach der Aufgabenstellung sind die rechtwinkligen Dreiecke ähnlich zueinander. Das Originaldreieck ABC wird mit dem Faktor k verkleinert. Es entsteht das Bilddreieck EFH.
Suche in den ähnlichen Dreiecken entsprechende Bild- und Originalstrecken und berechne k.

$k = \frac{\text{Bildstrecke}}{\text{Originalstrecke}}$

Berechne mit k die Länge der Bildstrecke $\overline{FG}$.

Runde sinnvoll (hier: 1 Dezimalstelle). Rundungsbedingt ergeben sich Abweichungen.

$$\overline{FH}^2 = \overline{FE} \cdot \overline{FG}$$
$$\overline{FE} = (x + 5{,}4)$$
$$\overline{FH} = 3$$
$$3^2 = (x + 5{,}4) \cdot x$$
$$9 = x^2 + 5{,}4x \qquad | -9$$
$$x^2 + 5{,}4x - 9 = 0$$
$$x_{1/2} = -2{,}7 \pm \sqrt{2{,}7^2 + 9}$$
$$x_{1/2} = -2{,}7 \pm \sqrt{7{,}29 + 9}$$
$$x_{1/2} = -2{,}7 \pm \sqrt{16{,}29}$$
$$x_{1/2} = -2{,}7 \pm 4{,}036\ldots$$
$$x_1 = -2{,}7 - 4{,}0$$
$$(x_1 = -6{,}7) \qquad \text{keine sinnvolle Lösung}$$
$$x_2 = -2{,}7 + 4{,}0$$
$$x_2 = 1{,}3$$
$$\overline{FG} = 1{,}3\text{ cm}$$

Hinweise und Tipps

Im rechtwinkligen Dreieck EFH ist die Seite $\overline{FH}$ eine Kathete, die Seite $\overline{EF}$ die Hypotenuse und die Strecke [FG] der an der Kathete $\overline{FH}$ anliegende Hypotenusenabschnitt. Berechne die Länge der Strecke $\overline{FG}$ mithilfe des Kathetensatzes. Verwende in der Rechnung x für die Länge der Strecke $\overline{FG}$.
Forme die quadratische Gleichung in die Normalform um und löse sie mithilfe der Lösungsformel.

$$x_{1/2} = -\frac{p}{2} \pm \sqrt{\left(\frac{p}{2}\right)^2 - q}$$

Hier ist $p = 5{,}4$ und $q = -9$

Runde den Wurzelwert auf 1 Dezimalstelle.
Schließe die nicht sinnvolle Lösung aus.

d) Anwendung eines Strahlensatzes:

Wende die Strahlensätze an. Du musst nur eine korrekte Anwendung formulieren. Hier sind alle möglichen Anwendungen angegeben.

1. Strahlensatz

$$\frac{\overline{AC}}{\overline{CE}} = \frac{\overline{AD}}{\overline{DB}};\quad \frac{\overline{AE}}{\overline{AC}} = \frac{\overline{AB}}{\overline{AD}};\quad \frac{\overline{AE}}{\overline{CE}} = \frac{\overline{AB}}{\overline{DB}}$$

2. Strahlensatz

$$\frac{\overline{AB}}{\overline{AD}} = \frac{\overline{BE}}{\overline{CD}};\quad \frac{\overline{AE}}{\overline{AC}} = \frac{\overline{BE}}{\overline{CD}};\quad \frac{\overline{AD}}{\overline{CD}} = \frac{\overline{AB}}{\overline{BE}};\quad \frac{\overline{AC}}{\overline{CD}} = \frac{\overline{AE}}{\overline{BE}}$$

---

10. a) Seitenlänge a' des Bildquadrates:

$$a = 9\text{ cm}$$
$$k = 70\,\% = 0{,}7$$
$$0{,}7 = \frac{a'}{9\text{ cm}} \qquad | \cdot 9\text{ cm}$$
$$a' = 6{,}3\text{ cm}$$

Die Seitenlänge des Bildquadrates beträgt 6,3 cm.

Bei der Aufgabe handelt es sich um eine zentrische Streckung. Das Streckungszentrum liegt in einer Ecke des Kopiergeräts.
Strecken werden mit dem Streckungsfaktor k gestreckt.

$$k = \frac{\text{Länge der Bildstrecke}}{\text{Länge der Originalstrecke}}$$

Setze die gegebenen Werte in die Formel ein und berechne a'.

b) Streckung in Prozent:

$$A = 12\text{ cm}^2$$
$$A' = 17{,}28\text{ cm}^2$$
$$k^2 = \frac{17{,}28\text{ cm}^2}{12\text{ cm}^2}$$
$$k^2 = 1{,}44 \qquad | \sqrt{\ }$$
$$k = 1{,}2$$
$$p\,\% = 1{,}2 \cdot 100\,\%$$
$$p\,\% = 120\,\%$$

Flächeninhalte werden mit dem Streckungsfaktor k^2 gestreckt.

$$k^2 = \frac{\text{Flächeninhalt der Bildfläche}}{\text{Flächeninhalt der Originalfläche}}$$

Setze die gegebenen Werte in die Formel ein und berechne k.
Gib den Streckungsfaktor in Prozent an.

c) zeichnerische Darstellung der zentrischen Streckung:

$k = \frac{1}{3}$

$a = 6\text{ cm}$

$a' = \frac{1}{3} \cdot 6\text{ cm}$

$a' = 2\text{ cm}$

$b = 3\text{ cm}$

$b' = \frac{1}{3} \cdot 3\text{ cm}$

$b' = 1\text{ cm}$

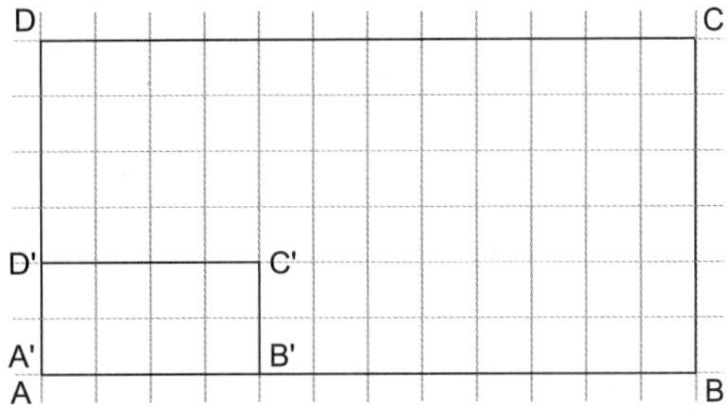

Hinweise und Tipps

Zeichne ein Rechteck mit den angegebenen Maßen und beschrifte es vollständig. Das Streckungszentrum ist der Punkt A.
Verkürze von A ausgehend die Seiten a und b jeweils auf $\frac{1}{3}$ der Originallänge. Du erhältst die Bildpunkte A', B' und D'
Vervollständige das Bildrechteck und du erhältst den Bildpunkt C'.

M10-Prüfung an Mittelschulen in Bayern 2020
Mathematik – Aufgabengruppe I

Aufgaben

Punkte

1. a) Die nachfolgende Abbildung zeigt den Graphen einer Normalparabel p_1. Ermitteln Sie rechnerisch die Funktionsgleichung von p_1 in der Normalform.

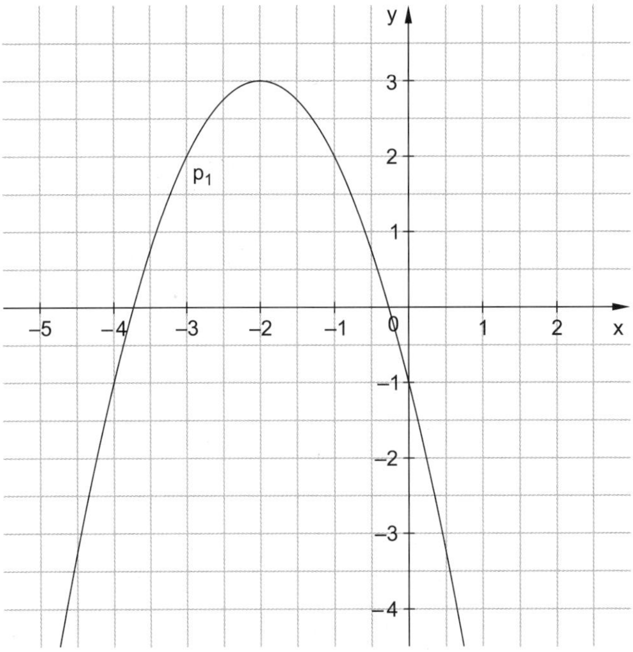

Quelle: StMUK

b) Überprüfen Sie durch Rechnung, ob die Punkte A(–1 | 2) und B(–3 | –1,5) auf der Normalparabel p_2 mit der Funktionsgleichung p_2: $y = x^2 + 4x + 1{,}5$ liegen.

c) Ermitteln Sie rechnerisch den Scheitelpunkt S_2 der Parabel p_2.

d) Die Gerade g mit der Funktionsgleichung $y = 2x + 0{,}5$ hat mit der Parabel p_2 den Punkt R gemeinsam.
Berechnen Sie die Koordinaten von R und geben Sie diesen Punkt an.

e) Zeichnen Sie die Graphen der Parabel p_2 und der Geraden g in ein Koordinatensystem mit der Längeneinheit 1 cm.

f) Eine nach unten geöffnete Normalparabel p_3 hat den Scheitelpunkt $S_3(-0{,}5 | 4)$. Durch Spiegelung an der y-Achse entsteht p_4. Durch eine weitere Spiegelung von p_4 an der x-Achse entsteht p_5.
Geben Sie die Funktionsgleichung der Parabel p_5 in der Scheitelpunktform an und stellen Sie Ihren Lösungsweg nachvollziehbar dar. 7

2. Das radioaktive Element Kobalt-60 hat eine Halbwertszeit von fünf Jahren.

a) In einem Behälter befinden sich 3,675 kg Kobalt-60. Berechnen Sie, wie viele Kilogramm nach 13 Jahren von dieser Menge noch vorhanden sind.

b) Ermitteln Sie rechnerisch, nach wie vielen Jahren von den 3,675 kg Kobalt-60 nur noch 0,1 kg vorhanden sind.

c) Berechnen Sie die Ausgangsmenge des radioaktiven Elements Kobalt-60, von der nach 38 Jahren noch 0,742 kg vorhanden sind. 5

3. In der folgenden Skizze gilt:
$\overline{AF} = 4\,\text{cm};\ \overline{AD} = 5\,\text{cm};\ \overline{DF} : \overline{BC} = 1:3;\ \overline{DF} \parallel \overline{BC}$

Berechnen Sie die Länge der Strecke $\overline{CE}$ in cm.

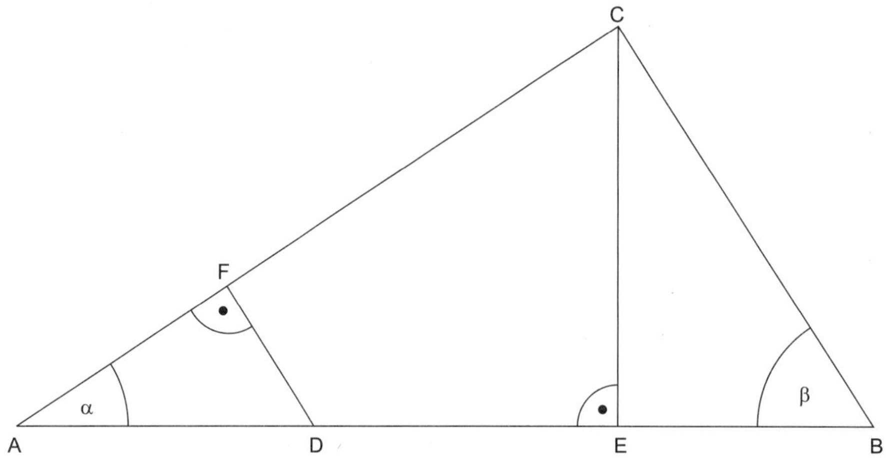

Hinweis: Skizze nicht maßstabsgetreu
Quelle: StMUK 4

4. Vereinfachen Sie den unten stehenden Term so weit wie möglich.
Es gilt: x, y > 0

$$\frac{2 \cdot x^5 \cdot 0{,}5 \cdot y^{-3} \cdot 4x^3 \cdot 2 \cdot y}{8 \cdot y^{-2} \cdot x^7} + \frac{x^{\frac{3}{2}}}{\sqrt{x}}$$ 2

5. a) Bestimmen Sie rechnerisch die Funktionsgleichung der Geraden g_1, die durch die Punkte $C(6|2)$ und $D(-3|-1)$ verläuft.

b) Die Gerade g_3 verläuft durch den Punkt $B(11|-23)$ und steht senkrecht auf der Geraden g_2: $y = x$.
Bestimmen Sie rechnerisch die Funktionsgleichung der Geraden g_3.

c) Geben Sie eine mögliche Funktionsgleichung einer Geraden g_4 an, die parallel zur Geraden g_2: $y = x$ verläuft und nicht auf g_2 liegt.

d) Der Punkt $A(4|-1)$ liegt auf der Geraden g_5: $y = m_5 x - 4$.
Bestimmen Sie die Steigung m_5 rechnerisch.

e) Die Gerade g_6: $y = x - 2{,}5$ und die Gerade g_7 mit der Funktionsgleichung g_7: $2x = 3{,}5 - y$ schneiden sich im Punkt S.
Ermitteln Sie rechnerisch die Koordinaten des Schnittpunkts S und geben Sie diesen Punkt an.

f) Berechnen Sie die Koordinaten des Schnittpunkts N der Geraden g_7 mit der x-Achse und geben Sie diesen Punkt an.

g) Zeichnen Sie die Geraden g_5 und g_6 in ein Koordinatensystem mit der Längeneinheit 1 cm. 8

6. Lösen Sie die folgende Gleichung rechnerisch.
Geben Sie die Definitionsmenge und die Lösungsmenge an.

$$\frac{-x}{x+3} + 2 = 1 - \frac{3x}{4 \cdot (x-2)}$$ 4

7. Eine Metallkugel mit einem Durchmesser von 40 mm soll eingeschmolzen und zu sechs gleich großen Kugeln umgeformt werden.
Zeigen Sie durch Rechnung, dass die sechs kleineren Kugeln zusammen einen größeren Oberflächeninhalt haben als die ursprüngliche Kugel. 4

8. Es gilt $g_1 \parallel g_2 \parallel g_3$.

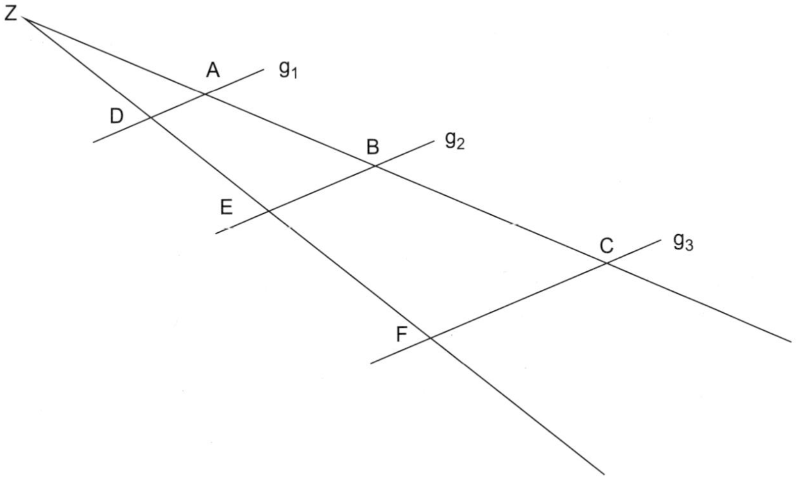

Hinweis: Skizze nicht maßstabsgetreu
Quelle: StMUK

a) Von den folgenden vier Aussagen geben zwei die Streckenverhältnisse richtig wieder. Schreiben Sie die Nummern der richtigen Aussagen auf Ihr Lösungsblatt.

(1) $\overline{ZA} : \overline{ZC} = \overline{ZD} : \overline{ZF}$

(2) $\overline{BZ} : \overline{AZ} = \overline{FZ} : \overline{EZ}$

(3) $\overline{FC} : \overline{ZC} = \overline{EB} : \overline{AB}$

(4) $\overline{ZD} : \overline{DA} = \overline{ZE} : \overline{EB}$

b) Berechnen Sie die Länge der Strecke $\overline{FC}$, wenn folgende Streckenlängen gegeben sind:
$\overline{ZC} = 21\,\text{cm}$; $\overline{BC} = 7\,\text{cm}$; $\overline{EB} = 8\,\text{cm}$ 3

9. Folgende Aufgaben sind Anwendungen von binomischen Formeln und quadratischen Gleichungen.

a) Ersetzen Sie die Symbole ■, ◆ und ● jeweils durch den entsprechenden Term und schreiben Sie die mathematisch richtige Gleichung auf Ihr Lösungsblatt.

(1) $(2a - \blacksquare)^2 = \blacklozenge - \bullet + 4b^{16}$

(2) $\left(\frac{1}{5}c^3 + \blacksquare\right) \cdot \left(\frac{1}{5}c^3 - \blacksquare\right) = \bullet - \frac{4}{81}d^4$

b) Ersetzen Sie die Platzhalter der folgenden Gleichung so, dass eine quadratische Gleichung mit der Lösungsmenge $\mathbb{L} = \{-4; 3\}$ entsteht, und schreiben Sie diese auf Ihr Lösungsblatt.
$(x + \blacksquare) \cdot (x - \blacklozenge) = 0$ 4

10. In einem Behälter befinden sich genau vier Kugeln.
Sie sind mit den Ziffern 1, 2, 3 und 4 durchnummeriert.

a) Mit den vier Kugeln kann man unterschiedliche Zahlen legen. Ermitteln Sie rechnerisch die Anzahl aller Kombinationsmöglichkeiten für eine vierstellige Zahl.

b) Es werden nacheinander zwei Kugeln gezogen und nicht mehr zurückgelegt. Aus beiden gezogenen Ziffern wird ein Bruch gebildet. Die zuerst gezogene Ziffer bildet den Zähler, die zweite den Nenner des Bruches.
Geben Sie die Ergebnismenge mit allen bei diesem Vorgang möglichen Brüchen an und bestimmen Sie die Wahrscheinlichkeit, dass der gebildete Bruch den Wert 0,5 hat.

c) Die Abbildung zeigt einen Ausschnitt aus einem Baumdiagramm zu einem weiteren Zufallsexperiment. Begründen Sie, dass das Experiment mit Zurücklegen der Kugeln durchgeführt wurde.

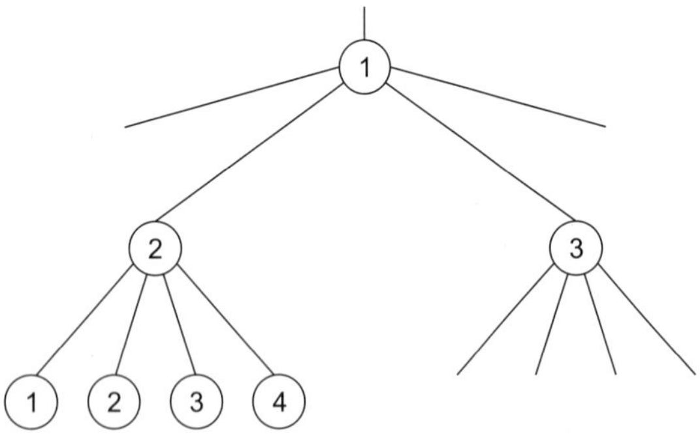

Quelle: StMUK

4

Lösungen

Aufgabengruppe I

Hinweise und Tipps

1. a) Funktionsgleichung der Parabel p_1 in der Normalform:

$S_1(-2|3)$

p_1 nach unten geöffnet: $y = -(x - x_S)^2 + y_S$

$y = -(x-(-2))^2 + 3$

$y = -(x+2)^2 + 3$

$y = -(x^2 + 4x + 4) + 3$

$y = -x^2 - 4x - 4 + 3$

$y = -x^2 - 4x - 1$

Lies den Scheitelpunkt S_1 aus der Grafik ab.

Setze den Scheitelpunkt S_1 in die Scheitelpunktform für eine nach unten geöffnete Parabel ein. Achte auf die Vorzeichen.
Berechne die Klammer mithilfe der binomischen Formel.
Löse die Klammer auf und fasse zusammen.

b) Überprüfung, ob die Punkte A und B auf der Parabel p_2 liegen:

$A(-1|2)$; $B(-3|-1{,}5)$

p_2: $y = x^2 + 4x + 1{,}5$

$2 = (-1)^2 + 4 \cdot (-1) + 1{,}5$

$2 = 1 - 4 + 1{,}5$

$2 \neq -1{,}5$

$\Rightarrow$ A liegt nicht auf p_2.

Setze die Koordinaten des Punktes A in die Funktionsgleichung von p_2 ein und fasse zusammen.
Da beide Seiten nicht den gleichen Wert haben, liegt der Punkt A nicht auf der Parabel p_2.

$-1{,}5 = (-3)^2 + 4 \cdot (-3) + 1{,}5$

$-1{,}5 = 9 - 12 + 1{,}5$

$-1{,}5 = -1{,}5$

$\Rightarrow$ B liegt auf p_2.

Setze die Koordinaten des Punktes B in die Funktionsgleichung von p_2 ein und fasse zusammen.
Da beide Seiten den gleichen Wert haben, liegt der Punkt B auf der Parabel p_2.

c) Scheitelpunkt von Parabel p_2 rechnerisch ermitteln:

p_2: $y = x^2 + 4x + 1{,}5$

$y = x^2 + 2 \cdot 2x + 2^2 - 2^2 + 1{,}5$

$y = (x+2)^2 - 4 + 1{,}5$

$y = (x+2)^2 - 2{,}5$

$S_2(-2|-2{,}5)$

Wandle die Funktionsgleichung durch quadratische Ergänzung in die Scheitelpunktform um.
Bilde das Binom.
Lies die Koordinaten des Scheitelpunkts S_2 aus der Scheitelpunktform ab.

d) Koordinaten des Schnittpunkts R von g und p_2:

g: $y = 2x + 0{,}5$

p_2: $y = x^2 + 4x + 1{,}5$

$2x + 0{,}5 = x^2 + 4x + 1{,}5 \quad |-2x; -0{,}5$

$0 = x^2 + 2x + 1$

$0 = (x+1)^2 \quad |\sqrt{\ }$

$0 = x + 1 \quad |-1$

$-1 = x$

Es gibt nur einen Schnittpunkt der Geraden und der Parabel, sodass es sich um einen Berührpunkt handeln muss.
Setze die Funktionsgleichungen von g und p_2 gleich.
Forme die quadratische Gleichung in die Normalform um und bilde das Binom.
Berechne x.

$y = 2x + 0{,}5$

$y = 2 \cdot (-1) + 0{,}5$

$y = -1{,}5$

Setze x in eine der beiden Funktionsgleichungen (hier: g) ein und berechne die y-Koordinate des Schnittpunkts.

$R(-1|-1{,}5)$

Gib die Koordinaten des Schnittpunkts R an.

e) grafische Darstellung:

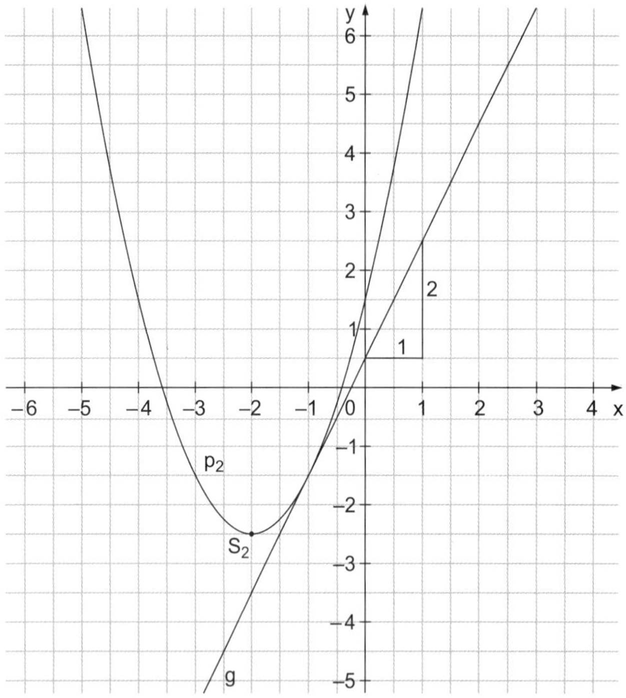

Hinweise und Tipps

Lege ein Koordinatensystem mit der Einheit 1 cm an. Platzbedarf:
x-Achse: −6 bis +4
y-Achse: −5 bis +6

Beschrifte das Koordinatensystem vollständig.

Trage den Scheitelpunkt S_2 ein und zeichne mithilfe der Parabelschablone die nach oben geöffnete Normalparabel p_2.

Zeichne die Gerade g mithilfe des y-Achsenabschnitts und des Steigungsdreiecks ein.

Überprüfe anhand des Berührpunkts, ob du richtig gezeichnet hast.

f) Funktionsgleichung von p_5 in der Scheitelpunktform:
p_3: $S_3(-0{,}5\,|\,4)$; nach unten geöffnet

Spiegelung an der y-Achse:
p_4: $S_4(0{,}5\,|\,4)$; nach unten geöffnet

Wird ein Punkt an der y-Achse gespiegelt, ändert sich das Vorzeichen der x-Koordinate. Die Öffnung der Parabel bleibt gleich.

Spiegelung an der x-Achse:
p_5: $S_5(0{,}5\,|\,-4)$; nach oben geöffnet

Wird ein Punkt an der x-Achse gespiegelt, ändert sich das Vorzeichen der y-Koordinate. Die Öffnung der Parabel ändert sich (hier: von nach unten geöffnet zu nach oben geöffnet).

$y = (x - x_S)^2 + y_S$
$y = (x - 0{,}5)^2 - 4$

Setze die Koordinaten von S_5 in die Scheitelpunktform für eine nach oben geöffnete Parabel ein. Beachte die Vorzeichen.

---

2. a) Restmenge N_t Kobalt-60 nach 13 Jahren in kg:
Anfangsmenge: $N_0 = 3{,}675$ kg
Zerfallsdauer: $t = 13$ Jahre
Halbwertszeit: $T = 5$ Jahre

Setze die Werte in die Formel für den radioaktiven Zerfall ein und berechne die nicht zerfallende Menge (Restmenge) N_t.
$N_t = N_0 \cdot 0{,}5^{\frac{t}{T}}$

$N_{13} = 3{,}675\text{ kg} \cdot 0{,}5^{\frac{13}{5}}$
$N_{13} = 0{,}6061\ldots\text{ kg}$
$N_{13} \approx 0{,}61\text{ kg}$

Runde sinnvoll (hier: zwei Dezimalstellen).

Nach 13 Jahren sind noch etwa 0,61 kg Kobalt-60 vorhanden.

b) Berechnung der Zerfallsdauer:
Anfangsmenge: $N_0 = 3{,}675$ kg
Restmenge: $N_t = 0{,}1$ kg
Halbwertszeit: $T = 5$ Jahre

Setze die Werte in die Formel für den radioaktiven Zerfall ein und löse nach der Zerfallsdauer auf.
$N_t = N_0 \cdot 0{,}5^{\frac{t}{T}}$

Hinweise und Tipps

$0{,}1\text{ kg} = 3{,}675\text{ kg} \cdot 0{,}5^{\frac{t}{5}} \quad |:3{,}675\text{ kg}$

$0{,}02721\ldots = 0{,}5^{\frac{t}{5}} \quad |\log$

$\frac{t}{5} = \log_{0{,}5} 0{,}02721\ldots$

$\frac{t}{5} = \frac{\lg 0{,}02721\ldots}{\lg 0{,}5} \quad |\cdot 5$

$t = \frac{\lg 0{,}02721\ldots}{\lg 0{,}5} \cdot 5$

$t = 25{,}9983\ldots$

$t \approx 26$

Nach 26 Jahren sind noch 0,1 kg Kobalt-60 vorhanden.

Berechne t mithilfe des Logarithmus.

Runde die Zerfallsdauer auf ganze Jahre.

c) Ausgangsmenge N_0 in kg:
Restmenge: $N_t = 0{,}742$ kg
Zerfallsdauer: $t = 38$ Jahre
Halbwertszeit: $T = 5$ Jahre

$0{,}742\text{ kg} = N_0 \cdot 0{,}5^{\frac{38}{5}}$

$0{,}742\text{ kg} = N_0 \cdot 0{,}5^{7{,}6} \quad |:0{,}5^{7{,}6}$

$N_0 = 143{,}9566\ldots\text{ kg}$

$N_0 \approx 144\text{ kg}$

Die Ausgangsmenge betrug etwa 144 kg.

Setze die Werte in die Formel für den radioaktiven Zerfall ein und löse nach der Ausgangsmenge auf.

$N_t = N_0 \cdot 0{,}5^{\frac{t}{T}}$

Runde sinnvoll (hier: ganze kg).

---

3. $\overline{AF} = 4\text{ cm}$; $\overline{AD} = 5\text{ cm}$; $\overline{DF} : \overline{BC} = 1:3$; $\overline{DF} \parallel \overline{BC}$

Berechnung des Winkels α:

$\cos\alpha = \frac{\overline{AF}}{\overline{AD}}$

$\cos\alpha = \frac{4\text{ cm}}{5\text{ cm}}$

$\cos\alpha = 0{,}8 \quad |\cos^{-1}$

$\alpha = 36{,}869\ldots°$

$\alpha \approx 37°$

$\overline{AF}$ ist die Ankathete zum Winkel α und $\overline{AD}$ ist die Hypotenuse im rechtwinkligen Dreieck ADF. Mithilfe des Kosinus kann der Winkel α berechnet werden.

$\cos\alpha = \frac{\text{Ankathete}}{\text{Hypotenuse}}$

Berechnung der Länge der Strecke $\overline{AC}$:

$\overline{AF} : \overline{AC} = 1:3$

$4\text{ cm} : \overline{AC} = 1:3 \quad |\cdot 3;\ \cdot \overline{AC}$

$12\text{ cm} = \overline{AC}$

Die Strecken $\overline{DF}$ und $\overline{BC}$ stehen im Verhältnis 1 : 3 zueinander. Daraus lässt sich die Länge der Stecke $\overline{AC}$ berechnen.

Berechnung der Länge der Strecke $\overline{CE}$:

$\sin\alpha = \frac{\overline{CE}}{\overline{AC}}$

$\sin 37° = \frac{\overline{CE}}{12\text{ cm}} \quad |\cdot 12\text{ cm}$

$7{,}221\ldots\text{ cm} = \overline{CE}$

$7{,}2\text{ cm} \approx \overline{CE}$

Im rechtwinkligen Dreieck AEC ist die Strecke $\overline{AC}$ die Hypotenuse und die Strecke $\overline{CE}$ die Gegenkathete zum Winkel α. Berechne die Länge der Strecke $\overline{CE}$ mit dem Sinus.

$\sin\beta = \frac{\text{Gegenkathete}}{\text{Hypotenuse}}$

Runde sinnvoll (hier: eine Dezimalstelle).

Hinweise und Tipps

oder:

Berechnung des Winkels α:

$\cos\alpha = \frac{\overline{AF}}{\overline{AD}}$

$\cos\alpha = \frac{4\text{ cm}}{5\text{ cm}}$

$\cos\alpha = 0{,}8 \quad |\cos^{-1}$

$\alpha = 36{,}869\ldots°$

$\alpha \approx 37°$

$\overline{AF}$ ist die Ankathete zum Winkel α und $\overline{AD}$ ist die Hypotenuse im rechtwinkligen Dreieck ADF. Mithilfe des Kosinus kann der Winkel α berechnet werden.

$\cos\alpha = \frac{\text{Ankathete}}{\text{Hypotenuse}}$

Berechnung der Länge der Strecke $\overline{DF}$:

$\overline{AF}^2 + \overline{DF}^2 = \overline{AD}^2$

$(4\text{ cm})^2 + \overline{DF}^2 = (5\text{ cm})^2$

$16\text{ cm}^2 + \overline{DF}^2 = 25\text{ cm}^2 \quad |-16\text{ cm}^2$

$\overline{DF}^2 = 9\text{ cm}^2 \quad |\sqrt{}$

$\overline{DF} = 3\text{ cm}$

Berechne die Länge der Strecke $\overline{DF}$ mithilfe des Satzes des Pythagoras. Die Strecke $\overline{AF}$ ist eine Kathete und $\overline{AD}$ die Hypotenuse im rechtwinkligen Dreieck ADF.

Berechnung der Länge der Strecke $\overline{BC}$:

$\overline{DF} : \overline{BC} = 1:3$

$3\text{ cm} : \overline{BC} = 1:3 \quad |\cdot 3;\ \cdot \overline{BC}$

$9\text{ cm} = \overline{BC}$

Die Strecken $\overline{DF}$ und $\overline{BC}$ stehen im Verhältnis 1 : 3 zueinander. Daraus lässt sich die Länge der Stecke $\overline{BC}$ berechnen.

Berechnung des Winkels β:

$37° + \beta + 90° = 180° \quad |-37°;\ -90°$

$\beta = 53°$

Zwischen $\overline{AF}$ und $\overline{DF}$ liegt ein rechter Winkel. Da $\overline{DF}$ parallel zu $\overline{BC}$ ist, liegt auch zwischen $\overline{AC}$ und $\overline{BC}$ ein rechter Winkel. So lässt sich der Winkel β über die Winkelsumme im Dreieck ABC bestimmen.

$\alpha + \beta + \gamma = 180°$

Berechnung der Länge der Strecke $\overline{CE}$:

$\sin\beta = \frac{\overline{CE}}{\overline{BC}}$

$\sin 53° = \frac{\overline{CE}}{9\text{ cm}} \quad |\cdot 9\text{ cm}$

$7{,}187\ldots\text{ cm} = \overline{CE}$

$7{,}2\text{ cm} \approx \overline{CE}$

Im rechtwinkligen Dreieck EBC ist die Strecke $\overline{BC}$ die Hypotenuse und die Strecke $\overline{CE}$ die Gegenkathete zum Winkel β. Berechne die Länge der Strecke $\overline{CE}$ mit dem Sinus.

$\sin\beta = \frac{\text{Gegenkathete}}{\text{Hypotenuse}}$

Runde sinnvoll (hier: eine Dezimalstelle).

4.

$\frac{2\cdot x^5\cdot 0{,}5\cdot y^{-3}\cdot 4x^3\cdot 2\cdot y}{8\cdot y^{-2}\cdot x^7} + \frac{x^{\frac{3}{2}}}{\sqrt{x}} =$

$\frac{2\cdot 0{,}5\cdot 4\cdot 2\cdot x^5\cdot x^3\cdot y^{-3}\cdot y}{8\cdot y^{-2}\cdot x^7} + \frac{x^{\frac{3}{2}}}{x^{\frac{1}{2}}} =$

$\frac{8\cdot y^{-2}\cdot x^8}{8\cdot y^{-2}\cdot x^7} + \frac{x^{\frac{3}{2}}}{x^{\frac{1}{2}}} =$

$1\cdot y^0\cdot x^1 + x^1 =$

$x + x =$

$2x$

Stelle im Zähler so um, dass Zahlen und gleiche Variablen beieinanderstehen. Wandle die Wurzel in eine Potenz um.

Fasse jeweils die Zähler und Nenner zusammen. Beachte hier die Potenzgesetze bei gleicher Basis.

Kürze bzw. wende das Potenzgesetz zum Dividieren von Termen mit gleicher Basis an.

Fasse wiederum zusammen.

Beachte: $y^0 = 1$

5. a) Funktionsgleichung der Geraden g_1:

$C(6|2)$; $D(-3|-1)$

$m_1 = \frac{-1-2}{-3-6} = \frac{-3}{-9} = \frac{1}{3}$

$m_1 = \frac{1}{3}$; $C(6|2)$

$y = m_1 \cdot x + t_1$

$2 = \frac{1}{3} \cdot 6 + t_1$

$2 = 2 + t_1 \quad |-2$

$0 = t_1$

g_1: $y = \frac{1}{3}x$

b) Funktionsgleichung von g_3:

g_2: $y = x$; $B(11|-23)$

$g_2 \perp g_3$

$m_2 \cdot m_3 = -1$

$1 \cdot m_3 = -1$

$m_3 = -1$

$m_3 = -1$; $B(11|-23)$

$-23 = -1 \cdot (11) + t_3$

$-23 = -11 + t_3 \quad |+11$

$-12 = t_3$

g_3: $y = -x - 12$

c) Mögliche Funktionsgleichungen von g_4:

$g_4 \parallel g_2 \Rightarrow m_4 = m_2$

$m_4 = 1$

Beispiel für g_4:

$y = x + 2$

d) Steigung m_5 von g_5:

g_5: $y = m_5 \cdot x - 4$; $A(4|-1)$

$-1 = m_5 \cdot 4 - 4 \quad |+4$

$3 = m_5 \cdot 4 \quad |:4$

$0{,}75 = m_5$

e) Koordinaten des Schnittpunkts S der Geraden g_6 und g_7:

g_6: $y = x - 2{,}5$

g_7: $2x = 3{,}5 - y \quad |+y;\ -2x$

$y = -2x + 3{,}5$

$g_6 = g_7$

$x - 2{,}5 = -2x + 3{,}5 \quad |+2{,}5;\ +2x$

$3x = 6 \quad |:3$

$x = 2$

Hinweise und Tipps

Steigungsformel: $m_1 = \frac{y_2 - y_1}{x_2 - x_1}$

Setze die Koordinaten der Punkte C und D in die Steigungsformel ein und berechne die Steigung m_1. Beachte dabei die Vorzeichen.

Setze den Wert der Steigung m_1 und die Koordinaten eines Punktes (hier: C) in die Normalform einer linearen Funktion ein, um t_1 zu berechnen.

Gib die vollständige Funktionsgleichung an.

Die Gerade g_2 steht senkrecht auf der Geraden g_3. Berechne zuerst die Steigung der Geraden g_3 mit der Formel für senkrechte Geraden.

Setze den Wert der Steigung m_3 und die Koordinaten des Punktes B in die Normalform einer linearen Funktion ein, um t_3 zu berechnen.

Gib die vollständige Funktionsgleichung an.

Parallele Geraden haben die gleiche Steigung.
Die Gerade g_2 verläuft durch den Ursprung, da $t_2 = 0$. Also kann der y-Achsenabschnitt von g_4 jeder beliebige sein, solange $t_4 \neq 0$ gilt.

Setze die Koordinaten von Punkt A in die Funktionsgleichung ein.
Löse nach m_5 auf und berechne den Wert der Steigung.

Bringe zuerst die Funktionsgleichung von g_7 in die Normalform.

Setze die Funktionsterme von g_6 und g_7 gleich und löse nach x auf.

$x = 2$ in g_6:
$y = 2 - 2{,}5$
$y = -0{,}5$

$S(2 \mid -0{,}5)$

Hinweise und Tipps

Setze den Wert von x in eine der beiden Funktionsgleichungen (hier: g_6) ein und berechne y.

Gib die Koordinaten des Schnittpunkts S an.

f) Koordinaten des Schnittpunkts N von g_7 mit der x-Achse:

g_7: $y = -2x + 3{,}5$

$0 = -2x + 3{,}5 \quad |-3{,}5$
$-3{,}5 = -2x \quad |:(-2)$
$1{,}75 = x$

$N(1{,}75 \mid 0)$

Um den Schnittpunkt der Geraden g_7 mit der x-Achse zu erhalten, berechne die Nullstelle der linearen Funktion. An der Nullstelle ist der y-Wert immer 0.

Gib die Koordinaten von N an.

g) grafische Darstellung:

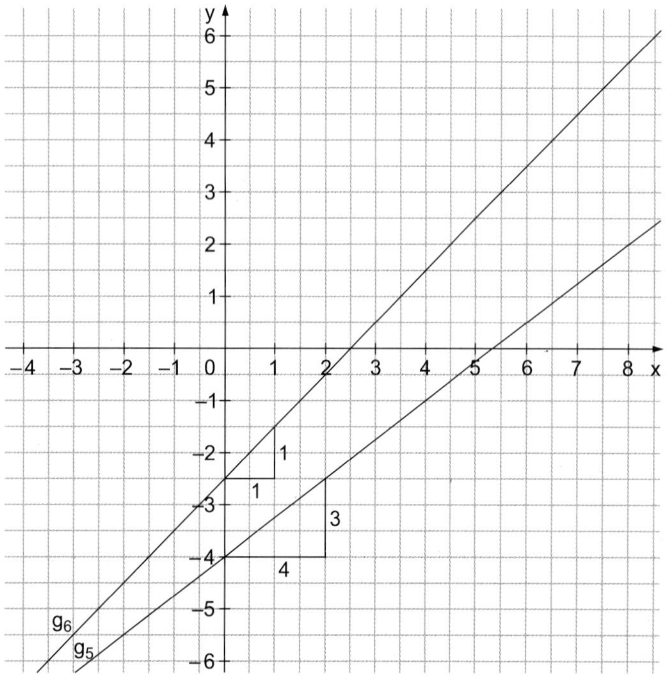

Lege ein Koordinatensystem mit der Einheit 1 cm an.
x-Achse: −4 bis +8
y-Achse: −6 bis +6
Beschrifte das Koordinatensystem vollständig.
Zeichne die Geraden g_5 und g_6 mithilfe des y-Achsenabschnitts und des Steigungsdreiecks ein.

6. $\dfrac{-x}{x+3} + 2 = 1 - \dfrac{3x}{4 \cdot (x-2)}$

Definitionsmenge:

- $x + 3 \neq 0 \quad |-3$
  $x \neq -3$
- $4 \cdot (x-2) \neq 0$
  $4x - 8 \neq 0 \quad |+8$
  $4x \neq 8 \quad |:4$
  $x \neq 2$

$\mathbb{D} = \mathbb{R} \setminus \{-3; 2\}$

Bestimme die Definitionsmenge. Die Terme im Nenner dürfen nicht null sein.

Gib die Definitionsmenge an. Achte auf die richtige Schreibweise.

Hinweise und Tipps

Lösungsmenge:
Hauptnenner: $(x+3)(4x-8)$

$$\frac{-x}{x+3}+2=1-\frac{3x}{4\cdot(x-2)} \quad |\cdot(x+3)(4x-8)$$

Multipliziere mit dem Hauptnenner.

$$-x(4x-8)+2\cdot(x+3)(4x-8)=1\cdot(x+3)(4x-8)-3x(x+3)$$
$$-4x^2+8x+2\cdot(4x^2-8x+12x-24)=4x^2-8x+12x-24-3x^2-9x$$
$$-4x^2+8x+8x^2-16x+24x-48=x^2-5x-24$$

Löse die Klammern auf. Beachte die Vorzeichen.
Fasse zusammen.

$$4x^2+16x-48=x^2-5x-24 \quad |-x^2+5x+24$$

Bringe alles auf eine Seite.

$$3x^2+21x-24=0 \quad |:3$$
$$x^2+7x-8=0$$

Forme die quadratische Gleichung in die Normalform um.

$$x_{1/2}=-\frac{7}{2}\pm\sqrt{\left(\frac{7}{2}\right)^2-(-8)}$$

Löse mithilfe der Lösungsformel für quadratische Gleichungen.

$$x_{1/2}=-\frac{p}{2}\pm\sqrt{\left(\frac{p}{2}\right)^2-q}$$

$$x_{1/2}=-3{,}5\pm4{,}5$$

Hier ist $p=7$ und $q=-8$.

$$x_1=-3{,}5+4{,}5$$
$$x_1=1$$
$$x_2=-3{,}5-4{,}5$$
$$x_2=-8$$

Überprüfe, ob die Lösungen in der Definitionsmenge liegen.

$$\mathbb{L}=\{-8;\ 1\}$$

Gib die Lösungsmenge an.

---

7. Volumen der Metallkugel:
$d=40$ mm

Berechne das Volumen der Metallkugel mithilfe der Volumenformel für die Kugel.

$V=\frac{1}{6}d^3\cdot\pi$ oder $V=\frac{4}{3}r^3\cdot\pi$

$$V_{MK}=\frac{1}{6}(40\text{ mm})^3\cdot\pi$$
$$V_{MK}=33\,493{,}33\ldots\text{ mm}^3$$

Alle Rechnungen in dieser Aufgabe sind mit $\pi=3{,}14$.

Volumen einer kleinen Kugel:

$$V_K=V_{MK}:6$$
$$V_K=33\,493{,}333\ldots\text{ mm}^3:6$$
$$V_K=5\,582{,}22\ldots\text{ mm}^3$$
$$V_K\approx5\,582\text{ mm}^3$$

Das Volumen der Metallkugel entspricht dem Volumen von 6 kleinen Kugeln. Berechne so das Volumen einer kleinen Kugel.

Runde sinnvoll (hier: ganze mm³).

Radius einer kleinen Kugel:

$$5\,582\text{ mm}^3=\frac{4}{3}r^3\cdot\pi \quad |:\pi;\ :\tfrac{4}{3}$$
$$1\,333{,}28\ldots\text{ mm}^3=r^3 \quad |\sqrt[3]{\ }$$
$$11\text{ mm}\approx r$$

Für die Berechnung der Kugeloberfläche benötigt man den Radius oder den Durchmesser der Kugel. Diese können mithilfe der Volumenformel berechnet werden.

$V=\frac{1}{6}d^3\cdot\pi$ oder $V=\frac{4}{3}r^3\cdot\pi$

Oberflächeninhalt der Metallkugel:

$$O_{MK}=(40\text{ mm})^2\cdot\pi$$
$$O_{MK}=5\,024\text{ mm}^2$$

Berechne den Oberflächeninhalt der Metallkugel sowie den der kleinen Kugel. Benutze die Oberflächenformel für die Kugel.

$O=4\cdot r^2\cdot\pi$ oder $O=d^2\cdot\pi$

Oberflächeninhalt einer kleinen Kugel:

$$O_K=4\cdot(11\text{ mm})^2\cdot\pi$$
$$O_K=1\,519{,}76\text{ mm}^2$$
$$O_K\approx1\,520\text{ mm}^2$$

Runde sinnvoll (hier: ganze mm²).

Oberflächeninhalt aller kleinen Kugeln:

$O_{6K} = 1\,520\text{ mm}^2 \cdot 6$

$O_{6K} = 9\,120\text{ mm}^2$

Vergleich der Oberflächeninhalte:

$9\,120\text{ mm}^2 > 5\,024\text{ mm}^2$

$O_{6K} > O_{MK}$

Hinweise und Tipps

Vergleiche die Oberflächeninhalte der Metallkugel und aller kleinen Kugeln.

---

8. a) richtige Streckenverhältnisse:

(1)

Mit dem 1. Strahlensatz lässt sich dieses Streckenverhältnis aufstellen.

(4)

Dieses Streckenverhältnis lässt sich mit dem 2. Strahlensatz aufstellen.

b) Berechnung der Länge der Strecke $\overline{FC}$:

$\overline{ZC} = 21\text{ cm};\ \overline{BC} = 7\text{ cm};\ \overline{EB} = 8\text{ cm}$

Länge der Strecke $\overline{ZB}$:

$\overline{ZB} = \overline{ZC} - \overline{BC}$

$\overline{ZB} = 21\text{ cm} - 7\text{ cm}$

$\overline{ZB} = 14\text{ cm}$

Berechne erst die Länge der Strecke $\overline{ZB}$, um anschließend ein Streckenverhältnis aufstellen zu können.

Länge der Strecke $\overline{FC}$:

$$\frac{\overline{FC}}{\overline{ZC}} = \frac{\overline{EB}}{\overline{ZB}}$$

$$\frac{\overline{FC}}{21\text{ cm}} = \frac{8\text{ cm}}{14\text{ cm}} \quad |\cdot 21\text{ cm}$$

$$\overline{FC} = 12\text{ cm}$$

Wende den 2. Strahlensatz an. Stelle die Verhältnisgleichung auf und löse nach $\overline{FC}$ auf.

---

9. a) Anwendung von binomischen Formeln:

(1) $(2a - ■)^2 = ◆ - ● + 4b^{16}$

$(2a - \mathbf{2b^8})^2 = \mathbf{4a^4} - \mathbf{8ab^8} + 4b^{16}$

Das Minus in der Klammer weist darauf hin, dass es sich um eine Anwendung der 2. binomischen Formel handelt.
$(a-b)^2 = a^2 - 2ab + b^2$
Um den zweiten Term in der Klammer zu erhalten (hier: ■), wird die Wurzel aus dem letzten Term der aufgelösten Klammer (hier: $4b^{16}$) gezogen. Beachte die Potenzgesetze.
Den ersten Term der aufgelösten Klammer (hier: ◆) erhältst du, indem du den ersten Term in der Klammer (hier: 2a) quadrierst.
Den gemischten Teil der binomischen Formel (hier: ●) berechnest du mithilfe des ersten und zweiten Terms in der Klammer.
$2 \cdot 2a \cdot 2b^8 = 8ab^8$

Hinweise und Tipps

(2) $\left(\frac{1}{5}c^3 + ■\right)\cdot\left(\frac{1}{5}c^3 - ■\right) = ● - \frac{4}{81}d^4$

$\left(\frac{1}{5}c^3 + \mathbf{\frac{2}{9}d^2}\right)\cdot\left(\frac{1}{5}c^3 - \mathbf{\frac{2}{9}d^2}\right) = \mathbf{\frac{1}{25}c^6} - \frac{4}{81}d^4$

Es handelt sich um eine Anwendung der 3. binomischen Formel.
$(a+b)\cdot(a-b) = a^2 - b^2$
Den zweiten Term der Klammer (hier: ■) erhält man, indem die Wurzel aus dem zweiten Term der aufgelösten Form (hier: $\frac{4}{81}d^4$) gezogen wird. Beachte die Potenzgesetze.
Um den ersten Term der aufgelösten Form (hier: ●) zu berechnen, wird der erste Term der Klammer (hier: $\frac{1}{5}c^3$) quadriert. Beachte die Potenzgesetze.

b) Anwendung quadratischer Gleichung:
$\mathbb{L} = \{-4; 3\}$
$(x + ■)\cdot(x - ◆) = 0$
$(x + \mathbf{4})\cdot(x - \mathbf{3}) = 0$
oder:
$(x + \mathbf{(-3)})\cdot(x - \mathbf{(-4)}) = 0$

Die Lösungsmenge $\mathbb{L} = \{-4; 3\}$ ist gegeben. Das bedeutet, dass für die Variable x −4 oder 3 eingesetzt werden muss, um den Wert null zu erhalten. Da es sich um eine Multiplikation handelt, muss die erste oder die zweite Klammer den Wert null ergeben. Suche die entsprechenden Zahlen, die die Klammern null werden lassen. Achte hier auf die Rechenzeichen in den Klammern.

---

10. a) Anzahl der Kombinationsmöglichkeiten:
$4! = 24$ Möglichkeiten

Es gibt 24 Möglichkeiten, vierstellige Zahlen aus den Kugeln zu legen.

In dem Behälter sind genau vier Kugeln mit unterschiedlichen Ziffern (hier: 1, 2, 3, 4). Damit sind es vier verschiedene Elemente. Die Kombinationsmöglichkeiten sind hier als Anordnungen zu sehen. Für n verschiedene Elemente gibt es n! Möglichkeiten, sie anzuordnen.

b) Ergebnismenge:
$\Omega = \left\{\frac{1}{2}; \frac{1}{3}; \frac{1}{4}; \frac{2}{1}; \frac{2}{3}; \frac{2}{4}; \frac{3}{1}; \frac{3}{2}; \frac{3}{4}; \frac{4}{1}; \frac{4}{2}; \frac{4}{3}\right\}$

Es werden zwei Kugeln gezogen, ohne diese zurückzulegen. Die zuerst gezogene Ziffer bildet den Zähler eines Bruches, die zweite Ziffer den Nenner. Da es sich um einen Vorgang ohne Zurücklegen handelt, kann es pro Bruch jede Zahl nur einmal geben. So gibt es für jeden gezogenen Zähler drei dazugehörige Nenner.

Wahrscheinlichkeit, dass der Bruch den Wert 0,5 hat:
Anzahl der gesamten Ergebnisse: 12
Brüche mit Wert 0,5: $\frac{1}{2}$ und $\frac{2}{4}$

Insgesamt ergeben sich 12 verschiedene Brüche. Für das Ereignis „Wert 0,5“ gibt es 2 günstige Ergebnisse.

$p(0{,}5) = \frac{2}{12} = \frac{1}{6}$

Gib die Wahrscheinlichkeit in einem Bruch an.

Wahrscheinlichkeit in Prozent:
$p\,\% = 1:6\cdot 100\,\%$
$p\,\% = 16{,}666\ldots\,\%$
$p\,\% \approx 16{,}7\,\%$

Gib die Wahrscheinlichkeit auch in Prozent an.

Runde sinnvoll (hier: eine Dezimalstelle).

Hinweise und Tipps

c) Begründungen für ein Experiment mit Zurücklegen:
Es gibt mehrere Begründungen, z. B.:
- Die Kugel mit der Nummer 1 kommt innerhalb eines Pfades mehr als einmal vor.
- Die Kugel mit der Nummer 2 wird zweimal hintereinander gezogen.
- Von jeder gezogenen Ziffer gehen im nächsten Zug vier Pfade ab.

Eine nachvollziehbare Begründung ist ausreichend.

Aufgaben

Punkte

1. Gegeben ist der Graph der Funktion g_1.

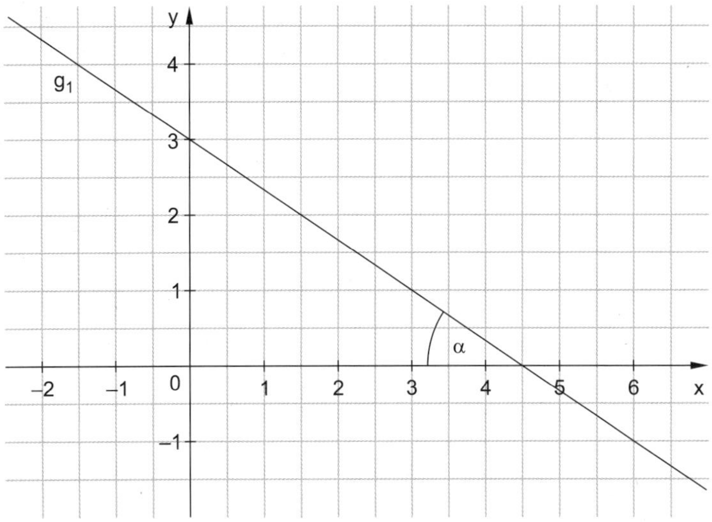

a) Geben Sie die Funktionsgleichung der Geraden g_1 an.

b) Die Gerade g_2 verläuft durch die Punkte $A(6|3)$ und $B(-2|5)$.
Bestimmen Sie die Funktionsgleichung der Geraden g_2 rechnerisch.

c) Die Gerade g_3: $y=-2x+6$ schneidet die Gerade g_4: $y=0{,}5x-1{,}5$ im Punkt T.
Bestimmen Sie die Koordinaten dieses Schnittpunkts T rechnerisch und geben Sie den Punkt an.

d) Überprüfen Sie rechnerisch, ob der Punkt $P(7{,}25|11{,}75)$ auf der Geraden g_3 liegt.

e) Zeichnen Sie die Geraden g_3 und g_4 in ein Koordinatensystem.

f) Bestimmen Sie rechnerisch die Koordinaten des Schnittpunkts N der Geraden g_5: $0=-y-4x+0{,}5$ mit der x-Achse und geben Sie N an.

g) Erstellen Sie eine Wertetabelle mit 2 Wertepaaren zur Geraden g_5.
Es soll gelten: $x, y \neq 0$

x	x_1	x_2
y	y_1	y_2

h) Berechnen Sie den Winkel α (siehe Zeichnung). 8

2. Lösen Sie die folgende Gleichung rechnerisch.
Geben Sie die Definitionsmenge und die Lösungsmenge an.

$$\frac{8x+7}{(x+1)\cdot(x+2)}=\frac{9}{x+2}-\frac{2x}{x+1}$$ 4

3. a) Familie Wegmann kauft ein neues Wohnmobil für 50 000 €.
Berechnen Sie den Wert dieses Wohnmobils nach sechs Jahren, wenn dieser in den ersten zwei Jahren um jeweils 9 % und in den darauf folgenden vier Jahren um jeweils 8 % abnimmt.

b) Familie Grün kauft sich ein zwölf Jahre altes Wohnmobil zu einem Preis von 19 500 €.
Bestimmen Sie den durchschnittlichen prozentualen Wertverlust pro Jahr, wenn der Neupreis des Wohnmobils 45 000 € betrug.

c) Ab einem Alter von zwölf Jahren beträgt der durchschnittliche jährliche Wertverlust von Wohnmobilen 6,6 %.
Ermitteln Sie rechnerisch, nach wie vielen Jahren Familie Grün ihr Wohnmobil verkaufen müsste, um noch mindestens die Hälfte des Kaufpreises von 19 500 € zu erhalten. 4

4. In nachstehender Skizze gilt:
Es gilt: $\overline{AE} = 8\,\text{cm}$, $\overline{DG} = 11\,\text{cm}$, $\overline{BG} = 1\,\text{cm}$

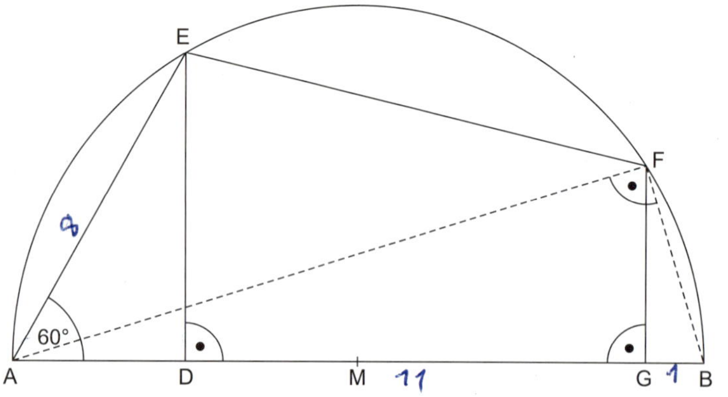

Hinweis: Skizze nicht maßstabsgetreu — Quelle: StMUK

a) Berechnen Sie den Flächeninhalt des Trapezes DGFE.

b) Bestimmen Sie rechnerisch den Umfang des Trapezes DGFE. 5

5. a) Die nach oben geöffnete Normalparabel p_1 hat den Scheitelpunkt $S_1(-1\,|-6)$.
Ermitteln Sie die Funktionsgleichung von p_1 in der Normalform.

b) Die Normalparabel p_2 hat die Funktionsgleichung p_2: $y = -x^2 - 6x - 5$ und schneidet die x-Achse in den Punkten N_1 und N_2.
Berechnen Sie die x-Koordinaten dieser Nullstellen.

c) Bestimmen Sie rechnerisch die Koordinaten des Scheitelpunkts S_2 der Normalparabel p_2 und geben Sie diesen an.

d) Zeichnen Sie die Parabeln p_1 und p_2 in ein Koordinatensystem mit der Längeneinheit 1 cm.

e) Eine nach oben geöffnete Normalparabel p_3 verläuft durch die Punkte $D(-1\,|\,2)$ und $E(6\,|-5)$.
Ermitteln Sie rechnerisch die Funktionsgleichung von p_3 in der Normalform.

f) Die Parabel p_4 hat die Funktionsgleichung p_4: $3y + 2x^2 = -(-36x + 24 + x^2)$.
Begründen Sie mithilfe einer Rechnung, dass die Parabel nach unten geöffnet ist. 7

6. Von einem Aussichtspunkt im Allgäu auf einer Höhe von 900 Meter über Normalnull (m ü. NN) aus betrachtet liegen die Gipfel der Berge Säuling und Zugspitze auf einer Geraden (siehe Skizze).

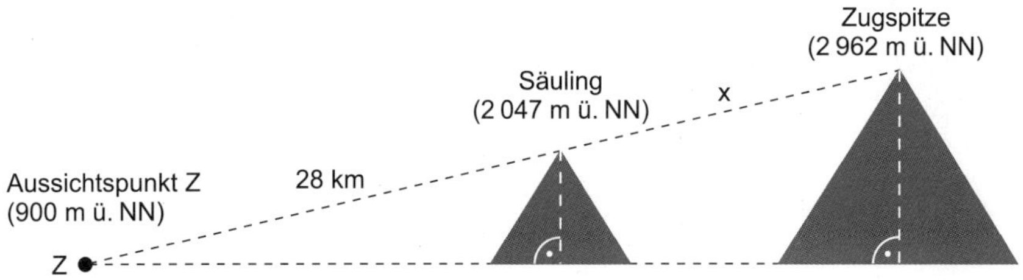

Hinweis: Skizze nicht maßstabsgetreu, Erdkrümmung vernachlässigt, Höhenangaben in „Meter über Normalnull" Quelle: StMUK

a) Berechnen Sie den Abstand x der beiden Gipfel voneinander, wenn die Entfernung vom Aussichtspunkt zum Gipfel des Säulings 28 km beträgt.

b) Die Höhe des „Säuling-Dreiecks" könnte mit einer zentrischen Streckung auf die Höhe des „Zugspitze-Dreiecks" abgebildet werden (Streckungszentrum Z ist der Aussichtspunkt).
Ermitteln Sie den entsprechenden Streckungsfaktor k. 3

7. Bei einer Gleichung zur Anwendung einer binomischen Formel ist nur noch das gemischte (lineare) Glied bekannt.
Stellen Sie eine mögliche vollständige Gleichung auf und notieren Sie diese auf Ihrem Lösungsblatt.

$\blacksquare - 120x^4y^3 + \blacklozenge = (\bullet - \bigstar)^2$ 2

8. Sarah erstellt 19 Karten mit je einem Buchstaben, aus denen sich das folgende Sprichwort legen lässt:

OHNE FLEISS KEIN PREIS

a) Sie wirft alle Karten in eine Urne und zieht zufällig eine heraus.
Berechnen Sie die Wahrscheinlichkeit, dass auf der Karte ein *N* steht.

b) Sarah benutzt erneut eine Urne mit allen 19 Buchstabenkarten und zieht zweimal eine Karte ohne Zurücklegen. Sie unterscheidet nur zwischen den zwei Ereignissen „S" und „kein S".
Erstellen Sie dazu ein Baumdiagramm, beschriften Sie die Äste mit den jeweiligen Wahrscheinlichkeiten und berechnen Sie, mit welcher Wahrscheinlichkeit Sarah mindestens ein S zieht.

c) Bei einem weiteren Zufallsexperiment verteilt Sarah die 19 Buchstabenkarten auf vier Urnen und gibt jedes Wort in eine eigene Urne. Sie wählt zufällig eine dieser Urnen aus und zieht daraus eine Karte.
Ermitteln Sie rechnerisch die Wahrscheinlichkeit, mit der sie ein S zieht.

d) Aus der Urne mit den Buchstaben des Wortes *PREIS* zieht Sarah nacheinander alle Karten und legt sie in der gezogenen Reihenfolge auf den Tisch.
Berechnen Sie die Anzahl aller möglichen verschiedenen Reihenfolgen der Buchstaben. 5

9. Vereinfachen Sie den folgenden Term so weit wie möglich.
Es gilt: $x \neq 0$

$$\frac{x^2 \cdot x \cdot (x^2)^{-3}}{x^{-6} \cdot x^2} + \frac{\sqrt[2]{x^4}}{(x^{0,5})^4}$$ 2

10. Eine Hohlkugel mit einem Außendurchmesser von 2 m soll als U-Boot verwendet werden. Diese Kugel besteht aus Metall und hat eine Wandstärke von 3,2 cm.

a) Die Kugel erhält außen einen Schutzanstrich.
Berechnen Sie den zu streichenden Flächeninhalt.

b) Die Kugel wird zu Testzwecken mithilfe eines Krans in ein Becken gehoben. Ermitteln Sie rechnerisch die Masse in Tonnen, die der Kran mindestens heben muss, wenn 1 m^3 Metall die Masse 7 870 kg hat.

c) Das U-Boot soll in einem zylinderförmigen Tauchbecken mit einem Durchmesser von 3 m vollständig untergetaucht werden. Vor dem Eintauchen der Kugel beträgt der Wasserstand im Becken bereits 3 m.
Berechnen Sie die Mindesthöhe des Tauchbeckens, damit das Wasser beim vollständigen Untertauchen des U-Boots nicht über den Beckenrand läuft. 5

Lösungen

Aufgabengruppe II

Hinweise und Tipps

1. a) Funktionsgleichung der Geraden g_1:

$t_1 = 3$

$m_1 = -\frac{2}{3}$

Lies aus der Abbildung den y-Achsenabschnitt t_1 ab.
Wähle ein geeignetes Steigungsdreieck und bestimme so die Steigung m_1 von g_1.
Beispiel:

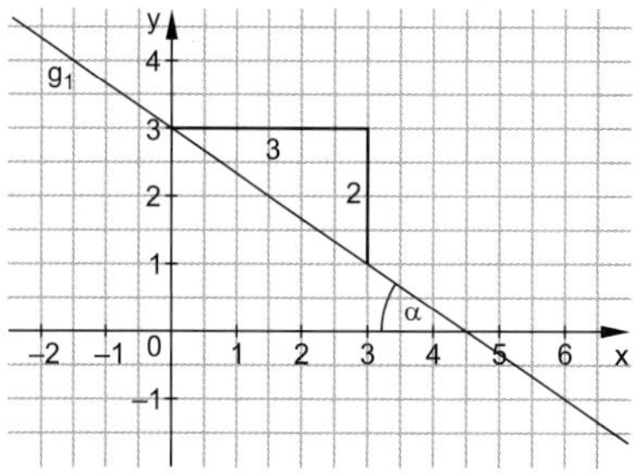

$g_1\colon\ y = -\frac{2}{3}x + 3$

Gib die Funktionsgleichung von g_1 in der Normalform an.

b) Funktionsgleichung der Geraden g_2:

A(6 | 3) und B(−2 | 5)

Steigungsformel: $m_2 = \frac{y_2 - y_1}{x_2 - x_1}$

$m_2 = \frac{5-3}{-2-6} = \frac{2}{-8} = -\frac{1}{4} = -0{,}25$

Setze die Koordinaten der Punkte A und B in die Steigungsformel ein und berechne die Steigung m_2. Beachte dabei die Vorzeichen.

$m_2 = -0{,}25$ und A(6 | 3)

$y = m_2 \cdot x + t_2$

$3 = -0{,}25 \cdot 6 + t_2$

$3 = -1{,}5 + t_2 \quad | +1{,}5$

$4{,}5 = t_2$

Setze den Wert der Steigung m_2 und die Koordinaten eines Punktes (hier: A) in die Normalform einer linearen Funktion ein, um t_2 zu berechnen.

$g_2\colon\ y = -0{,}25x + 4{,}5$

Gib die Funktionsgleichung von g_2 in der Normalform an.

c) Koordinaten des Schnittpunkts T der Geraden g_3 und g_4:

$g_3\colon\ y = -2x + 6$

$g_4\colon\ y = 0{,}5x - 1{,}5$

$-2x + 6 = 0{,}5x - 1{,}5 \quad | +2x;\ +1{,}5$

$7{,}5 = 2{,}5x \quad | :2{,}5$

$3 = x$

Setze die Funktionsterme von g_3 und g_4 gleich und löse nach x auf.

$x = 3$ in g_4:

$y = 0{,}5 \cdot 3 - 1{,}5$

$y = 0$

Setze $x = 3$ in die Funktionsgleichung (hier: g_4) ein und berechne y.

T(3 | 0)

Gib die Koordinaten von T an.

d) Prüfen, ob der Punkt P(7,25 | 11,75) auf der Geraden g_3 liegt:

$g_3\colon\ y = -2x + 6$

$11{,}75 = -2 \cdot 7{,}25 + 6$

$11{,}75 \neq -8{,}5$

Der Punkt P liegt nicht auf der Geraden g_3.

Setze die Koordinaten des Punktes P in die Funktionsgleichung von g_3 ein und fasse zusammen.
Da beide Seiten nicht den gleichen Wert haben, liegt der Punkt P nicht auf der Geraden g_3.

e) grafische Darstellung:

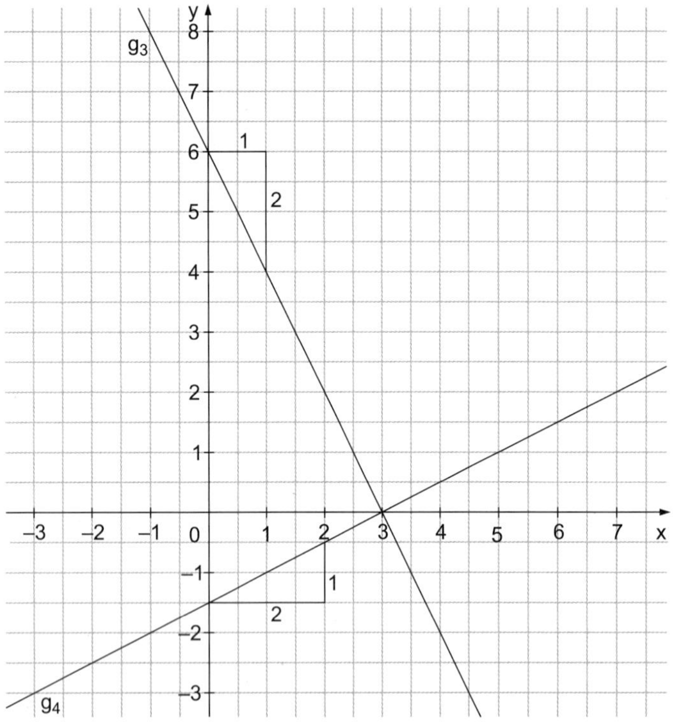

Hinweise und Tipps

Lege ein Koordinatensystem mit der Einheit 1 cm an. Platzbedarf:
x-Achse: –3 bis +7
y-Achse: –3 bis +8
Beschrifte das Koordinatensystem vollständig.
Zeichne die Geraden g_3 und g_4 mithilfe des y-Achsenabschnitts und des Steigungsdreiecks ein.

f) Koordinaten des Schnittpunkts N von g_5 mit der x-Achse:

g_5: $0 = -y - 4x + 0{,}5 \quad |+y$

$y = -4x + 0{,}5$

$0 = -4x + 0{,}5 \quad |-0{,}5$

$-0{,}5 = -4x \quad |:(-4)$

$0{,}125 = x$

$N(0{,}125\,|\,0)$

Bringe die Funktionsgleichung von g_5 in die Normalform einer linearen Funktion.

Um den Schnittpunkt der Geraden g_5 mit der x-Achse zu erhalten, berechne die Nullstelle der linearen Funktion. An der Nullstelle ist der y-Wert immer 0.
Gib die Koordinaten von N an.

g) zwei Wertepaare zur Geraden g_5:

$x, y \neq 0$

g_5: $y = -4x + 0{,}5$

Beispiel:

1. Wertepaar:
$x = 1$
$y = -4 \cdot 1 + 0{,}5$
$y = -3{,}5$

2. Wertepaar:
$x = 2$
$y = -4 \cdot 2 + 0{,}5$
$y = -7{,}5$

Wertetabelle:

x	1	2
y	–3,5	–7,5

Um ein Wertepaar zur Geraden g_5 zu bilden, muss die Funktionsgleichung für diese beiden Werte erfüllt sein.
x und y dürfen nicht 0 sein, jedoch kann jeder andere Wert eingesetzt werden, um ein Wertepaar zu bilden.

Setze einen beliebigen Wert für x ein ($x \neq 0$) und berechne den entsprechenden y-Wert.

Es sind auch andere Wertepaare möglich.

Hinweise und Tipps

h) Größe des spitzen Winkels α:
Länge der Gegenkathete: 3 LE
Länge der Ankathete: 4,5 LE

$$\tan\alpha = \frac{3\text{ LE}}{4{,}5\text{ LE}}$$

$$\tan\alpha = \frac{2}{3} \quad |\tan^{-1}$$

$$\alpha = 33{,}69\ldots°$$

$$\alpha \approx 33{,}7°$$

Die Nullstelle von g_1, der Ursprung und der Schnittpunkt von g_1 mit der y-Achse bilden ein rechtwinkliges Dreieck, das den Winkel α einschließt.
Berechne α mit dem Tangens.

$\tan\alpha = \frac{\text{Gegenkathete}}{\text{Ankathete}}$

Lies die Länge der Gegenkathete und die der Ankathete aus dem Koordinatensystem ab.

Runde die Größe des Winkels sinnvoll (hier: eine Dezimalstelle).

---

2. $$\frac{8x+7}{(x+1)\cdot(x+2)} = \frac{9}{x+2} - \frac{2x}{x+1}$$

Definitionsmenge:

- $x+1 \neq 0 \quad |-1$
  $x \neq -1$
- $x+2 \neq 0 \quad |-2$
  $x \neq -2$

$\mathbb{D} = \mathbb{R} \setminus \{-2; -1\}$

Bestimme die Definitionsmenge. Die Terme im Nenner dürfen nicht null sein.

Gib die Definitionsmenge an. Achte auf die richtige Schreibweise.

Lösungsmenge:
Hauptnenner: $(x+1)(x+2)$

$$\frac{8x+7}{(x+1)\cdot(x+2)} = \frac{9}{x+2} - \frac{2x}{x+1} \quad |\cdot(x+1)(x+2)$$

$$8x+7 = 9(x+1) - 2x(x+2)$$

$$8x+7 = 9x+9-2x^2-4x \quad |-8x;\ -7$$

$$0 = -2x^2-3x+2 \quad |:(-2)$$

$$0 = x^2+1{,}5x-1$$

Multipliziere mit dem Hauptnenner.
Löse die Klammern auf. Beachte die Vorzeichen.
Fasse zusammen.
Bringe alles auf eine Seite.
Forme die quadratische Gleichung in die Normalform um.

$$x_{1/2} = -\frac{1{,}5}{2} \pm \sqrt{\left(\frac{1{,}5}{2}\right)^2 - (-1)}$$

$$x_{1/2} = -0{,}75 \pm 1{,}25$$

$$x_1 = -0{,}75 + 1{,}25$$

$$x_1 = 0{,}5$$

$$x_2 = -0{,}75 - 1{,}25$$

$x_2 = -2$ liegt nicht in $\mathbb{D}$

$\mathbb{L} = \{0{,}5\}$

Löse mithilfe der Lösungsformel für quadratische Gleichungen.

$x_{1/2} = -\frac{p}{2} \pm \sqrt{\left(\frac{p}{2}\right)^2 - q}$

Hier ist $p = 1{,}5$ und $q = -1$.

Überprüfe, ob die Lösungen in der Definitionsmenge liegen.

Gib die Lösungsmenge an.

---

3. a) Wert des Wohnmobils nach 6 Jahren:
Anfangswert: $W_0 = 50\,000$ €
Anzahl der Jahre: $n = 6$
Verlust in den ersten 2 Jahren: $p\,\% = 9\,\% = 0{,}09$
$q = 1 - 0{,}09 = 0{,}91$
Verlust in den folgenden 4 Jahren: $p\,\% = 8\,\% = 0{,}08$
$q = 1 - 0{,}08 = 0{,}92$
$W_6 = 50\,000\text{ €} \cdot 0{,}91^2 \cdot 0{,}92^4$
$W_6 \approx 29\,662{,}25$ €
Das Wohnmobil ist nach 6 Jahren noch 29 662,25 € wert.

Bestimme die beiden Wachstumsfaktoren für negatives Wachstum.

$q = 1 - \frac{p}{100}$

Setze die gegebenen Werte in die Wachstumsformel ein und verkette die Wachstumsfaktoren.
$W_n = W_0 \cdot q^n$
Runde auf Cent (zwei Dezimalstellen).

Hinweise und Tipps

b) durchschnittlicher jährlicher Wertverlust in Prozent:

$W_n = 19\,500$ €

$W_0 = 45\,000$ €

$n = 12$

$19\,500\text{ €} = 45\,000\text{ €} \cdot q^{12} \quad |:45\,000\text{ €}$

$0{,}433\ldots = q^{12} \quad |\sqrt[12]{\ }$

$0{,}9326\ldots = q$

Setze die gegebenen Werte in die Wachstumsformel ein. Berechne q.
$W_n = W_0 \cdot q^n$

$0{,}9326\ldots = 1 - \frac{p}{100} \quad |-1$

$-0{,}0673\ldots = -\frac{p}{100} \quad |\cdot(-100)$

$p\ \% = 6{,}73\ldots\ \%$

$p\ \% \approx 6{,}7\ \%$

Es handelt sich um ein negatives Wachstum. Bestimme p % mithilfe der Formel.
$q = 1 - \frac{p}{100}$

Runde den Prozentwert sinnvoll (hier: eine Dezimalstelle).

Das Wohnmobil verliert pro Jahr durchschnittlich 6,7 % an Wert.

c) Anzahl der Jahre:

$W_0 = 19\,500$ €

$W_n = (19\,500\text{ €} : 2) = 9\,750$ €

Bestimme den Endwert, indem der Anfangswert halbiert wird.

$p\ \% = 6{,}6\ \% = 0{,}066$

$q = 1 - 0{,}066 = 0{,}934$

Bestimme den Wachstumsfaktor für negatives Wachstum.
$q = 1 - \frac{p}{100}$

$9\,750\text{ €} = 19\,500\text{ €} \cdot 0{,}934^n \quad |:19\,500\text{ €}$

$0{,}5 = 0{,}934^n \quad |:\log$

$n = \log_{0{,}934} 0{,}5$

$n = \frac{\lg 0{,}5}{\lg 0{,}934}$

$n = 10{,}15\ldots$

$n \approx 10$

Setze die gegebenen Werte in die Wachstumsformel ein. Löse nach n auf.
$W_n = W_0 \cdot q^n$
Berechne n mithilfe des Logarithmus.

Runde auf ganze Jahre.

Nach ca. 10 Jahren müsste Familie Grün ihr Wohnmobil verkaufen.

---

4. a) Flächeninhalt des Trapezes DGFE:

Länge der Strecke $\overline{DE}$:

$\sin 60° = \frac{\overline{DE}}{8\text{ cm}} \quad |\cdot 8\text{ cm}$

$6{,}92\ldots\text{ cm} = \overline{DE}$

$6{,}9\text{ cm} \approx \overline{DE}$

Im rechtwinkligen Dreieck ADE ist die Strecke $\overline{AE}$ die Hypotenuse und die Strecke $\overline{DE}$ die Gegenkathete zum gegebenen Winkel $\alpha = 60°$.
Berechne die Länge der Strecke $\overline{DE}$ mit dem Sinus.
$\sin\alpha = \frac{\text{Gegenkathete}}{\text{Hypotenuse}}$

Länge der Strecke $\overline{AD}$:

$\cos 60° = \frac{\overline{AD}}{8\text{ cm}} \quad |\cdot 8\text{ cm}$

$4\text{ cm} = \overline{AD}$

Im rechtwinkligen Dreieck ADE ist die Strecke $\overline{AE}$ die Hypotenuse und die Strecke $\overline{AD}$ die Ankathete zum gegebenen Winkel $\alpha = 60°$.
Berechne die Länge der Strecke $\overline{AD}$ mit dem Kosinus.
$\cos\alpha = \frac{\text{Ankathete}}{\text{Hypotenuse}}$

Hinweise und Tipps

oder:

$$\overline{DE}^2 + \overline{AD}^2 = \overline{AE}^2$$
$$(6{,}9\text{ cm})^2 + \overline{AD}^2 = (8\text{ cm})^2 \qquad | -(6{,}9\text{ cm})^2$$
$$\overline{AD}^2 = 16{,}39\text{ cm}^2 \qquad |\sqrt{}$$
$$\overline{AD} = 4{,}048\ldots\text{ cm}$$
$$\overline{AD} \approx 4\text{ cm}$$

Im rechtwinkligen Dreieck ADE ist die Strecke $\overline{AE}$ die Hypotenuse und die Strecken $\overline{AD}$ und $\overline{DE}$ sind die Katheten.
Berechne die Länge der Strecke $\overline{AD}$ mit dem Satz des Pythagoras.

Länge der Strecke $\overline{AG}$:

$$\overline{AG} = \overline{AD} + \overline{DG}$$
$$\overline{AG} = 4\text{ cm} + 11\text{ cm}$$
$$\overline{AG} = 15\text{ cm}$$

Addiere die Streckenlängen.

Länge der Strecke $\overline{FG}$:

$$\overline{FG}^2 = \overline{BG} \cdot \overline{AG}$$
$$\overline{FG}^2 = 1\text{ cm} \cdot 15\text{ cm} \qquad |\sqrt{}$$
$$\overline{FG} = 3{,}87\ldots\text{ cm}$$
$$\overline{FG} \approx 3{,}9\text{ cm}$$

Die Strecke $\overline{FG}$ ist die Höhe im rechtwinkligen Dreieck ABF. $\overline{AG}$ und $\overline{BG}$ sind die Hypotenusenabschnitte p und q.
Berechne die Länge der Strecke $\overline{FG}$ mithilfe des Höhensatzes.
$h^2 = p \cdot q$

Flächeninhalt:

$$A = \frac{\overline{DE} + \overline{FG}}{2} \cdot \overline{DG}$$
$$A = \frac{6{,}9\text{ cm} + 3{,}9\text{ cm}}{2} \cdot 11\text{ cm}$$
$$A = 59{,}4\text{ cm}^2$$

Die Strecken $\overline{DE}$ und $\overline{FG}$ sind die Grundseiten des Trapezes, die Strecke $\overline{DG}$ ist die Höhe.
Berechne den Flächeninhalt des Trapezes.
$A = \frac{a+c}{2} \cdot h$

b) Umfang des Trapezes DGFE:

Länge der Strecke $\overline{EC}$:

$$\overline{EC} = \overline{DE} - \overline{FG}$$
$$\overline{EC} = 6{,}9\text{ cm} - 3{,}9\text{ cm}$$
$$\overline{EC} = 3\text{ cm}$$

Um die Länge der Strecke $\overline{EF}$ zu berechnen, ist ein Hilfsdreieck notwendig.

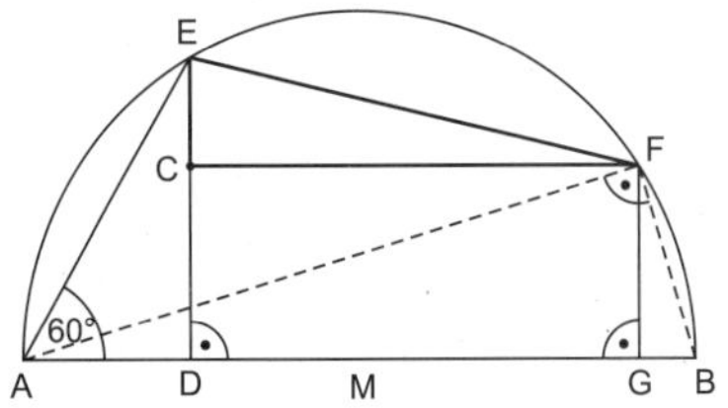

Länge der Strecke $\overline{EF}$:

$$\overline{EF}^2 = \overline{EC}^2 + \overline{CF}^2$$
$$\overline{EF}^2 = (3\text{ cm})^2 + (11\text{ cm})^2$$
$$\overline{EF}^2 = 130\text{ cm}^2 \qquad |\sqrt{}$$
$$\overline{EF} = 11{,}40\ldots\text{ cm}$$
$$\overline{EF} \approx 11{,}4\text{ cm}$$

Die Strecke $\overline{EF}$ ist die Hypotenuse im rechtwinkligen Hilfsdreieck CFE.
Berechne die Länge der Strecke $\overline{EF}$ mithilfe des Satzes des Pythagoras ($\overline{CF} = \overline{DG}$).

$$U = \overline{DG} + \overline{FG} + \overline{EF} + \overline{DE}$$
$$U = 11\text{ cm} + 3{,}9\text{ cm} + 11{,}4\text{ cm} + 6{,}9\text{ cm}$$
$$U = 33{,}2\text{ cm}$$

Berechne den Umfang des Trapezes.
$U = a + b + c + d$

5. a) Funktionsgleichung der Parabel p_1 in der Normalform:

$S_1(-1\,|\,-6)$

p_1 nach oben geöffnet: $y = (x - x_S)^2 + y_S$

$$y = (x - (-1))^2 + (-6)$$
$$y = (x+1)^2 - 6$$
$$y = x^2 + 2x + 1 - 6$$
$$p_1:\ y = x^2 + 2x - 5$$

Setze die Koordinaten von S_1 in die Scheitelpunktform für eine nach oben geöffnete Normalparabel ein.
Beachte die Vorzeichen.

Löse das Binom auf.
Fasse zusammen und du erhältst die Funktionsgleichung in der Normalform.

b) x-Koordinaten der Schnittpunkte N_1 und N_2 von p_2 mit der x-Achse:

p_2: $y = -x^2 - 6x - 5$

$$-x^2 - 6x - 5 = 0 \qquad | \cdot (-1)$$

$$x^2 + 6x + 5 = 0$$

$$x_{1/2} = -\frac{6}{2} \pm \sqrt{\left(\frac{6}{2}\right)^2 - 5}$$

$$x_{1/2} = -3 \pm \sqrt{9 - 5}$$

$$x_{1/2} = -3 \pm \sqrt{4}$$

$$x_{1/2} = -3 \pm 2$$

$x_1 = -3 + 2$
$x_1 = -1$
$x_2 = -3 - 2$
$x_2 = -5$

Hinweise und Tipps

Die Schnittpunkte einer Normalparabel mit der x-Achse befinden sich an den Nullstellen der quadratischen Funktion. Setze den Funktionswert $y = 0$ und berechne die Nullstellen x_1 und x_2 mithilfe der Lösungsformel für quadratische Gleichungen.

$$x_{1/2} = -\frac{p}{2} \pm \sqrt{\left(\frac{p}{2}\right)^2 - q}$$

Hier ist $p = 6$ und $q = 5$.

Es ist nur nach den x-Koordinaten gefragt. Eine Angabe der Punkte ist nicht notwendig. Die Schnittpunkte sind $N_1(-1\,|\,0)$ und $N_2(-5\,|\,0)$.

c) Scheitelpunkt S_2 von p_2:

p_2: $y = -x^2 - 6x - 5$

$$y = -(x^2 + 6x + 5)$$

$$y = -(x^2 + 2 \cdot 3x + 3^2 - 3^2 + 5)$$

$$y = -[(x+3)^2 - 9 + 5]$$

$$y = -[(x+3)^2 - 4]$$

$$y = -(x+3)^2 + 4$$

$S_2(-3\,|\,4)$

Wandle die Funktionsgleichung durch quadratische Ergänzung in die Scheitelpunktform um.

Klammere zunächst das Vorzeichen aus. Bilde das Binom.

Löse die Klammer wieder auf und ändere das Vorzeichen.
Lies die Koordinaten des Scheitelpunkts S_2 aus der Scheitelpunktform ab.

d) grafische Darstellung:

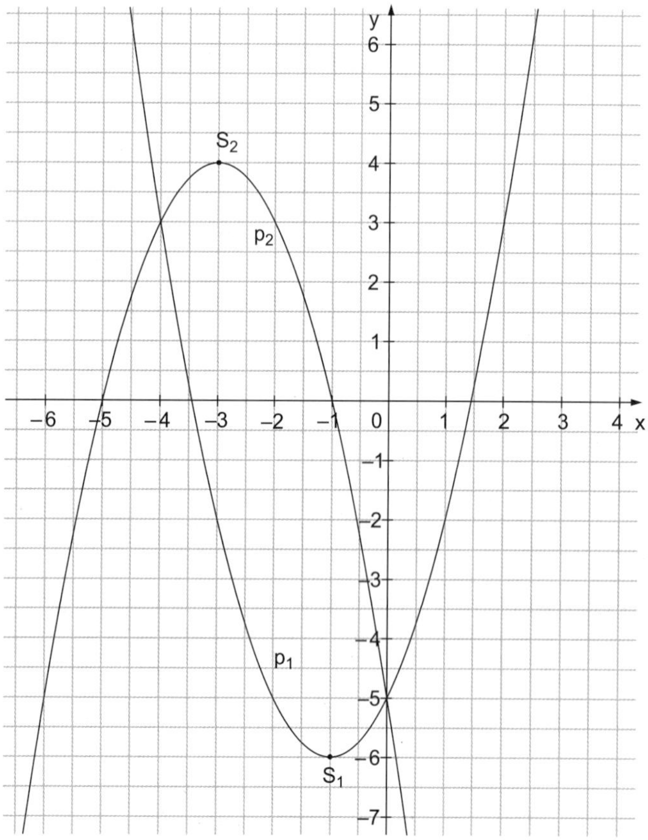

Lege ein Koordinatensystem mit der Einheit 1 cm an.
x-Achse: –6 bis +4
y-Achse: –7 bis +6
Beschrifte das Koordinatensystem vollständig.

Trage den Scheitelpunkt S_1 ein und zeichne mithilfe der Parabelschablone die nach oben geöffnete Parabel p_1.

Trage den Scheitelpunkt S_2 ein und zeichne mithilfe der Parabelschablone die nach unten geöffnete Parabel p_2.

Hinweise und Tipps

e) Funktionsgleichung der Parabel p_3 in der Normalform:
$D(-1\,|\,2);\ E(6\,|\,-5)$
p_3 nach oben geöffnet: $y = x^2 + px + q$

$\text{I} \quad 2 = (-1)^2 + (-1) \cdot p + q$
$\text{II} \quad -5 = 6^2 + 6 \cdot p + q$

Setze die Punkte D und E jeweils in die Normalform für nach oben geöffnete Parabeln ein. Achte auf die Vorzeichen. Löse das Gleichungssystem (hier: mit dem Einsetzungsverfahren).

$\text{I} \quad 2 = 1 - p + q \quad |-1; +p$
$\text{II} \quad -5 = 36 + 6p + q$

Löse eine Gleichung (hier: Gleichung I) nach q auf.

$\text{I} \quad 1 + p = q$
$\text{I in II} \quad -5 = 36 + 6p + 1 + p$
$-5 = 37 + 7p \quad |-37$
$-42 = 7p \quad |:7$
$-6 = p$

Setze den erhaltenen Term für q in Gleichung II ein und berechne p.

$p \text{ in I} \quad 1 + (-6) = q$
$-5 = q$

Setze p in die umgeformte Gleichung I ein und berechne q.

$p_3\text{:}\ y = x^2 - 6x - 5$

Gib die Funktionsgleichung von p_3 in der Normalform an.

f) Begründung durch Rechnung:
$p_4\text{:}\ 3y + 2x^2 = -(-36x + 24 + x^2)$
$3y + 2x^2 = 36x - 24 - x^2 \quad |-2x^2$
$3y = -3x^2 + 36x - 24 \quad |:3$
$y = -x^2 + 12x - 8$

Da in der Normalform ein Minus vor dem x^2 steht, muss die Parabel nach unten geöffnet sein.

Bringe die Funktionsgleichung von p_4 in Normalform. Löse die Klammer auf. Isoliere y. Lies aus der Normalform der Parabel p_4 ab, dass die Parabel nach unten geöffnet ist.

---

6. a) Abstand der beiden Gipfel:
Höhe Säuling vom Aussichtspunkt aus:
$2\,047\text{ m} - 900\text{ m} = 1\,147\text{ m} = 1{,}147\text{ km}$

Höhe Zugspitze vom Aussichtspunkt aus:
$2\,962\text{ m} - 900\text{ m} = 2\,062\text{ m} = 2{,}062\text{ km}$

Alle Höhen sind in „Meter über Normalnull“ angegeben. Der Aussichtspunkt, von dem aus die beiden Gipfel betrachtet werden, liegt auf 900 m über Normalnull. Um die Höhen des Säulings und der Zugspitze von diesem Punkt aus zu bestimmen, müssen jeweils 900 m abgezogen werden.

Abstand der beiden Gipfel:

$$\frac{28\text{ km} + x}{2{,}062\text{ km}} = \frac{28\text{ km}}{1{,}147\text{ km}} \quad |\cdot 2{,}062\text{ km}$$

$28\text{ km} + x = 50{,}336\ldots\text{ km} \quad |-28\text{ km}$
$x = 22{,}336\ldots\text{ km}$
$x \approx 22\text{ km}$

Stelle mithilfe des 2. Strahlensatzes ein passendes Verhältnis auf. Achte auf gleiche Einheiten. Löse nach x auf.

Runde sinnvoll (hier: ganze Kilometer).

b) Streckungsfaktor k:

$$k = \frac{2{,}062}{1{,}147}$$

$k = 1{,}79\ldots$
$k \approx 1{,}8$

Strecken werden mit k gestreckt. $k = \dfrac{\text{Bildstrecke}}{\text{Originalstrecke}}$

Runde sinnvoll (hier: eine Dezimalstelle).

---

7. $\blacksquare - 120x^4y^3 + \blacklozenge = (\bullet - \bigstar)^2$

Beispiele:

$3\,600x^8 - 120x^4y^3 + y^6 = (60x^4 - y^3)^2$

$x^8 - 120x^4y^3 + 3\,600y^6 = (x^4 - 60y^3)^2$

$4x^8y^6 - 120x^4y^3 + 900 = (2x^4y^3 - 30)^2$

Hinweise und Tipps

Hier sind verschiedene Lösungen möglich.
Es handelt sich um die Anwendung der 2. binomischen Formel.
$a^2 - 2ab + b^2 = (a - b)^2$
Das gemischte Glied muss so aufgelöst werden, dass $2ab = 120x^4y^3$ gilt. So erhält man die Terme (hier $\bullet$ und $\bigstar$) in der kurzen Form der binomischen Formel.
In einem zweiten Schritt werden diese beiden Terme quadriert, um die restlichen Platzhalter (hier: $\blacksquare$ und $\blacklozenge$) zu erhalten.

---

8. a) Wahrscheinlichkeit für eine Karte mit N:
gesamt: 19 Karten
Karten mit N: 2 Karten

Wahrscheinlichkeit:

$p(N) = \frac{2}{19}$

Wahrscheinlichkeit in Prozent:
$p\,\% = 2 : 19 \cdot 100\,\%$
$p\,\% = 10{,}52\ldots\,\%$
$p\,\% \approx 10{,}5\,\%$

Die Wahrscheinlichkeit dafür, dass auf der gezogenen Karte ein N steht, beträgt etwa 10,5 %.

Es gibt insgesamt 19 Buchstabenkarten. Für das Ereignis „N“ gibt es 2 günstige Ergebnisse. Es wird nur einmal gezogen.

Gib die Wahrscheinlichkeit in einem Bruch an.

Gib die Wahrscheinlichkeit auch in Prozent an.

Runde sinnvoll (hier: eine Dezimalstelle).

b) Baumdiagramm:

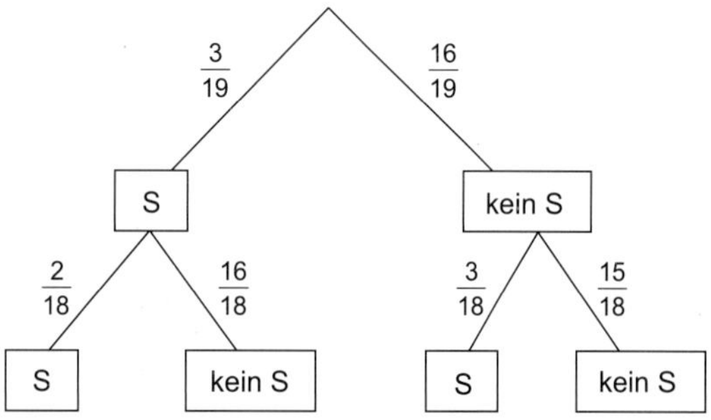

Wahrscheinlichkeit für mindestens einmal S:

$p(S) = \frac{3}{19}$

$p(\text{kein S; S}) = \frac{16}{19} \cdot \frac{3}{18} = \frac{8}{57}$

$p(\text{mindestens einmal S}) = \frac{3}{19} + \frac{8}{57} = \frac{17}{57}$

Wahrscheinlichkeit in Prozent:
$p\,\% = 17 : 57 \cdot 100\,\%$
$p\,\% = 29{,}82\ldots\,\%$
$p\,\% \approx 30\,\%$

Die Wahrscheinlichkeit, mindestens ein S zu ziehen, beträgt etwa 30 %.

In der Urne befinden sich 19 Buchstabenkarten, nur die Karten mit „S“ (3 Karten) sind von Belang, alle anderen sind „kein S“ (16 Karten).
Es werden Karten herausgezogen, ohne sie zurückzulegen. Die Anzahl der Karten verringert sich bei jedem Zug um 1.
Wird beim 1. Ziehen ein „S“ gezogen, so verringert sich die Anzahl der Karten mit „S“ um 1.
Wird eine Karte „kein S“ gezogen, verringert sich diese Anzahl um 1.

Zeichne das Baumdiagramm für 2 Züge. Schreibe zu jedem Ereignis die Wahrscheinlichkeit.

Für das Ereignis „mindestens einmal S“ gibt es 2 günstige Ergebnisse.

Wende die 1. Pfadregel (Multiplikationsregel) an.

Gib die Gesamtwahrscheinlichkeit an. Wende hierzu die 2. Pfadregel (Additionsregel) an.

Gib die Wahrscheinlichkeit auch in Prozent an.

Runde sinnvoll (hier: ganze Prozent).

c) Wahrscheinlichkeit, aus 4 Urnen ein S zu ziehen:

OHNE	FLEISS	KEIN	PREIS

$$p(S) = \frac{1}{4} \cdot 0 + \frac{1}{4} \cdot \frac{2}{6} + \frac{1}{4} \cdot 0 + \frac{1}{4} \cdot \frac{1}{5}$$

$$p(S) = \frac{1}{4} \cdot \frac{1}{3} + \frac{1}{4} \cdot \frac{1}{5}$$

$$p(S) = \frac{2}{15}$$

Wahrscheinlichkeit in Prozent:
$p\,\% = 2 : 15 \cdot 100\,\%$
$p\,\% = 13{,}33\ldots\,\%$
$p\,\% \approx 13\,\%$

Die Wahrscheinlichkeit, ein S zu ziehen, beträgt etwa 13 %.

d) Anzahl der möglichen Anordnungen:
$5! = 120$
Für die 5 Karten gibt es 120 verschiedene Reihenfolgen.

Hinweise und Tipps

Für das Wählen einer bestimmenten Urne ist die Wahrscheinlichkeit $\frac{1}{4}$.

In der ersten und dritten Urne gibt es kein S, daher ist hier die Wahrscheinlichkeit, ein S zu ziehen, 0. Nur in der zweiten und vierten Urne gibt es S.

In der zweiten Urne liegt das Wort FLEISS, das sind 6 Karten, auf zwei davon ist der Buchstabe S.

In der vierten Urne liegt das Wort PREIS, das sind 5 Karten, eine davon mit S.

Wende zum Berechnen der Wahrscheinlichkeit die beiden Pfadregeln an.

Gib die Wahrscheinlichkeit auch in Prozent an.

Runde sinnvoll (hier: ganze Prozent).

Das Wort PREIS hat 5 verschiedene Buchstaben und damit 5 verschiedene Elemente. Die Reihenfolgen sind hier als Anordnungen zu sehen.

Für n verschiedene Elemente gibt es n! Möglichkeiten, sie anzuordnen.

9.

$$\frac{x^2 \cdot x \cdot (x^2)^{-3}}{x^{-6} \cdot x^2} + \frac{\sqrt[2]{x^4}}{(x^{0,5})^4} =$$

$$\frac{x^2 \cdot x \cdot x^{-6}}{x^{-6} \cdot x^2} + \frac{x^2}{x^2} =$$

$$\frac{x^{-3}}{x^{-4}} + \frac{x^2}{x^2} =$$

$$x^1 + 1 =$$

$$x + 1$$

Löse zuerst die Klammern auf und ziehe die Wurzel.

Beachte hierbei die Potenzgesetze.

Fasse jeweils die Zähler und Nenner zusammen. Beachte hier die Potenzgesetze bei gleicher Basis.

Kürze bzw. wende das Potenzgesetz zum Dividieren von Termen mit gleicher Basis an.

Beachte, dass $x^0 = 1$ gilt.

---

10. a) Oberfläche der Kugel:
$O_K = (2\text{ m})^2 \cdot \pi$
$O_K = 12{,}56\text{ m}^2$

Verwende die Formel für die Oberfläche der Kugel.

$O_K = 4 \cdot r^2 \cdot \pi$ oder $O_K = d^2 \cdot \pi$

Der Durchmesser beträgt 2 m, der Radius 1 m. Rechne mit $\pi = 3{,}14$.

b) Masse der Hohlkugel in t:
Volumen der äußeren Kugel:
$d_a = 2\text{ m}$

$$V_a = \frac{1}{6} \cdot (2\text{ m})^3 \cdot \pi$$

$V_a = 4{,}1866\ldots\text{ m}^3$
$V_a \approx 4{,}187\text{ m}^3$

Um die Masse zu berechnen, benötigt man zuvor das Volumen des Körpers.

Verwende die Formel für das Volumen einer Kugel.

$V = \frac{1}{6} d^3 \cdot \pi$ oder $V = \frac{4}{3} r^3 \cdot \pi$

Runde sinnvoll (hier: drei Dezimalstellen).

Volumen der inneren Kugel:
$d_i = 2\text{ m} - 2 \cdot 3{,}2\text{ cm}$
$d_i = 2\text{ m} - 2 \cdot 0{,}032\text{ m}$
$d_i = 2\text{ m} - 0{,}064\text{ m}$
$d_i = 1{,}936\text{ m}$

$V_i = \frac{1}{6} \cdot (1{,}936\text{ m})^3 \cdot \pi$
$V_i = 3{,}7974\ldots\text{ m}^3$
$V_i \approx 3{,}797\text{ m}^3$

Volumen Hohlkugel (U-Boot):
$V_{HK} = 4{,}187\text{ m}^3 - 3{,}797\text{ m}^3$
$V_{HK} = 0{,}39\text{ m}^3$

Masse der Hohlkugel:
$m = 0{,}39\text{ m}^3 \cdot 7\,870\,\frac{\text{kg}}{\text{m}^3}$
$m = 3\,069{,}3\text{ kg}$
$m \approx 3{,}07\text{ t}$

Der Kran muss mindestens 3,07 Tonnen heben.

c) Mindesthöhe des Tauchbeckens in m:
Volumen der äußeren Kugel:
$V_a = 4{,}187\text{ m}^3$

Volumen Wasser:
$r_W = 3\text{ m} : 2 = 1{,}5\text{ m}$
$V_W = (1{,}5\text{ m})^2 \cdot \pi \cdot 3\text{ m}$
$V_W = 21{,}195\text{ m}^3$

Gesamtvolumen:
$V_G = 4{,}187\text{ m}^3 + 21{,}195\text{ m}^3$
$V_G = 25{,}382\text{ m}^3$
$V_G \approx 25{,}39\text{ m}^3$

Höhe berechnen:
$25{,}39\text{ m}^3 = (1{,}5\text{ m})^2 \cdot \pi \cdot h_K \quad |:(1{,}5\text{ m})^2;\ :\pi$
$3{,}593\ldots\text{ m} = h_K$
$3{,}6\text{ m} \approx h_K$

Das Becken muss mindestens 3,6 m hoch sein.

Hinweise und Tipps

Bei der Innenkugel (entspricht hier der „Luftkugel") muss die Wandstärke subtrahiert werden. Bei einer Rechnung mit Durchmesser zweimal, bei einer Rechnung mit Radius einmal.

Achte auf gleiche Einheiten beim Rechnen.

Runde sinnvoll (hier: drei Dezimalstellen).

Berechne das Volumen des U-Boots, indem das Volumen der inneren Kugel vom Volumen der äußeren Kugel subtrahiert wird.

Berechne die Masse des U-Boots, indem du das Volumen mit der Dichte multiplizierst.

Rechne das Ergebnis in Tonnen um.

Berechne das Volumen des Wassers vor dem Eintauchen. Verwende die Volumenformel des Zylinders.
$V = r^2 \cdot \pi \cdot h_K$

Berechne das Gesamtvolumen nach dem Eintauchen des U-Boots, indem du das Volumen des U-Boots und das Volumen des Wassers addierst.

Berechne die benötigte Höhe des Zylinders für das Gesamtvolumen. Setze alle bekannten Größen in die Volumenformel des Zylinders ein und löse nach der Höhe h_K auf.
$V = r^2 \cdot \pi \cdot h_K$
Runde sinnvoll.

M10-Prüfung an Mittelschulen in Bayern 2021
Mathematik – Aufgabengruppe I

Aufgaben Punkte

1. a) Formen Sie die Funktionsgleichung der Normalparabel p_1: $y = x^2 + 2x - 3$ in die Scheitelpunktform um und geben Sie den Scheitelpunkt S_1 an.

b) Überprüfen Sie durch Rechnung, ob die Punkte $A(-2|-3)$ und $B(2|5)$ auf der Normalparabel p_1 liegen.

c) Die Normalparabel p_1 schneidet die x-Achse in den Punkten P und Q. Ermitteln Sie rechnerisch die Koordinaten dieser beiden Punkte und geben Sie P und Q an.

d) Die nach unten geöffnete Normalparabel p_2 verläuft durch die Punkte $C(1|-6)$ und $D(-4|-1)$. Bestimmen Sie rechnerisch die Funktionsgleichung von p_2 in der Normalform.

e) Die nachfolgende Abbildung zeigt den Graphen einer Normalparabel p_3. Ermitteln Sie rechnerisch die Funktionsgleichung von p_3 in der Normalform.

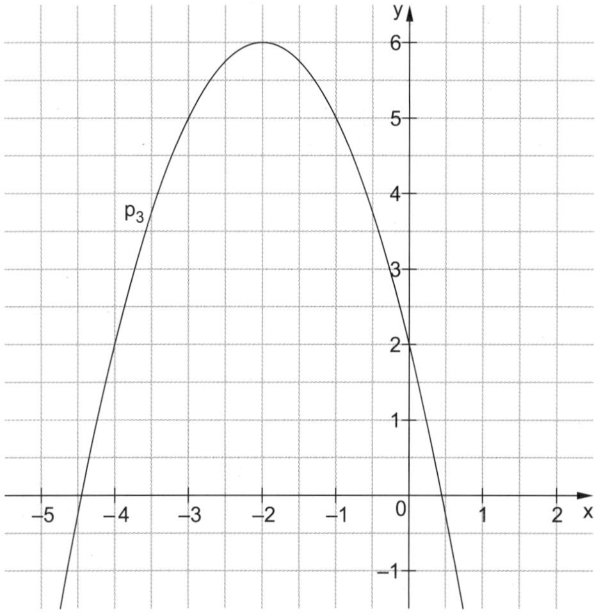

Quelle: StMUK

f) Berechnen Sie die Koordinaten der Schnittpunkte T und U der Normalparabel p_4: $y = x^2 - 2x + 1$ mit der Geraden g: $y = 2x - 2$ und geben Sie T und U an.

g) Zeichnen Sie die Graphen der Normalparabeln p_1 und p_2 in ein Koordinatensystem mit der Längeneinheit 1 cm. 9

2. In einer bayerischen Stadt waren am 01.01.2010 insgesamt 67 279 Menschen gemeldet.

a) Neun Jahre später waren es bereits 81 240 Menschen. Berechnen Sie für diesen Zeitraum das durchschnittliche jährliche Bevölkerungswachstum in Prozent.

b) Die Anzahl der unter 6-jährigen Kinder ging im Zeitraum von zwei Jahren um jährlich 1,3 % auf 3 245 Personen zurück. Berechnen Sie die Anzahl der Personen dieser Altersgruppe zu Beginn dieser beiden Jahre.

c) Berechnen Sie, nach wie vielen Jahren sich die Zahl der Bewohner dieser Stadt verdoppeln würde, wenn man von einem durchschnittlichen jährlichen Zuwachs von 3,75 % ausgeht. Runden Sie das Ergebnis auf volle Jahre. 4

3. In der folgenden Skizze gilt:
$\overline{AB} = 46\text{ cm}; \alpha = 28°; \beta = 140°$.

Berechnen Sie die Länge der Strecke [AC] in cm.

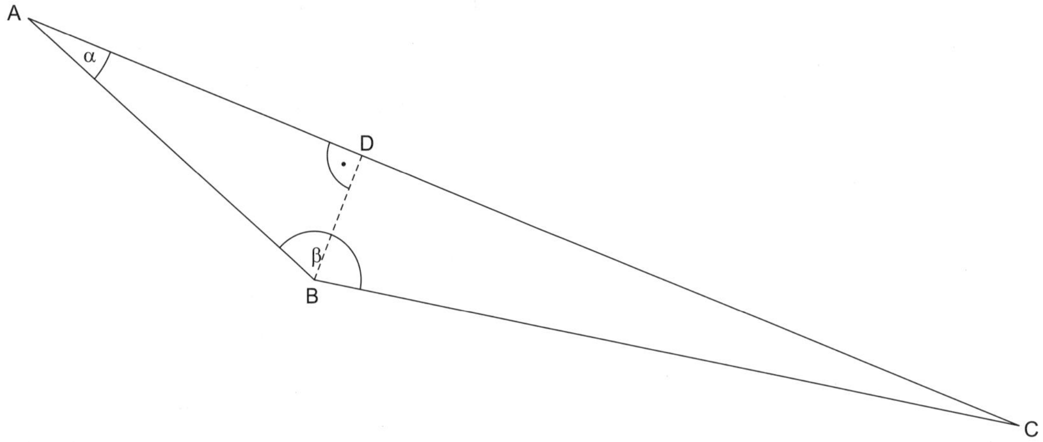

Hinweis: Skizze nicht maßstabsgetreu
Quelle: StMUK 4

4. Vereinfachen Sie den unten stehenden Term so weit wie möglich.
Es gilt: x, y, z≠0.

$$\frac{2 \cdot x^3 \cdot 6 \cdot y^{-4} \cdot 10 \cdot z^{-6} \cdot x^{-2} \cdot 2 \cdot y^8 \cdot z^2}{3 \cdot y^2 \cdot 10 \cdot x^{-3} \cdot 4 \cdot z^{-4}}$$ 2

5. a) Bestimmen Sie rechnerisch die Funktionsgleichung der Geraden g_1, die durch die Punkte A(4|–1) und B(6|1) verläuft.

b) Die Gerade g_2 verläuft durch den Punkt C(2|4) und steht senkrecht auf der Geraden g_3: $\frac{y}{x} = 1$.
Ermitteln Sie rechnerisch die Funktionsgleichung der Geraden g_2.

c) Zeichnen Sie die Geraden g_1 und g_2 in ein Koordinatensystem mit der Längeneinheit 1 cm.

d) Geben Sie eine mögliche Funktionsgleichung einer Geraden g_4 an, die parallel zur x-Achse verläuft.

e) Der Punkt D(–3|3) liegt auf der Geraden g_5: $y = m_5x - 9$.
Bestimmen Sie die Steigung m_5 rechnerisch.

f) Die Geraden g_6: $y = 2x - 7$ und g_7: $y = -\frac{1}{2}x + 3$ schneiden sich im Punkt S.
Ermitteln Sie rechnerisch die Koordinaten des Schnittpunkts S und geben Sie S an.

g) Berechnen Sie die Koordinaten des Schnittpunkts N der Geraden g_7 mit der x-Achse und geben Sie N an. 8

6. Lösen Sie die folgende Gleichung rechnerisch.
Geben Sie die Definitionsmenge und die Lösungsmenge an.

$$\frac{4}{x} + \frac{1}{3+x} = \frac{7}{x-2}$$ 4

7. Für die Herstellung eines goldenen, halbkugelförmigen Schmuckanhängers mit einem Durchmesser von 11 mm verwendet ein Goldschmied das Gold von acht kleineren Kugeln mit einem Durchmesser von jeweils 4,5 mm.
Anschließend stellt er aus dem überschüssigen Material eine Goldkugel für ein weiteres Schmuckstück her.
Berechnen Sie den Radius dieser neuen Goldkugel. 4

8. Es gilt: $g_1 \parallel g_2 \parallel g_3$

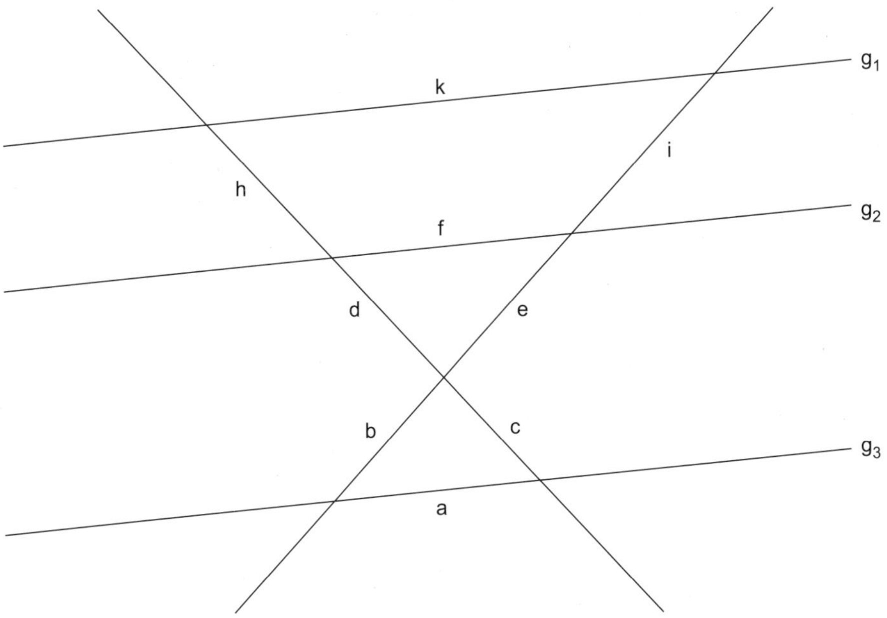

Hinweis: Skizze nicht maßstabsgetreu
Quelle: StMUK

Durch korrektes Ersetzen der Platzhalter $\square$ sollen richtige Anwendungen der Strahlensätze entstehen.
Schreiben Sie die richtigen Gleichungen vollständig auf Ihr Lösungsblatt.

(1) $\frac{i+e}{k} = \frac{e}{\square}$

(2) $\frac{\square}{e} = \frac{c}{\square}$

(3) $\frac{a}{k} = \frac{c}{\square}$ 3

9. Folgende Aufgaben sind Anwendungen von binomischen Formeln.
Ersetzen Sie die Platzhalter $\square$ jeweils durch den entsprechenden Term und schreiben Sie die mathematisch richtige Gleichung auf Ihr Lösungsblatt.

(1) $(\sqrt{2}a + \square) \cdot (\sqrt{2}a - \square) = \square - 64b^2$

(2) $\frac{1}{16}a^2b^4 - \square + \square = (\square - 2a)^2$ 3

10. In einem Behälter befinden sich sechs Kugeln, von denen eine Kugel schwarz, drei grün und zwei rot sind.
Zwei Mal nacheinander wird eine Kugel zufällig gezogen und nicht zurückgelegt.

a) Zeichnen Sie ein Baumdiagramm mit den möglichen Ergebnissen und beschriften Sie die Äste mit den entsprechenden Wahrscheinlichkeiten.

b) Die zweite gezogene Kugel soll schwarz sein.
Bestimmen Sie für dieses Ereignis die Wahrscheinlichkeit in Prozent.

c) Die höchstmögliche Wahrscheinlichkeit für eine bestimmte Farbkombination, ohne Beachtung der Reihenfolge, beträgt beim im Vortext beschriebenen Zufallsexperiment 40 Prozent.
Geben Sie an, für welche Farbkombination dies zutrifft, und begründen Sie Ihre Entscheidung mithilfe einer Rechnung. 4

Lösungen

Aufgabengruppe I

Hinweise und Tipps

1. a) Funktionsgleichung der Parabel p_1 in die Scheitelpunktform umformen und Scheitelpunkt S_1 angeben:

p_1: $y = x^2 + 2x - 3$

$y = x^2 + 2x + 1^2 - 1^2 - 3$

$y = (x+1)^2 - 1 - 3$

$y = (x+1)^2 - 4$

$S_1(-1|-4)$

Wandle die Funktionsgleichung durch quadratische Ergänzung in die Scheitelpunktform um.

Bilde das Binom.

Lies die Koordinaten des Scheitelpunktes S_1 aus der Scheitelpunktform ab.

b) Überprüfung, ob die Punkte A und B auf der Parabel p_1 liegen:

$A(-2|-3)$; $B(2|5)$

p_1: $y = x^2 + 2x - 3$

$-3 \overset{?}{=} (-2)^2 + 2 \cdot (-2) - 3$

$-3 \overset{?}{=} 4 - 4 - 3$

$-3 = -3$

$\Rightarrow$ A liegt auf p_1.

Setze die Koordinaten des Punktes A in die Funktionsgleichung von p_1 ein. Fasse auf der rechten Seite zusammen.

Da man eine wahre Aussage erhält, liegt der Punkt A auf der Parabel p_1.

$5 \overset{?}{=} 2^2 + 2 \cdot 2 - 3$

$5 \overset{?}{=} 4 + 4 - 3$

$5 = 5$

$\Rightarrow$ B liegt auf p_1.

Setze die Koordinaten des Punktes B in die Funktionsgleichung von p_1 ein. Fasse auf der rechten Seite zusammen.

Da man eine wahre Aussage erhält, liegt der Punkt B auf der Parabel p_1.

c) Schnittpunkte P und Q von p_1 mit der x-Achse:

p_1: $y = x^2 + 2x - 3$

$0 = x^2 + 2x - 3$

$x_{1/2} = -\frac{2}{2} \pm \sqrt{\left(\frac{2}{2}\right)^2 - (-3)}$

$x_{1/2} = -1 \pm \sqrt{1+3}$

$x_{1/2} = -1 \pm \sqrt{4}$

$x_1 = -1 - 2$

$x_1 = -3$

$x_2 = -1 + 2$

$x_2 = 1$

$P(-3|0)$; $Q(1|0)$

Die Schnittpunkte einer Normalparabel mit der x-Achse sind die Nullstellen der quadratischen Funktion.

Setze den Funktionswert $y = 0$ ein und berechne die Schnittpunkte P und Q mithilfe der Lösungsformel für quadratische Gleichungen.

$x_{1/2} = -\frac{p}{2} \pm \sqrt{\left(\frac{p}{2}\right)^2 - q}$

Hier ist $p = 2$ und $q = -3$.

Da die Koordinaten der Schnittpunkte P und Q angegeben werden sollen, müssen die x-Werte noch den Punkten zugeordnet werden. Die y-Koordinate ist immer 0.

Hinweise und Tipps

d) Funktionsgleichung der Parabel p_2 in der Normalform:
$C(1|-6)$; $D(-4|-1)$
p_2 nach unten geöffnet: $y=-x^2+px+q$

Setze die Punkte C und D jeweils in die Normalform für nach unten geöffnete Parabeln ein.

I $\quad -6=-1^2+p\cdot 1+q$
II $\quad -1=-(-4)^2+p\cdot(-4)+q$

Achte auf die Vorzeichen.

I $\quad -6=-1+p+q \qquad |+1;-p$
II $\quad -1=-16-4p+q$
I $\quad -5-p=q$

Löse das Gleichungssystem (hier: mit dem Einsetzungsverfahren).
Löse dazu eine Gleichung (hier: Gleichung I) nach q auf.

I in II $\quad -1=-16-4p-5-p$
$-1=-21-5p \qquad |+21$
$20=-5p \qquad |:(-5)$
$-4=p$

Setze den erhaltenen Term für q in Gleichung II ein und berechne p.

in I $\quad -5-(-4)=q$
$-1=q$

Setze p in die umgeformte Gleichung I ein und berechne q.

p_2: $y=-x^2-4x-1$

Gib die Funktionsgleichung von p_2 in der Normalform an.

e) Funktionsgleichung der Parabel p_3 in der Normalform:
$S_3(-2|6)$, nach unten geöffnet

Lies den Scheitelpunkt S_3 aus der Grafik ab.

$y=-(x-x_S)^2+y_S$
$y=-(x+2)^2+6$
$y=-(x^2+4x+4)+6$
$y=-x^2-4x-4+6$
$y=-x^2-4x+2$

p_3: $y=-x^2-4x+2$

Setze den Scheitelpunkt S_3 in die Scheitelpunktform für eine nach unten geöffnete Parabel ein.
Achte auf die Vorzeichen.
Berechne die Klammer mithilfe der binomischen Formel.
Löse die Klammer auf und fasse zusammen.

f) Koordinaten der Schnittpunkte T und U der Parabel p_4 und der Geraden g:
p_4: $y=x^2-2x+1$
g: $y=2x-2$

Setze die Funktionsgleichungen von g und p_4 gleich.

$x^2-2x+1=2x-2 \qquad |-2x;+2$
$x^2-4x+3=0$

$$x_{1/2}=-\frac{-4}{2}\pm\sqrt{\left(\frac{-4}{2}\right)^2-3}$$
$x_{1/2}=2\pm\sqrt{4-3}$
$x_{1/2}=2\pm\sqrt{1}$
$x_1=2-1$
$x_1=1$
$x_2=2+1$
$x_2=3$

Forme die quadratische Gleichung in die Normalform um und berechne die x-Koordinaten mithilfe der Lösungsformel für quadratische Gleichungen.

$$x_{1/2}=-\frac{p}{2}\pm\sqrt{\left(\frac{p}{2}\right)^2-q}$$

Hier ist $p=-4$ und $q=3$.

x_1 in g $\quad y_1=2\cdot 1-2$
$y_1=0$
x_2 in g $\quad y_2=2\cdot 3-2$
$y_2=4$

Setze x_1 und x_2 jeweils in eine der beiden Funktionsgleichungen (hier: g) ein und berechne die y-Koordinaten der Schnittpunkte T und U.

$T(1|0)$; $U(3|4)$

Gib die Koordinaten der Schnittpunkte an.

Hinweise und Tipps

g) grafische Darstellung:

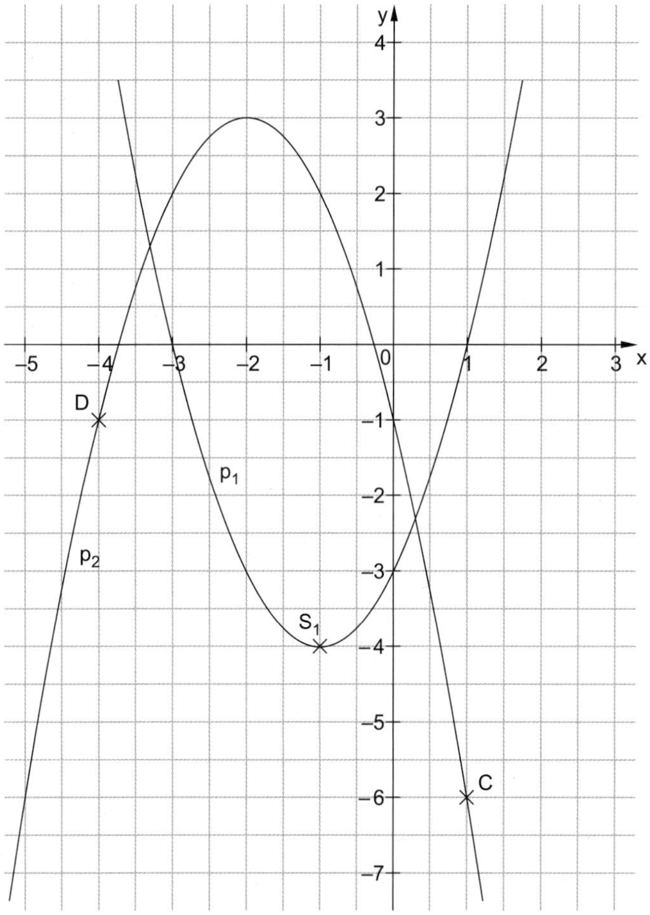

Lege ein Koordinatensystem mit der Einheit 1 cm an.
x-Achse: –5 bis +3
y-Achse: –7 bis +4
Beschrifte das Koordinatensystem vollständig.

Trage den Scheitelpunkt S_1 ein und zeichne mithilfe der Parabelschablone die nach oben geöffnete Normalparabel p_1.

Trage die beiden Punkte C und D in das Koordinatensystem ein. Zeichne mithilfe der Parabelschablone die nach unten geöffnete Normalparabel p_2, indem du die Schablone so verschiebst, dass beide Punkte auf der Parabel liegen.

Mithilfe deiner Zeichnung kannst du deine Ergebnisse in den Aufgaben b und c überprüfen (oder umgekehrt).

---

2. a) durchschnittliches jährliches Wachstum in Prozent:

Anfangsmenge: $W_0 = 67\,279$ Menschen
Anzahl der Jahre: $n = 9$
Endwert: $W_9 = 81\,240$ Menschen
gesucht: p (bzw. q)

$$81\,240 = 67\,279 \cdot q^9 \quad |:67\,279$$
$$1{,}2075\ldots = q^9 \quad |\sqrt[9]{}$$
$$1{,}02117\ldots = q$$

Setze die gegebenen Werte in die Wachstumsformel ein und berechne q.
$W_n = W_0 \cdot q^n$

$$1{,}02117\ldots = 1 + \frac{p}{100} \quad |-1$$
$$0{,}02117\ldots = \frac{p}{100} \quad |\cdot 100$$
$$2{,}117\ldots\,\% = p\,\%$$
$$p\,\% \approx 2{,}1\,\%$$

Es handelt sich um ein positives Wachstum.
Bestimme p % mithilfe der Formel.
$q = 1 + \frac{p}{100}$

Runde den Prozentwert sinnvoll (hier: eine Dezimalstelle).

Das durchschnittliche jährliche Bevölkerungswachstum beträgt 2,1 %.

b) Anzahl der unter 6-jährigen Kinder:
Endwert: $W_n = 3\,245$ Kinder
Anzahl der Jahre: $n = 2$
jährliche Abnahme: $p\,\% = 1{,}3\,\% = 0{,}013$
$q = 1 - 0{,}013 = 0{,}987$
gesucht: W_0

$$3\,245 = W_0 \cdot 0{,}987^2 \quad |:0{,}987^2$$
$$3\,331{,}044\ldots = W_0$$
$$W_0 \approx 3\,331$$

Zu Beginn der beiden Jahre gab es 3 331 unter 6-jährige Kinder.

c) Berechnung des Verdoppelungszeitraumes:
Anfangswert: $W_0 = 67\,279$ Menschen
Endwert: $W_n = W_0 \cdot 2 = 134\,558$ Menschen
Zunahme: $p\,\% = 3{,}75\,\% = 0{,}0375$
$q = 1 + 0{,}0375 = 1{,}0375$
gesucht: n

$$134\,558 = 67\,279 \cdot 1{,}0375^n \quad |:67\,279$$
$$2 = 1{,}0375^n$$
$$n = \log_{1{,}0375} 2$$
$$n = \frac{\lg 2}{\lg 1{,}0375}$$
$$n = 18{,}828\ldots$$
$$n \approx 19$$

Die Zahl der Bewohner würde sich nach 19 Jahren verdoppeln.

---

3. Berechnung der Strecke $\overline{AC}$:
$\overline{AB} = 46$ cm; $\alpha = 28°$; $\beta = 140°$

Berechnung der Strecke $\overline{AD}$:

$$\cos\alpha = \frac{\overline{AD}}{\overline{AB}}$$
$$\cos 28° = \frac{\overline{AD}}{46\text{ cm}} \quad |\cdot 46\text{ cm}$$
$$\overline{AD} = 46\text{ cm} \cdot \cos 28°$$
$$\overline{AD} = 40{,}615\ldots\text{ cm}$$
$$\overline{AD} \approx 40{,}6\text{ cm}$$

Berechnung der Strecke $\overline{BD}$:

$$\sin\alpha = \frac{\overline{BD}}{\overline{AB}}$$
$$\sin 28° = \frac{\overline{BD}}{46\text{ cm}} \quad |\cdot 46\text{ cm}$$
$$\overline{BD} = 46\text{ cm} \cdot \sin 28°$$
$$\overline{BD} = 21{,}5956\ldots\text{ cm}$$
$$\overline{BD} \approx 21{,}6\text{ cm}$$

Hinweise und Tipps

b) Bestimme den Wachstumsfaktor für negatives Wachstum.
$q = 1 - \frac{p}{100}$

Setze die gegebenen Werte in die Wachstumsformel ein und berechne W_0.
$W_n = W_0 \cdot q^n$
Runde auf Ganze.

c) Bestimme den Endwert, indem der Anfangswert verdoppelt wird.
Bestimme den Wachstumsfaktor für positives Wachstum.
$q = 1 + \frac{p}{100}$

Setze die gegebenen Werte in die Wachstumsformel ein. Löse nach n auf.
$W_n = W_0 \cdot q^n$
Berechne n mithilfe des Logarithmus.

Runde auf ganze Jahre.

3. Markiere die gegebenen Werte in der Skizze.
Um die Strecke $\overline{AC}$ zu berechnen, muss man zunächst die Strecken $\overline{AD}$ und $\overline{DC}$ berechnen.
$\overline{AD}$ ist die Ankathete und $\overline{AB}$ ist die Hypotenuse im rechtwinkligen Dreieck ABD.
Mithilfe des Kosinus kann die Strecke $\overline{AD}$ berechnet werden:
$\cos\alpha = \frac{\text{Ankathete}}{\text{Hypotenuse}}$
Runde sinnvoll (hier: eine Dezimalstelle).

Um die Strecke $\overline{DC}$ zu berechnen, benötigt man die Strecke $\overline{BD}$ und einen Winkel im Dreieck BCD.
$\overline{BD}$ ist die Gegenkathete zum Winkel α im rechtwinkligen Dreieck ABD.
Mithilfe des Sinus kann die Strecke $\overline{BD}$ berechnet werden:
$\sin\alpha = \frac{\text{Gegenkathete}}{\text{Hypotenuse}}$
Runde sinnvoll (hier: eine Dezimalstelle).
Alternativ ist auch die Berechnung der Strecke $\overline{BD}$ über den Satz des Pythagoras möglich.

Hinweise und Tipps

Berechnung des Winkels γ:

$28° + 140° + \gamma = 180° \quad | -28°; -140°$

$\gamma = 12°$

Der Winkel γ kann über die Winkelsumme im Dreieck ABC bestimmt werden: $\alpha + \beta + \gamma = 180°$

Berechnung der Strecke $\overline{DC}$:

$\tan\gamma = \frac{\overline{BD}}{\overline{DC}}$

$\tan 12° = \frac{21{,}6 \text{ cm}}{\overline{DC}} \quad | \cdot \overline{DC}; : \tan 12°$

$\overline{DC} = \frac{21{,}6 \text{ cm}}{\tan 12°}$

$\overline{DC} = 101{,}620\ldots \text{ cm}$

$\overline{DC} \approx 101{,}6 \text{ cm}$

Im rechtwinkligen Dreieck BCD ist die Strecke $\overline{BD}$ die Gegenkathete und die Strecke $\overline{DC}$ die Ankathete zum Winkel γ.
Berechne die Strecke $\overline{DC}$ mit dem Tangens.

$\tan\gamma = \frac{\text{Gegenkathete}}{\text{Ankathete}}$

Runde sinnvoll (hier: eine Dezimalstelle).

Berechnung der Strecke $\overline{AC}$:

$\overline{AC} = \overline{AD} + \overline{DC}$

$\overline{AC} = 40{,}6 \text{ cm} + 101{,}6 \text{ cm}$

$\overline{AC} = 142{,}2 \text{ cm}$

Berechne die Länge der Strecke $\overline{AC}$, indem du die Strecken $\overline{AD}$ und $\overline{DC}$ addierst.

4.

$\frac{2 \cdot x^3 \cdot 6 \cdot y^{-4} \cdot 10 \cdot z^{-6} \cdot x^{-2} \cdot 2 \cdot y^8 \cdot z^2}{3 \cdot y^2 \cdot 10 \cdot x^{-3} \cdot 4 \cdot z^{-4}}$

$= \frac{2 \cdot 6 \cdot 10 \cdot 2 \cdot x^3 \cdot x^{-2} \cdot y^{-4} \cdot y^8 \cdot z^{-6} \cdot z^2}{3 \cdot 10 \cdot 4 \cdot y^2 \cdot x^{-3} \cdot z^{-4}}$

$= \frac{240 \cdot x^1 \cdot y^4 \cdot z^{-4}}{120 \cdot y^2 \cdot x^{-3} \cdot z^{-4}}$

$= 2 \cdot x^4 \cdot y^2 \cdot z^0$

$= 2x^4 y^2$

Stelle im Zähler und Nenner so um, dass Zahlen und gleiche Variablen beieinanderstehen.
Fasse jeweils zusammen. Beachte dabei die Potenzgesetze bei gleicher Basis.

Kürze bzw. wende das Potenzgesetz zum Dividieren von Termen mit gleicher Basis an.
Beachte, dass $z^0 = 1$.

---

5. a) Funktionsgleichung der Geraden g_1:

$A(4|-1);\ B(6|1)$

$m_1 = \frac{1-(-1)}{6-4} = \frac{2}{2} = 1$

Bestimme die Steigung m_1 mit der Steigungsformel:

$m_1 = \frac{y_2 - y_1}{x_2 - x_1}$

Setze die Koordinaten der Punkte A und B in die Steigungsformel ein. Beachte dabei die Vorzeichen.

$m_1 = 1$ und $B(6|1)$ in $y = mx + t$:

$y = m_1 \cdot x + t_1$

$1 = 1 \cdot 6 + t_1$

$1 = 6 + t_1 \quad | -6$

$-5 = t_1$

$g_1: y = x - 5$

Setze den Wert der Steigung m_1 und die Koordinaten eines Punktes (hier: B) in die Normalform einer Geraden ein, um t_1 zu berechnen.

Gib die Funktionsgleichung von g_1 in der Normalform an.

b) Funktionsgleichung von g_2:

$C(2|4)$; g_3: $\frac{y}{x} = 1$; $g_2 \perp g_3$

$\frac{y}{x} = 1 \quad |\cdot x$

$y = x \quad \Rightarrow \quad m_3 = 1$

$m_2 \cdot m_3 = -1$

$m_2 \cdot 1 = -1$

$m_2 = -1$

$m_2 = -1$ und $C(2|4)$ in $y = mx + t$:

$4 = -1 \cdot 2 + t_2$

$4 = -2 + t_2 \quad |+2$

$6 = t_2$

g_2: $y = -x + 6$

c) grafische Darstellung:

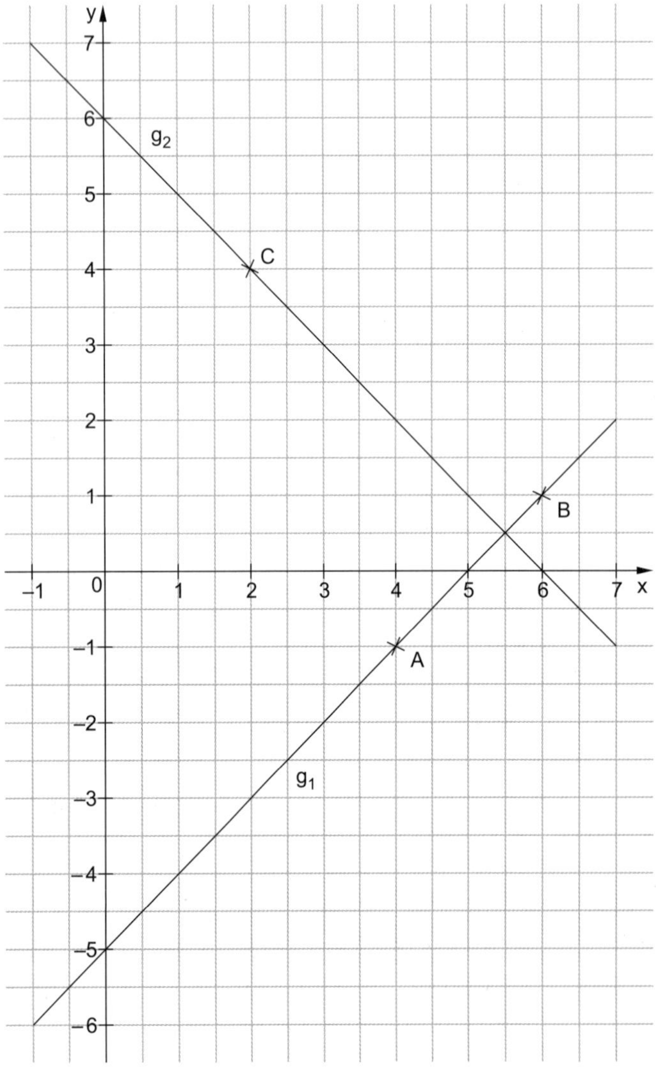

Hinweise und Tipps

Die Gerade g_2 verläuft durch den Punkt C und steht senkrecht auf der Geraden g_3.

Forme zuerst die Funktionsgleichung von g_3 in die Normalform um.

Berechne die Steigung der Geraden g_2 mit der Formel für senkrechte Geraden.

Setze den Wert der Steigung m_2 und die Koordinaten des Punktes C in die Normalform einer Geraden ein, um t_2 zu berechnen.

Gib die vollständige Funktionsgleichung an.

Lege ein Koordinatensystem mit der Einheit 1 cm an.
x-Achse: –1 bis +7
y-Achse: –6 bis +7
Beschrifte das Koordinatensystem vollständig.

Zeichne die Geraden g_1 und g_2 mithilfe des y-Achsenabschnitts und des Steigungsdreiecks bzw. mit den gegebenen Punkten.

Hinweise und Tipps

d) mögliche Funktionsgleichung von g_4:

$g_4 \parallel$ x-Achse $\Rightarrow$ $m_4 = 0$

g_4: $y = t_4$

Beispiel für g_4:

$y = 2$

Parallele Geraden haben die gleiche Steigung.
Die x-Achse hat die Steigung 0. Daher haben alle möglichen Lösungen auch die Steigung 0. Das heißt, dass das x in der Funktionsgleichung wegfällt ($0 \cdot x = 0$).
Somit gilt für g_4: $y = t$
t kann eine beliebige Zahl sein.

e) Steigung m_5 von g_5:

$D(-3\,|\,3)$ in g_5: $y = m_5 \cdot x - 9$

$$3 = m_5 \cdot (-3) - 9 \quad |+9$$
$$12 = m_5 \cdot (-3) \quad |:(-3)$$
$$-4 = m_5$$

Setze die Koordinaten von Punkt D in die Funktionsgleichung ein.
Löse nach m_5 auf und berechne den Wert der Steigung.

f) Koordinaten des Schnittpunktes S der Geraden g_6 und g_7:

g_6: $y = 2x - 7$

g_7: $y = -\frac{1}{2}x + 3$

$$2x - 7 = -\frac{1}{2}x + 3 \quad |+\tfrac{1}{2}x; +7$$
$$2{,}5x = 10 \quad |:2{,}5$$
$$x = 4$$

Setze die Funktionsgleichungen von g_6 und g_7 gleich und löse nach x auf.

in g_6 $\quad y = 2 \cdot 4 - 7$
$\quad y = 1$

Setze den Wert von x in eine der beiden Funktionsgleichungen (hier: g_6) ein und berechne y.

$S(4\,|\,1)$

Gib die Koordinaten des Schnittpunktes S an.

g) Koordinaten des Schnittpunktes N von g_7 mit der x-Achse:

g_7: $y = -\frac{1}{2}x + 3$

$$0 = -\frac{1}{2}x + 3 \quad |-3$$
$$-3 = -\frac{1}{2}x \quad |:(-\tfrac{1}{2})$$
$$6 = x$$

Um den Schnittpunkt der Geraden g_7 mit der x-Achse zu erhalten, berechne die Nullstelle der linearen Funktion. An der Nullstelle ist der y-Wert immer 0.

$N(6\,|\,0)$

Gib die Koordinaten von N an.

---

6. $\frac{4}{x} + \frac{1}{3+x} = \frac{7}{x-2}$

Definitionsmenge bestimmen:

- $x \neq 0$
- $3 + x \neq 0 \quad |-3$
  $x \neq -3$
- $x - 2 \neq 0 \quad |+2$
  $x \neq 2$

Bestimme die Definitionsmenge.
Die Terme im Nenner dürfen nicht 0 sein.

$\mathbb{D} = \mathbb{R} \setminus \{-3;\, 0;\, 2\}$

Gib die Definitionsmenge an. Achte auf die richtige Schreibweise.

Hinweise und Tipps

Gleichung lösen:
Hauptnenner: $x(3+x)(x-2)$

$$\frac{4}{x}+\frac{1}{3+x}=\frac{7}{x-2} \quad |\cdot x(3+x)(x-2)$$

Multipliziere mit dem Hauptnenner.

$$4(3+x)(x-2)+x(x-2)=7x(3+x)$$

Löse die Klammern auf.

$$4(3x-6+x^2-2x)+x^2-2x=21x+7x^2$$

$$12x-24+4x^2-8x+x^2-2x=21x+7x^2$$

Fasse zusammen.

$$2x-24+5x^2=21x+7x^2 \quad |-21x;-7x^2$$

Bringe alles auf eine Seite.

$$-2x^2-19x-24=0 \quad |:(-2)$$

$$x^2+9{,}5x+12=0$$

Forme die quadratische Gleichung in die Normalform um.

$$x_{1/2}=-\frac{9{,}5}{2}\pm\sqrt{\left(\frac{9{,}5}{2}\right)^2-12}$$

Löse mithilfe der Lösungsformel.

$$x_{1/2}=-\frac{p}{2}\pm\sqrt{\left(\frac{p}{2}\right)^2-q}$$

Hier ist $p=9{,}5$ und $q=12$.

$$x_{1/2}=-4{,}75\pm\sqrt{10{,}5625}$$

$$x_1=-4{,}75-3{,}25$$

$$x_1=-8$$

$$x_2=-4{,}75+3{,}25$$

$$x_2=-1{,}5$$

Überprüfe, ob die Lösungen in der Definitionsmenge liegen.

$$\mathbb{L}=\{-8;-1{,}5\}$$

Gib die Lösungsmenge an.

---

7. Volumen der 8 kleinen Kugeln:
$d=4{,}5$ mm

$$V_{8K}=8\cdot\frac{1}{6}\cdot(4{,}5\text{ mm})^3\cdot\pi$$

$$V_{8K}=381{,}703\ldots\text{ mm}^3$$

$$V_{8K}\approx 381{,}70\text{ mm}^3$$

Berechne das Volumen der 8 kleinen Kugeln mithilfe der Volumenformel für die Kugel:

$V=\frac{1}{6}\cdot d^3\cdot\pi$ oder $V=\frac{4}{3}\cdot r^3\cdot\pi$

Hier wird mit dem exakten Wert von π gerechnet.

Runde sinnvoll (hier: 2 Dezimalstellen).

Volumen der Halbkugel:
$d=11$ mm

$$V_{HK}=\frac{1}{6}\cdot(11\text{ mm})^3\cdot\pi:2$$

$$V_{HK}=348{,}454\ldots\text{ mm}^3$$

$$V_{HK}\approx 348{,}45\text{ mm}^3$$

Berechne das Volumen der Halbkugel mithilfe der Volumenformel für die Kugel:

$V=\frac{1}{6}\cdot d^3\cdot\pi$ oder $V=\frac{4}{3}\cdot r^3\cdot\pi$

Der Durchmesser beträgt 11 mm, der Radius 5,5 mm.

Volumen der neuen Goldkugel:

$$V_{nK}=V_{8K}-V_{HK}$$

$$V_{nK}=381{,}70\text{ mm}^3-348{,}45\text{ mm}^3$$

$$V_{nK}=33{,}25\text{ mm}^3$$

Um den Radius der neuen Goldkugel zu berechnen, benötigst du das Volumen der neuen Goldkugel.

Radius der neuen Goldkugel:

$$33{,}25\text{ mm}^3=\frac{4}{3}\cdot r^3\cdot\pi \quad |:\pi;:\tfrac{4}{3}$$

$$7{,}9378\ldots\text{ mm}^3=r^3 \quad |\sqrt[3]{}$$

$$1{,}9948\ldots\text{ mm}=r$$

$$r\approx 2\text{ mm}$$

Der Radius kann dann mithilfe der Volumenformel berechnet werden:

$V=\frac{1}{6}\cdot d^3\cdot\pi$ oder $V=\frac{4}{3}\cdot r^3\cdot\pi$

Runde sinnvoll (hier: ganze mm).

Hinweise und Tipps

8. Anwendung der Strahlensätze:

(1) $\frac{i+e}{k} = \frac{e}{\mathbf{f}}$

Mit dem 2. Strahlensatz lässt sich dieses Streckenverhältnis aufstellen.

(2) $\frac{\mathbf{d}}{e} = \frac{c}{\mathbf{b}}$ oder $\frac{\mathbf{b}}{e} = \frac{c}{\mathbf{d}}$

Dieses Streckenverhältnis lässt sich mit dem 1. Strahlensatz aufstellen.

(3) $\frac{a}{k} = \frac{c}{\mathbf{d+h}}$

Dieses Streckenverhältnis lässt sich mit dem 2. Strahlensatz aufstellen.

---

9. Anwendung von binomischen Formeln:

(1) $(\sqrt{2}a + \square)(\sqrt{2}a - \square) = \square - 64b^2$

$(\sqrt{2}a + \mathbf{8b})(\sqrt{2}a - \mathbf{8b}) = \mathbf{2a^2} - 64b^2$

Die ersten beiden Klammern weisen darauf hin, dass es sich um eine Anwendung der 3. binomischen Formel handelt: $(a+b)(a-b) = a^2 - b^2$
Um den zweiten Term in den Klammern zu erhalten, wird die Wurzel aus dem letzten Term der aufgelösten Klammer (hier: $64b^2$) gezogen.
Den ersten Term der aufgelösten Klammer erhältst du, indem du den ersten Term in der Klammer (hier: $\sqrt{2}a$) quadrierst. Beachte, dass die Variable a nicht unter der Wurzel steht.
Beachte jeweils die Potenzgesetze.

(2) $\frac{1}{16}a^2b^4 - \square + \square = (\square - 2a)^2$

$\frac{1}{16}a^2b^4 - \mathbf{a^2b^2} + \mathbf{4a^2} = \left(\mathbf{\frac{1}{4}ab^2} - 2a\right)^2$

Das Minus in der Klammer auf der rechten Seite weist darauf hin, dass es sich um eine Anwendung der 2. binomischen Formel handelt: $(a-b)^2 = a^2 - 2ab + b^2$

Um den ersten Term in der Klammer zu erhalten, wird die Wurzel aus dem ersten Term der aufgelösten Klammer (hier: $\frac{1}{16}a^2b^4$) gezogen.
Den letzten Term der aufgelösten Klammer erhält man, indem man den zweiten Term in der Klammer (hier: 2a) quadriert.
Den linearen Teil der binomischen Formel berechnest du mithilfe des ersten und zweiten Terms in der Klammer:

$2 \cdot \frac{1}{4}ab^2 \cdot 2a = a^2b^2$

Beachte jeweils die Potenzgesetze.

---

10. a) Baumdiagramm:

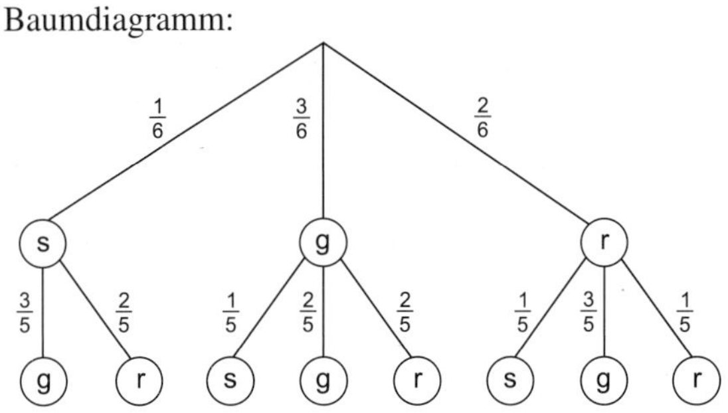

1 schwarze Kugel
3 grüne Kugeln
2 rote Kugeln

In dem Behälter sind insgesamt 6 Kugeln. Es wird 2-mal hintereinander eine Kugel gezogen und nicht zurückgelegt. Die Anzahl der Kugeln verringert sich also mit jedem Zug um 1.
Wird beim ersten Zug die schwarze Kugel gezogen, verringert sich die Anzahl um 1, d. h., die Anzahl der schwarzen Kugeln ist dann 0.
Wird beim ersten Zug eine grüne (rote) Kugel gezogen, verringert sich die Anzahl der grünen (roten) Kugeln um 1.

Zeichne das Baumdiagramm für 2 Züge. Schreibe zu jedem Ereignis die Wahrscheinlichkeit.

b) Wahrscheinlichkeit für „zweite Kugel schwarz“:

$p(gs) = \frac{3}{6} \cdot \frac{1}{5} = \frac{3}{30}$

$p(rs) = \frac{2}{6} \cdot \frac{1}{5} = \frac{2}{30}$

$p(\text{zweite Kugel schwarz}) = \frac{3}{30} + \frac{2}{30} = \frac{5}{30} = \frac{1}{6}$

Wahrscheinlichkeit in Prozent:

$p\,\% = 1 : 6 \cdot 100\,\%$

$p\,\% = 16,666\ldots\,\%$

$p\,\% \approx 16,7\,\%$

c) Farbkombination suchen:

$p(gr) = \frac{3}{6} \cdot \frac{2}{5} = \frac{6}{30}$

$p(rg) = \frac{2}{6} \cdot \frac{3}{5} = \frac{6}{30}$

$p(\text{Kombination Rot/Grün}) = \frac{6}{30} + \frac{6}{30} = \frac{12}{30} = \frac{4}{10}$

Wahrscheinlichkeit in Prozent:

$p\,\% = 4 : 10 \cdot 100\,\%$

$p\,\% = 40\,\%$

Hinweise und Tipps

Für das Ereignis „zweite Kugel schwarz“ gibt es 2 günstige Ergebnisse: erst grün, dann schwarz oder erst rot, dann schwarz.

Wende die 1. Pfadregel (Multiplikationsregel) an.

Gib die Gesamtwahrscheinlichkeit an. Wende hierzu die 2. Pfadregel (Additionsregel) an.

Gib die Wahrscheinlichkeit in Prozent an.

Runde sinnvoll (hier: eine Dezimalstelle).

Es wird die Farbkombination (ohne Berücksichtigung der Reihenfolge) gesucht, die am wahrscheinlichsten ist und eine Wahrscheinlichkeit von 40 % aufweist.
Da die Gesamtwahrscheinlichkeit möglichst hoch sein soll, müssen auch die einzelnen Wahrscheinlichkeiten möglichst hoch sein. Die Kombinationen mit einer schwarzen Kugel entfallen daher.
Es bleibt also nur noch die Kombination Rot/Grün.
Diese Farbkombination ist nun rechnerisch zu überprüfen.
Wende die 1. Pfadregel (Multiplikationsregel) an.

Gib die Gesamtwahrscheinlichkeit an. Wende hierzu die 2. Pfadregel (Additionsregel) an.

Berechne die Wahrscheinlichkeit in Prozent.

Die Wahrscheinlichkeit der Farbkombination Rot und Grün entspricht den gesuchten 40 % und somit ist dies die richtige Kombination.

M10-Prüfung an Mittelschulen in Bayern 2021
Mathematik – Aufgabengruppe II

Aufgaben

Punkte

1. a) Die Gerade g_1 hat die Funktionsgleichung $y = -0{,}5x + 3$.
Berechnen Sie die Koordinaten des Schnittpunktes N von g_1 mit der x-Achse und geben Sie N an.

b) Übertragen Sie die Wertetabelle zur Geraden g_1 auf Ihr Lösungsblatt und ergänzen Sie die fehlenden Werte.

x	5	
y		21

c) Die Gerade g_2 verläuft durch den Punkt $B(-2{,}5 \mid 0)$ und steht senkrecht auf der Geraden g_1.
Bestimmen Sie rechnerisch die Funktionsgleichung der Geraden g_2.

d) Zeichnen Sie die Geraden g_1 und g_2 in ein Koordinatensystem mit der Längeneinheit 1 cm.

e) Die Gerade g_3 verläuft durch die Punkte $C(-1 \mid -1)$ und $D(4 \mid 1)$.
Ermitteln Sie die Funktionsgleichung von g_3 rechnerisch.

f) Die Gerade g_4: $-0{,}5x = -5 - y$ schneidet die Gerade g_1 im Punkt T.
Bestimmen Sie durch Rechnung die Koordinaten dieses Schnittpunkts T und geben Sie T an.

g) Gegeben ist der Graph der Funktion g_5 (siehe Zeichnung).
Geben Sie die Funktionsgleichung der Geraden g_5 an.

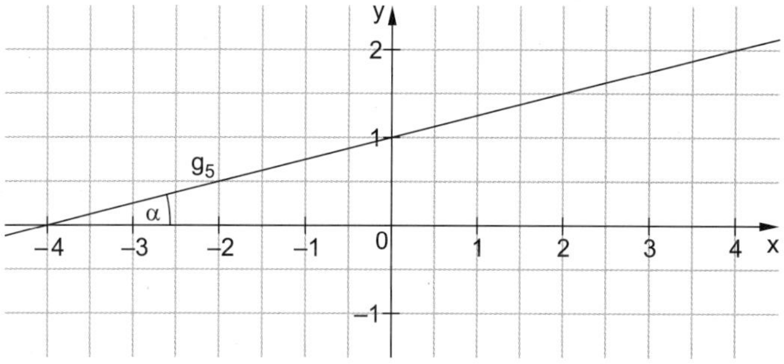

Quelle: StMUK

h) Berechnen Sie den Winkel α (siehe Zeichnung). 9

2. Lösen Sie die folgende Gleichung rechnerisch.
Geben Sie die Definitionsmenge und die Lösungsmenge an.

$$\frac{60}{x} - \frac{32}{x+1} = \frac{26}{x-2}$$ 4

3. Am 1. Januar 1998 hatte ein Sportverein in einer Großstadt 85 000 Mitglieder.

a) Die Mitgliederzahl sank bis zum 1. Januar 2017 auf 63 750 Mitglieder.
Bestimmen Sie die durchschnittliche prozentuale Abnahme pro Jahr.

b) Am 1. Januar 2019 hatte der Verein 67 800 Mitglieder. Die Vereinsführung erhoffte sich ab diesem Zeitpunkt ein jährliches Wachstum von 2,9 %.
Berechnen Sie, nach wie vielen Jahren der Verein in diesem Fall wieder den Mitgliederstand vom 1. Januar 1998 erreichen würde. Runden Sie das Ergebnis auf volle Jahre.

c) Berechnen Sie die Mitgliederzahl am 1. Januar 2030 im Falle einer gleichbleibenden jährlichen Steigerung um 3,3 % ab dem 1. Januar 2019. 4

4. In nachstehender Skizze gilt:
$\overline{AF} = 16$ dm; $\overline{ED} = 22$ dm; $\overline{DC} = 2$ dm.

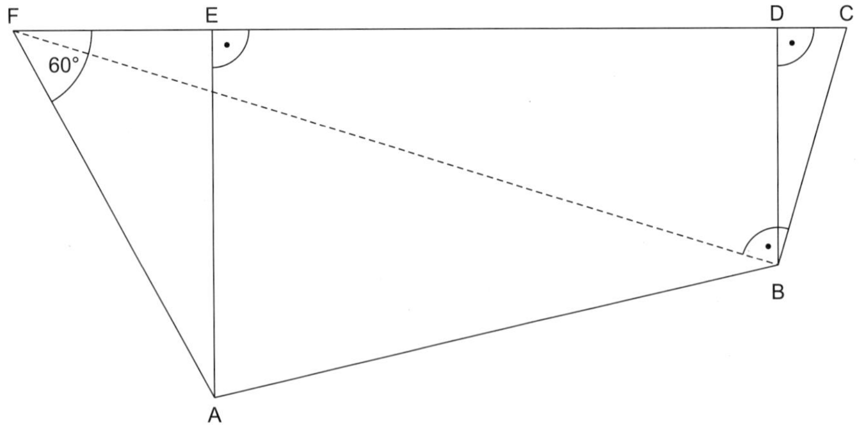

Hinweis: Skizze nicht maßstabsgetreu
Quelle: StMUK

a) Berechnen Sie den Flächeninhalt des Trapezes ABDE.

b) In der oben abgebildeten Skizze lässt sich der Kathetensatz anwenden.
Stellen Sie eine korrekte Anwendung dieses Satzes mit den entsprechenden Streckenbezeichnungen auf. 5

5. a) Eine nach oben geöffnete Normalparabel p_1 verläuft durch die Punkte $A(-2|-3)$ und $B(2|5)$.
Ermitteln Sie rechnerisch die Funktionsgleichung von p_1 in der Normalform.

b) Eine weitere Normalparabel p_2 hat die Funktionsgleichung $y = x^2 - 5x + 2{,}25$.
Bestimmen Sie rechnerisch die Scheitelpunktform und geben Sie den Scheitelpunkt S_2 an.

c) Die Normalparabel p_2 schneidet die x-Achse in den Punkten N_1 und N_2.
Berechnen Sie die x-Koordinaten dieser Nullstellen.

d) Eine nach unten geöffnete Normalparabel p_3 hat den Scheitelpunkt $S_3(3|4)$.
Ermitteln Sie rechnerisch die Normalform der Funktionsgleichung von p_3.

e) Zeichnen Sie die Normalparabeln p_1 und p_3 in ein Koordinatensystem mit der Längeneinheit 1 cm.

f) Überprüfen Sie nachvollziehbar, ob folgende Aussage richtig oder falsch ist:
Der Punkt $D(0|1)$ ist ein gemeinsamer Punkt der Normalparabel p_4: $y = (x-2)^2 - 3$ und der Geraden g: $y = x - 3$.

g) Die Normalparabel p_4 wird an der x-Achse gespiegelt.
Geben Sie die Scheitelpunktform der so entstandenen Normalparabel p_5 an. 8

6. a) Ersetzen Sie die Platzhalter $\square$ in der folgenden Gleichung so, dass eine korrekte Anwendung einer binomischen Formel entsteht.
Schreiben Sie die korrekte Gleichung vollständig auf Ihr Lösungsblatt.

$25x^6y^2 + \square + 36z^8 = (\square + \square)^2$

b) Vereinfachen Sie die folgenden Terme so weit wie möglich.
Es gilt: $y \neq 0$.

(I) $\dfrac{0{,}5 \cdot (y^4)^{-2} \cdot 4y^3 \cdot 6y^6}{12y}$

(II) $\dfrac{(y^{12})^{0{,}5}}{\sqrt[4]{y^{16}}}$ 3

7. In folgender Skizze gilt:
$\overline{BD} = 4$ m; $\overline{B'C} = 6$ m; $\overline{EZ} = 1{,}2$ m; $\overline{BZ} = 56$ m.

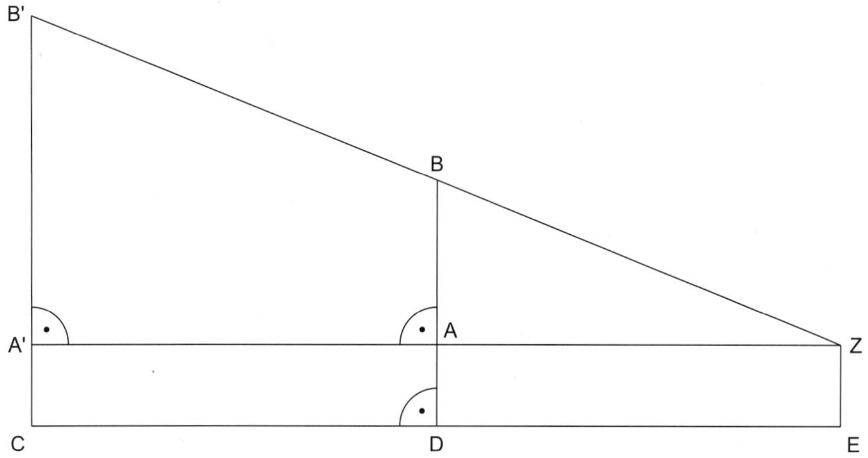

Hinweis: Skizze nicht maßstabsgetreu
Quelle: StMUK

a) Durch eine zentrische Streckung mit dem Zentrum Z wird die Strecke [AB] auf die Strecke [A'B'] abgebildet (siehe Skizze).
Ermitteln Sie den Streckungsfaktor k.

b) Berechnen Sie die Länge der Strecke [BB']. 3

8. In einem Baumarkt gibt es unterschiedlich große Deko-Kugeln aus verschiedenen Materialien.

a) Bei einer Kugel mit dem Radius $r = 30$ cm ist die untere Halbkugel geschliffen und poliert.
Berechnen Sie die Oberfläche der unteren Halbkugel.

b) 1 cm^3 Granit wiegt 2,8 g.
Ermitteln Sie rechnerisch das Gewicht einer Granitkugel mit dem Durchmesser $d = 44$ cm in Kilogramm.

c) Eine andere Deko-Kugel wird in einem mit Wasser gefüllten Zylinder aus Glas vollständig untergetaucht. Dieser Zylinder hat einen Durchmesser von $d = 15$ cm. Der Wasserstand ist nach dem Eintauchen um 5 cm höher.
Berechnen Sie den Durchmesser dieser Deko-Kugel in cm. 5

9. Eine Lehrkraft bereitet für die Abschlussfeier 40 äußerlich identische Glückskekse vor. 24 davon enthalten je einen Wunsch für die Zukunft (W), zwölf enthalten ein jeweils unterschiedliches Sprichwort (S) und in den restlichen Keksen steckt jeweils ein Glückssymbol (G).

a) Alle Glückskekse befinden sich in einem Karton und sollen in zufälliger Reihenfolge einzeln herausgenommen werden.
Berechnen Sie die Wahrscheinlichkeit, dass der erste herausgenommene Keks ein Glückssymbol enthält.

b) Die Schülersprecherin darf als Erste nacheinander zwei Kekse zufällig herausnehmen. Es wird nur zwischen den zwei Ereignissen „W" und „kein W" unterschieden.
Erstellen Sie dazu ein Baumdiagramm. Beschriften Sie die Äste mit den jeweiligen Wahrscheinlichkeiten und berechnen Sie, mit welcher Wahrscheinlichkeit die Schülersprecherin mindestens ein „W" zieht.

c) Nachdem alle 40 Kekse entnommen worden sind, werden die zwölf Sprichwörter nun laut vorgelesen.
Berechnen Sie die Anzahl aller möglichen Reihenfolgen, in denen die Sprichwörter vorgelesen werden können. 4

Lösungen

Aufgabengruppe II

Hinweise und Tipps

1. a) Koordinaten des Schnittpunktes N von g_1 mit der x-Achse:

g_1: $y = -0{,}5x + 3$

$$\begin{aligned} 0 &= -0{,}5x + 3 \quad &|+0{,}5x \\ 0{,}5x &= 3 \quad &|:0{,}5 \\ x &= 6 \end{aligned}$$

N(6 | 0)

Um den Schnittpunkt der Geraden g_1 mit der x-Achse zu erhalten, berechne die Nullstelle der linearen Funktion. An der Nullstelle ist der y-Wert immer 0.

Gib die Koordinaten von N an.

b) Berechnung der fehlenden Werte in der Wertetabelle:

x = 5 in g_1: $y = -0{,}5x + 3$:

$$\begin{aligned} y &= -0{,}5 \cdot 5 + 3 \\ y &= -2{,}5 + 3 \\ y &= 0{,}5 \end{aligned}$$

y = 21 in g_1: $y = -0{,}5x + 3$:

$$\begin{aligned} 21 &= -0{,}5x + 3 \quad &|-3 \\ 18 &= -0{,}5x \quad &|:(-0{,}5) \\ -36 &= x \end{aligned}$$

x	5	**–36**
y	**0,5**	21

Um die Werte der Wertetabelle zu berechnen, müssen die gegebenen Werte jeweils in die Funktionsgleichung von g_1 eingesetzt werden und der entsprechende, fehlende Wert muss berechnet werden.

Schreibe die Tabelle ab und trage die berechneten Werte ein.

c) Funktionsgleichung von g_2:

B(–2,5 | 0); g_1: $y = -0{,}5x + 3$; $g_1 \perp g_2$

$$\begin{aligned} m_1 \cdot m_2 &= -1 \\ -0{,}5 \cdot m_2 &= -1 \quad &|:(-0{,}5) \\ m_2 &= 2 \end{aligned}$$

$m_2 = 2$ und B(–2,5 | 0) in $y = mx + t$:

$$\begin{aligned} 0 &= 2 \cdot (-2{,}5) + t_2 \\ 0 &= -5 + t_2 \quad &|+5 \\ 5 &= t_2 \end{aligned}$$

g_2: $y = 2x + 5$

Die Gerade g_2 steht senkrecht auf der Geraden g_1.
Berechne zuerst die Steigung der Geraden g_2 mit der Formel für senkrechte Geraden.

Setze den Wert der Steigung m_2 und die Koordinaten des Punktes B in die Normalform einer Geraden ein, um t_2 zu berechnen.

Gib die vollständige Funktionsgleichung an.

d) grafische Darstellung:

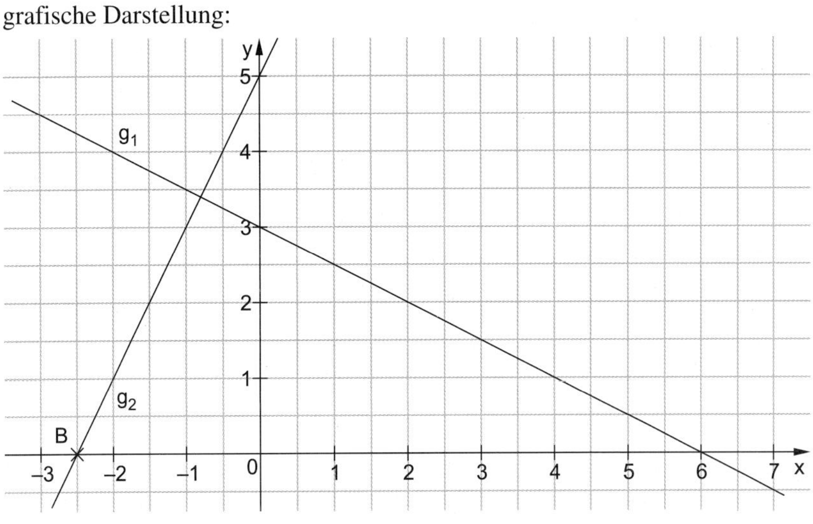

Lege ein Koordinatensystem mit der Einheit 1 cm an.
x-Achse: –3 bis +7
y-Achse: 0 bis +5

Beschrifte das Koordinatensystem vollständig.

Zeichne die Gerade g_1 mithilfe des y-Achsenabschnitts und des Steigungsdreiecks.

g_2 steht senkrecht auf g_1 und geht durch den Punkt B.

Mithilfe des Punktes N und der Funktionsgleichung von g_2 kann die Lage der Geraden überprüft werden (oder umgekehrt).

Hinweise und Tipps

e) Funktionsgleichung der Geraden g_3:

C(–1 | –1); D(4 | 1)

$$m_3 = \frac{1-(-1)}{4-(-1)} = \frac{2}{5}$$

$m_3 = \frac{2}{5}$ und D(4 | 1) in $y = mx + t$:

$$1 = \frac{2}{5} \cdot 4 + t_3$$

$$1 = \frac{8}{5} + t_3 \qquad \left| -\tfrac{8}{5} \right.$$

$$-\frac{3}{5} = t_3$$

$$g_3\colon\ y = \frac{2}{5}x - \frac{3}{5}$$

Bestimme die Steigung m_3 mit der Steigungsformel:

$$m_3 = \frac{y_2 - y_1}{x_2 - x_1}$$

Setze die Koordinaten der Punkte C und D in die Steigungsformel ein. Beachte dabei die Vorzeichen.

Setze den Wert der Steigung m_3 und die Koordinaten eines Punktes (hier: D) in die Normalform einer Geraden ein, um t_3 zu berechnen.

Gib die Funktionsgleichung von g_3 in der Normalform an.

f) Koordinaten des Schnittpunktes T der Geraden g_1 und g_4:

$$g_1\colon\ y = -0{,}5x + 3$$

$$g_4\colon\ -0{,}5x = -5 - y \qquad |+0{,}5x; +y$$

$$y = 0{,}5x - 5$$

$$-0{,}5x + 3 = 0{,}5x - 5 \qquad |+0{,}5x; +5$$

$$8 = x$$

in g_4: $y = 0{,}5 \cdot 8 - 5$

$$y = -1$$

T(8 | –1)

Forme die Funktionsgleichung von g_4 zuerst in die Normalform um.

Setze die Funktionsgleichungen von g_1 und g_4 gleich und löse nach x auf.

Setze $x = 8$ in eine Funktionsgleichung (hier: g_4) ein und berechne y.

Gib die Koordinaten von T an.

g) Funktionsgleichung der Geraden g_5:

$$t_5 = 1$$

$$m_5 = \frac{1}{4}$$

$$g_5\colon\ y = \frac{1}{4}x + 1$$

Lies aus der Abbildung den y-Achsenabschnitt t_5 ab.
Wähle ein geeignetes Steigungsdreieck und bestimme so die Steigung m_5.

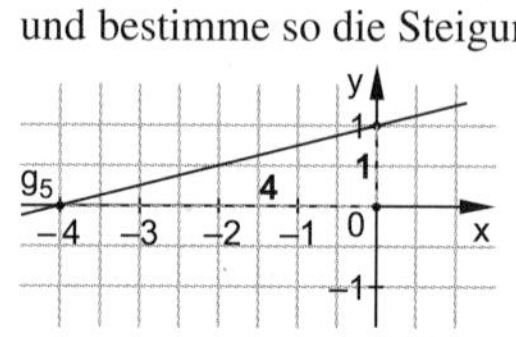

Gib die Funktionsgleichung von g_5 in der Normalform an.

h) Größe des Winkels α:

Länge der Gegenkathete: 1 cm

Länge der Ankathete: 4 cm

$$\tan\alpha = \frac{1\text{ cm}}{4\text{ cm}}$$

$$\tan\alpha = \frac{1}{4} \qquad |\tan^{-1}$$

$$\alpha = 14{,}0362\ldots^\circ$$

$$\alpha \approx 14^\circ$$

Die Nullstelle der Geraden g_5, der Ursprung und der Schnittpunkt der Geraden g_5 mit der y-Achse bilden ein rechtwinkliges Dreieck, das den Winkel α einschließt.
Berechne den Winkel α mit dem Tangens:

$$\tan\alpha = \frac{\text{Gegenkathete}}{\text{Ankathete}}$$

Lies die Länge der Gegenkathete und der Ankathete aus dem Koordinatensystem ab.

Runde die Größe des Winkels sinnvoll (hier: ganze Grad).

Hinweise und Tipps

2. $\frac{60}{x} - \frac{32}{x+1} = \frac{26}{x-2}$

Definitionsmenge bestimmen:

- $x \neq 0$
- $x + 1 \neq 0 \quad |-1$
  $x \neq -1$
- $x - 2 \neq 0 \quad |+2$
  $x \neq 2$

Bestimme die Definitionsmenge. Die Terme im Nenner der Brüche dürfen nicht 0 sein.

$\mathbb{D} = \mathbb{R} \setminus \{-1; 0; 2\}$

Gib die Definitionsmenge an. Achte auf die richtige Schreibweise.

Gleichung lösen:
Hauptnenner: $x(x+1)(x-2)$

$$\frac{60}{x} - \frac{32}{x+1} = \frac{26}{x-2} \quad |\cdot x(x+1)(x-2)$$

Multipliziere mit dem Hauptnenner.

$$60(x+1)(x-2) - 32x(x-2) = 26x(x+1)$$

Löse die Klammern auf. Beachte dabei die Vorzeichen.

$$60(x^2 - 2x + x - 2) - 32x^2 + 64x = 26x^2 + 26x$$

Fasse zusammen.

$$60x^2 - 120x + 60x - 120 - 32x^2 + 64x = 26x^2 + 26x$$

$$28x^2 + 4x - 120 = 26x^2 + 26x \quad |-26x^2 - 26x$$

Bringe alles auf eine Seite.

$$2x^2 - 22x - 120 = 0 \quad |:2$$

Forme die quadratische Gleichung in die Normalform um.

$$x^2 - 11x - 60 = 0$$

$$x_{1/2} = -\frac{-11}{2} \pm \sqrt{\left(\frac{-11}{2}\right)^2 - (-60)}$$

Löse mithilfe der Lösungsformel.

$x_{1/2} = -\frac{p}{2} \pm \sqrt{\left(\frac{p}{2}\right)^2 - q}$

Hier ist $p = -11$ und $q = -60$.

$$x_{1/2} = 5{,}5 \pm \sqrt{90{,}25}$$
$$x_{1/2} = 5{,}5 \pm 9{,}5$$
$$x_1 = 5{,}5 - 9{,}5$$
$$x_1 = -4$$
$$x_2 = 5{,}5 + 9{,}5$$
$$x_2 = 15$$

Überprüfe, ob die Lösungen in der Definitionsmenge liegen.

$\mathbb{L} = \{-4; 15\}$

Gib die Lösungsmenge an.

3. a) durchschnittliche jährliche Abnahme in Prozent:

Anfangswert: $W_0 = 85\,000$ Mitglieder
Anzahl der Jahre: $n = 19$
Endwert: $W_n = 63\,750$ Mitglieder
gesucht: p (bzw. q)

$2017 - 1998 = 19$

$$63\,750 = 85\,000 \cdot q^{19} \quad |:85\,000$$
$$0{,}75 = q^{19} \quad |\sqrt[19]{}$$
$$0{,}98497\ldots = q$$

Setze die gegebenen Werte in die Wachstumsformel ein.

$W_n = W_0 \cdot q^n$

$$0{,}98497\ldots = 1 - \frac{p}{100} \quad |-1$$
$$-0{,}01502\ldots = -\frac{p}{100} \quad |\cdot(-100)$$
$$1{,}502\ldots = p$$
$$p\,\% \approx 1{,}5\,\%$$

Es handelt sich um ein negatives Wachstum.
Bestimme p % mithilfe der Formel.

$q = 1 - \frac{p}{100}$

Runde sinnvoll (hier: eine Dezimalstelle).

Durchschnittlich nahm die Zahl der Mitglieder pro Jahr um 1,5 % ab.

b) Anzahl der Jahre:
Anfangswert: $W_0 = 67\,800$ Mitglieder
Endwert: $W_n = 85\,000$ Mitglieder
Zunahme: $p\,\% = 2{,}9\,\% = 0{,}029$
$q = 1 + 0{,}029 = 1{,}029$
gesucht: n

$$85\,000 = 67\,800 \cdot 1{,}029^n \quad |:67\,800$$
$$1{,}2536\ldots = 1{,}029^n$$
$$n = \log_{1{,}029} 1{,}2536\ldots$$
$$n = \frac{\lg 1{,}2536\ldots}{\lg 1{,}029}$$
$$n = 7{,}9086\ldots$$
$$n \approx 8$$

Nach 8 Jahren hätte der Verein wieder 85 000 Mitglieder.

c) voraussichtliche Mitgliederanzahl:
Anfangswert: $W_0 = 67\,800$ Mitglieder
Anzahl der Jahre: $n = 11$
Zunahme: $p\,\% = 3{,}3\,\% = 0{,}033$
$q = 1 + 0{,}033 = 1{,}033$
gesucht: W_{11}

$$W_{11} = 67\,800 \cdot 1{,}033^{11}$$
$$W_{11} = 96\,902{,}1092\ldots$$
$$W_{11} \approx 96\,902$$

Der Verein hätte dann 96 902 Mitglieder.

4. a) Flächeninhalt des Trapezes:
$\overline{AF} = 16$ dm; $\overline{ED} = 22$ dm; $\overline{DC} = 2$ dm

Länge der Strecke $\overline{AE}$:

$$\sin 60° = \frac{\overline{AE}}{16\text{ dm}} \quad |\cdot 16\text{ dm}$$
$$\overline{AE} = 16\text{ dm} \cdot \sin 60°$$
$$\overline{AE} = 13{,}8564\ldots\text{ dm}$$
$$\overline{AE} \approx 13{,}9\text{ dm}$$

Länge der Strecke $\overline{FE}$:

$$\cos 60° = \frac{\overline{FE}}{16\text{ dm}} \quad |\cdot 16\text{ dm}$$
$$\overline{FE} = 16\text{ dm} \cdot \cos 60°$$
$$\overline{FE} = 8\text{ dm}$$

Hinweise und Tipps

Bestimme den Wachstumsfaktor für positives Wachstum.
$q = 1 + \frac{p}{100}$

Setze die gegebenen Werte in die Wachstumsformel ein. Löse nach n auf.
$W_n = W_0 \cdot q^n$

Berechne n mithilfe des Logarithmus.

Runde auf ganze Jahre.

$2030 - 2019 = 11$

Bestimme den Wachstumsfaktor für positives Wachstum.
$q = 1 + \frac{p}{100}$

Setze die gegebenen Werte in die Wachstumsformel ein und berechne W_n.
$W_n = W_0 \cdot q^n$

Runde sinnvoll (hier: auf Ganze).

Flächeninhalt eines Trapezes:
$A = \frac{a + c}{2} \cdot h$

Die Strecken $\overline{AE}$ und $\overline{BD}$ entsprechen den Seiten a und c, die Strecke $\overline{ED}$ ist die Höhe h.

Im rechtwinkligen Dreieck AEF ist die Strecke $\overline{AF}$ die Hypotenuse und die Strecke $\overline{AE}$ die Gegenkathete zum gegebenen Winkel $\alpha = 60°$.
Berechne die Länge der Strecke $\overline{AE}$ mit dem Sinus.
$\sin\alpha = \frac{\text{Gegenkathete}}{\text{Hypotenuse}}$

Runde sinnvoll (hier: eine Dezimalstelle).

Die Länge der Strecke $\overline{BD}$ ist die Höhe im Dreieck BCF und kann mithilfe des Höhensatzes berechnet werden.
$h^2 = p \cdot q$

$\overline{FD}$ und $\overline{DC}$ entsprechen den Hypotenusenabschnitten p und q.

Berechne die Länge der Strecke $\overline{FE}$ mit dem Kosinus im Dreieck AEF. $\overline{FE}$ ist die Ankathete zum Winkel $\alpha = 60°$.
$\cos\alpha = \frac{\text{Ankathete}}{\text{Hypotenuse}}$

oder:

$$(\overline{AE})^2 + (\overline{FE})^2 = (\overline{AF})^2$$
$$(13{,}9\text{ dm})^2 + (\overline{FE})^2 = (16\text{ dm})^2 \quad |-(13{,}9\text{ dm})^2$$
$$(\overline{FE})^2 = 62{,}79\text{ dm}^2 \quad |\sqrt{\ }$$
$$\overline{FE} = 7{,}924\ldots\text{ dm}$$
$$\overline{FE} \approx 8\text{ dm}$$

Länge der Strecke $\overline{FD}$:

$$\overline{FD} = \overline{FE} + \overline{ED}$$
$$\overline{FD} = 8\text{ dm} + 22\text{ dm}$$
$$\overline{FD} = 30\text{ dm}$$

Länge der Strecke $\overline{BD}$:

$$(\overline{BD})^2 = \overline{FD} \cdot \overline{DC}$$
$$(\overline{BD})^2 = 30\text{ dm} \cdot 2\text{ dm} \quad |\sqrt{\ }$$
$$\overline{BD} = 7{,}7459\ldots\text{ dm}$$
$$\overline{BD} \approx 7{,}7\text{ dm}$$

Flächeninhalt berechnen:

$$A = \frac{\overline{AE} + \overline{BD}}{2} \cdot \overline{ED}$$
$$A = \frac{13{,}9\text{ dm} + 7{,}7\text{ dm}}{2} \cdot 22\text{ dm}$$
$$A = 237{,}6\text{ dm}^2$$

b) Anwendung des Kathetensatzes:

$$(\overline{BC})^2 = \overline{DC} \cdot \overline{FC}$$

oder:

$$(\overline{BF})^2 = \overline{FD} \cdot \overline{FC}$$

Hinweise und Tipps

Im rechtwinkligen Dreieck AEF ist die Strecke $\overline{AF}$ die Hypotenuse und die Strecken $\overline{AE}$ und $\overline{FE}$ sind die Katheten.

Berechne die Länge der Strecke $\overline{FE}$ mit dem Satz des Pythagoras.

Addiere die Strecken.

Die Strecke $\overline{BD}$ ist die Höhe im rechtwinkligen Dreieck BCF und kann nun mithilfe des Höhensatzes berechnet werden.

$h^2 = p \cdot q$

$\overline{FD}$ und $\overline{DC}$ entsprechen den Hypotenusenabschnitten p und q.

Runde sinnvoll (hier: eine Dezimalstelle).

Berechne den Flächeninhalt des Trapezes.

$A = \frac{a+c}{2} \cdot h$

Kathetensatz:
Im rechtwinkligen Dreieck ist das Quadrat über einer Kathete flächeninhaltsgleich dem Rechteck, das aus der Hypotenuse und dem anliegenden Hypotenusenabschnitt gebildet wird.

$a^2 = p \cdot c$ bzw. $b^2 = q \cdot c$

Eine korrekte Anwendung ist nur im rechtwinkligen Dreieck BCF möglich.

Da es in jedem rechtwinkligen Dreieck 2 Katheten gibt, gibt es auch 2 Lösungsmöglichkeiten.

Die Angabe einer korrekten Anwendung ist ausreichend.

---

5. a) Funktionsgleichung der Parabel p_1 in der Normalform:

$A(-2\,|\,-3)$; $B(2\,|\,5)$

p_1 nach oben geöffnet: $y = x^2 + px + q$

$$\text{I} \quad -3 = (-2)^2 + p \cdot (-2) + q$$
$$\text{II} \quad 5 = 2^2 + p \cdot 2 + q$$

$$\text{I} \quad -3 = 4 - 2p + q \quad |-4;\ +2p$$
$$\text{II} \quad 5 = 4 + 2p + q$$

$$\text{I} \quad -7 + 2p = q$$

Setze die Punkte A und B jeweils in die Normalform für nach oben geöffnete Parabeln ein.

Achte auf die Vorzeichen.

Löse das Gleichungssystem (hier: mit dem Einsetzungsverfahren).

Löse dazu eine Gleichung (hier: Gleichung I) nach q auf.

Hinweise und Tipps

I in II $5 = 4 + 2p - 7 + 2p$

$5 = -3 + 4p \quad | +3$

$8 = 4p \quad | :4$

$2 = p$

Setze den erhaltenen Term für q in Gleichung II ein und berechne p.

in I $-7 + 2 \cdot 2 = q$

$-3 = q$

Setze p in die umgeformte Gleichung I ein und berechne q.

p_1: $y = x^2 + 2x - 3$

Gib die Funktionsgleichung von p_1 in der Normalform an.

b) Scheitelpunktform und Scheitelpunkt S_2 der Parabel p_2:

p_2: $y = x^2 - 5x + 2{,}25$

$y = x^2 - 5x + 2{,}5^2 - 2{,}5^2 + 2{,}25$

$y = (x - 2{,}5)^2 - 6{,}25 + 2{,}25$

$y = (x - 2{,}5)^2 - 4$

Wandle die Funktionsgleichung durch quadratische Ergänzung in die Scheitelpunktform um.
Bilde das Binom.

$S_2(2{,}5 \,|\, -4)$

Lies die Koordinaten des Scheitelpunktes S_2 aus der Scheitelpunktform ab.

c) x-Koordinaten der Nullstellen N_1 und N_2 von p_2:

p_2: $y = x^2 - 5x + 2{,}25$

$0 = x^2 - 5x + 2{,}25$

$x_{1/2} = -\frac{-5}{2} \pm \sqrt{\left(\frac{-5}{2}\right)^2 - 2{,}25}$

$x_{1/2} = 2{,}5 \pm \sqrt{6{,}25 - 2{,}25}$

$x_{1/2} = 2{,}5 \pm \sqrt{4}$

$x_1 = 2{,}5 - 2$

$x_1 = 0{,}5$

$x_2 = 2{,}5 + 2$

$x_2 = 4{,}5$

Die Schnittpunkte einer Normalparabel mit der x-Achse befinden sich an den Nullstellen der quadratischen Funktion. Setze den Funktionswert $y = 0$ und berechne die Nullstellen N_1 und N_2 mithilfe der Lösungsformel für quadratische Gleichungen.

$x_{1/2} = -\frac{p}{2} \pm \sqrt{\left(\frac{p}{2}\right)^2 - q}$

Hier ist $p = -5$ und $q = 2{,}25$.

Es ist nur nach den x-Koordinaten gefragt. Eine Angabe der Punkte ist nicht notwendig. Diese lauten $N_1(0{,}5 \,|\, 0)$ und $N_2(4{,}5 \,|\, 0)$.

d) Funktionsgleichung der Normalparabel p_3 in der Normalform:

$S_3(3 \,|\, 4)$

p_3 nach unten geöffnet: $y = -(x - x_S)^2 + y_S$

$y = -(x - 3)^2 + 4$

$y = -(x^2 - 6x + 9) + 4$

$y = -x^2 + 6x - 9 + 4$

p_3: $y = -x^2 + 6x - 5$

Setze die Koordinaten von S_3 in die Scheitelpunktform für eine nach unten geöffnete Normalparabel ein.

Beachte die Vorzeichen.
Löse das Binom auf.

Fasse zusammen und du erhältst die Funktionsgleichung in der Normalform.

Hinweise und Tipps

e) grafische Darstellung:

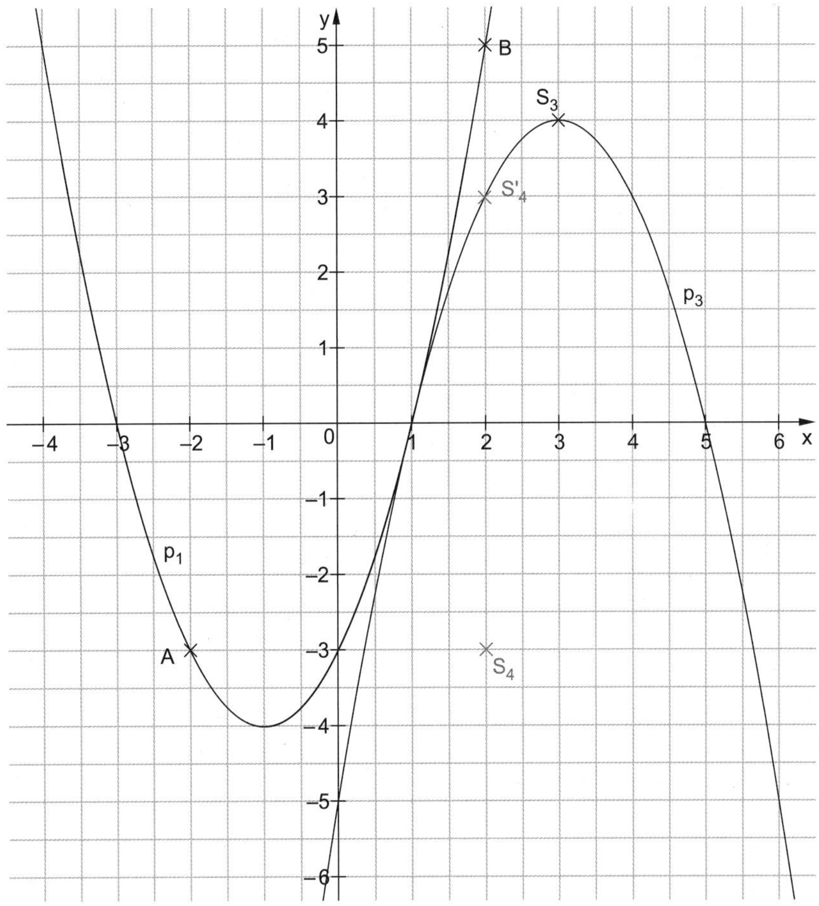

Lege ein Koordinatensystem mit der Einheit 1 cm an.
x-Achse: –4 bis +6
y-Achse: –6 bis +5
Beschrifte das Koordinatensystem vollständig.

Trage die beiden Punkte A und B in das Koordinatensystem ein. Zeichne mithilfe der Parabelschablone die nach oben geöffnete Normalparabel p_1, indem du die Schablone so verschiebst, dass beide Punkte auf der Parabel liegen.

Trage den Scheitelpunkt S_3 ein und zeichne mithilfe der Parabelschablone die nach unten geöffnete Normalparabel p_3.

S_4 und S'_4 sind hier bereits als Hilfe für Aufgabe g eingezeichnet.

f) Überprüfung der Aussage:

g: $y = x - 3$

p_4: $y = (x-2)^2 - 3$

$D(0\,|\,1)$

Der Punkt D liegt auf der y-Achse bei 1.
Der y-Achsenabschnitt t von g ist aber bei –3, daher kann D nicht auf g liegen.
Die Aussage ist also falsch.

Hier ist zu überprüfen, ob der Punkt D ein gemeinsamer Punkt der Geraden und der Parabel p_4 ist. Es gibt verschiedene Lösungsmöglichkeiten.

Man kann die Funktionsgleichungen auch gleichsetzen und überprüfen, ob der Punkt D einer der Schnittpunkte ist. Es ergibt sich eine quadratische Gleichung, die keine Lösung besitzt, somit ist D kein gemeinsamer Punkt.

Man kann die Aussage auch durch Zeichnung der beiden Graphen in einem Koordinatensystem widerlegen.

Alternativ kann man die Koordinaten des Punktes D in die Funktionsgleichungen einsetzen und überprüfen, ob man eine wahre Aussage erhält.

Eine nachvollziehbare Überprüfung ist ausreichend.

g) Scheitelpunktform der Normalparabel p_5:

p_4: $y = (x-2)^2 - 3 \;\Rightarrow\; S_4(2\,|\,{-3})$

$S_4(2\,|\,{-3})$ gespiegelt an der x-Achse liefert $S'_4(2\,|\,3)$.

p_5: $y = -(x-2)^2 + 3$

Wird eine Parabel an der x-Achse gespiegelt, wird insbesondere auch der Scheitelpunkt gespiegelt (vgl. Zeichnung Aufgabe e). Außerdem ändert sich die Öffnung der Parabel (hier: von nach oben geöffnet zu nach unten geöffnet).

Hinweise und Tipps

6. a) Anwendung von binomischen Formeln:

$25x^6y^2 + \square + 36z^8 = (\square + \square)^2$

$25x^6y^2 + \mathbf{60x^3yz^4} + 36z^8 = (\mathbf{5x^3y} + \mathbf{6z^4})^2$

Das Plus in der Klammer weist darauf hin, dass es sich um eine Anwendung der 1. binomischen Formel handelt:
$(a+b)^2 = a^2 + 2ab + b^2$
Um den ersten Term in der Klammer zu erhalten, wird die Wurzel aus dem ersten Term der aufgelösten Klammer (hier: $25x^6y^2$) gezogen.
Den zweiten Term in der Klammer erhältst du, indem du aus dem letzten Term der aufgelösten Klammer (hier: $36z^8$) die Wurzel ziehst.
Den linearen Teil der binomischen Formel berechnest du mithilfe des ersten und zweiten Terms in der Klammer:
$2 \cdot 5x^3y \cdot 6z^4 = 60x^3yz^4$
Beachte jeweils die Potenzgesetze.

b) Vereinfachung der Terme:

I $\dfrac{0{,}5 \cdot (y^4)^{-2} \cdot 4y^3 \cdot 6y^6}{12y}$

$= \dfrac{0{,}5 \cdot 4 \cdot 6 \cdot y^{-8} \cdot y^3 \cdot y^6}{12y}$

Stelle im Zähler und Nenner so um, dass Zahlen und gleiche Variablen beieinanderstehen.
Fasse jeweils zusammen. Beachte dabei die Potenzgesetze bei gleicher Basis.

$= \dfrac{12 \cdot y^1}{12y} = 1$

Kürze bzw. wende das Potenzgesetz zum Dividieren von Termen mit gleicher Basis an. $y^1 = y$, $y^0 = 1$

II $\dfrac{(y^{12})^{0,5}}{\sqrt[4]{y^{16}}}$

Vereinfache jeweils im Zähler und Nenner.

$= \dfrac{y^6}{(y^{16})^{\frac{1}{4}}}$

Schreibe die Wurzel dazu als Potenz und beachte die Potenzgesetze bei Potenzen.

$= \dfrac{y^6}{y^4} = y^2$

Kürze dann bzw. wende das Potenzgesetz zum Dividieren von Termen mit gleicher Basis an.

---

7. a) Streckungsfaktor:

$\overline{BD} = 4\text{ m};\ \overline{B'C} = 6\text{ m};\ \overline{EZ} = 1{,}2\text{ m};\ \overline{BZ} = 56\text{ m}$

Länge der Strecke $\overline{AB}$:

Laut der Skizze gilt: $\overline{EZ} = \overline{AD} = \overline{A'C}$
Damit lassen sich die Längen der Strecken $\overline{AB}$ und $\overline{A'B'}$ berechnen.

$\overline{AB} = \overline{BD} - \overline{EZ}$

$\overline{AB} = 4\text{ m} - 1{,}2\text{ m}$

$\overline{AB} = 2{,}8\text{ m}$

Länge der Strecke $\overline{A'B'}$:

$\overline{A'B'} = \overline{B'C} - \overline{EZ}$

$\overline{A'B'} = 6\text{ m} - 1{,}2\text{ m}$

$\overline{A'B'} = 4{,}8\text{ m}$

Streckungsfaktor k:

Strecken werden mit k gestreckt.
$k = \dfrac{\text{Bildstrecke}}{\text{Originalstrecke}}$

$k = \dfrac{\overline{A'B'}}{\overline{AB}}$

$k = \dfrac{4{,}8\text{ m}}{2{,}8\text{ m}}$

$k = 1{,}7142\ldots$

$k \approx 1{,}7$

Runde sinnvoll (hier: eine Dezimalstelle).

Hinweise und Tipps

b) Länge der Strecke $\overline{BB'}$:

$$\frac{\overline{BZ}}{\overline{AB}} = \frac{\overline{BZ}+\overline{BB'}}{\overline{A'B'}}$$

$$\frac{56\text{ m}}{2{,}8\text{ m}} = \frac{56\text{ m}+\overline{BB'}}{4{,}8\text{ m}} \quad |\cdot 4{,}8\text{ m}$$

$$96\text{ m} = 56\text{ m}+\overline{BB'} \quad |-56\text{ m}$$

$$40\text{ m} = \overline{BB'}$$

Markiere die gegebenen Strecken in der Skizze.
Über die Strahlensätze kann die Länge der Strecke $\overline{BB'}$ berechnet werden.
Es gibt unterschiedliche Streckenverhältnisse, die aufgestellt werden können.
Hier wird der 2. Strahlensatz angewandt.

8. a) Oberfläche der unteren Halbkugel:
$r = 30$ cm

$$O_{HK} = 4\cdot r^2\cdot\pi : 2$$

$$O_{HK} = 4\cdot(30\text{ cm})^2\cdot\pi : 2$$

$$O_{HK} = 5\,654{,}8667\ldots\text{ cm}^2$$

$$O_{HK} \approx 5\,654{,}9\text{ cm}^2$$

Verwende die Formel für die Oberfläche der Kugel: $O_K = 4\cdot r^2\cdot\pi$ oder $O_K = d^2\cdot\pi$
Der Durchmesser beträgt 60 cm, der Radius 30 cm.
Oberfläche der Halbkugel: $O_{HK} = O_K : 2$
Hier wird mit dem exakten Wert von π gerechnet.
Runde sinnvoll (hier: eine Dezimalstelle).

b) Gewicht der Granitkugel in Kilogramm:
$d = 44$ cm
Volumen der Granitkugel:

$$V_K = \frac{1}{6}\cdot d^3\cdot\pi$$

$$V_K = \frac{1}{6}\cdot(44\text{ cm})^3\cdot\pi$$

$$V_K = 44\,602{,}238\ldots\text{cm}^3$$

$$V_K \approx 44\,602{,}2\text{ cm}^3$$

Masse der Granitkugel:

$$m = 44\,602{,}2\text{ cm}^3\cdot 2{,}8\,\frac{\text{g}}{\text{cm}^3}$$

$$m = 124\,886{,}16\text{ g}$$

$$m = 124{,}88616\text{ kg} \approx 125\text{ kg}$$

Um die Masse zu berechnen, benötigt man das Volumen des Körpers.
Verwende die Formel für das Volumen einer Kugel.
$V = \frac{1}{6}\cdot d^3\cdot\pi$ oder $V = \frac{4}{3}\cdot r^3\cdot\pi$
Der Durchmesser beträgt 44 cm, der Radius 22 cm.

Runde sinnvoll (hier: eine Dezimalstelle).

Berechne die Masse der Granitkugel, indem du das Volumen mit der Dichte multiplizierst.
Rechne das Ergebnis in Kilogramm um und runde sinnvoll (hier: ganze Kilogramm).

c) Durchmesser der Deko-Kugel in cm:
$d_{Zylinder} = 15$ cm; $h_{Zylinder} = 5$ cm
Volumen des verdrängten Wassers:

$$V_{Wasser} = r^2\cdot\pi\cdot h_K$$

$$V_{Wasser} = (7{,}5\text{ cm})^2\cdot\pi\cdot 5\text{ cm}$$

$$V_{Wasser} = 883{,}572\ldots\text{ cm}^3$$

$$V_{Wasser} \approx 883{,}6\text{ cm}^3$$

Das Volumen der Deko-Kugel entspricht dem Volumen des verdrängten Wassers im Zylinder.
Berechne dieses Volumen mithilfe der Formel für das Volumen von Zylindern:
$V = r^2\cdot\pi\cdot h_K$
$d = 15\text{ cm} \Rightarrow r = 7{,}5\text{ cm}$

Runde sinnvoll (hier: eine Dezimalstelle).

Durchmesser der Deko-Kugel:

$$V_{Deko\text{-}Kugel} = \frac{1}{6}\cdot d^3\cdot\pi$$

$$883{,}6\text{ cm}^3 = \frac{1}{6}\cdot d^3\cdot\pi \quad |:\tfrac{1}{6};:\pi$$

$$1\,687{,}551\ldots\text{ cm}^3 = d^3 \quad |\sqrt[3]{\ }$$

$$11{,}9056\ldots\text{ cm} = d$$

$$d \approx 11{,}9\text{ cm}$$

Es gilt: $V_{Wasser} = V_{Deko\text{-}Kugel}$
Verwende die Formel für das Volumen einer Kugel, um den Durchmesser zu berechnen.
$V = \frac{1}{6}\cdot d^3\cdot\pi$ oder $V = \frac{4}{3}\cdot r^3\cdot\pi$

Runde sinnvoll (hier: eine Dezimalstelle).

9. a) Wahrscheinlichkeit für einen Keks mit Glückssymbol:
Gesamtzahl: 40 Kekse
mit Glückssymbol: 4 Kekse
Wahrscheinlichkeit:

$$p(G)=\frac{4}{40}$$

Wahrscheinlichkeit als gekürzter Bruch, Dezimalbruch und in Prozent:

$$p(G)=\frac{4}{40}=\frac{1}{10}=0{,}1=10\ \%$$

b) Baumdiagramm:

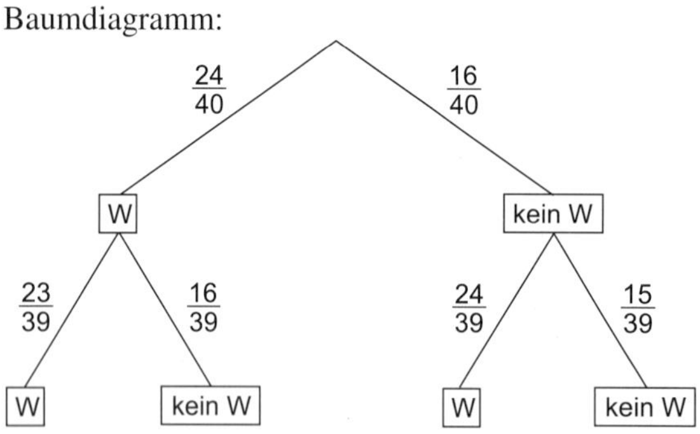

Wahrscheinlichkeit für mindestens einmal W:

$$p(W;W)=\frac{24}{40}\cdot\frac{23}{39}=\frac{23}{65}$$

$$p(W;\text{kein } W)=\frac{24}{40}\cdot\frac{16}{39}=\frac{16}{65}$$

$$p(\text{kein } W;W)=\frac{16}{40}\cdot\frac{24}{39}=\frac{16}{65}$$

$$p(\text{mindestens einmal } W)=\frac{23}{65}+\frac{16}{65}+\frac{16}{65}=\frac{55}{65}=\frac{11}{13}$$

oder:

$$p(\text{kein } W;\text{kein } W)=\frac{16}{40}\cdot\frac{15}{39}=\frac{2}{13}$$

$$p(\text{mindestens einmal } W)=1-p(\text{kein } W;\text{kein } W)=1-\frac{2}{13}=\frac{11}{13}$$

c) Anzahl der möglichen Reihenfolgen:
$12!=479\,001\,600$ Möglichkeiten

Für die 12 Sprüche gibt es 479 001 600 verschiedene Reihenfolgen, diese vorzulesen.

Hinweise und Tipps

Es gibt insgesamt 40 Glückskekse.
Für das Ereignis „G“ gibt es 4 günstige Ereignisse. Es wird nur einmal gezogen.

Gib die Wahrscheinlichkeit als Bruch an.

Die Wahrscheinlichkeit kann zusätzlich als gekürzter Bruch, als Dezimalbruch oder in Prozent angegeben werden. Dies ist aber nicht explizit verlangt.

Es gibt insgesamt 40 Glückskekse, nur die Kekse mit „W“ (24 Kekse) sind von Belang, alle anderen sind „kein W“ (16 Kekse).

Es werden 2 Kekse herausgenommen, ohne sie zurückzulegen. Die Anzahl der Kekse verringert sich also bei jedem Zug um 1.

Wird beim 1. Ziehen ein „W“ gezogen, so verringert sich die Anzahl der Kekse mit „W“ um 1.

Wird „kein W“ gezogen, verringert sich diese Anzahl um 1.

Zeichne das Baumdiagramm für 2 Züge.

Schreibe zu jedem Ereignis die Wahrscheinlichkeit.

Für das Ereignis „mindestens einmal W“ gibt es 3 günstige Ergebnisse.

Wende jeweils die 1. Pfadregel (Multiplikationsregel) an.

Gib die Gesamtwahrscheinlichkeit an. Wende dazu die 2. Pfadregel (Additionsregel) an.

Das Gegenereignis zu „mindestens einmal W“ ist „keinmal W“.

Es gibt 12 verschiedene Sprüche und damit 12 verschiedene Elemente.
Die Reihenfolgen sind hier als Anordnungen zu sehen.

Für n verschiedene Elemente gibt es n! Anordnungen in einer bestimmten Reihenfolge.

M10-Prüfung an Mittelschulen in Bayern 2022
Mathematik

Um dir die Prüfung 2022 schnellstmöglich zur Verfügung stellen zu können, bringen wir sie in digitaler Form heraus.

Sobald die Original-Prüfungsaufgaben 2022 zur Veröffentlichung freigegeben sind, können sie als PDF auf der Online-Plattform *MyStark* heruntergeladen werden (Zugangscode vgl. Farbseiten vorne im Buch).

Prüfung 2022

www.stark-verlag.de/mystark